意識の進化的起源

カンブリア爆発で心は生まれた

【著】
トッド・E・ファインバーグ
ジョン・M・マラット Todd E. Feinberg and Jon M. Mallatt
【訳】
鈴木大地 Daichi G. Suzuki

keiso shobo

THE ANCIENT ORIGINS OF CONSCIOUSNESS
By Todd E. Feinberg and Jon M. Mallatt

Japanese translation published by arrangement with
The MIT Press through The English Agency (Japan) Ltd.

はじめに

意識はどのように生まれたのだろう。いつ地球上に現れ、どのように進化したのだろうか。そしてどの現生動物が意識をもっているのか。著者のひとりで意識の研究者のトッド・ファインバーグは、二〇年以上もこうした疑問に思いをめぐらせてきた。もうひとりの著者で生物学者のジョン・マラットはといえば、さらに長いあいだ、太古の動物の進化に夢中になっていた。そして二〇一三年、ふたりは答えを探すためにタッグを組んだ。今日、意識の研究は大きな関心を集め、長年の哲学的な問題にも科学的なアプローチが使われ始めている。本書ではこうした問題に、神経科学、進化神経生物学、哲学といった幅広い領域から答える。着目するのは、**原意識**［または一次意識 primary consciousness］あるいは**感覚意識**［sensory consciousness］、すなわちもっとも基盤的な意識であり、何らかの主観的経験を少しでももつ意識である。意識をもつ動物には「〜であるとはこのようなことだ、という何か」［第1章を参照］をつくりだす主観的経験があるとするトマス・ネーゲルの主張を出発点に、ジョン・サールの「存在論的主観」やデイヴィッド・チャーマーズの「意識のハード・プロブレム」（物理的な脳がどのように個人的経験を生むのか）などの**意識の哲学的指標**の核心、その進化的起源を探っていく。さまざまな動物の神経系や行動、そして進化や地球上の太古の生命について、最近わかってきたさまざまな知見を使って、感覚意識と動物の感性が最初に現れ「ハード・プロブレム」が生じた年代を特定しようと目論んでいる。

本書は幅広い読者、たとえば生命や意味についての哲学的大問題、意識や脳科学、脊椎動物や無脊椎動物、あるいは化石や太古の時代に関心がある人々に向けて書かれている。こうした広く多様な領域すべてを網羅して全体をつなぎ合わせ、また読者に個別の専門知識がなくてもすむよう、少なくとも基本的な部分は補おうと努めた。そのうえで、脊椎動物の脳の解剖学的構造の詳細や、意識状態に関する哲学的原理を定義すること、意識に関連する脳の構造、意識研究の理論と論争、五億年前に起こった動物の最初の爆発的多様化、生き残るための感覚の役割、神経経路、さまざまな脊椎動物とその進化史、動物の行動における学習、快苦の起源、そして無脊椎動物の生物学などについて解説する労を惜しまなかった。

第1章では、意識に関する根本的な哲学的難問について説明し、意識と「相関」がある、意識の原因となりそうな特性のリストを整理する。そしてこのリストをもとに、**神経生物学的自然主義**という意識の科学的理論を独自に定式化することにとりかかる。これはファインバーグが以前から提唱してきた見解であり、第2章で体系的に述べ、続く章に出てくる知見をもとに手直しできるようにする。

次に、動物進化の化石記録および太古の祖先から進化した現生の動物群について考える。まず、五億六〇〇〇万年から五億二〇〇〇万年前、動物の激しい多様化が起こった「カンブリア爆発」を検討する。このとき、これまでにわかっているすべての動物門、たとえば脊椎動物が属する脊索動物門や、そのほか節足動物、軟体動物などが出現した。なにより重要なのは、この爆発で初めて複雑な神経系や脳、複雑な動物の行動が生じたことだ。動物の認知があった最初期の証拠すらある。最初の「原初の」脊椎動物、魚の姿をした私たちの先祖に、驚くべきことが起こったことを論証しよう。つまりこうした神経構造の発達にともない、単純で反射的な反応から、「クオリア」や主観的感情と呼ばれるきわめて神秘的な特性に満ちた統一的な「内なる世界」の経験が進化したとき、初めて意識が現れたのである。最初の「原初の」クオリアは、視覚、聴覚、嗅覚あるいはその他の「遠距離感覚」によって感じられる、外的世界が脳内の地図で表された［第2章を参照］**心的イメージ**であると考えられる。これを**地図で表された外受容意識**と呼ぶ。そして一般的な通念と長年のタブーに反して、本書ではあらゆる脊椎動物が意識をもつことを論証する。つまりヒトやその他の哺乳類だけでなく、すべての魚類、両生類、爬虫類、鳥類も意識をもつのだ。すべての脊椎動物が決まって意識を備えているとはいっても、初期の哺乳類と鳥類では記憶によって感覚意識が大きく発達したことも見逃せない。これは意識の終着点が低次の中脳（視蓋）から高次の大脳へと移ったときに起こったのである。

本書の前半では遠距離感覚の外受容意識（情動なしでも存在しうる経験）を論じるが、後半ではもうひとつの重要な意識の側面も扱う。すなわち情感をはじめとする、ポジティブやネガティブな感情をもたらすもの、いわゆる**感性**である［情動、情感、感情、感性の違いは第7章冒頭を参照］。ここでは、情感に関連するとわかっているさまざまな行動や脳の構造を現生のどの動物が示すのか調べあげ、過去と現在の脊椎動物すべてに、地図で表された外受容意識と同様に情感意識があることを論証する。

こうして脊椎動物の意識の両側面、つまり外受容意識と情感意識を特定するための目印が明らかとなるので、同じ基準を無脊椎動物にも当てはめてみる。そうすると、節足動物（昆虫やカニなど）や頭足類（タコなど）も外受容意識や情感意識の基準を満たすことがわかる。つまり、意識が五億年以上前に、最初の節足動物と脊椎動物で同時かつ独立に進化したといえそうだ。

最終章では、どの動物に意識があるのか、どの脳領域が意識に関係するのか、どのように最初の意識が進化したのかについて、本書の発見をまとめる。実際のところ、意識はこの分野のほとんどの研究者が思っているよりも多様で広範囲にわたる進化的適応の産物である。こうした分析から、神経生物学的自然主義が改良される。この改良版は、既知の生物学の法則と原理に全面的に基づきながら、意識の本性についてのもっとも根本的な哲学的問題に取り組む手立てとなる。すなわち、物質的な脳がどのように主観的経験を生むのかという問題だ。その答えは五億二〇〇〇万年前に起こった、反射からイメージ形成へ、また反射から情感への移行にあると見られる。

次のように問題を仕分けして、意識にある四つの側面の起源をたどることで、さらに理解が深まる。①クオリアだけでなく、②**統一性**、つまり意識経験がなぜ統一されるのか、③**参照性**、つまり意識をもつ脳はなぜ外的世界と内的身体の経験に焦点を合わせ、脳内ニューロンの働きは決して経験しないのか、そして④心的因果、つまりどのように非物質的な意識が物質世界の変化の原因となりうるのか、である。

総合すると、感覚意識の神経的起源に関する本書の分析は、心と脳の問題に絡むゴルディアスの結び目を断ち切り［アレクサンドロス大王の伝説から、難問を誰も思いつかなかった方法で解決すること］、私的な主観性についての哲学と、脳の客観的な構造および機能との調和への指針を与えることを企図している。それは最初の「原初の」「意識をともなう脳」の進化の歴史を記述し、意識の神経生物学的側面と哲学的側面を統合することで達成されるのである。

進化的、神経生物学的、哲学的アプローチを組み合わせ、意識が理解できることを示す。これこそが、本書が特に資する点だ。実際、これら三つのアプローチを組み合わせることは、この問題を解くために不可欠である。どのアプローチにも限界があり、三つの観点すべてからの全体像を考えない限り、その限界に気づくことはない。たとえば生物学的アプローチは各種の問題を解決するために、もっとも基本的な部分まで問題を還元し、それから部分どうしの複雑な相互作用を探る。哲学的アプローチは、そのような伝統的な科学的還元主義ではハード・プロブレムや主観性の問題を解けないことを示す。そして進化史は意識がなぜ還元不可能にして自然的かを説明し、この問題を解決する。これら三つのアプローチが必要であるという本書の発見は、意識科学、哲学、古生物学だけでなく、自然界および動物界との関係のなかでの私たち自身に対する理解にも大きな影響を与えるだろう。

謝辞

アン・バトラー、バド・クレイグ、ステン・グリルナー、ブライアン・ホール、マーティン・ハイゼンベルク、ニコラス・ホランド、ジョン・カース、ハーヴェイ・カーテン、サーストン・ラカーリ、トレヴォー・ラム、ビョルン・マーカー、ゲオルク・ノルトフ、アンドリュー・パーカー、ゲルハルト・シュローサー、ゴードン・シェファード、バリー・スタイン、ゲオルク・ストレダー、エドガー・ウォルターズ、マリオ・ヴリマンをはじめとする数多くの専門家が、それぞれの専門の見識や知見を快く提供してくださいました。彼らのご協力は非常に意義深いものでした。一方でこれら各分野の研究者が本書の見解に何ら責任をもつわけではもちろんありません。

マウント・サイナイ医療系のジル・グレゴリーとカーテニー・マッケンナには、本書のすぐれた図を精力的に作成していただきました。ここに感謝いたします。

トッド・ファインバーグから、素敵な妻、常に最高の友人であり仲間である、マーレーンに感謝します。ジョン・マラットから、献身的でいつまでも若々しい妻マリサへ、常日頃のサポートに謝意を表します。

マサチューセッツ工科大学出版会では、本書を最初に担当してくれたフィル・ローグリン、原稿執筆を後押ししてくれたクリス・エイヤーに、特に感謝いたします。編集者のジュディス・フェルドマンは非常にプロ意識が高く、協力的で熱心でした。ほどよい提案をする「三匹のくま」のような編集手法は、明確で直接的な文章を書く助けになりました。

意識の進化的起源——カンブリア爆発で心は生まれた

目次

凡例

・訳注を［　］で示した。また、引用文中の原著者による補足は〔　〕で示した。

・専門用語や書名などについて、一般的な訳がない場合や訳の揺れがある場合、文脈から定訳とは違う訳をした場合、また元の単語がないと文章が成り立たない場合などに、適宜に原語を［　］内に併記した。

・引用文は、既訳を参考にしつつ新たに訳した。参考にした既訳は、引用文献一覧で邦訳文献として併記した。

・欧米人名は本文中ではカタカナ、引用文献では欧字表記とした。中国人名は、本文中では初回に漢字表記と欧字表記（姓 - 名の順序）を併記、以降は漢字表記のみとし、引用文献では欧字表記とした。

・生物種名は、本書で重要だと思われる種や、ある程度の知名度があると判断した種では初回にカタカナと学名（欧字）を併記し、それ以降はカタカナのみ表記した。その他の種では学名のみ表記した。

第1章　主観性の謎

「コウモリであるとはどのようなことか」

しかしどれほど姿が違っていようと、ある生物がまがりなりにも意識経験をもつという事実は、つまるところ、その生物であるとはこのようなことだ、という何か［something it is like to be］が存在するということを意味する。……基本的に、ある生物に意識をともなった心的状態があるのは、その生物であるとはこのようなことだ、という何か（その生物にとってこのようなことだ、という何か）が存在するとき、そしてそのときだけだ。これを経験の主観的特質と呼ぼう。

――トマス・ネーゲル(1)

魚やカエル、あるいはコウモリやハチが意識をもつかどうか考えてみたことはあるだろうか。鳥の脳に実際に「入り込む」ことができたとして、何を基準に「感性がある［sentient］」と判断するのだろうか。もはや古典となった一九七四年の論文(2)でネーゲルが提起したように、もし「コウモリであるとはこのようなことだ、という何か」があるとしたら、どうすればそれがわかるのだろうか。ネーゲルの主張によれば、ある動物が意識をもつかどうかの判定法は、知性の高さでも脳の大きさでもなく、その生物に「主観的経験」があるかどうかである。

この「〜であるとはこのようなことだ、という何か」にもっとも近く、最大の科学的難問をもたらす意識の一側面こそが**感覚意識**である。感覚意識は「**現象的意識**」「**原意識**」「**知覚意識**」あるいは「**クオリア**（知覚される質感）の経験」とも呼ばれる。アンティ・レヴォンスオの定義では、感覚経験が意識をともなうには精緻であったり持続的であったり人間と同じようなものであったりする必要はない。

何であれ単に経験が生じたり存在したりすることが、現象的意識の必要条件であり最小限の十分条件である。現象的原意識をもつ存在に必要なのは、**自身に立ち現れる**、ほんの少しの**何らかの**主観的経験のありさまだけである（いかなるありさまであっても）。すなわち現象的原意識とは、単純であれ複雑であれ、曖昧であれ鮮明であれ、有意味であれ無意味であれ、移ろいやすくとも持続的であろうとも、つまり**どのような**ありさまであっても、純粋に主観的経験を**もつ**ことだけに関わる意識なのである。(3)

脳がどのように主観的経験を生みだすのか、あるいは動物に「〜であるとはこのようなことだ、という何か」があるのかどうかを知りたければ、**感覚**意識の起源と基盤を調べることから始めるのが一番だ。なぜなら、感覚意識をもつことで脳は私的経験の「内なる世界」をつくりだせるからだ。もしある動物に主観的、質的で「単一の視点から」の気づき［awareness］が生じるのであれば、その動物には「〜であるとはこのようなことだ、という何か」があることになる。したがって本書は「高次意識」、「自意識」、「アクセス意識」(4)、自分自身の思考についての「反省的意識」(5)、「理知的な意識［intelligent consciousness］」、「心の理論」［他者の心を推測する心的機能］は扱わない。本書では**もっとも基盤的で感覚的**な意識の本性と起源を説明する。脳がどのようにしてこの経験を生みだすのか、いまだに満足のいく科学的説明は与えられていない。なぜだろうか。

「ハード・プロブレム」

意識の本性に関する問題の多くはまだ解決されていない。だがおそらく最大の難問は「血と肉でできた脳がいかにして主観的経験を生みだすのか」だろう。哲学者のデイヴィッド・チャーマーズはこれを意識の「ハード・プロブレム」と呼んだ。つまり経験の主観的側面を客観的に説明することは困難なのだ。

経験の主体となる生物がいることは否定できない。しかしこれらのシステム［としての生物］が経験の主体であるとはどのようなことなのかはややこしい問題だ。私たちの認知システムが視覚や聴覚の情報処理と結びつくと、なぜ私たちは深い青の色感や「ド」［正確には中央ハ音 middle C］の音感といった視覚経験や聴覚経験をもつのだろうか。心的イメージを抱いたり、情動を経験したりするとはこのようなことだ、という何かがあるのはなぜなのか、どう説明すればよいのだろうか。経験は物理的基盤から生じるということは広く受け入れられているが、「なぜ」「どのように」生じるのかという十分な説明はない。結局のところ、物理的なプロセスから豊かな精神生活が生じる必要が、なぜあるのだろうか。そうでなければならないのは客観的には不合理なのだが、実際にそうなのだ。(6)

物理学、化学、神経生物学からでさえ、感覚意識を説明しようとすると主観性の一面は常に説明されないままのように思える。哲学者のジョゼフ・レヴァインはこの問題を、既知の脳の物理的性質と、それによって脳が生みだす主観的経験とのあいだに取り残される不可思議な「説明のギャップ」であるとした。(7) 彼の主張によれば、主観的経験を生みだす神経回路についてどれほど詳細に客観的説明を与えても、常に何かが残される。すなわち私的「経験」そのものである。

群盲象を評す

脳が主観的経験を生みだすことを科学的に説明しようとすると、困難に直面する。インドの古い説話が、この喩《たと》えとして使える。ゾウの姿かたちを判断しようとしている盲人たち（人数は諸説あるが、ここでは四人としよう）の話だ。困ったことに目が見えないので、それぞれゾウを触って判断するしかない。さらに悪いことにゾウが大きすぎて、一人ひとりはゾウのほんの一部しか触れられない。

鼻を触った盲人は、ゾウはヘビに似ているはずだと言い、尻尾を触った者はロープのような姿だと考え、牙を触った者は槍のようだと考え、耳を触った者は団扇《うちわ》のように見えるはずだと言う。この話はほとんどの異説でひどい結末に終わり、仏陀《ブッダ》の作だとされる異説では、盲人たちはしまいには殴り合いの喧嘩をしてしまう。

見よ、沙門や婆羅門なる者が、
固執し口論するさまを。
固執し争う意見こそ、
かの者たちの偏見ぞ。(8)

この話は感覚意識の謎をふたつの点で描き出している。ひとつは、盲人はみな自分自身の主観と個人の観点から逃れられない点だ。しかしもっと重要なのは、難しい問題に対してさまざまなアプローチから、それぞれの見解が導き出されるが、どれも「真実」のほんの一部の答えでしかないという点だ。解決のための論理的な方針は、複数のアプローチをまとめあげ、統合する道を探ることである。

意識の謎を解くための三つのアプローチ

主観性に関するハード・プロブレムは、いまだに謎のままだと言わなければならない。各学問領域とも、それぞれひとまとまりの疑問と答え［問題の設定と解明］の観点からでしか解決に興味がないからだ。本書では、このハード・プロブレムに三つの異なるアプローチで取り組もう。どれもそれなりに重要ではあるが、単独では不完全だ。この三つのアプローチは**哲学の領域**、**神経生物学の領域**、そして**神経進化の領域**である（図1・1）(9)。

哲学的アプローチ――主観性と客観性のギャップ

主観的な経験がそもそも**客観的**な科学理論で説明できるのか、またできるとすればどのようにできるのかは、哲学的な大問題だ。哲学者のジョン・サールは、この問題の原因は意識の「一人称的存在論」にあるとしている（ここでの「存在論」は、存在、実在、本質、根源的本性に絡んでいる）(10)。

意識には一人称的あるいは主観的な存在論があり、それゆえに三人称的あるいは客観的な存在論に還元することはできない。もしある要素を他の要素に還元したり消去したりしようとすれば、何かを取りこぼすことになる……生物学上の脳には経験を生みだすという驚くべき生物学的能力があるが、その経験は人間や動物といった主体が感じるときにのみ存在する。三人称的現象を一人称的で主観的な経験に還元することができないのと同じように、主観的経験を三人称的現象に還元することはできない。ニューロンの発火を感情に還元することも、感情をニューロンの発火に還元することもできない。なぜならどちらの場合であっても、問題の客観性あるいは主観性そのものを取りこぼしてしまうからだ(11)。

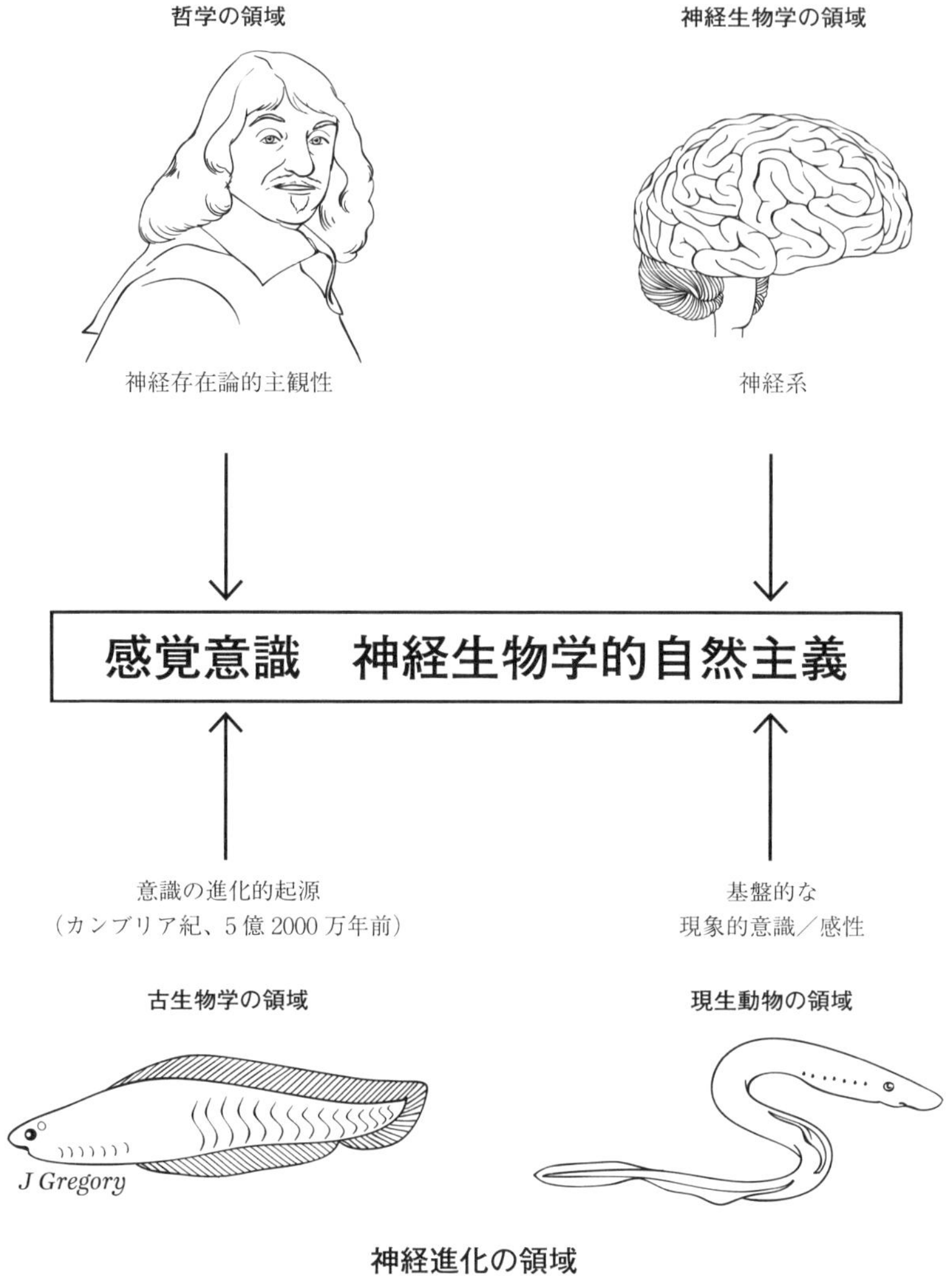

図1・1　意識を理解するための三つのアプローチ。左上のルネ・デカルトは、17世紀の有名な哲学者であり、物質的な脳が非物質的な心とどのような関係にあるのかという心身問題［心脳問題］を考察した。神経進化の領域では、既知の最古の魚類であるハイコウイクチス（左）と、脊椎動物の系統のもっとも根幹から進化した現生魚類の代表であるヤツメウナギ（右）が描かれている。

意識についての神経存在論的な主観的特性（ＮＳＦＣ）

したがって哲学的な観点からすると、一人称的**経験**こそが感覚意識や原意識において最大の難問となる特質だ。しかし細かく分析すれば、「説明のギャップ」はひとつではなく、実際には主観的経験と脳のあいだには複数のギャップがあることがわかる。こうしたギャップをできるだけ体系的に描き出すために、本書では**意識についての神経存在論的な主観的特性**［neuroontologically subjective features of consciousness（ＮＳＦＣ）］を四つ区別する。[12] ＮＳＦＣには以下の共通した特性がある。すなわち、①存在論的に主観的であること、②それぞれの脳の経験の仕方とそれぞれの三人称的視点からの観察や理解の仕方に説明のギャップがあることである。ＮＳＦＣのなかで**クオリア**現象がもっとも頻繁に取り沙汰されるが、ほかに**参照性**［referral］、**心的統一性**、そして**心的因果**の三つがある（表１・１）。これら四つのＮＳＦＣこそ、科学的説明にとりわけ徹底的に抵抗する意識の特性である。だが意識の問題に取り組むためには、ＮＳＦＣの神経生物学と進化について扱わなければならない。

表１・１　意識についての神経存在論的な主観的特性（NSFC）※

参照性
心的統一性
クオリア
心的因果

※ Feinberg and Mallatt（2016a）より改変

参照性

この特性は神経状態の「参照性」あるいは「投射性」を指す。意識経験が脳自体を参照することはない。つまり、いかなる経験も脳内のニューロン（神経細胞）の発火として知覚されず、主観では発火にまったく気づかない。むしろ経験は、外の世界の何かや、体表や体内の何かを指し示すよう参照されるのである。この参照性は、「心的イメージ」として外的世界へと投影される**外受容的**経験や、また体内の状態を部分的ないし全体的に経験する**内受容的**経験および**情感的**経験の特徴となる。

まず外的環境からの刺激を処理するときに生まれる、外受容的な感覚経験について考えてみよう。視覚、聴覚、味覚、嗅覚といった特殊感覚［special sense 体性感覚や内臓感覚と対比して、感覚器が（眼や耳など）専用のものとして特殊化している感覚」の参照性を、チャールズ・シェリントンは**投影性**［projicience］と呼んだ。[13] つまり感覚が身体から離れて投影され、外在化されるのである。視覚刺激が眼で、聴覚刺激が耳で「感じ」られることはなく、脳に生じる刺激が経験されることもない。むしろこれらの感覚は、刺激の発生源に向かって投影されるように、見たり聞いたりする外的世界にあるような経験となるのである。[14]

痛みや満腹感といった一部の内受容的な感情は、脳内のニューロンから離れて身体の別の場所へと参照、すなわち外在化される。ポジティブな感性状態（感情）やネガティブな感性状態も脳から離れて参照されはするが、視覚器や聴覚器などの遠距離受容器が拾い上げる情報のときのように外的世界へと参照されるのではない。つまり脳内にあるようにではなく、自身の内面全体で感情（たとえば幸福感や不幸感）を経験するのである。言いかえれば、悲しいときでも脳の神経回路が悲しいように感じることはない。

心的統一性

神経系は客観的には何十億ものニューロンでできているが、意識は主観的に統一された場（意識の中心舞台）として経験される。これは「砂粒論」と呼ばれている。脳は客観的には砂粒の集まりのように見えるのに、主観的には砂浜全体として意識が経験されるのだ。[15]「単眼的知覚」は主観的な心的統一性という謎をうまく表した典型例である（図1・2）。左右ふたつの目から別々の情報が届いているのに、単一の視点から生じたかのような統一された視界を経験するのはなぜかという問題だ。つまり物質としての脳は分割可能で延長をもつ［空間的広がりがある］という客観的な特徴があるのに対し、意識は通常ひとつの中心的な経験に統一されているのである。[16] この矛盾を解決し、ギャップを橋渡しするにはどうすればよいのだろうか。

図1・2　単眼的知覚（単眼的＝ひとつの目のような）という現象によって示される、心的統一性という概念。私たちの意識での視覚は、実際には左右それぞれの目からの情報に由来しているのに、真ん中のひとつの目からもたらされたかのように統一されている。

クオリア

前述のように、クオリアとは感覚意識が主観的に経験する質感である。たとえば、知覚される色、音、匂い、あるいはネガティブな情感［affect］だ。多くの研究者が、クオリアこそが意識の中心問題だと考えてきた。フランシス・クリックとクリストフ・コッホは次のように述べている。

> 意識のもっとも難しい側面は、いわゆるクオリアの「ハード・プロブレム」である。クオリアとは、赤色の赤さ、痛みの痛さなどのことだ。赤色の赤さという経験が、どのように脳の活動から生じるのか、誰も納得のいく説明をしていない。この問題に真っ向から挑むのは無益なことのように思える。(17)

要するに、客観的な特徴づけとしてニューロンが「赤い」「痛い」「不快だ」と述べられることはないが、これらのニューロンと関係のある主観的状態がそのように述べられるのだ。これこそが、多くの哲学者や神経科学者にとって、主観的経験と脳とのあいだにある一番ややこしいギャップだ。

心的因果

哲学者ジェグォン・キムによれば、心的因果の問題は「心が物理世界に因果的影響を及ぼすことがどのように可能なのか」を説明することだ。あるいはレヴォンスオによれば、「心あるいは心的現象に、脳内の純粋に物質的な（たとえば生物学的あるいは神経的な）過程に変化を与える因果的な力がある」のはなぜかということだ。[18] どのように（触れることができず観察不可能で完全に主観的な存在である）意識が、世界に変化を与えるような行動を指図するよう、物質的なニューロンに影響を及ぼすのだろうか。非物質的な人の心のプロセスから、どうやって万里の長城やパナマ運河を造りだせるというのか。[19]

要するに四つのNSFCはすべて、経験されるものとしての感覚意識と、客観的に観察されるものとしての感覚意識のあいだのギャップに該当する。本書ではこのギャップの神秘を暴くのであるが、そのためには他のふたつのアプローチ（図1・1参照）を持ち込む必要がある。すなわち、脳の独特な神経生物学的特徴と、意識の初期進化を考慮に入れなければならない。

神経生物学的アプローチ――脳と感覚意識のあいだのギャップ

さまざまな分野の研究者が、意識の生物学は他の生物学の領域と比べてどこか違うものなのではないかと疑ってきた。彼らは脳の生物学と感覚意識のギャップに気づき、そのギャップを埋める方法を探していたのである。

主観的経験を生物学的な神経機能の点から理解しようとするために、主にふたつのアプローチが用いられてきた。**還元と創発**だ。まず還元について考えてみよう。科学的還元にはいくつか種類があるが、意識の研究ともっとも関係が深いのは**存在論的還元**である。[20] サールは存在論的還元を、ふたつの存在物のあいだの「〜にすぎない」関係性であると述べている。

もっとも重要な還元の形式は存在論的還元である。これは、ある種の対象が他の種の対象にすぎないことを示すための形式である。たとえば、椅子は分子の集合にすぎないといえる。この形式は明らかに、科学史において重要である。たとえば、物質的対象は総じて分子の集合にすぎないものといえ、遺伝子はDNA分子にすぎないものといえる。[21]

この引用について解説すると、実際にはサールは「分子と、その力の場にすぎない」と言っており、ゆえに部分だけでなく部分どうし［ここでは分子どうし］の相互作用も含まれている。[22]

生物学では、全体がどのように部分部分およびそれらの機能や相互作用に還元されるかを説明するような存在論的還元がもっとも一般的だ。食物を分解する消化器官（胃や腸など）とその相互作用は、ひっくるめて、どのように消化が起こるのかを説明する。そして消化というプロセスも各器官とそれぞれの相互作用にたやすく還元できる。同様に、右のサールの例のとおり、ワトソンとクリックがＤＮＡの微細構造を発見した結果、遺伝と生命におけるこの分子の偉大な役割が明らかになり、神秘が暴かれた。

神経生物学では通常、巨視的（または「大局的［big picture］」）で定義可能な作用（感覚や運動のプロセス、てんかん、記憶、脳傷害後の麻痺など）から出発し、より基礎的で既知の作用に基づいてそれを説明しようとする。このような還元主義的アプローチがうまくいくことも多い。たとえば、てんかんや麻痺に存在論的な「神秘」はない。脳の異常な放電がどのようにてんかん発作を起こすのか、[23]そして神経繊維の切断が筋運動に必要なシグナルをどのように抑えるのか、すでに解明されている。とはいえ生物学者は、いまだ生物の化学反応や電気シグナルがどのように働くのか完全にわかっているわけではない。それでも、神経系の巨視的な生物学と微視的な生理学的基盤のあいだでなんら還元的なギャップにも直面していないし、ギャップがあると予見してもいない。意識だけが還元を拒み、説明のギャップを生んでいるように思われる。

創発は意識を説明しうる第二のアプローチだ。もし意識が単純に脳に還元されないのなら、おそらくそれは脳の「創発的特性」である。創発理論には**弱い**創発理論と**強い**または**ラディカルな**［**根本的な**］創発理論があり、還元をどう扱うかが異なる。弱いバージョンは、「複雑なシステムには、それを生みだす構成部分やプロセスと比べて新しい高次の性質がある」というだけの主張であり、新しい性質は相変わらずその構成要素によって説明される（還元可能である）。弱い創発的性質の有名な例は水の流動性だ。水は、水分子の集合体であるが、流体である。だが個々の分子は流体ではない。そこに存在論的神秘はない。科学は水分子とその相互作用のすべての原理を説明し、流体力学を解明できる（もしくは解明できるはずだ）からだ。筋収縮、ホルモン制御、血液循環などの生物学的プロセスもすべて弱い創発であり、その構成要素と相互作用によって説明されうる。ただし弱い創発的性質の一部は非常に複雑であり、今のところ正確に説明できないものもある（たとえば天候のような、いわゆるカオス系）。このことは哲学者を悩ませはするものの、こうした系には自然的原因があり、原理的にはさらなる知識があれば説明可能だという確信が科学者にはある。(24)

弱いバージョンの創発理論とは違い、強い形式の創発理論は「複雑なシステムには、そのシステムの構成部分へと**原理的に**還元できないような創発的性質がある」という主張だ。もし意識が根本的に創発的なプロセスであるとすれば、それを小分けにしても説明されない部分が常に残ることになり、ハード・プロブレムが生じる。

存在論的主観性が哲学的な障害となって、このラディカルな方針をとる哲学者や科学者もいる。彼らが言うには、意識は脳の根本的な創発的特性であり、決して脳に還元できず、科学がいま物理法則を理解しているようには、これらの物理法則からは導かれない。ノーベル賞受賞者のロジャー・スペリーもこの見解を支持した。彼の主張によれば、意識の「神秘的」特性は脳の非物質的で根本的な創発的性質であり、かつ心は脳の物質的部分と物理的プロセスの総和以上のものである。「意識現象は神経的事象ではなく、神経事象以上のものであり、神経事象には還元できない」のである。(25)

意識をすっかり脳に還元することは原理的に決してできないのではないかと疑ったのはスペリーだけではない。量子力学を開拓した物理学者のひとり、エルヴィン・シュレーディンガーも同様のことを述べた。

物理学者による、光の波長についての客観的な図式では、色覚は説明できない。もし生理学者に、網膜でのプロセスとそれによって起こる視神経束と脳での神経プロセスだけでなく、それ以上の知識が十分にあれば説明できるのだろうか。私はそう思わない。[26]

チャーマーズも同様の見解を支持しており、意識は世界の根源的特性であるとみなし、そのままにしておくのがせいぜいかもしれないと言っている。

意識の理論は経験を根源的なものとして捉えなければならないと私は提案する。どのような物理学的理論も、意識が存在しないことと両立できるため、意識の理論のためには現在の存在論に根源的な何かを加える必要があることがわかる。もしかしたら、そこから経験が生じるような、何らかの完全に新しい非物理的な特性を加えたらよいのかもしれないが、それがどのようなものかはよくわからない。それよりは経験そのものを、質量、荷量［charge 量子力学上の物理量である電荷、色荷、弱荷の総称］、時空とならぶ、世界の根源的な特性とするほうがよいだろう。もし経験を根源的なものとして捉えれば、経験の理論を構築する仕事に取りかかることができる。[27]

意識は自然に生じる独特な生物学的特性として説明されるが、新しい「根源的」または「根本的に創発的」な脳の特性を設ける必要はない――これが本書で証明しようとする立場だ。

神経進化的アプローチ――感覚意識はどのくらい古くからあり、どのように進化して、どの動物にあるのか

ここまで感覚意識の問題について、哲学と神経生物学というふたつの主なアプローチを確認した。そして存在論的主観性というハード・プロブレムを解こうとすると、どちらのアプローチも、乗り越えがたい障害と橋渡ししがたい「説明のギャップ」に直面するようだ。残る第三の道は神経進化的アプローチである。この道筋は、化石動物と太古を扱う

古生物学の領域と、現生動物の領域に分けられる（図1・1）。進化を意識のモデル[28]に組み込もうとする人も現れはじめたが、たいていヒトやその他の哺乳類を評価の基準に選んでいる。[29]本書では一貫して、文献からの確かなデータで補強しながら神経進化的基盤を打ち立てる。[30]これらのデータは、哺乳類よりも他の動物に注目している。たとえば、脳を備えた動物の初期進化に関する新しい重要な知見や、脳と感覚系についての動物門を超えた比較生物学、神経系の発生遺伝学などのデータである。[31]これらの知見によって、進化史をずっと遡って見通し、感覚意識のごく初期の起源、神経生物学的な革新が意識をともなわない状態から意識をともなう状態への転換を駆り立てた、まさにそのときを間近に見ることができる。こうしたデータの宝庫から、ハード・プロブレムに対するまったく新しい視点がもたらされる。

本書では、一人称的な主観的経験と三人称的な説明のあいだにある哲学的なギャップ、あるいは主観的経験と脳のあいだにある神経生物学的なギャップを解決しようとするのと同時に、別の方向からも意識の謎にアプローチする。すなわち、**ギャップそのものの進化的起源**を探るのだ。要するに、ハード・プロブレムの起源を感覚意識の起源の「目印」として使う。そして次のように推理する。もしハード・プロブレムが初めて現れた太古の時代で感覚意識の進化的起源と神経生物学的基盤を説明することができれば、そしてそれが従来の生物学的原理によって可能であれば、意識の哲学的な謎を解く手段を見つけることができる。

古生物学の領域——意識はどれほど古くからあるのか

意識が地球上で最初に進化したのはいつなのかはわかっていない。それは最近なのか、あるいは最初の神経系がもつ原始的特性だったのだろうか。意識はどこから生じたのだろうか。どこからともなく意識がこの世界へ飛んできたわけはあるまい。生命史のどこかの時点では、感覚意識を生じるような神経組織のない、比較的単純な動物が存在するだけだった。しばらくして、活動するニューロンという部品を組み上げ、経験をつくりあげられる動物が進化した。どれが（もしくは「誰が」と言うべきかもしれないが）主観的経験という内なる世界を最初に生みだした動物なのだろうか。

もちろん、どの動物に意識があるのかという判断は、それぞれの人が用いるアプローチや基準に依存するだろう。「きわめて賢い」現生の動物種しか意識をもたないと言う人もいるし、そうならば意識の起源は比較的最近ということになる。実際に、意識の存在を測る最適な尺度は高い認知能力だと主張する理論もある。(32)そのような指標を使えば、客観的な測定のもとで比較的簡単に動物の知性を比較できる利点もある。しかし、主観性とクオリアの本質や起源をはじめとする、意識の基盤にある「ハード・プロブレム」という問題を扱えない欠点がある。さらに、複雑な認知や意識は脳が複雑化する進化とおおまかな相関があるとされているが、そうでなければならないアプリオリな理由はない。たとえば、ヒトは他の霊長類よりも高い知性をもつ種ではあるが、ヒトがオランウータンよりも正確に木を「見て」いる、あるいは原意識に関して何か違うように木を「見て」いると想定する理由はない。ヒトの赤ちゃんは、知性は未発達だが、成人と同じように豊かな意識の感覚経験がある。(33)また、推理、コミュニケーション、カテゴリー化、学習、記憶の能力といった認知的尺度は、寒さ、痛み、空腹といった不快感のような**情感的**質感の本質や起源には関係がない。しかし、どれもクオリアの本質という問題にとって重要である。意識の感情的側面が「いつ」「どのように」進化したのかも知る必要があるのだ。

本書では、多くの人が思うよりずっとずっと長いあいだ意識が存在してきたという説を展開する。図1・3は数十億年前に最初の生命が進化したときからの、地球史の時系列を示している。私たちが主張するのは、五億六〇〇〇万年前から五億二〇〇〇万年前こそが、最初の脊椎動物と、意識をともなう脳が進化した時代だということだ。また一部の**無脊椎動物**も同時に意識を進化させた証拠を示すことも試みる。本書の説は、少なくとも脊椎動物の系統でのゴルディアスの結び目を断ち切り、感覚意識の（たとえばクオリアの）もっとも基盤的な神経構造を明らかにして、存在論的主観性や「ハード・プロブレム」についての哲学とも調和させるだろう。これが達成できれば、地球上で意識が進化した年代を特定し、意識の基盤となる構造を説明し、もっとも基盤的な意識のありさまを一挙に突きとめる初めての成果となるだろう。

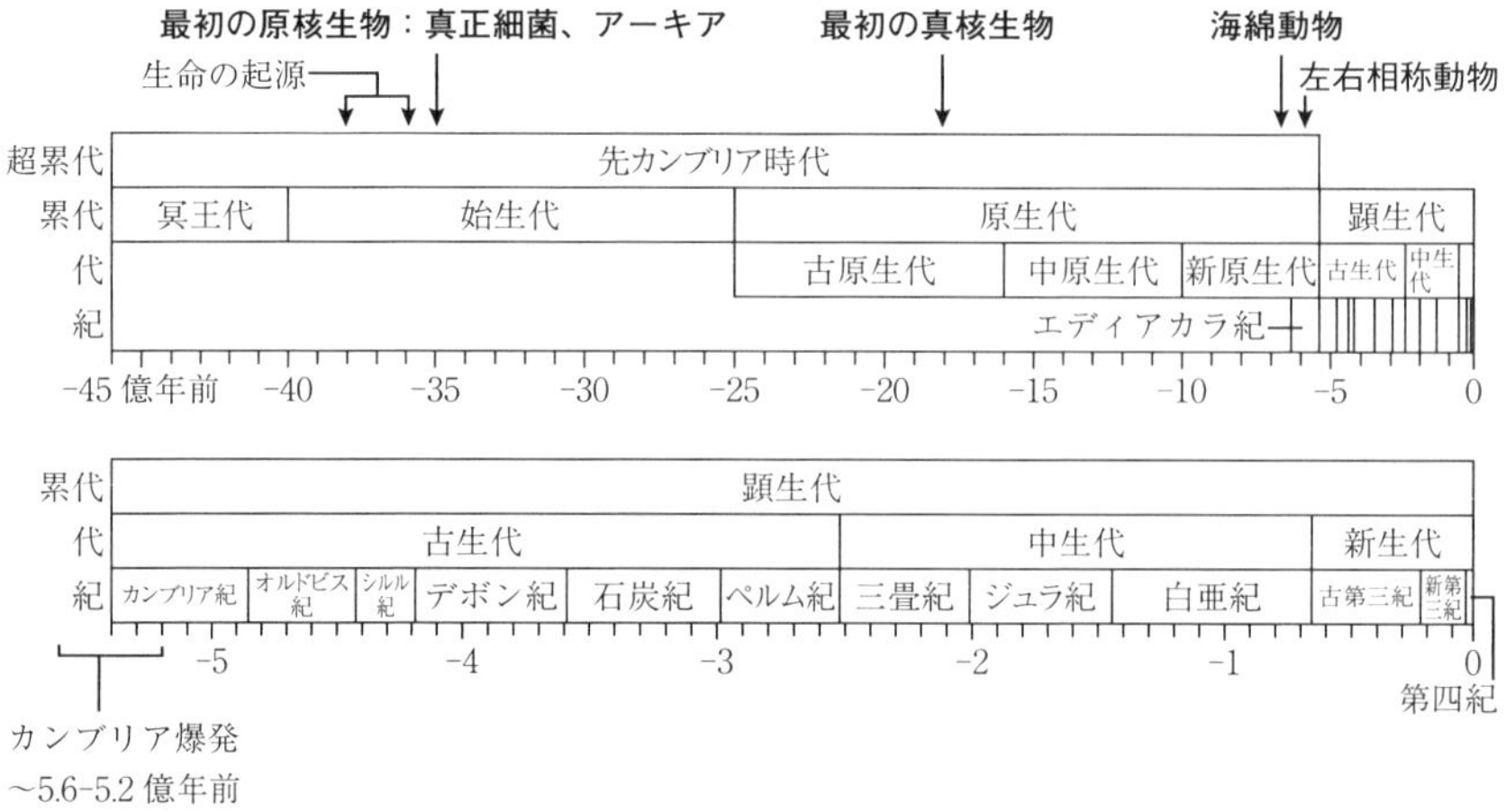

図1・3　地球上の生命史の時系列。化石証拠と、岩石の放射性崩壊率による時間計算に基づく。下の時系列は、上の時系列の右端を拡大したもの。カンブリア爆発（左下）は本書の見解に特に重要である。

現生動物の領域――どのような動物に感覚意識があるのか

神経進化的アプローチのもう一方は、現生動物の領域である（図1・1を参照）。ここでは、現生のどの動物が、最初に意識が生まれた太古の先駆者に由来する、もっとも根幹的［basal］な動物の子孫［進化上で最初期に分岐した系統の現生動物］なのかが問題となる。現在の地球上の動物のうち、進化のルビコン川を渡って最初に感覚意識を得るに至ったのは、どの動物なのだろうか。一部の生物、たとえばまったく脳をもたないものには、その生物である「とはこのようなことだ、という何か」は存在しえないように思われる。これは少なくとも生物学者にとっては明らかだ。単細胞のアメーバは環境に応答し、すぐそばにある食料からの化学分子勾配に向かって進んだり、細胞膜に触れると損傷を起こしそうな有害分子を避けたりする。このアメーバは光にも応答でき、熱さや冷たさにもそれぞれの反応を示す。だが複雑な情報処理を可能にするような神経系はなく、統一的な主観的経験を生みだせるような神経基盤もない。

したがって、地球上でヒト以外に意識をもつ生物はいないと信じているのでない限り（近年ではたいへん多くの研究者がこの立場を否定するようになった）、脳や心をもたないアメーバと、すぐれた脳と意識をもつヒトのあいだにも、意識をともなう心や感性を備えた動物がいることになる。しかし、どの動物がそうなのだろうか。今日では、ほとんど皆がチンパンジーは意識を備えていると考えているが、他の動物はどうだろうか。哺乳類と鳥類だけが意識をもつのだろうか。タコやミツバチのような、複雑な行動を見せる無脊椎動物はどうだろうか。[34] この問題を「主観性を備えるためには、どのような種類の神経の組織化が、あるいはどれほどの複雑性が神経系に必要なのか」という問題に置きかえて取り組もう。

神経生物学的自然主義の理論を求めて

チャーマーズの言うような、エキゾチックな、あるいは新しい根源的原因というのは疑わしい。そこで意識は「超自然的な何かではなく」純粋に自然的な生物学的法則の結果であるというサールの生物学的自然主義の理論から始めることにしよう。サールは著書『ディスカバー・マインド！』の冒頭で、このように定義し、説明している。

過去二〇〇〇年にわたる多くの論争の原因となった有名な心身問題には単純な解決法がある。この解決法は、一世紀近く前から本格的に脳の研究が始まって以来すべての教養ある人には得られたものであり、ある程度はすべての人が真実であると知っているものだ。すなわち、心的現象は脳内の神経生理的プロセスに原因があり、心的現象自体が脳の特性である。この見解を、この分野の他の多くの見解と区別するために、「生物学的自然主義」と呼ぼう。心的事象と心的プロセスは、消化、体細胞分裂、減数分裂、酵素分泌と同様、私たちの生物学的な自然史［biological natural history］の一部である。[35]

心はふだんの理解どおり、物質と物理的なプロセスに基づいている。サールのこの見解には同意しやすい。したがって意識が「ラディカルに［根本的に］」脳から創発したという説は正しくない。とはいえ、生物学的自然主義という彼の理論には致命的な神経科学上の限界がある。すなわち**厳密に言ってなぜ**、他の生物学的プロセスが構成部分とその相互関係に還元できるようには、主観的経験が客観的神経プロセスに還元できないのかということだ。この限界は、意識を自然化しようとするどんな理論にとっても最大の障害となる。実際のところ、いまだ解明されていない還元へのこの障壁がなければ、心身問題もハード・プロブレムもなくなるだろう。

この問題を解決するため、**神経生物学的自然主義**(36)という理論を提唱しよう。この理論では、「心的事象と心的プロセスは、消化、体細胞分裂、減数分裂、酵素分泌と同様、私たちの生物学的な自然史の一部である」というサールの主張は正しいが、ここで挙げられている生物学的プロセスと意識をもたらす何かとは実際には決定的な違いがあるとする。そしてこの違いこそが経験を生みだし、意識のハード・プロブレムの解決法をもたらすのである。したがって、生物学的自然主義というサールの理論は基本的には妥当だと思われるが、それでも意識と主観性の統一的な科学理論に必要な、肝心な部分が欠けている。

なぜハード・プロブレムが難問であり、存在論的主観性が誤解されやすく、今日まで心身問題が残ってきたのか。その解決には哲学、神経生物学、神経の進化を統合する必要があるからだということが、本書の理論で明らかとなるだろう（図1・1を参照）。これらの領域は互いに重なる部分もありつつ相互に関係しあい、意識の謎についてそれぞれ独自の答えがあるが、ハード・プロブレムに対しては一体となって単一の解答をもたらす。

この三つの領域を説明し、ハード・プロブレムに取り組むための方針は以下のとおりだ。第2章で、神経生物学と哲学の領域を結びつけることに取りかかる。これによって、単純で意識をもたない反射的な脳と意識をともなう脳とのギャップを埋めるような、意識をもたらす複雑な神経系にある独特な特性の見取り図が描ける。第3章から第8章では、脊椎動物（魚類、両生類、爬虫類、鳥類、哺乳類）の外受容、内受容、情感意識の進化を探り、その年代をつきとめる。こうして進化と神経生物学の領域が統合される。この段階までに、意識を識別するさまざまな基準が整理されることになる。第9章では、これらの基準を用いて**無脊椎動物**に意識があるのかを検討する。第10章では、動物の意識についての基準、系統的分布、年代をもとに、三つの領域（図1・1を参照）を統合して神経生物学的自然主義という本書の理論を改良し、哲学的なハード・プロブレムの解決法を提示する。これまでの意識の研究との違いは、最新の進化神経生物学を詳細に扱いながら、哲学的問題に取り組む点にある。

第2章　一般的な生物学的特性と特殊な神経生物学的特性

神経生物学的自然主義という本書の理論では、次の考えが肝心なポイントとなる。意識は段階的に創発したのであり、低次の段階の特性がのちに進化した段階にも反映されるという考えだ[1]。進化における創発の時系列をもとに、意識へと至る決定的な生物学的特性を三つのカテゴリーに分けよう（表2・1）。

ひとつめは、すべての生物に当てはまる**一般的な生物学的特性**だ。これらの特性は意識の先駆けとして必要なものだが、単独でも集まっても意識の原因とはならない。ふたつめは**反射**のレベルであり、神経系があるすべての動物に存在する。つまり神経系は動物の生きる営みに反射という新たな一面をもたらし、一般的な生物学的特性と神経系を兼ね備えた動物で反射が起こる。しかし反射は感覚意識をともなわずに作動する。最後に、こうした基盤的な神経系から**特殊な神経生物学的特性**が創発した。これこそが意識だけに見られる性質だ。本書の主張では、意識は他の創発的な生物学的性質と「根本的」に異なるわけではない。しかし特殊な神経生物学的特性は、一般的な生物学的特性や反射と一緒になって独特な高次性質を生み、意識を成り立たせる。この特殊な神経生物学的特性こそ人々が探し求めてきた要素であり、一般的な神経生物学的特性を基盤として進化したのである。

表2・1　意識を定義する特性*

レベル1：すべての生物に当てはまる一般的な生物学的特性	
	生命：身体化とプロセス
	システムと自己組織化
	階層、創発、拘束
	目的律と適応
レベル2：神経系をもつ動物に当てはまる反射	
	速度と適合性
レベル3：感覚意識をもつ動物に当てはまる特殊な神経生物学的特性（詳細は表9・2を参照）	
	複雑な神経階層、脳
	入れ子状、非入れ子状の階層的機能
	同型的表象、心的イメージ、感性状態を生成する神経階層
	独特な神経間相互作用を生成する神経階層
	注意
	おそらく多様な神経の構造によって生みだされる感覚意識

＊この表の初期の簡易版はFeinberg and Mallatt（2016a）に見られる。

レベル1　すべての生物に当てはまる一般的な特性

生命、身体化、プロセス

生命

事実として、わかっている限り意識をもつものはどれも生きている。そして意識が「いつ」「どのように」始まろうと、意識は生命に依存し、脳の死とともに終わりを迎える。とはいえ、生命を科学的用語で説明することに科学者や哲学者の目にはなんの神秘的な障害も映らないものの、「生命」の構成要素の定義もあまり明確ではない。進化生物学者のエルンスト・マイアは『生物学的思考の発展［The Growth of Biological Thought］』という素晴らしい著書で、次のように要約している。

「生命」を定義しようという試みは何度もあった。しかし生命と同一視できるような特殊な物質、対象、力は何もないということはいまや明確であり、これらの挑戦はむしろ徒労だった。しかし生命のプロセスを識別することはできる。非生物的対象には見られない、あるいは同じ仕方では見られない、何らかの特性が生物にあることに疑いはない。さまざまな著者がさまざまな特質を強調してきたが、十全な特性のリストを文献中に見つけることはできていない[2]。

生命を定義するという課題は難しくはあるが、マイアが言ったほどには難しくないかもしれない。すべての細胞、あるいは細胞でできた生物は生きており、知られている限りもっとも単純な生命体は真正細菌や、真正細菌に似た**アーキア**［archaea 古細菌と訳されることもある］だと科学者なら同意するだろう。そしてどの細胞性生物も際立った形質を共有している。つまりエネルギーを使って自身を維持、組織化し、刺激に反応し、生殖し、遺伝子を有し、自然選択によって進化するのである。どの生物も、創発的な特性を示すくらい化学的に複雑である。さらに細胞には外的環境から自身を隔てる膜が必ずあり、環境から栄養や生命プロセスに必要なその他の分子を取り込む[3]。境界となる膜に取り囲まれることで、ほんの小さな細胞でも**身体化**されているのだ。

身体化

身体化とは、生物は内部がある境界の明確な存在で、外部から隔離されていることを意味する。この概念を説明するため、身体化がどう複雑化し精緻になったか、時系列で示そう（図2・1）。これまでに見つかった地球上最古の化石から、最初の生物は確かに単細胞の真正細菌もしくはアーキアであり、約三五億年前の海に棲んでいたことがわかっている[4]。のちに、大型のアーキアが高いエネルギー生産能力を有する真正細菌の一種を取り込み、より複雑な真核細胞へと進化した[5]。中に居ついた真正細菌も生き残り、宿主細胞のエネルギー工場（ミトコンドリア）となった。こうして爆発的にエネルギーが増加し、この新しい混成式の真核細胞は多くの機能を進化させた[6]。したがって、ミトコンドリアの獲得は生命の**創発的性質**の好例だ。真核生物では、はじめにアメーバや**襟鞭毛虫**《えりべんもうちゅう》といったさまざまな単細胞生物が、のちには非常に複雑な身体を備えた多細胞生物が生じた（図2・1）。初期の単純な真核細胞は、寄り集まって（捕食から身を守るために）体サイズを大きくするという、生物に一般的に見られる傾向を示すようになった。はじめの群体は

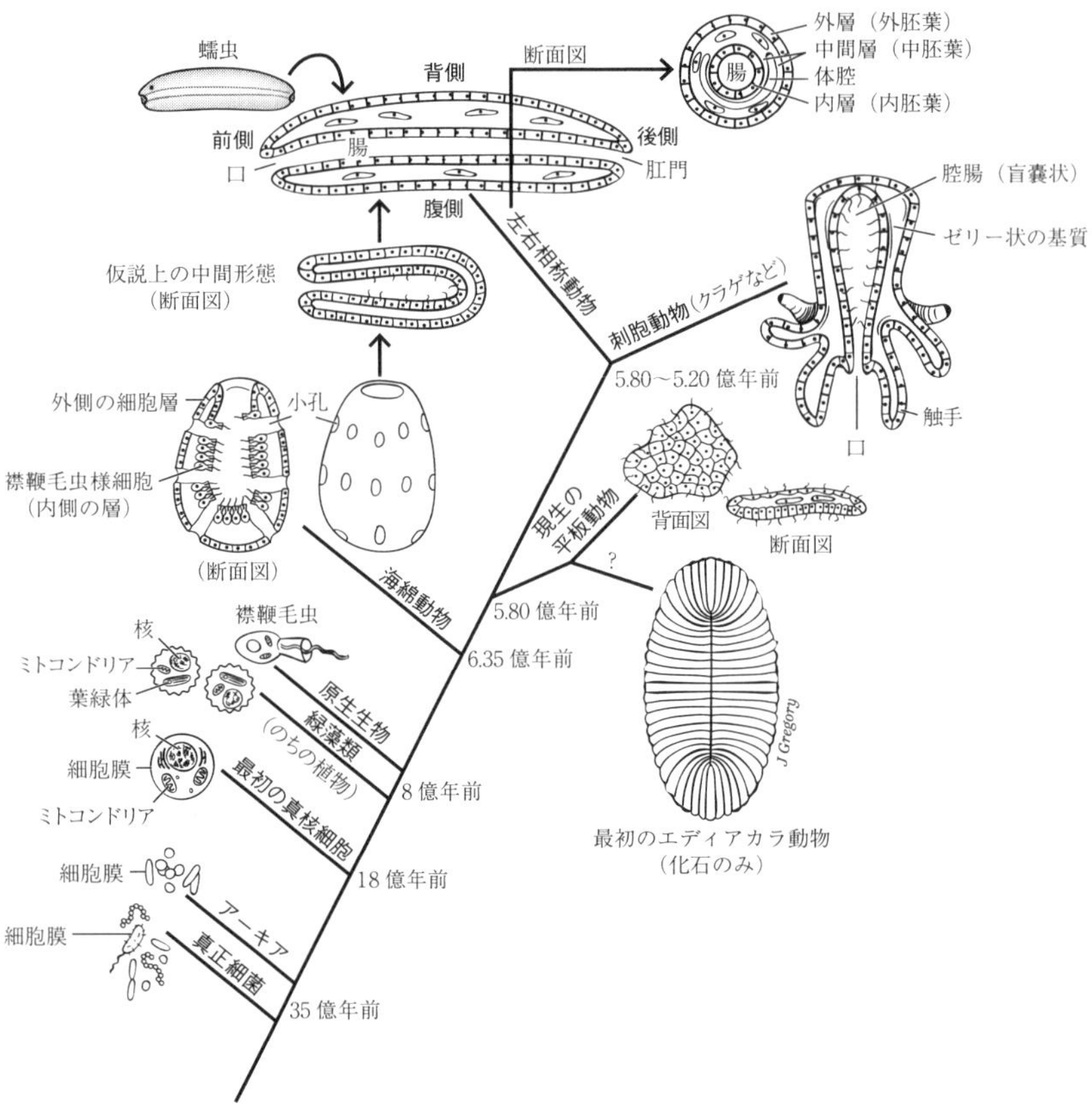

図 2・1　地球上の生命の初期進化で、どのように身体化や「身体」が精緻になったか。系統樹の上にいくほど、小さな細胞から複雑な細胞になり、それが集合して多細胞動物になる。最上部にある蠕虫様の左右相称動物が、私たちの祖先である。

同一細胞のゆるい集団にすぎなかったが、それが真の動物や植物の先駆けとなった。真の動物や植物ではそれぞれの細胞が相互作用し、効率化のためにそれぞれ機能が特殊化している。こうした動物には、カイメン（海綿）や、蠕虫《ぜんちゅう》の姿［ウジ虫のような姿］をした私たちの祖先などがいた。このようにして、**真の身体**を有する複雑な多細胞生物が創発し、身体化が最高段階にまで達した。

　身体化という概念には、意識を理解するために重要な哲学的意味もある。生命は一般的に身体化されているし、具体的には意識も身体化されている。つまりこれらの存在はそれぞれ、物質的な身体と物質的な脳に依存している。生命や意識は境界のある体内でしか生じないので、生命や意識のあらゆる特性は内的であり「存在論的個物」である。すなわち、生物の個々の生命はその生物それぞれに固有なのだ。エヴァン・トンプソンはこの考えが、意識を「心と物質」の二元論で捉えるような伝統的なデカルト主義的な考え方と対照をなすと述べている。というのも、何が内的で何が外的かという考えを変えてしまうからだ。

むしろ私が言いたいのは、意識の問題について前に進むためには、ハード・プロブレムの標準的な定式化における意識と生命についての二元論的な概念を乗り越える必要があるということだ。特に生命が、通常の唯物論的な意味での「外的」な現象にすぎないという考えを乗り越える必要がある。二元論と唯物論の双方に反して、生命や生物はもはや「内的」と「外的」のあいだのギャップを超えている。生命について、純粋に外的な外側の観点から構造と機能を論じることは不適切だ。生物は完全な外在物（部分の外なる部分［partes extra partes］）ではなく、むしろ自身に内在する目的性として、ある種の内部性を身体化している。(7)

プロセス

第二に、生命と意識はともに身体化された**プロセス**であり、同種のものである。生命や意識は単なる構造や物体ではない。マイアは次のように述べた。

「生命」や「心」という言葉に関する限り、これらは単に活動が具象化されたものを指すにすぎず、実体として区切られた存在はない。「心」は物体ではなく、心的活動を指すのである。そして心的活動は動物界のいたるところで見いだされるため（「心的」をどう定義するのかにもよるが）、心的プロセスがあることを示しうる生物が見つかるたびに、心も見いだされるといえる。生命も同様に、生きているというプロセスの単なる具象化にすぎない。生きている、ということの基準は［なにがしか］設定、適用されようが、生物のなかに独立した「生命」というようなものがあるわけではない。そのような「生命」とされるものを、分離された存在として、霊魂の存在と類比的だとするのは非常に危険だ。……プロセスの具象化にすぎない名詞を避けることで、生物学独特の現象を分析することが容易となる。(8)

実際、ウィリアム・ジェームズはずいぶん前に、意識は物体ではなくプロセスであることをすでに見抜いていた。「意識」の存在をだしぬけに否定するのは、明らかに馬鹿げているように思えるので（まぎれもなく「思考」は存在しているのだから）、読者がここで読み進めるのをやめてしまうかもしれない。そこで手短に説明するが、私はこの「意識」という言葉が何らかの実体を表していることを否定したいだけで、むしろある機能を表している、ということは最大限に強調したいのだ。すなわち、物質的対象と対比して、これら物質的対象に関する私たちの思考がつくられる元となる根源的な要素だとか存在の質だとかいうものは存在しない。むしろ経験のなかで思考が果たす機能があるのであって、それによってこうした存在の質が生じる。その機能が認識である。事物は存在するだけでなく、報告され、認識される、という事実を説明するのに「意識」は不可欠だろう。第一原理のリストから意識という概念を消去しようとしても、他の方法でこの機能が果たされることを説明しなければならない。(9)

ここで重要なのは、意識はこれまでに知られているすべての生命と同様に、生理学的に身体化されたプロセスであることだ。意識は、生きている脳が行っていることの一部だ。ここで論じている一般的な生物学的特性はすべて、また意識をともなう脳の特殊な神経生物学的特性はすべて、個々に身体化されたものの機能的特性なのである。

システムと自己組織化

生物は自己組織化するシステムだ。カマジンらはこう言った。

生物学的システムでの自己組織化は、システムの低次段階の要素間の相互作用それだけから、システムの大域的な段階のパターンが創発するプロセスである。……つまりこのパターンは、外部からの秩序化の影響でシステムに課せられた性質というより、むしろシステムの創発的な性質である[10]。

確かに、自己組織化はどの**複合適応システム**にもある特質である[11]。したがって自己組織化は意識の創発に関係しているはずであり、十分条件ではないが必要条件ではある。

階層、創発、拘束

複合的、または複雑な生物学的システム［たとえば多細胞生物や脳］には階層構造があり、その頂点に近づくほど複雑性が増す（図2・2）[12]。こうした生命階層システムでは、進化的変化はほとんど高次段階で起こる傾向がある。たとえば、DNAの遺伝暗号はたいていの生物で同一であり、どの動物細胞にも同じ細胞小器官ができるが、組織や器官は動物門ごとに多種多様だ。そして階層の頂点に位置する動物の**身体**は、蠕虫類からエビやイグアナまで、きわめて変化に富んでいる。私たちはこうした傾向がある理由を「階層のすべての段階に自然選択は働くが、最高次段階である生物個体に対してもっとも強く働く。生物個体こそが、特定の外的環境が突きつける難題や変化に対してもっとも直接的に相互作用する」からだとした[13]。一方で低次段階は、高次段階よりも身体の内部で守られている。

創発と**拘束**は相互に関係のある概念であり、すべての階層システムに当てはまる。創発は第1章で簡単に紹介したが、ここでさらに詳しく考察しよう。創発的特性と階層構造のあいだにある密接な関係について次のように説明したのは他

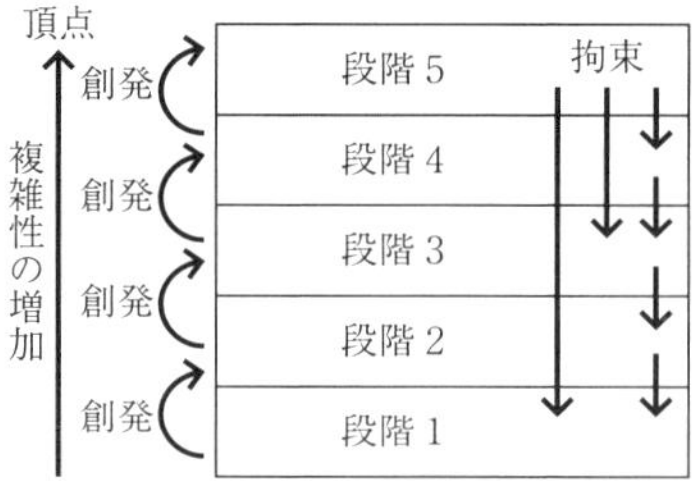

図2・2　生物学的な階層が、長方形の層状構造として描かれている。段階の違い、創発と拘束も示す。図中の「創発」は複雑性を増す創発的特性、「拘束」は高次段階が低次段階に課す拘束を意味する。

でもなくジェグウォン・キムである。(14)

この世界の根本的実体とその性質は物質的ではあるが、物質的プロセスが一定レベルの複雑性に達したとき、まったく新しい、予測不可能な性質が創発する。そして……この創発のプロセスは累積的に、いっそう複雑で新しい性質の階層を生成する。したがって創発主義では、世界は進化プロセスのみならず**層状構造**として描写される。これは性質の段階が階層的に組織化されたシステムであり、それぞれの段階は、ひとつ下の段階から創発し、これに依存している。(15)

細胞間および分子間の相互作用から創発する、私たちの身体のとりわけ複雑な生理学的プロセス［生命や意識］は、創発の好例である。その他の一般的な例では、もっと時間的広がりがある。たとえば単細胞生物から多細胞動物や多細胞植物への進化（図2・1を参照）(16)、または受精卵から胚、胎児、新生児を経て身体が完成する発生、発達が挙げられる。脊椎動物の前脳［大脳と間脳の総称］の進化的精緻化もそうだ。(17) この場合、魚類と両生類の祖先にあった単純な前脳から、両生類、鳥類、哺乳類、一部の魚類で、巨大で複雑な前脳中枢が神経軸［neuraxis］（脳を上端とした脳－脊髄の基準軸）の最上端に新しく進化した。その代表例が、ヒトやその他の哺乳類の大脳皮質である。(18)

階層の一部が高次段階に新しい性質を生みだすことが創発であるのに対し、拘束は高次段階が低次段階に支配を及ぼすことである。(19) 生物学者のハワード・パティーによると、階層的拘束は複合的な生物学的システムの創発に欠かせない。

もし生物学一般の理論があるとしたら、一貫した機能を果たすように物質を制御する、階層的拘束の起源と作用

（確実性や持続性を含めて）がその理論で説明される必要がある。これは、なぜ特定のアミノ酸配列が特定の反応を触媒するのか、といった問題だけではない。この問題は普遍的であり、すべての生体の特質だ。分子から脳まで、生物組織のすべての段階で見いだされる。これは、生命の起源の中心的問題だ――生命の起源では、初めは基礎的な物理法則にしか従っていなかった物質が集まり、それぞれの分子に対し機能的で集合的なふるまいをするよう拘束するようになった。これは、発生の中心的問題だ――発生では、細胞の集合体はそれぞれの細胞の成長や遺伝子発現を制御する。これは、生物進化の中心的問題だ――生物進化では、細胞集団はその部分集団に対する階層的拘束を生みだし、いっそう大きな組織を形成する。これは、脳の中心的問題だ――脳を記述するためには、無限の新しい階層段階が想定可能なように思える。どれも階層的組織化の問題である。理論生物学はこの問題を根本的なものとして捉えなければならない。階層的制御は、生命の本質的で際立った特質だから だ[20]。

ヒトの身体のような生きているシステムでは、細胞は自身の構成要素（細胞小器官）に対し共同作業するよう拘束し、組織や器官は自身の細胞に対し連携するよう拘束し、身体全体は自身の器官に対し結託するよう拘束する。これらはすべて、身体の生存に必要なあらゆる生理学的機能を果たすためのものだ。いかなる段階であっても、もし拘束が損なわれれば、身体はバラバラになり死んでしまうだろう。

これは高次段階が常に、完全かつ厳格に低次段階を制御しているということを意味するのではない。多くの階層では、低次段階は相互作用して重要な機能を果たすのだが、低次段階が受けるトップダウンの影響は最小限に留まる。たとえばインスリンを産生する膵臓細胞は、膵臓の他の部分に大した影響を及ぼすことなくインスリンホルモンを近傍血管中にうまく分泌する。また低次段階の性質は、階層システムが達成できることの限界も規定する。たとえば、ヒトの身体と脳はほとんど水分子や軟質成分でできているので、凍結することも沸騰することも、砲弾が当たったときの衝撃に耐えて生存することもできない。次に**神経**の階層について、意識の創出に決定的な特殊な神経生物学的特性にはどのようなものがあるのか見てみよう。

目的律と適応

生物学的構造には機能的役割がある。これは明らかではあるが、そこからさらに進んで「四肢は移動運動のために進化した」「脾臓は汚れた血液をきれいにするために進化した」というように、構造が役割のために「デザイン」されたと安易に言ってしまいがちだ。簡潔に言うために生物学者がこのような言い回しをすることもあるが、文字どおりにそう言っているのではない。「あらかじめデザインされた」目的を受け入れることは、**目的論的思考**だとわかっている。あるプロセスの結果をそのプロセスの原因とすることであり、それは論理的に不可能な大間違いである。進化は現在の状況に適応するのであり、時間を経て段階的に進行はしうるが、未来の目標に向かっているのではない。

目的論的思考の罠を避ける方法はある。確かに生物学的構造には、たとえば噛むという歯の機能など、適応的機能がある。設計やデザインという含意なしにこの種の目的を認識するために、生物学者のジャック・モノーは**目的律**［teleonomy］という語を導入した。「目的律的」は「適応的」の同義語として使え、また使うこともあるだろう。(21)

まず感覚意識について考察しよう。感覚意識は他の多くの生物学的プロセスと同様に適応的であり、感覚意識をもつ動物は生存に有利となる。その理由は動物の意識をくまなく精査してから、第10章で余すことなく論じよう。ただ、意識は適応であると最初に巧みに主張したのは、ショーン・ニコルズとトッド・グランサムだ。彼らの指摘によると、意識は脳の卓越した**構造的複雑性**に基づいており、「進化理論によれば、特定の器官の構造的複雑性は、たとえその器官の因果的役割が一切わからなくても、その器官が適応である証拠である」(22)。複雑性は進化と維持のためのコストが高くエネルギーを消費し、価値がなければ淘汰されるので、こうした複雑性は適応を示唆する。神経回路は各種の感覚入力をひとつの経験、つまり意識の中心舞台または統一的情景［unitary scene エーデルマンが導入した用語（第6章一二〇頁を参照）］に統合するので、意識は**構造的**に複雑であるということをニコルズとグランサムは示した。

レベル2　神経系をもつすべての動物に生じる反射

速度と結合性

反射は、感覚刺激に対する俊敏で自動的な反応だ。意識をともなうわけではないが、反射に関わるニューロンの連鎖は意識の複雑な神経系が進化するもととなった要素であり、一般的な生物学的特性と特殊な神経生物学的特性のあいだにあるギャップを橋渡しする（表2・1、レベル2）。もっとも単純かつ俊敏な反射は**単シナプス性**反射であり、ふたつのニューロンがひとつの伝達シナプスで連結している。たとえば膝蓋腱反射で、バランス維持に役立っている。この反射は不随意性なので、昏睡状態でも働く。さらに複雑な複数ニューロン性の反射もあるが、それでも意識なしで動作する。これは多シナプス性反射とも呼ばれる。たとえば瞳孔の対光反射で、目に光が入ると瞳孔が小さくなり、網膜が強い光で傷つくのを防ぐ（図2・3B）。

長い時間をかけた進化を通して、単純な反射の一部が徐々に複雑な反射、そして大規模な神経階層へと精緻化した。これは連鎖の中心へと接続が追加されていくようにして（ただし接続間で多くのクロストーク［相互干渉、掛け合い］をともないつつ）、さらなるニューロンが追加されることで起こった。そうして、情報処理の階層段階が増えていった。このような発達が起こったのは**感覚**処理においてだけではない。一部の階層では、**運動**制御部分が基本的運動プログラムと中枢パターン生成器［central pattern generator（CPG）］に進化し、移動運動、摂餌、呼吸での反復的でリズミカルな活動ができるようになった[23]。単純な感覚シグナルや、基本的な感覚フィードバックが、意識をともなわないこれらの形式化された身体活動を誘導する。複雑な反射、神経階層の拡大、基本的運動プログラム——どれも意識が進化するための前提条件だ。

したがって、反射は意識の進化へ至る「王道」の核心だ。鍵となるのは速さである。砂漠で何百年もかけて成長する

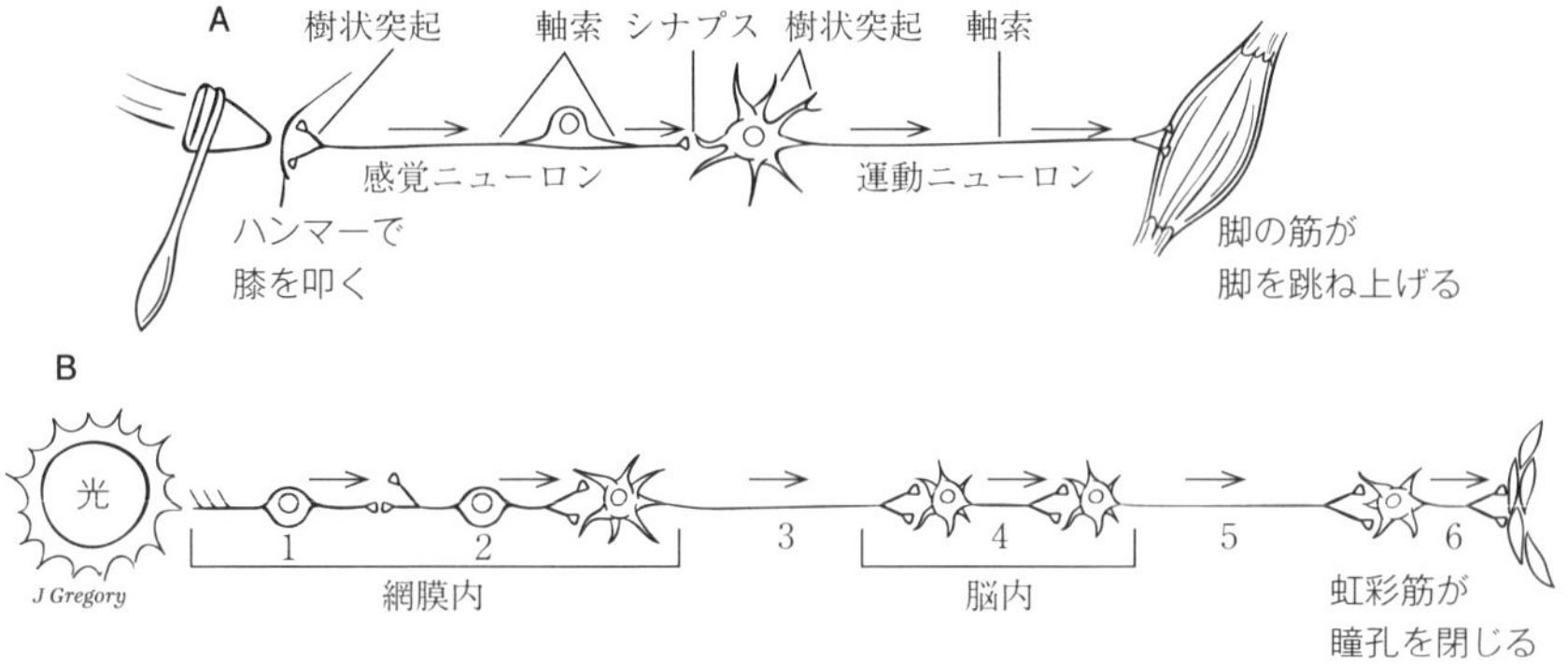

図2・3　単純な反射と複雑な反射。A. ふたつのニューロン（神経細胞）だけの連鎖からなる、単純な膝蓋腱反射。B. 多くのニューロンからなる、複雑な瞳孔の対光反射。最初の感覚ニューロンから6番目の運動ニューロンまで、6つのニューロンが示されている。またこの図はニューロンの解剖学的構造の概略も示されている。ニューロンには、樹状突起と軸索という突起がある。

サワロサボテンのように、ゆっくりと動作する生物階層システムもあるが、神経系のように速く動作するものもある。高速で伝達する反射は、のちの意識の進化に必要になる。またニューロン間の強固な（シナプスの）結合性も意識の進化に不可欠だった。これは、もともとは反射の要素として進化したものだ。強固で高速な結合性によって、システム全体で多くの電気シグナルが瞬時に交信されるようになり、神経の階層化を可能にした。意識の独特な特質は、すべてその結果として生じたのである。

反射的反応は（第1章で定義した）意識の参照性という現象の先駆けとなった。眼瞼閉鎖反射［目を閉じる反射］は空気中を飛ぶほこりから自動的に目を保護し、蠕虫やヒトは切りつけられれば意識せずに引っ込み運動が起こる。これらの原始的な反射では、神経処理は内的に（体内で）起こるが、この反応はすでに外的世界と関わっており、外的世界に適応的である。

レベル3　意識に当てはまる特殊な神経生物学的特性

特殊な神経生物学的特性（表2・1）は、反射や基本的運動プログラムから意識への移行の目印となる。同時に、歴史上の進化の出来事としては文字どおりの分岐点、また動物群を比較したり、意識と意識をもたない感覚系とを比較したりするときには概念的な分岐点となる。したがって、これらの特殊な神経生物学的特性は、意識をもたない動物や意識をもたない（反射的な）神経系にはまったく存在しないか、あるいは原始的なかたちでしか存在しないかのどちらかである。また、この決定的な分岐点が「説明のギャップ」や「ハード・プロブレム」も生みだす。

複雑な神経階層

ヒトの**複雑**な脳は損傷を受けると意識が阻害されるので、意識はチャーマーズの言うように「根源的」（一三頁）ではなさそうであり、むしろ大規模な神経の複雑性が必要である（三〇頁）。複雑な**感覚**情報を処理するときには、それが特に当てはまるようだ。複雑性理論の創始者であるハーバート・サイモンの、自然は階層システムをともなう複雑性を構築するという主張を見てみよう。

> 複雑性はしばしば階層のかたちをとり、そして……階層的システムにはそれぞれの内容とは関係なく共通の性質がある。私の主張は、階層は複雑性の構築に使われる主要な構造的組織であるということだ。(24)

階層が複雑性を増す方法はいくつかある。段階を増やす、それぞれの段階で構成要素の数を増やし特殊化させる、段階間の相互作用を増やすなどだ。そこから新しい性質が創発する。特に神経階層については、複雑性の増加は脳内の階層のさらなる進化を意味し、それまでの階層に新たなニューロンの段階が追加され、段階内や段階間の神経処理速度が向上した。複雑性が増すことによって、精緻化された行動や、すぐれた学習能力、そして本書の主張では、意識が創発したのだ。(25) 同様にジュリオ・トノーニによれば、システムにおける意識の総量とは、システムの要素とその相互作用が、システムの各部分が生成する情報量を超えて生成する**統合情報**の量である。この複雑な情報がより多い［統合情報の量が多い」ことは、より意識［の量］があるのと同じである。クリストフ・コッホによれば、トノーニが特に強調するのは、意識にとって重要なのは神経中枢間での組織化された相互作用とフィードバックである点だ。これについては同意できる。(26)

細胞の多様性も、脳の複雑性と意識に寄与している。多様な構造をしたニューロンが、それぞれの役割を担いながら、動物界全体やそれぞれの動物の脳内に存在している。(27) 細胞型の分化傾向は神経反射のレベルから始まったが、複雑な脳が最初に進化したとき、爆発的に放散した（第5章、第6章を参照）。ニューロン型は、樹状突起（情報を受け取る突起）と軸索（情報を送る突起）の数と枝分かれパターンで分類される。ニューロンはその機能、つまり軸索がどのようにシグナルを伝えるかについても多様である。たとえば、刺激が与えられている時間ずっと持続的に発火するものもあれば、刺激開始時の短時間だけ一過的に発火するものもある。(28)

神経の複雑性や感覚意識の進化では、すべての脊椎動物に多種多様の感覚受容器とそれにともなう感覚ニューロンがある点が特に重要だ。(29) これらの受容器のほとんどが、神経堤《しんけいてい》と外胚葉プラコードとして知られる、脊椎動物に特有の胚組織から発生する。

細胞の多様性については、他のどの身体の器官系も神経系には遠く及ばない。哺乳類の脳には数百種類のニューロンがあるが、筋肉、肝臓、腎臓、卵巣やその他の器官はせいぜい一〇種類程度の細胞の組織でできている。(30) 神経系の伝達装置であるニューロンの驚異的な多様性によって、意識の複雑な情報処理が可能となる。

神経階層に特有な性質——入れ子状の機能と非入れ子状の機能

意識の神経構造的な基盤の探求を始めると、まず入れ子状と非入れ子状という二種類の基本的な階層（図2・4）があることに気づく。(31) 非入れ子状の階層（図2・4A）では、相互伝達や物理的な接続関係があっても、それぞれの段階は物理的に別個である。低次段階は「ボトムアップ」で高次段階に収束し、あるいは高次段階は低次段階を「トップダ

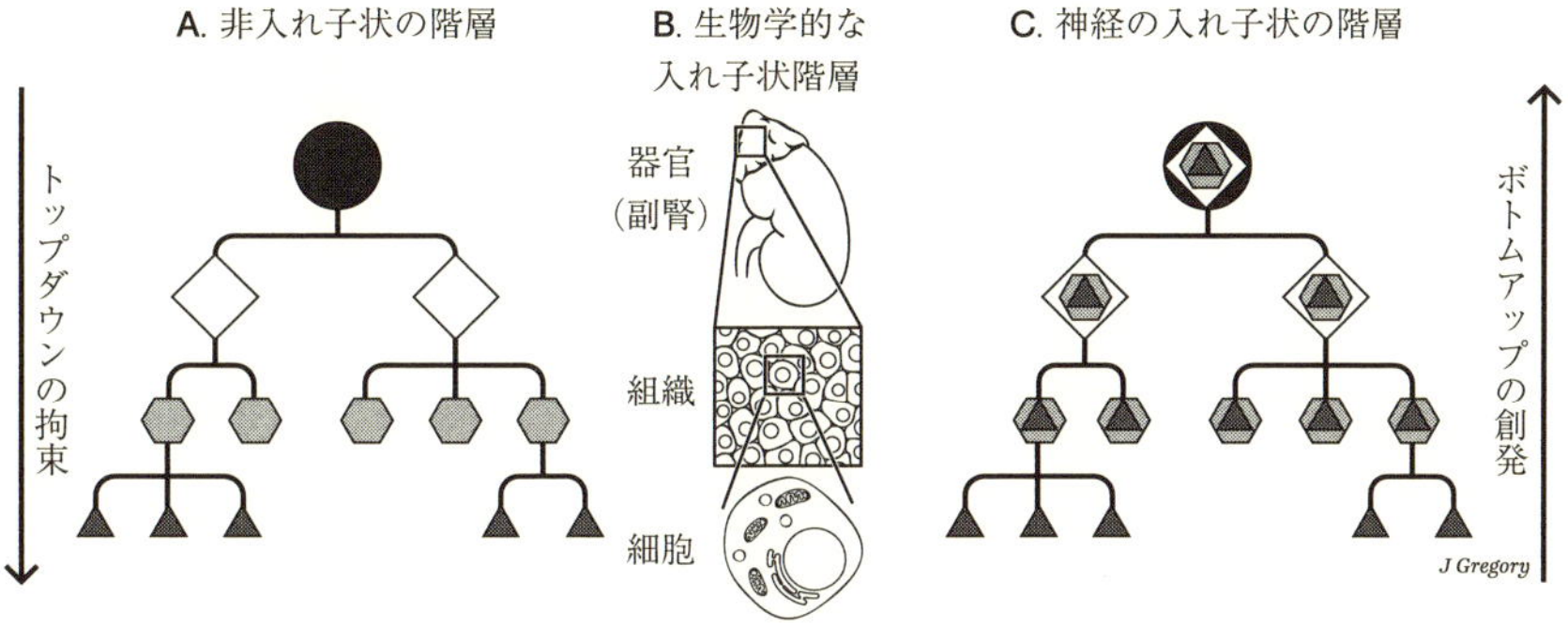

図2・4　各種の階層。すべての階層に、低次段階と高次段階の相互作用が生みだす創発的性質と、高次段階が低次段階に及ぼす拘束がある。A. 非入れ子状の階層では、高次段階の実体は低次段階の実体と物理的に分離されており、高次段階から低次段階への強い拘束がある。しかし低次段階は高次段階へ情報を伝達できる。B. 入れ子状の階層では、高次段階は低次段階によって物理的に構成されており、システムの中枢支配はなく、その結果として高次段階から低次段階への拘束は弱い。C. **神経の**入れ子状構造は、非入れ子状の階層と入れ子状の階層の両方の特性を示す、独特な生物学的システムである。

ウン」で**支配**する。非入れ子状の階層は、最高次段階が最低次段階を支配するピラミッド型の形状として表されることが多い（図2・4A）。軍隊で考えてみよう。まず、たくさんの兵士から最上位の大将まで、敵の動きの情報が命令階層を通じて流れ、報告される。そして大将は中枢司令官として、この情報をもとに配下の下位部隊に指示や命令を下すのである。

一方で入れ子状の階層（図2・4B）では、低次段階は高次段階を**物理的につくりあげ**（構成し）、低次段階が組み合わさって高次段階となることで、ますます全体としての複雑性を生みだす。そのため、入れ子状の階層は**構成的**な階層とも呼ばれる。副腎のような身体の器官は、組織や細胞という要素で構成され、そして最高次段階の身体全体は、このような器官から構成されている。非常に多くの相互作用が段階内や段階間で起こり、そこから新しい性質が、階層を上昇しながら創発する。またこの相互作用によって高次段階が低次段階へ影響を及ぼすことが（そして何らかの支配が）可能となる。しかしそれは物理的な「中枢司令」を欠いた、全体論的な方法によるものだ。

脳内の感覚神経の階層は、非入れ子状でもあり、入れ子状でもある（図2・4C）。それぞれの段階は神経系と脳のさまざまな領域にあるため、物理的には非入れ子的である。つまり、それぞれの段階は物理的には次の段階に含まれているわけではない。また主要な**機能**も非入れ子的だ。つまり「局所的収束」と呼ばれるプロセスでは、非入れ子的な機能がピラミッドの上方への流れから創発する。たとえば視覚処理では、低次段階のニューロンには未分化な反応特性（点や短い線への反応など）がある。これらのニューロンは、より特定のものに反応する高次のニューロンに投射する［軸索を伸ばし、神経連絡をつくる］。最終的に、ピラミッドの頂点にあたる大脳の側頭葉では、特定のニューロンがきわめて高度に統合された視覚刺激に反応する。手、特定の顔、ピサの斜塔といった特定の建物のそれぞれにだけ反応するニューロンもある[32]。もう少し正確に説明すると、これらの最高次ニューロンは統合された入力を受けるが、各ニューロンはおそらく、ただひとつの対象というよりは類似した対象にも反応する[33]。感覚処理の頂点で特殊化したこうしたニューロンには、「おばあさん細胞」という風変わりな呼び名がついている。自分のおばあさんの顔だけに反応するような細胞があるかもしれないからだ。またはヴァチカンでピラミッドの頂点に座し、枢機卿団からの報告を受ける教皇のような細胞であるとして、「教皇ニューロン」とも呼ばれる。この例では、低次ニューロンは高次ニューロンに厳密に制御されているわけではないが、高次ニューロンは物理的に非入れ子的な状態で、感覚神経のピラミッドの頂点に位置している。

このような非入れ子状の、「多から一へ」の局所的収束によって、脳の機能的性質が統一される。しかし収束への決まった流れがあると、流れとともに多くの特定の情報（たとえば視認された顔の空間的位置など）が失われていくことになる。これを補うために、統一的な気づきをともなう神経系は、さまざまな階層段階のすべての感覚情報を使って統合するという別の性質を備える必要がある。これは低次段階を高次段階へと入れ子状にすることで達成される。すなわち、感覚意識は**入れ子状**の階層的な機能的特性を兼ね備え、高次段階は**機能的**に低次段階を包含する。木からリンゴが落ちるところを見ている人について考えてみよう。視覚処理の階層の最初の段階（網膜など）では、リンゴは多数の線分の集合体として表される。そして高次階層すなわち大脳で、短い線分をつなげて長い線分にし、リンゴの赤色の小区画をより大きな区画へと貼り合わせることでリンゴの輪郭が形作られる。こうして部分部分が組み立てられ、次第に複雑になっていく。そして大脳のもっと高次の階層で、果柄がリンゴの輪郭全体に付け加えられ（あるいは入れ子になり）、リンゴの色がリンゴの形状に結びつき、そうしてできた高次の表象が、リンゴが木から落ちる運動に結びつけられる。最終的に、**すべての情報が収束するような中心的な場所**なしで、解剖学的にはそれぞれ分散している表象から、リンゴが落下する過程という統一的で主観的な経験が形作られる[34]。この場合、「おばあさん領域」やその「教皇区画」と類似するところはない。ダニエル・デネットが指摘したように、すべての感覚情報が集合して統一的な意識を生むような「デカルト劇場」[35]なるものは、物理的には存在しないのだ。情報は、意識において**機能的に入れ子状**になっているため、統合されている。

したがって、意識を生みだす複雑な神経系はいかなるものでも非入れ子状の階層と入れ子状の階層の両方の性質を兼ね備えている（図2・4C）。そしてこの特性がある点で意識は特殊であり、自然界全体でもおそらく唯一無二である。おそらく意識をもつものすべてにこの二重の性質があり、二重の性質があるものはすべて意識をもつだろう。この二重の階層は、統一的な意識を生みだすのに不可欠である。

神経階層は同型的表象、心的イメージ、感性状態を生む

神経階層と感覚意識をもつことがわかっている脳にある、もうひとつの特殊な神経生物学的特性は、部位局在的［topographic］あるいは同型的［isomorphic 神経投射先のニューロン配置が元のニューロン配置と同一であること］な地図を生みだすことだ。部位局在地図とは、中枢神経系で感覚領域の**空間的**秩序が低次段階から高次段階まで保存されていることを意味する（topo＝場所、graph＝描写）。すなわち、階層のさまざまな段階でニューロンがまったく同じ配置となるように組織化され、こうしたニューロンからシグナルが送られることによって、元の感覚受容器からの空間的配置が一致するよう特徴づけられるのである。典型的な部位局在地図は、触覚関連の**体部位局在**地図であり、哺乳類の大脳皮質（頭頂葉）にある。この地図では、歪んだ状態ではあるが皮膚やその他の体表面の各位置が表象されて［表現されて

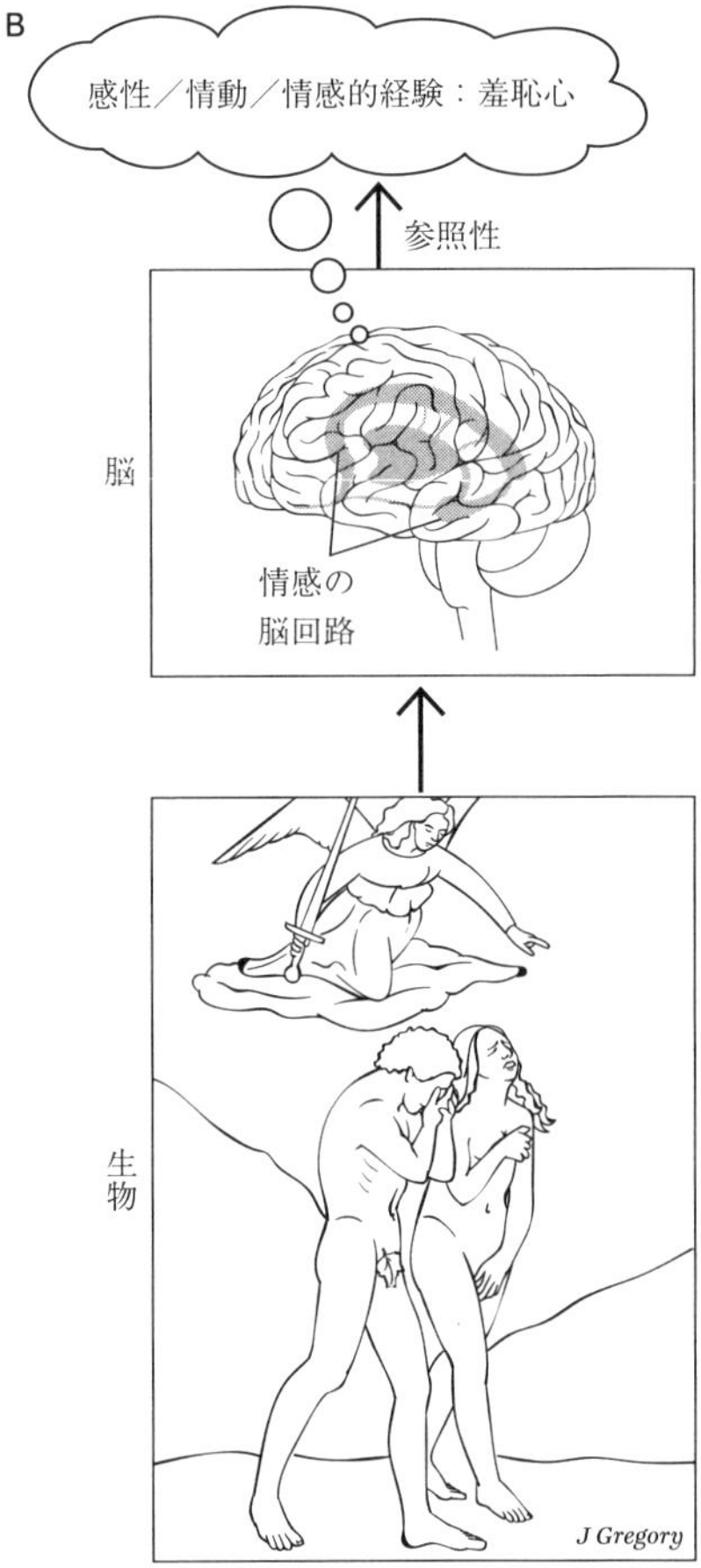

図2・5　同型性、情感、2種類の意識。A（次頁）. 体部位局在的に地図で表された同型的意識。感覚イメージは脳の大脳皮質によって経験され、身体の一部分がリンゴに触れることによって、リンゴへと感覚イメージが外部参照される。**ホムンクルス**は「小人《こびと》」を意味し、身体全体の皮質地図が歪んだ小人に見えることを指す。Aの右側の動物はホシバナモグラといい、鼻の触突起の触覚が非常に敏感である。上の図での、ホシバナモグラの脳内に数字で示された地図は、触突起の体部位局在的配置を表している（Catania and Kaas, 1996）。B. 同型的イメージをともなわない情感意識。ここでは羞恥心という情感的な感情を例としている。マサッチオの『楽園追放』（1425年）という有名な絵から改変。

represented〕いる（図2・5A）。特に大きいのは、身体の中でとりわけ触覚に敏感な部位、すなわち顔と手の表象であり、もっとも多くの感覚処理が行われている。部位局在性のもうひとつの例は、哺乳類の大脳皮質の後側（後頭葉）にある**網膜部位局在**地図であり、視野の各位置が地図で表されている。[36] 脊椎動物の脳にはたくさんの部位局在地図があり、この感覚地図には外的環境の一側面をコード化したものや、身体の一側面を表象するものがある。

　しかしすべての脳内地図が、物理的空間での刺激の位置を反映しているわけではない。そのかわり、嗅覚地図は匂い化合物に、聴覚地図は周波数にしたが

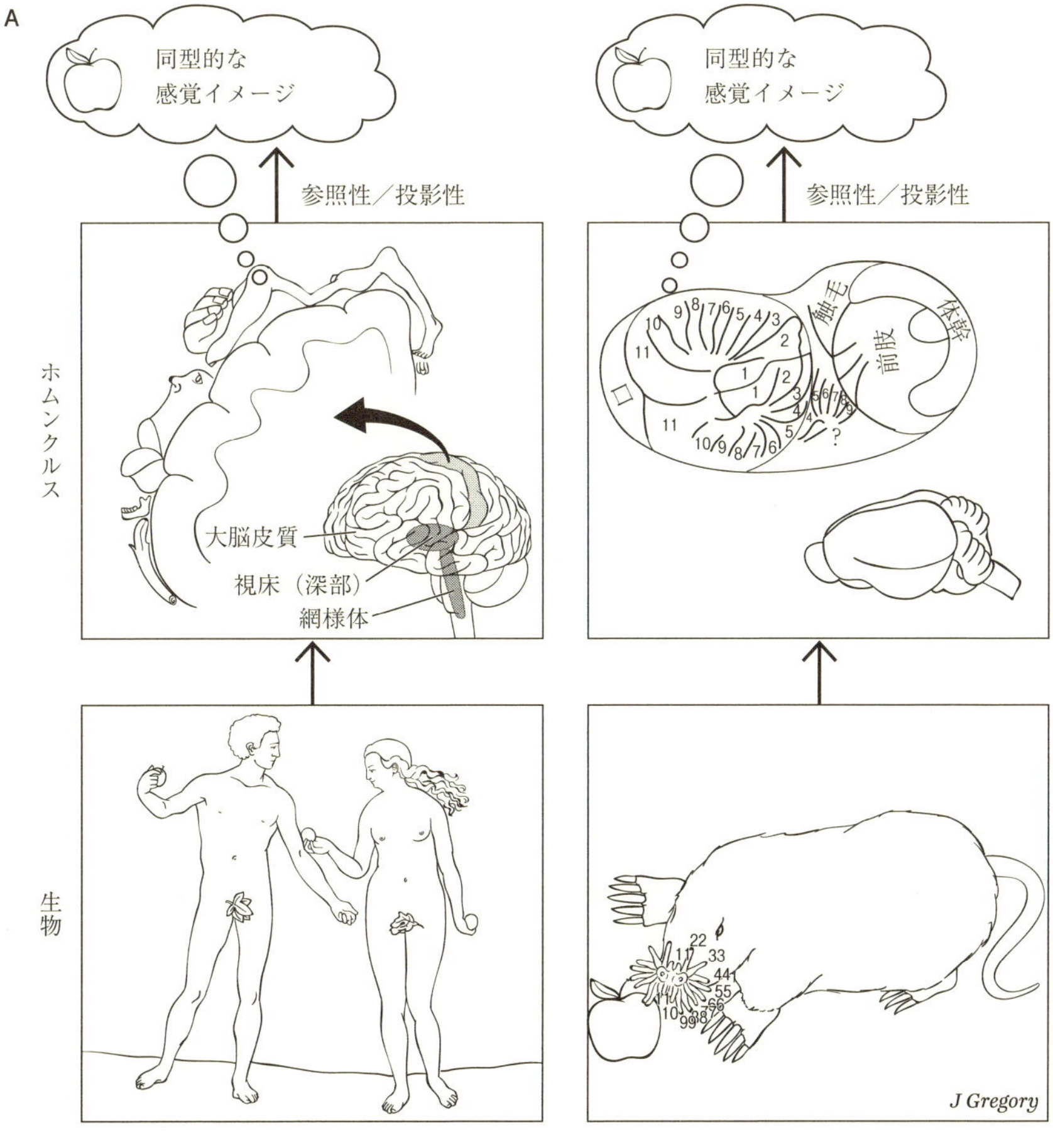

って配置されている。[37] このような明確な部位局在性をともなわずに入力する感覚については、「同型的」という語だけを用いよう。しかし究極的には、聴覚地図や嗅覚地図はその受容器、つまりそれぞれ耳の感覚器（蝸牛）と脳内の嗅球の空間的配置に基づいている。したがってこれらも大なり小なり部位局在的だ。というわけで、地図形成の一般用語として「同型的」を使っていきたい。

同型的な神経表象は、感覚意識と関係するため重要である。同型的な神経表象は物理的、生物学的実体であるが、意識をもつ生物は同型的な神経表象の地図を、地図で描き出された**感覚的な心的イメージ**として経験することができる。要するに、脳と心の境界面を中心に、客観的**表象**が主観的**イメージ**の鏡写しとなっているのである。この「感覚的な心的イメージ」という語を、脳の複雑な感覚情報処理から直接的かつ即時に生じる、意識の同型的側面を記述するために使おう。

他の人々もまた、同型的な地図が感覚意識に重要であると強調してきた。[38] まずシェリントンは、遠距離受容器によって生じるような外的世界の地図の進化が、太古の脳の起源に決定的であったと言った。事実、彼は大胆にも「脳は、常に『遠距離受容器』を基盤として構築され、そこから進化した神経系の部位である」と述べている。[39] ジェラルド・エーデルマンは、感覚地図と心的イメージを、彼が原意識と呼ぶものの決定的な特性だとし、「原意識とは、世界の物事についての心的な気づきがある、つまり、まさしく現に心的イメージがあるという状態である」と結論づけた。[40] アントニオ・ダマシオは、「地図で表された神経パターン」がどのように、彼が「中核意識」と呼ぶものの一部をなす「心的イメージ」をもたらすのかを議論している。この「中核意識」は、エーデルマンの「原意識」に近い。[41] 心的イメージが原意識、感覚意識の一部であり、したがって「〜であるとはこのようなことだ、という何か」の生成に寄与することは、本書では自明なこととして扱おう。

しかし同型性は、それだけでは意識にとって十分ではなく、あらゆる感覚意識の一部をなしているわけでもない。このことは、網膜、蝸牛、脊髄などの感覚処理経路の低次段階にも「地図」があり、こうした低次段階の「地図」自体から統一的な意識イメージが生じるわけではないことからもわかる。一方で、地図で表された情報が感覚処理経路の高次段階に達すると、その同型的な構造は次第に不明瞭になり、脳内のどこにその「地図」があるのかを見つけることさえ難しくなっていく。[42] ここで重要なのは、何を感じたのかについて熟考するときのような発達した感覚意識は、それほど同型的ではないという点だ。

最後に**情感意識**、つまり情動におけるポジティブな感情やネガティブな感情には、独自の脳の回路があり、同型的地図形成は必要ではなく、おそらく心的イメージというよりは心的状態として経験される（図2・5B、第7章、第8章）。

したがって同型的地図は、主観性や「～であるとはこのようなことだ、という何か」が生じたり進化したりする要素の一部にすぎない。その他にも多くの特殊な神経生物学的特性と一般的な生物学的特性（表２・１）が感覚意識と存在論的主観性の生成に必要である。

独特な神経間相互作用を生成する神経階層

多くの理論では、大規模で広範囲な神経の**相互作用**が意識の鍵だとされている。これらは「双方向的な」「反回性の」あるいは「再帰性の」相互作用と呼ばれている。また局所的な神経回路内での伝達と、離れた神経中枢間での広範囲のフィードバックの両方を兼ね備え、組織化、統合化されている。そして統一性やクオリア、特定のクオリアに選択的に注意を向けることといった、多くの意識の特性に不可欠だと考えられている。たとえばクリックとコッホ[43]は、互いに結びついて相互作用する特定のニューロン群が「支配的連合体」を形成し、協調的に「集合する」ことで統一的な意識が生じると述べている。彼らを含め多くの研究者が、意識におけるこのようなクロストークのパターンを、哺乳類（そしておそらく鳥類）の高次の脳領域、特に哺乳類の大脳皮質のさまざまな領域のあいだ、あるいは大脳皮質と視床という大脳の他の領域（図２・５Ａの左上の四角い区画の中に描かれている）とのあいだにしか認めていない。複雑な神経の相互作用が意識に不可欠だということには心から同意するが、このような皮質、視床中心的な見方は限定的すぎるように思える。大規模な神経間相互作用は、脊椎動物や無脊椎動物の中枢神経系における他の多くの領域にも見いだされることがわかっており、そのうちの一部は意識と関係があるかもしれない（第５章～第９章）。第10章では、直接的に接続して階層的に配置している各種の感覚に固有なニューロンの、複雑な連鎖の中やあいだでの独特な相互作用によって、感覚意識や（第１章で議論したクオリアをはじめとした）神経存在論的な主観的特性の独特な側面が生みだされるのかもしれないことを示そう。

注意

注意は直感的には明白な概念だが、科学的に定義するのはとても難しい。しかしウィリアム・ジェームズは実用的な定義を以下のように与え、一般的にも受け入れられている。

> それ［注意］は、同時に捕捉可能に思われる対象や思考の流れのうちのひとつが、鮮明かつ明確なかたちで心に捉えられることである。意識の焦点化や集中が注意の本質である。そしてあるものを適切に処理するために他のものを切り捨てることも意味する。(44)

ここでは感覚について考えているので、**選択的注意**に着目しよう。重要な刺激を**選択**し、重要でないものを除去し、重要な刺激から次の重要な刺激へと**移る**ような注意だ。

注意と意識は密接に関係しているものの、同じであるようには思えない。(45) 注意を向けられた対象のありとあらゆることが意識に必要なわけではないし、注意されていない対象が意識から完全に取り除かれているわけでもない（たとえば人は周辺視野にある物に気づく(46)）。注意と意識は同じものなのか、強く関係しているのか、弱い関係しかないのか、まったく関係ないのかという問題はさかんに議論されている。(47) とはいえ、ここでは中道的な結論をとろう。すなわち、意識は注意を必要としているか、あるいは注意に依存しているという見解である。注意の焦点にある対象は、意識される可能性がもっとも高いだろうし、逆もまた然りだからだ。したがって、これらのふたつの現象は一緒に進化しやすい、すなわち共進化しやすいだろう。

意識に関係した注意には、ボトムアップ型（外因的）からトップダウン型（内因的）まで、いくつかのサブタイプがある。(48) ボトムアップ型の注意は、やってくる刺激の重要性によって突き動かされ、動物は環境中に突然生じた事物［刺激の発生源］のほうを向く。一方でトップダウン型の注意は事前予想をともない、目標に向かって集中して焦点をあてることで注意を維持する。ひとまず本書ではボトムアップ型について扱おう。ボトムアップ型はより単純で、脳の複雑性もそれほど必要なさそうなので、先に進化したであろうからだ[49]。トップダウン型の注意は、ほぼ本書の範囲外にあるもっと高度な意識に関係しているので、あまり考慮に入れることはないだろう。

いずれにせよ、注意は適応的である可能性が高い。注意の足りない動物はたやすく捕食されてしまう。注意のおかげで動物は環境中で特に生存に重要な個別要素に集中し、他のものを遮断できるようになる。

感覚意識は、おそらく多様な神経構造によって生みだされる

感覚意識の神経生物学を説明しようとする神経科学者は、ほとんどいつも、クオリアの性質を単一の神経生物学的問題として扱っている。第1章でクリックとコッホが「赤色の赤さ」や「痛みの痛さ」について、二種類のクオリアが同じものであり、同じ脳のメカニズムに起因するかのように述べていたことを思い出そう。しかしひょっとしたら、意識の外受容的側面は情感的側面とは違っていて、さらにこの両方は内受容的な側面とも違っているのではないだろうか。あるいはひょっとしたら、この三つの側面ごとに意識の神経メカニズムは違っていて、さらに魚やヒトやタコといった動物群でもそれぞれ神経メカニズムは違っているのではないだろうか。のちに見るように、脊椎動物で意識に至る嗅覚（匂い）の経路には、他のすべての感覚経路とは違った特有の特性がある。さまざまな感覚のあいだに、意識の多様性はあるのだろうか。そして最後に、意識が多様だとすれば、結局すべての意識に共通する特性はあるのだろうか。すでにオーストラリアの神経生理学者のデリク・デントンはこうした問題を提起し、特に情感意識と外受容意識のあいだに多様性のしるしを探し始めている[50]。これについては後のほうの章で深く追求しよう。

本書では、表2・1で示された意識の一般的な生物学的特性と特殊な神経生物学的特性を、脊椎動物で徹底的に探求していく。脊椎動物の話をする地盤固めに、次章では脊椎動物にもっとも近縁な無脊椎動物の、より単純な神経系を探っていこう。

第3章　脳の誕生

脊椎動物の感覚意識の進化と、意識を可能にした特殊な神経生物学的特性の起源をたどるために考えるべき最初の問題は、「いつ」「どのように」「なぜ」複雑な脳が進化したのかである。神経生物学的自然主義という本書の仮説に決定的なのは、カンブリア爆発［カンブリア紀直前〜初期に起こった動物の最初の爆発的な放散］の直前に、脊椎動物の祖先となった無脊椎動物で小さな脳が進化したことだ。この取るに足らない脳はまだ複雑化が始まったばかりだった。すべての生物学的システムを特徴づける一般的な生物学的特性と、多シナプス性の反射や基本的運動プログラムはあったものの、感覚意識を生むような特殊な神経生物学的特性（表2・1を参照）は少ししか、あるいはまったくなかった。

脊椎動物は**脊索動物**門に属している(1)。そこで本章の主旨は、脊椎のない原初の脊索動物が備えていた単純な脳が、脊椎動物の複雑な脳へとどのように進化できたのかを探ることにある。しかしまずは必要となる背景情報を確認しよう。どの脊索動物にも脊索があり、脊索動物門を定義する特徴となっている。脊索は神経組織ではなく、背側で前後に伸びる、身体を支える棒状の構造物である（図3・3、B、D、E、Fで示された部分を参照）。脊椎動物では、脊索は背骨の核となる。といっても背骨のうち、骨化した脊椎ではなく、脊椎のあいだにあるスポンジ状の円盤つまり椎間板である（「椎間板ヘルニア」と呼ばれるヒトの腰の病気と関係する）。

脊索動物門は、身体の左右が対称な動物つまり左右相称動物に属する動物門のひとつである（図3・1）。左右相称動物には、カイメン［海綿動物］、クラゲやその近縁群［刺胞動物］、クシクラゲ［有櫛動物］を除く、ほとんどすべて

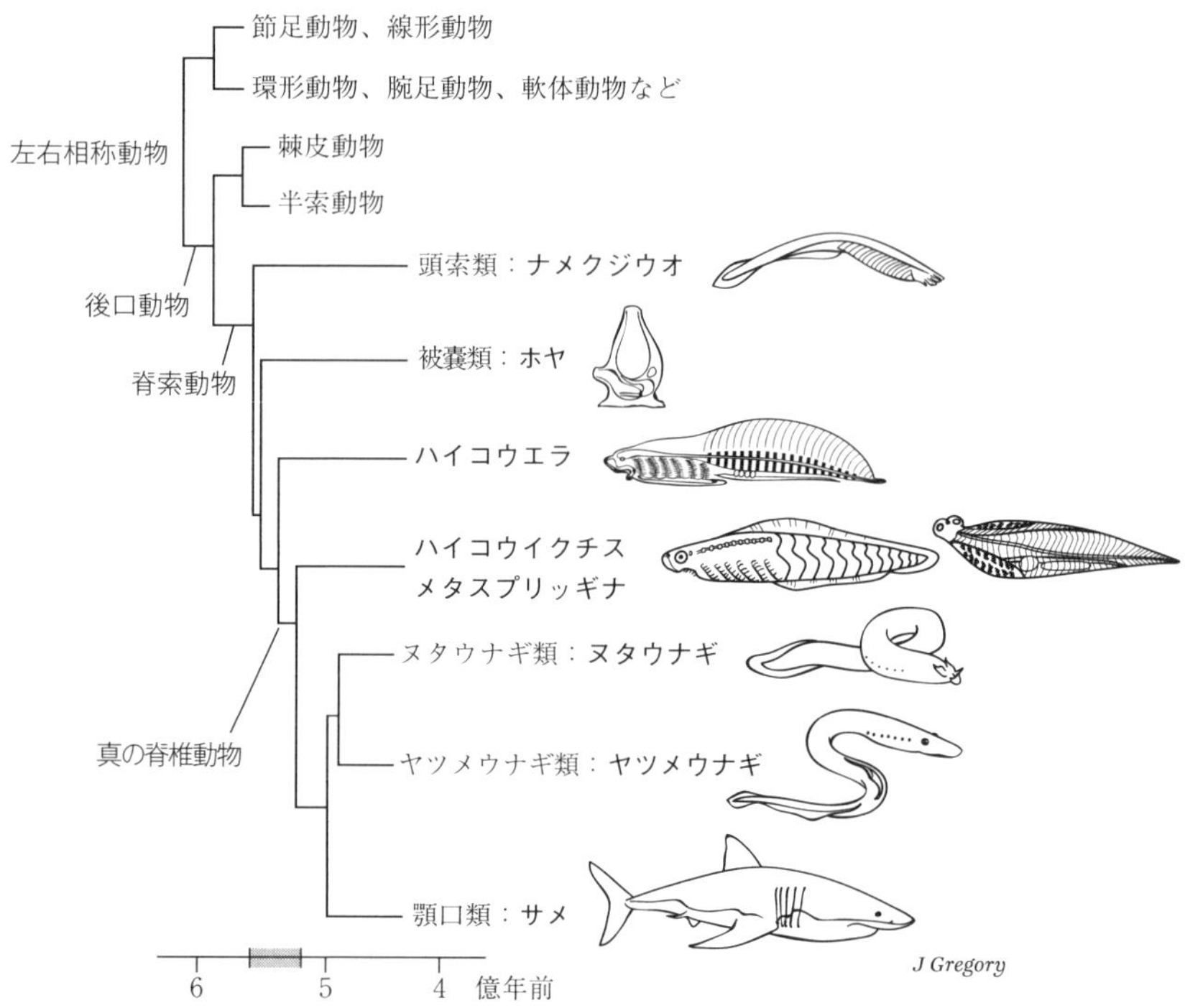

図3・1　脊椎動物や、脊椎をもたない頭索類や被嚢類といった、脊索動物間の関係を示す系統樹。絶滅した化石脊索動物であるハイコウエラ、ハイコウイクチス、メタスプリッギナ以外は、すべて現生動物。

の動物群が含まれている。脊索動物以外の左右相称動物には、昆虫やエビといった節足動物や、センチュウすなわち線形動物、ミミズなどの環形動物、巻貝やイカや二枚貝などの軟体動物、ヒトデやウニといった棘皮動物など、多くの無脊椎動物がいる。[2]

すでに図2・1で示したように、左右相称動物の身体には少なくとも原始的に、前後、上下（つまり背腹）、ほぼ鏡像になった左右（この状態が左右相称と呼ばれる）の区別がある。生物学者のピーター・ホランドは左右相称動物について、「（原始的には）これらの左右相称動物は身体の前後に開口部がある腸を備え、口から餌を摂取し、老廃物を排出する肛門へと餌を一方向に送る。腸の両側には筋肉ブロックがあり、身体を曲げること〔や、動かすこと〕ができる……はっきりとした方向性のある、非常に活動的な移動運動〔のため〕である」と述べた。[3]

左右相称動物の身体は三つの胚葉から発生

する。これらは図２・１の右上に、内側の内胚葉、外側の外胚葉、中間の中胚葉としてすべて示してある。左右相称動物には神経系があるが、本来はどのくらい複雑だったのか、また最初の左右相称動物には脳があったのかについては議論がある。

とはいえ現生のどの脊索動物にも脳があるので、脊椎のない初期脊索動物の段階で単純な脳が進化していたといえる。本章ではこの初期の脳を復元して、のちに脊椎動物の意識を生むに至った革新を明らかにするための舞台を用意する。祖先的な脊索動物の脳を復元するにあたり、脊椎動物にもっとも近い近縁群の単純な脳について説明しよう。脊索動物門に属す、魚のような姿の頭索類（ナメクジウオ）と、被嚢類（尾索類、ホヤ）だ。こうした脊椎のない海棲脊索動物と脊椎動物との関係は図３・１に示してある。しかし被嚢類とナメクジウオの話に移る前に、脊索動物の神経解剖学の基本原則を説明する必要がある。

脊索動物の神経解剖学の基礎

どの脊索動物の神経系にも、中枢神経と末梢神経というふたつの基本要素がある（図３・２）。中枢神経系［central nervous system（ＣＮＳ）］には、頭部の脳と頸部や体幹部の神経索（または脊髄）が含まれる。末梢神経系［peripheral nervous system（ＰＮＳ）］は、身体中にはりめぐらされた神経で構成される(4)。脊索動物の中枢神経系は脊索の背側に、つまり腹部（下側）とは反対側にある。

図中にあるように、方向を表す用語は神経系まわりを案内するのに便利だ。「頭側」は高次の脳中枢の方向であり、「尾側」はその反対である。ヒト以外の脊椎動物では身体は水平なので、「頭側」と「尾側」はそれぞれ「前側」と「後側」と同じだ。

第１章、第２章で述べたとおり、神経系は多数の伝達しあう神経細胞すなわち**ニューロン**で構成されており、特に中

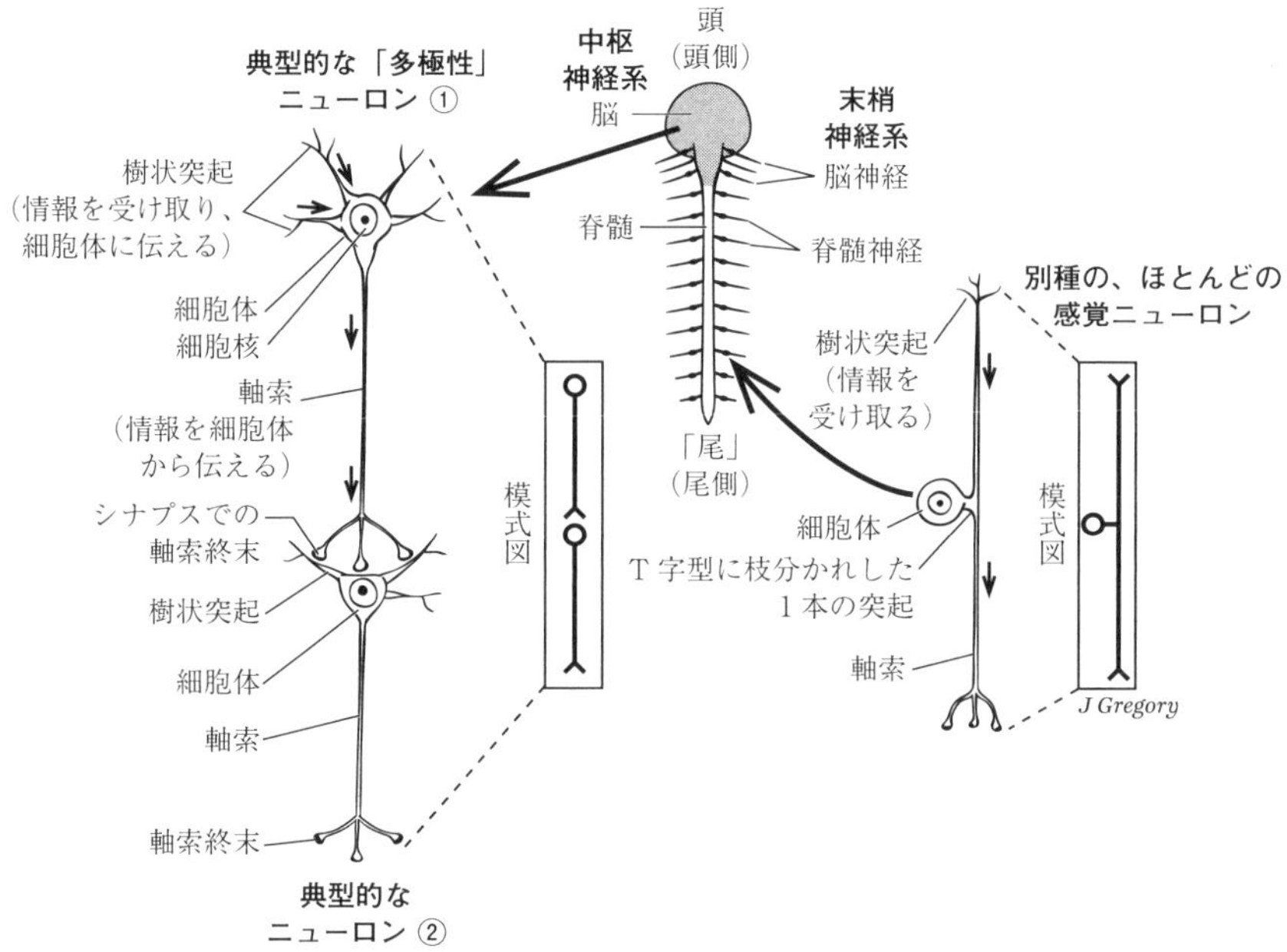

図3・2　脊索動物の神経系の基本部分。主に脊椎動物に基づいており、前側からみたヒトの神経系を中央に示す。また神経系におけるニューロンの基本的な種類やシナプス結合も示す。ニューロンとシナプスについては図2・3でも示した。

枢神経や脳で連鎖や情報処理ネットワークをつくっている。ニューロンは、感覚刺激や他のニューロンからのシグナルに反応して興奮する細胞である。シグナル伝達を行っている典型的なニューロンふたつを、図3・2の左側に示した。ニューロンには、電気シグナルを伝えるための細い**突起**がある。通常この突起には、シグナルを受け取る複数の**樹状突起**と、シグナルを送る一本の**軸索**があり、すべてニューロンの**細胞体**に接続している。長い軸索は神経**繊維**と呼ばれる。細胞体の中には、ニューロンを制御する中枢である**細胞核**があり、遺伝子も細胞核に入っている。

シナプスでは、ニューロンから他のニューロンへのシグナル伝達が行われる。軸索が伸びていった先端、他のニューロンの樹状突起や細胞体へと**神経伝達物質**という化学物質を放出するところにシナプスが生じる。次のニューロンは神経伝達物質によって、電気シグナルを生成するよう誘導される（あるいは、シナプスが興奮性ではなく抑制性の場合、シグナルの生成が抑えられる）。

ほとんどのニューロンは多極性（つまり「多数の突起がある」）ニューロンであり、複数の樹状突起と一本の軸索を備えている。図３・２左のふたつのニューロンがそうだ。図の右側に示したのは、重要な別種のニューロン［偽単極性ニューロン］である。感覚ニューロンの大部分がこれに相当し、一本の太い突起だけが細胞体に結合している。

最初期の脳の進化と起源

脳はほとんど化石にならない。そこでカンブリア紀以前に起こった脳の進化の初期段階を復元するためには、現生の脊索動物を利用する必要がある。脊椎のないすべての脊索動物、つまり被嚢類とナメクジウオ（図３・３）には触覚があり、おそらくは環境中の化学物質も感じることができる［嗅覚・味覚的感覚がある］。しかし脊椎動物とは違い、イメージを形成できる眼や、嗅覚を司る鼻、あるいは耳などといった、精緻化した感覚器官を欠いている。脊椎のない脊索動物［被嚢類とナメクジウオ］の未発達な脳を研究することで脊椎動物以前の祖先の脳を探求しようとしても、決して簡単ではない。被嚢類やナメクジウオの脳の解釈が難しいことがわかっているのだ。どうやら、脳が小さく、原始的な状態から二次的に単純化し、さらには進化を経て特殊化しているためらしい。

被嚢類

被嚢類(5)は非常に多様化した海棲動物の一群であり、ほとんどが水中の微小な餌を濾過して食べる濾過食性だ。身体を覆う頑丈な外被、すなわち被嚢があり、タンパク質とセルロースを含んでいる。セルロースは被嚢類以外では植物にしか存在しない基質だ。主な下位群はホヤ類［ascidians］である（図３・３A）。ホヤ類には自由遊泳性の小さな幼生の時期があり（図３・３B）、オタマジャクシに似ている。幼生期は数日しかなく、餌を摂らずにすぐに着底し、固着性で濾過食性の成体に変わる。成体の身体は袋状で、水を濾過するための大きな咽頭や他の臓器がほとんどを占め、移動運

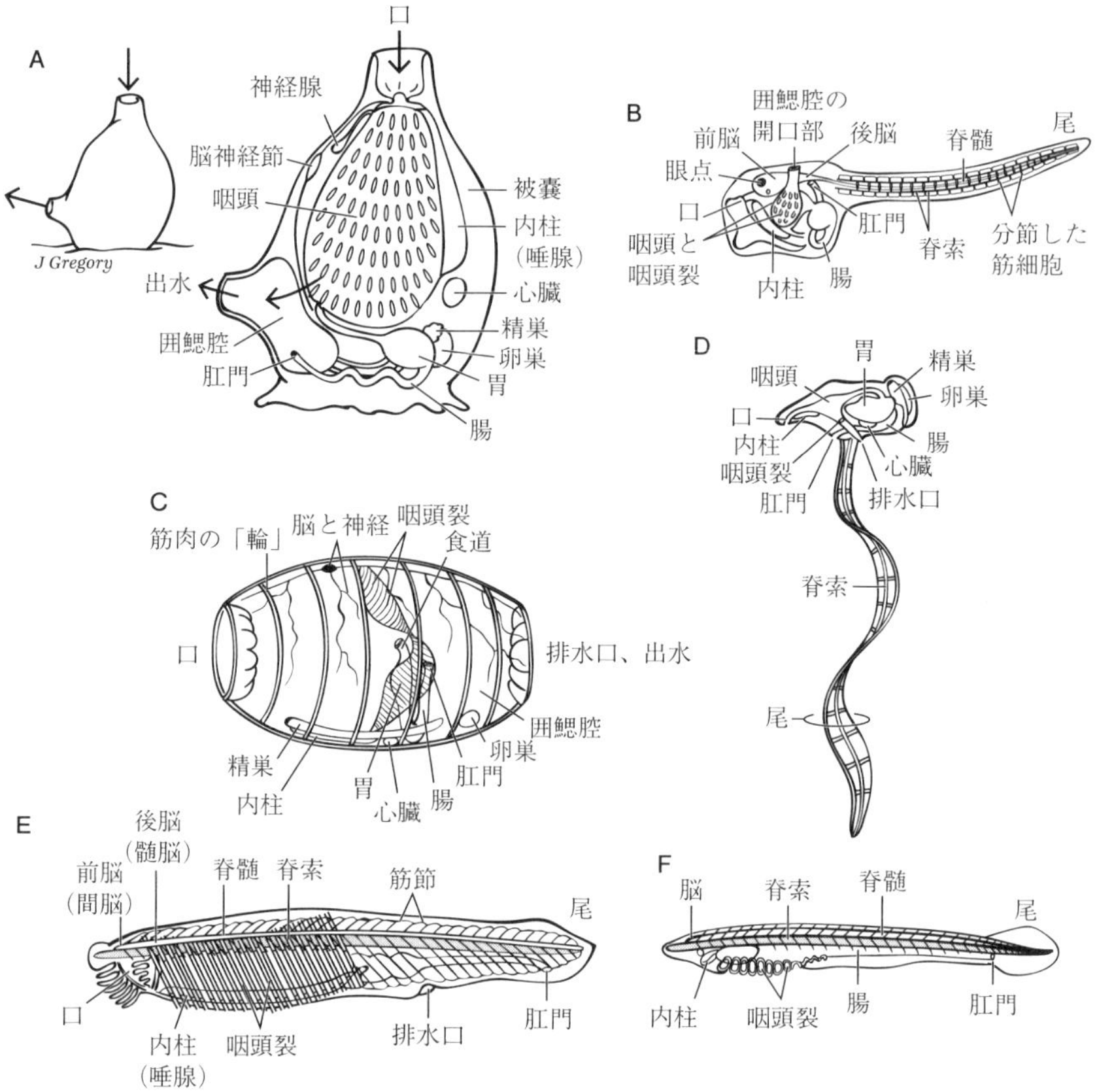

図３・３　脊椎のない脊索動物、被囊類と頭索類（ナメクジウオ）。A. ホヤ類、成体。左は動物の外観図、右は身体を半分に切った断面図。矢印はホヤ類の咽頭で水の流れる向き。B. ホヤ類、幼生。C. タリア類（サルパ類に同じ）。D. オタマボヤ類。E. ナメクジウオの成体。F. ナメクジウオの幼生。A を除き、頭と口がある頭側が左向きになっている。

動のための構造や筋肉はない。自由遊泳性のタリア類［thaliaceans］（図３・３Ｃ）はホヤ類の下位群から進化したらしい。タリア類でとりわけ有名なのがサルパだ。身体は樽状で両端が開いており、収縮によって水のジェット推進力を生み、前に進む。

被囊類で最後の下位群はオタマボヤ類［larvaeans, appendicularians］（図３・３Ｄ）だ。一生を通して自由遊泳性でオタマジャクシ型だが、非常に小さく（1 cm以下）、水中の微小プランクトンや細菌を摂食する。

二〇世紀の終わりまで、脊椎動物はオタマボヤ類から進化したか、あるいはホヤ類のオタマジャクシ型幼生が生殖腺を獲得して性成熟し、生活環の中で以前は成体だった段階が消失したもの（この過程は**幼形成熟**［neoteny］と呼ばれる）から進化したと考えられていた。[6] しかしリンダ・ホランドらによる遺伝学的研究によって、オタマボヤは他の左右相称動物にある多くの遺伝子を失っており、オタマボヤの形質はほぼ、速い発生と短い寿命のために特殊化していることがわかった。したがってオタマボヤは「どこか変」であり、原始的ではなさそうだ。実際のところ、すべての被嚢類は多くの遺伝子を失い、急速な遺伝子進化が起こっているのであり、オタマボヤ類はその極端な例にすぎない。そして被嚢類の解剖学的構造の詳しい観察からも、被嚢類はどれも特殊化しており、脊椎動物の祖先の候補として有力ではなさそうだと考えられている。たとえば、幼生の体幹の遊泳筋は魚にあるような真の筋節ではなく個々の筋細胞でできているだけであり、また肛門が咽頭部（頸部）に開いているので体幹には腸がない（図3・3B）。[7]

こうした「奇異性」にもかかわらず、皮肉にもこの遺伝学的研究によって、被嚢類がもっとも特異な脊索動物であるのと同時に脊椎動物にもっとも近縁であることもわかった。つまり魚のような姿をした頭索類（図3・1参照）よりも近縁なのである。こうした遺伝子研究のほとんどは、フレデリック・デルサック、ハーヴ・フィリップらによって行われた。[8] 彼らの証拠によれば、被嚢類は高度に多様化しているだけで、脊椎動物とは互いにあまり似ていない姉妹（「姉妹群」は正式な用語だ）のようなものである。

どの被嚢類の脳も小さく、せいぜい数百のニューロンがあるにすぎない。[9] しかしサーストン・ラカーリとリンダ・ホランドがさまざまな被嚢類の下位群の脳を調べたところ、脊椎動物の脳にあるのと同じ、前脳、中脳、後脳という三つの領域を確認した。ただし、それは同時に存在してはいない。[10] つまり下位群と生活環の各段階で、この三つの脳領域のうちのどれかを欠いているのである（図3・4）。おそらく被嚢類の祖先だった脊索動物には三つの部分すべてを備えた完全な脳があったが、被嚢類の各系統でさまざまに減少していったのだ。[11] 図3・4では、被嚢類の脳の各部位がどれほど多様であるのと同時に明らかに退化しているのか、またそれぞれの被嚢類の脳がどのように前脳、中脳、後脳とい

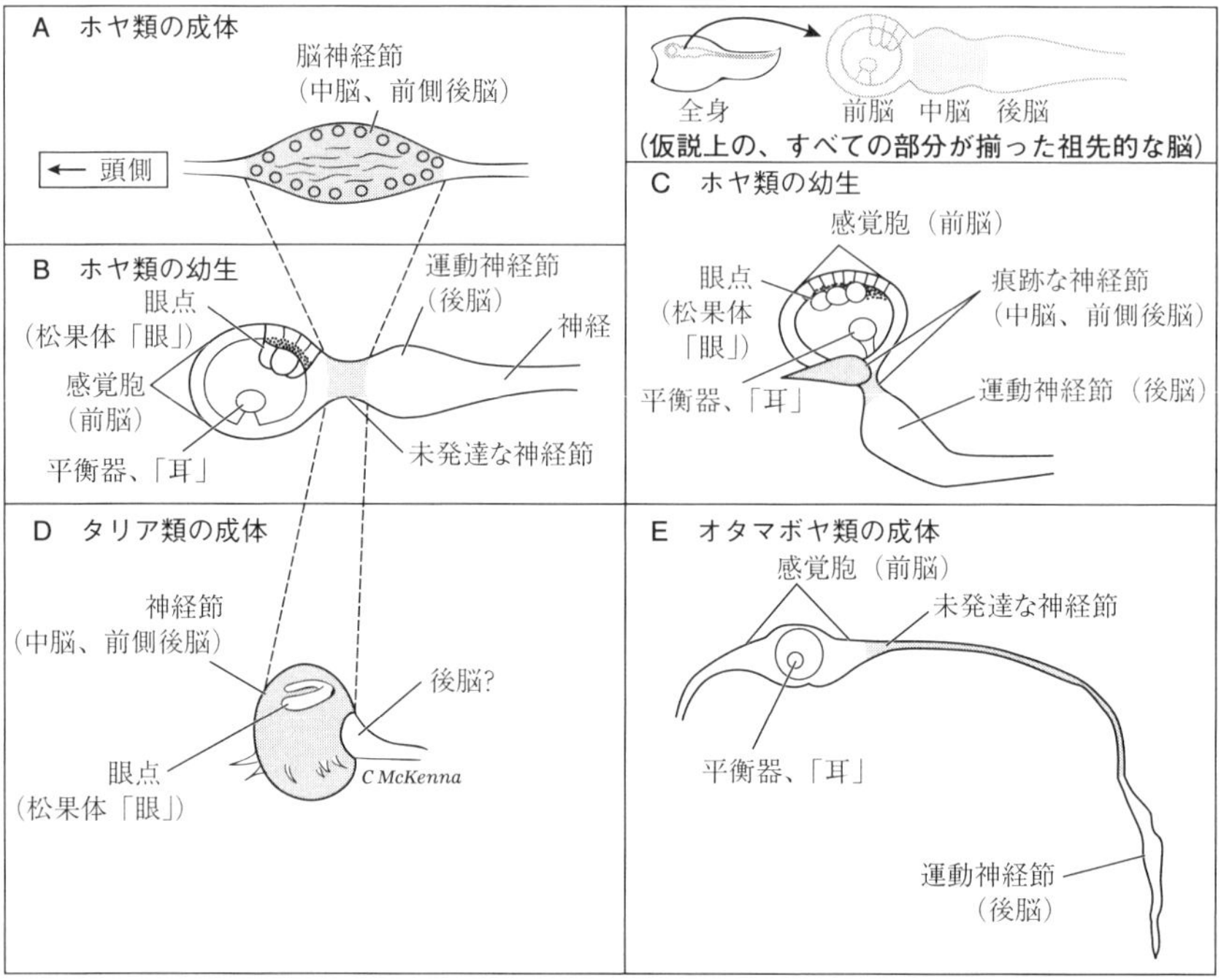

図3・4　生活環の各段階の、各被嚢類の脳。左を頭側として、側面から見た脳（方向は、右上にあるオタマジャクシ型の「全体図」を参照）。A. ホヤ類ユウレイボヤ属［*Ciona*］の成体。B. ホヤ類ユウレイボヤ属の幼生。C. マンジュウボヤ類［aplousobranch］。この動物群はホヤ類のなかでもっとも精緻な脳をもつ（図は *Diplosoma* 属）。D. タリア類の *Thalia* 属。E. オタマボヤ類の *Oilocpeura* 属。それぞれの脳で比較可能な領域を灰色で示し、同じ名称で表記してある。

う祖先状態（図3・4の右上）から派生したらしいのかを示している。灰色の部分を見れば、それぞれの被嚢類を比較することができる。共通の設計［plan］はありそうだが、脳が三つの部分からなっていることは「鏡に映して見るようにおぼろげに」［新約聖書、コリント人への第一の手紙、第一三章に由来する慣用表現］しかわからない。被嚢類の脳は祖先的な脊索動物の脳を復元するにはあまり役立たないことがわかったが、もしかしたら頭索類の脳を見ればもっと何かがわかるかもしれない。しかし、頭索類についてはそもそも脳があるのかどうかさえ長いあいだ議論になっていた。頭索類の脳は細く、膨らんでいない、ほぼまっすぐな管状であり、後部にある脊髄と似ているからだ。だが新しい手法で頭索類には脳が確かに存在することがわかり、そこから非常に多くの情報が得られることもわかった。以下で見てみよう。

頭索類（ナメクジウオ）

頭索類（図3・3E、Fを参照）[12]は被嚢類よりも脊椎動物と遠縁ではあるが、より保守的な体制［body plan］をしており、前脊椎動物［prevertebrate 脊椎動物に進化する前の、脊椎動物の祖先］と原始的な脊索動物の両方の状態をうまい具合に示しているようだ[13]。なぜなら頭索類のゲノム（遺伝子とDNAの総体）は脊椎動物のゲノムとよく似ており、胚発生の仕方と、その結果である魚に似た解剖学的構造もまた脊椎動物と似ているからだ。頭索類はあまり多様性のある動物群ではなく、ほとんどの種は図3・3E、Fのような姿をしている。

頭索類の生活環には幼生期と成体期があり、ともによく泳ぎ、濾過食性である。遊泳性の幼生は海表面近くで摂餌し、1cmほどに成長すると成体となり、海底の砂の中に潜って棲む。そこで最終的に体長4〜6cmに達する。ナメクジウオの成体の脳（図3・5A）は大きく膨らんでおらず、確かに脊椎動物の脳よりは単純ではあるが、数千ものニューロンがある[14]。これだけあると神経生物学者がニューロンとその神経連絡を全部明らかにするには複雑すぎる。しかし若幼生の脳は十分小さいので、脳をひととおり連続的な薄切切片（スライス）にして電子顕微鏡で観察、復元すれば、ほとんどのニューロンの位置を特定し、軸索がどこに伸びているのかも追跡できる。こうしてサーストン・ラカーリらは、より単純な幼生の脳を用いてナメクジウオの脳領域を見分け、脊椎動物と比べることができた[15]。幼生で各脳領域の重要性が明らかになれば、その基本的なランドマーク、つまり目印を使ってナメクジウオの成体の脳を解読できる。こうしたランドマークは、成体でも存続するからだ。

ナメクジウオの幼生には、脳の前端に前方「眼」［frontal eye］（図3・5B）がある。わずか数個の光感受性ニューロン（光受容細胞）があるだけで、イメージは形成できないが、それでも脊椎動物の網膜に相当する[16]。脊椎動物では、発生中の前脳の間脳と呼ばれる部分から生じる。脊椎動物では、前脳の残りの部分は終脳（大脳、図3・5Cを参照）

である。ナメクジウオの「眼」が脳の最前端にあるという事実から、ナメクジウオには間脳はあるが、おそらく終脳はないことがわかる[17]。またナメクジウオの脳では、前方眼の後方に、特殊な分泌性ニューロンからできた**漏斗器官**［infundibular organ］がある。これは脊椎動物の下垂体（神経下垂体）に似ている。脊椎動物では、神経下垂体細胞は間脳の腹側、つまり視床下部にある。したがってナメクジウオにも視床下部があることがわかる。ナメクジウオの間脳のさらに背側には、層板細胞［lameller body］がある。そこにある光受容細胞は脊椎動物の松果体（いわゆる「第三の眼」）の光受容細胞に似ている。最後に、ナメクジウオの成体には、漏斗器官の前方近くに脊椎動物の間脳の**視交叉上核**に相当する細胞群がある（図３・５A、Cの「時計細胞」）。この構造がナメクジウオにあることは、脊椎動物と同じように概日リズムつまり日ごとの明暗周期で身体の変化を生じさせる「時計遺伝子」がある［発現している］ことからはっきりと確認された[18]。要するに、前方眼、漏斗器官、層板細胞、概日リズム生成器、これら四つの構造から、脊椎動物と同様にナメクジウオにも前脳の間脳部分があることがわかる。

　層板細胞の後方には**一次運動中枢**［primary motor center］（図３・５B）があり、そのニューロンがナメクジウオの移動運動を制御している。脊椎動物では中脳腹側に対応する移動運動中枢がある（図３・５C）。中脳腹側は「網様体」という部位であり、脊髄に運動命令を送って身体の筋を収縮させる指令をする。したがって、ナメクジウオには中脳の腹側部分があるに違いない。その後方はナメクジウオの後脳だ。この領域は、脊椎動物の後脳も規定している*Hox*遺伝子[19]が発生中に発現していることから同定された[20]。

　ナメクジウオには原始的な前脳、中脳、後脳がある。とはいえラカーリの見立てによれば、これらはもっぱら脊椎動物の**腹側**部分（図３・５Cの灰色や点描の領域）に相当するらしい[21]。腹側部分

↘椎動物の脳の中核（右下）は、ナメクジウオの神経網に対応する（Bの「神経網」）。というのも、ともに軸索に広く結節状構造があるからだ。また、ナメクジウオと脊椎動物の両方で脳領域を規定するランドマークも示されている。ANR＝前方神経境界［anterior neural ridge］、MHB＝中脳後脳境界［midbrain-hindbrain border］、ZLI＝視床内境界［zona limitans intrathalamica］、DLR＝間脳運動領域［diencephalic locomotor region］。

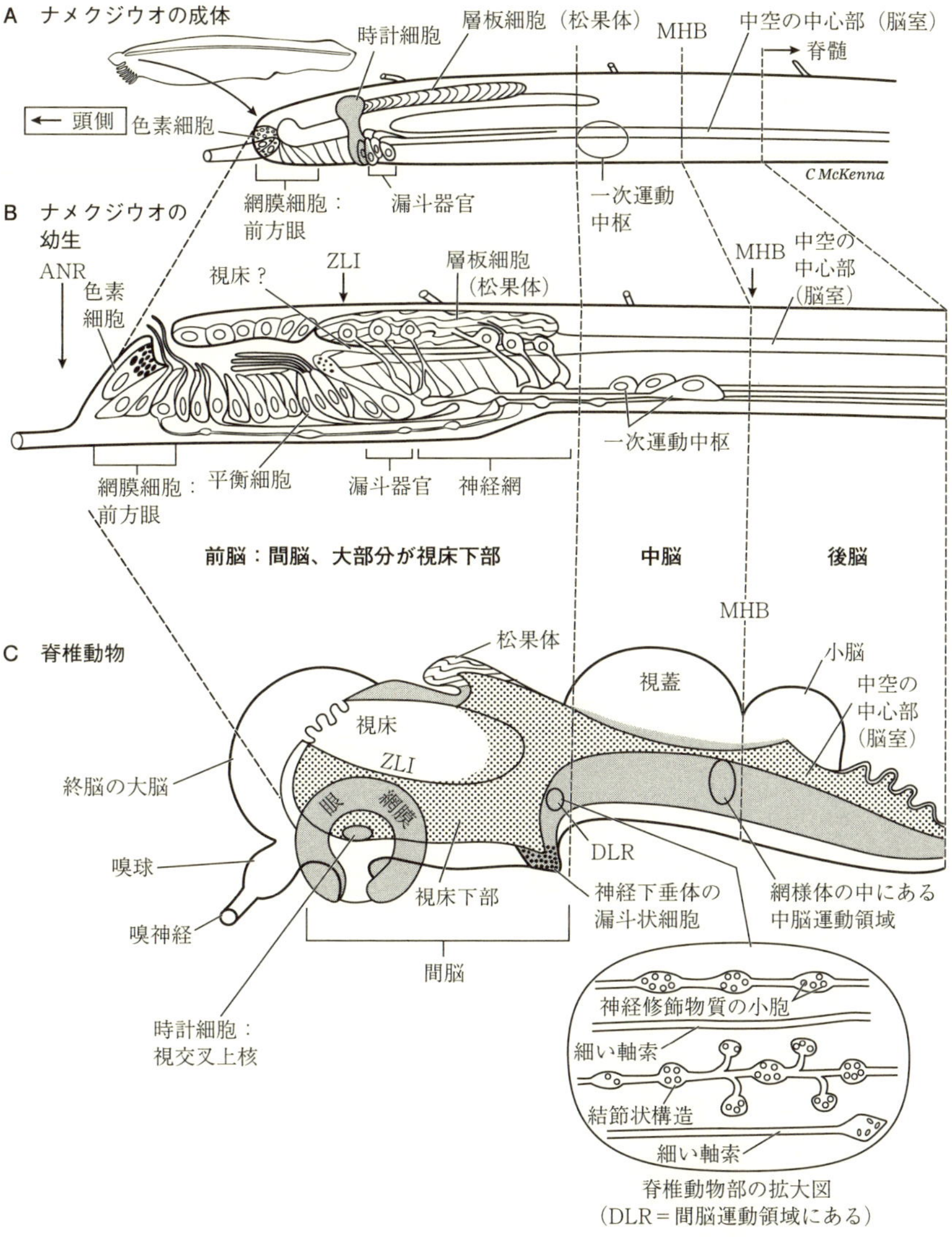

図3・5　ナメクジウオの幼生の脳は、脊索動物と脊椎動物の脳が構築される土台となる（サーストン・ラカーリの仮説）。側面から見た、正中面で半分に切った断面（矢状断）の脳が示されている。左上の、動物全体の方向を示した図に注意。A. ナメクジウオの成体の脳。幼生の脳よりはよくわかっていないので、小さく描かれている。B. ナメクジウオの幼生の脳。ニューロンと各区画が示されている。C. 脊椎動物の脳（一般化されたもの）。3つの脳で対応する構造は、似た名前で表記してある。脊椎動物の脳の灰色や点描の領域だけが、ナメクジウオに存在する部位である。脊↗

（視床下部と中脳運動中枢）は、脊椎動物では生き残るためのもっとも基本的な行動だけを引き起こし、恒常性（つまり一定で最適な体内状態）の維持機能を制御する。ナメクジウオの幼生では、これらの脳領域は感覚情報を受け取るのだが、たかだか数種類の単純な運動行動を選択し、制御するのがせいぜいだ。ナメクジウオには、より大規模な感覚処理を行うための、脊椎動物の脳の背側部分がない。特に、ナメクジウオの脳は脊椎動物で精緻な感覚と関連する処理中枢である大脳、視蓋、小脳（図3・5C）を欠くとラカーリは見ている。

ナメクジウオの脳に現存する部位から、脊椎動物の脳と行動の進化的起源について何がわかるのだろうか。一九八〇年代から九〇年代にかけて、ルドルフ・ニューヴェンフィスらは、脊椎動物の脳には中核的な領域があり[22]、残りの領域は脳の周辺や背側の領域にあたるという考えを打ち立てた。この中核領域は、辺縁核だとか傍分泌核［傍分泌とは細胞がその周辺で局所的な分泌をすること］などと呼ばれている。そこには視床下部や、中脳および後脳のうち図3・5Cで灰色になっている部位も含まれている。すべての脊椎動物においてこの中核領域は、脊椎動物の生存に不可欠な、恒常性の日常的な調整や、動機づけによる基本的な行動を制御する。たとえば、血圧や心拍の調整、体内の定常的化学作用［代謝のこと］の調整、飲水行動、呼吸運動、交配行動、攻撃行動、咀嚼運動や嚥下運動、日周調整、逃避行動などだ。これらの多くは、中枢パターン生成器（第2章）に由来する基本的運動プログラムである。もとはといえば原始的なものだが、脊椎動物の脳にも不可欠だ。脊椎動物の中核領域と、ナメクジウオの脳のほとんどが対応することに気づきはじめた読者もいるだろう。そこでこの対応について、さらなる証拠を示そう。

この中核領域には、脊椎動物の他の脳領域とは違う、珍しい神経特性がある（図3・5C右下）。中核領域のニューロンは、速く伝達するシナプスや神経伝達物質をあまり使わない。そのかわり、もっと長い時間間隔で他のニューロンを活動的にしたり活動的でなくしたりするような、さまざまな種類の「神経修飾」物質を放出することで伝達を行う。それにより、脊椎動物では長期的に持続する行動状態［behavioral state それぞれの行動が引き起こされやすくなったり、引き起こされにくくなったりしている状態］がつくられる。神経修飾物質は軸索に沿った結節状構造（隆起部）の中にある袋状の小胞に貯蔵され、そこから放出される。また中核領域の軸索は一般的に、非常に細い。

これは脊椎動物に当てはめているが、ナメクジウオの幼生の脳も大部分にこうした中核領域の特性があり、ナメクジウオの視床下部と運動領域は脊椎動物の網様体に似ていることがラカーリによって明らかになった。(23) 特にナメクジウオの視床下部にある漏斗器官の後方の**神経網**からは多くの情報が得られる。ここにはニューヴェンフィスのいう傍分泌核の典型的な特性が見られるのだ。つまり、多くの小胞を含む結節状構造をともなった細い軸索があり、古典的シナプスはわずかしかない。この神経網はナメクジウオが捉えるすべての感覚入力を受け取る。この神経連絡を明らかにした後でラカーリが導き出したところによれば、この神経網はナメクジウオの幼生が実行できるわずかな行動プログラムの中枢でもある。つまりこの神経網の回路によって、シグナル伝達を切り替えて行動を変化させる。ナメクジウオの幼生の行動には、危機をすばやく回避する遊泳、濾過食に最適な水深へ向かうゆっくりした上昇遊泳運動、また沈んでいくことで粒子状の餌を受動的に口で捕えるために、餌が多い水中で運動を止める行動がある。(24) したがってナメクジウオの神経網は、基本的な生存行動のためのもののようだ。これは脊椎動物の傍分泌核と対応する。ラカーリの推理では、この神経網はヤツメウナギや他の脊椎動物の視床下部にある**間脳運動領域**［diencephalic locomotor region］（図３・５ＣのＤＬＲ）と呼ばれる主要な運動制御中枢とも対応している。(25)

ラカーリはナメクジウオの幼生の脳を解読した後、太古の祖先的な脊索動物や最初期の前脊椎動物のモデルとして用いた。(26) こうした祖先の単純な脳は、光や接触、その他の環境刺激の情報を受け取りはしたが、大規模な感覚処理や多様な行動の意思決定はできなかった。これらの機能は後になって、脊椎動物へと至る系統で精緻な眼、鼻、耳が進化し（第5章、第6章）、それとともに背側の脳領域に外的世界の感覚イメージが構築されたときに生じたのである。

ラカーリによれば、ナメクジウオの幼生の脳は意識が生じるには単純すぎる。(27) 私たちも同意見で、ラカーリの記述からこの単純な回路を描き出したとき、ほとんどの感覚経路には外的刺激の受容から運動反応までせいぜい３段階か４段階のニューロンしかないことがわかった。言いかえれば、この連鎖は一次運動中枢より前ではひとつかふたつしかないために、経路中でごくわずかな接続しかないことになるのだ。このような短い連鎖は、感覚意識に必要な大きさの処理階層ではなく、一次運動中枢にみられるような単純な中枢パターン生成器をともなった反射弓（図2・3参照）にすぎない。実際のところナメクジウオの幼生は、本書では意識をともなわないとされる「レベル2」の段階にうまく適合する（三一頁）。第5章では、最初の真の脊椎動物が備えていた、新しく、もっと複雑な回路が意識を可能にしたかを探求する。しかしまずその複雑性、つまり複雑な脳が進化した重要な地質学的時代、すなわちカンブリア紀について説明しよう。

第4章　カンブリア爆発

ここでは、動物史の黎明期を探求しよう。カンブリア爆発と呼ばれる爆発的な動物の多様化、急激な進化が起こった時代だ。[1] 他に類を見ないこの出来事は、約五億六〇〇〇万年前あるいは五億四〇〇〇万年前から五億二〇〇〇万年前にかけて続いた。本書の意識研究にとっても重大事件だ。このとき初めて動物の複雑な感覚、神経系、行動が進化したのだから。脊椎動物はこの爆発のあいだに初めて、地球上でもっとも複雑な動物として、もっとも複雑な神経系を備えて現れた。それは最初の魚類が、最大の競争相手である捕食性の初期節足動物からどのように逃げ、そして打ち勝ったのかという壮大な物語だ。本章では、なぜカンブリア爆発が起こったのか、そしてそれが本当に脊椎動物の意識のための舞台を整えたのか考える。Ｂｏｘ４・１では、本章以降で役に立つ用語をいくつか定義しておく。

ダーウィンのジレンマ

チャールズ・ダーウィンは『種の起源』という一八五九年の本で、自然選択による進化の証拠をたくさん集めて整理した。だが、自分の説を支持しないように思える化石記録も見つけた。カンブリア紀の地層から突如として、さまざまな動物群の（骨格が鉱物化してできた）化石が現れるのである。この地層は、今では五億四一〇〇万年前から四億八八〇〇万年前（図４・１）の地層だとわかっており、それより古い地層にもっと初期の祖先がいた化石証拠はなかった。[2]

脊椎動物の特徴　すべての脊椎動物には、頭、視覚・嗅覚・聴覚といった遠距離感覚がある。しかし完全に固有な脊椎動物の特徴は、脊椎と脊柱、顕著な頭蓋、神経堤と外胚葉プラコードである（第５章を参照）。

選択圧　強い自然選択。

相同、相同物、相同な　祖先種における共通の構造に由来することによる、異なる生物で対応する構造。陸上脊椎動物の四肢は、魚類の対鰭《ついき》の相同物であり、対鰭と相同である。鳥の羽毛はヘビの皮膚の鱗と相同。脊椎動物のすべての眼は相同（祖先の脊椎動物の眼から進化した）。

動物門　基本的な体制を共有する生物の一群。30 から 35 の動物門があるとされており（たとえば、節足動物、軟体動物、クラゲやその近縁群である刺胞動物など）、小さな動物門も含めたほぼすべてを図４・２に示してある。多くの動物門は（自然群として左頁で定義されている）クレードであるが、一部はそうではない。というのも、他の動物門から進化したことが最近になって明らかになったからで、その動物門に含まれるべきだからだ。たとえば、星口《ほしくち》動物「門」とユムシ動物「門」は実際には環形動物に属している。脊椎動物は門ではなく、脊索動物門に属している（図４・２）。

無脊椎動物　脊椎のないすべての動物。脊椎動物内のクレードを除くそれぞれの動物群を、図４・２に示す。図のように、脊椎動物に近縁な無脊椎動物もいれば、そうでないものもいる。したがって無脊椎動物は決して（左頁で定義されている）真のクレードではない。

動物が突如として現れたというこの不可解な事象は、ダーウィンのジレンマと呼ばれている[3]。ダーウィンを含め、単にそう見えるにすぎないのだと主張する科学者もいる。つまり動物はカンブリア紀よりずっと前から存在していたが、たとえば小さく軟体部しかなかったために、めったに化石化することがなく、はじめの頃の動物は「化石として」保存されなかったのである。しかし次の点を強調する科学者もいる。身体が柔らかく小さな動物も、時には化石として保存されるのだが、それでも五億八〇〇〇万年前から五億五五〇〇万年前の、カンブリア期直前のエディアカラ紀（六億三五〇〇万年前～五億四二〇〇万年前）と名づけられた時代まで動物化石は見つからないのである。つまり化石記録に残る動物の多様化としてのカンブリア爆発は実際の歴史上の出来事を記録していると考えられるのだ。

先カンブリア時代とカンブリア紀における軟体性の動物「硬組織のない、柔らかい身体をし

Box 4・1　進化と、動物の関係性についての用語

系統学　異なった生物群（クレード）の進化的関係性の研究。

クレード　生物の自然群であり、それに属するすべての生物が、ひとつの共通祖先種に由来するという点でまとめられる。たとえば哺乳類については、のちのすべての哺乳類が、そして哺乳類だけが最初の哺乳類から進化しているので、哺乳類はひとつのクレードである。しかし鳥類は爬虫類から進化したのに、「爬虫類」という語はふつう鳥類を含めては使われないので、爬虫類はクレードではない。

姉妹群　もっとも近縁なふたつの生物のクレード。ヒトとチンパンジーは姉妹群である。ウマとロバも姉妹群だ。

収斂進化　離れた関係にある生物で類似した構造が独立して進化すること。通常、類似した進化的選択圧に対する反応として進化する。典型例は、昆虫、鳥、コウモリの翅や翼である。これらの構造は、相同（右頁）ではなく、相似や同形［homoplasy］と呼ばれる。

脊索動物の特徴　脊索動物門のすべての動物（図４・２、３・１、３・３）は、脊索、咽頭領域の袋状構造（魚類の鰓嚢《さいのう》や鰓裂《さいれつ》）、肛門から後ろに伸びた尾、身体の背側にある中空の神経索（脊髄と脳）といった、固有の特徴がある。一方で脊索動物以外では、神経索は通常、中実で腹側（下側）にある。

た動物」の化石記録は、ダーウィンの時代からずっと更新されてきた。今では、現生の動物門はこうした古い時代に生まれたことがわかっている（図４・２）[4]。したがって現代の科学者は、カンブリア爆発が実際に起こったのか、見かけ上のものなのか、もっと適切に判断できる。

図４・２は動物の歴史の系統樹を、またその上に各動物門の現生の構成種を示してある。すべての動物門がカンブリア爆発のあいだかその直前に生じたことや、動物門間の相互関係がわかる。各動物の解剖学的形質と遺伝子を比較することで、この相互関係が復元された[5]。約三五の動物門が存在するが、図では大きな動物門だけに留め、小さな動物門を除いてある。系統樹の根幹部分にある復元図は、動物門の主要なグループの祖先を再現しようとしたものだ。いずれも蠕虫類である。

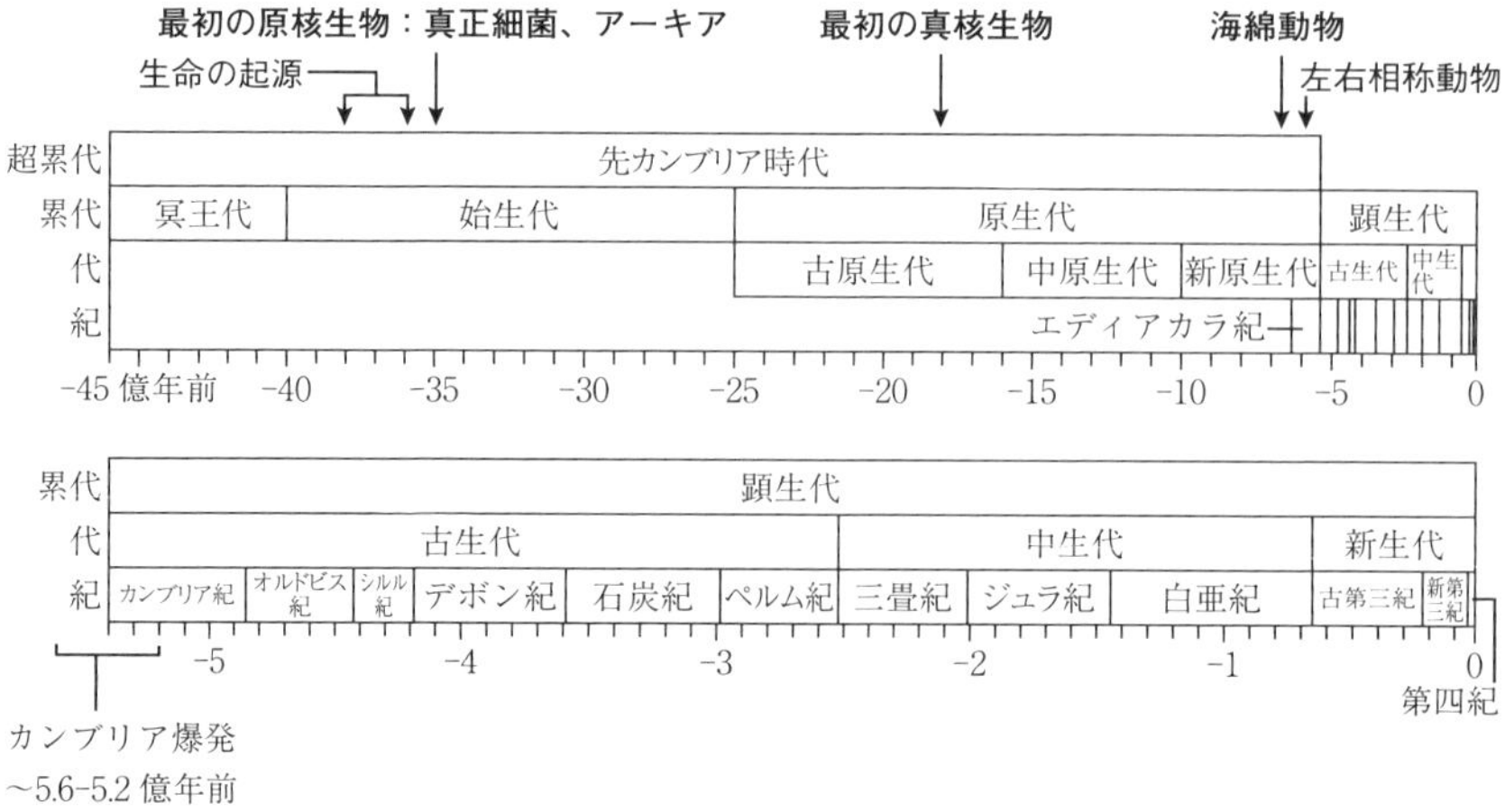

図４・１　地球のはじまりから現代までの時系列。カンブリア紀（5 億 4100 万年～ 4 億 8800 年前）と、その前のエディアカラ紀（6 億 3500 万年～ 5 億 4200 万年前）と呼ばれる時代に注意。下の時系列は上の時系列の右側の拡大図。

カンブリア爆発

爆発前夜

カンブリア爆発を探求する方法として、まずエディアカラ紀、次にカンブリア紀の海底を復元し（図４・３）、このふたつを比べることで、そのあいだに何があったのかを見てみよう。海底、特に浅海の海底は数十億年ものあいだ進化の中心だったので、きわめて重要だ。

より古い時代であるエディアカラ紀の世界は、主にオーストラリア南部、カナダのニューファンドランド、アフリカのナミビア、ロシア［北西部］の白海地域から見つかった軟体性の動物化石から復元されている。続くカンブリア紀の世界は、有名なふたつの化石層から産出した軟体性の動物や身体が硬い動物から復元されている。[6] すなわち中国南部の澄江頁岩［Chengjiang Shales 一般的には澄江頁岩とはあまり呼ばれず、澄江でも主要な発掘現場である帽天山の名を取って、帽天山頁岩 Maotianshan Shales と呼ばれている］（五億二〇〇〇万年前）とカナダ西部のバージェス頁岩（五億五〇〇万年前）である。

五億五五〇〇万年前のエディアカラ紀の海底は、厚い緑の微生

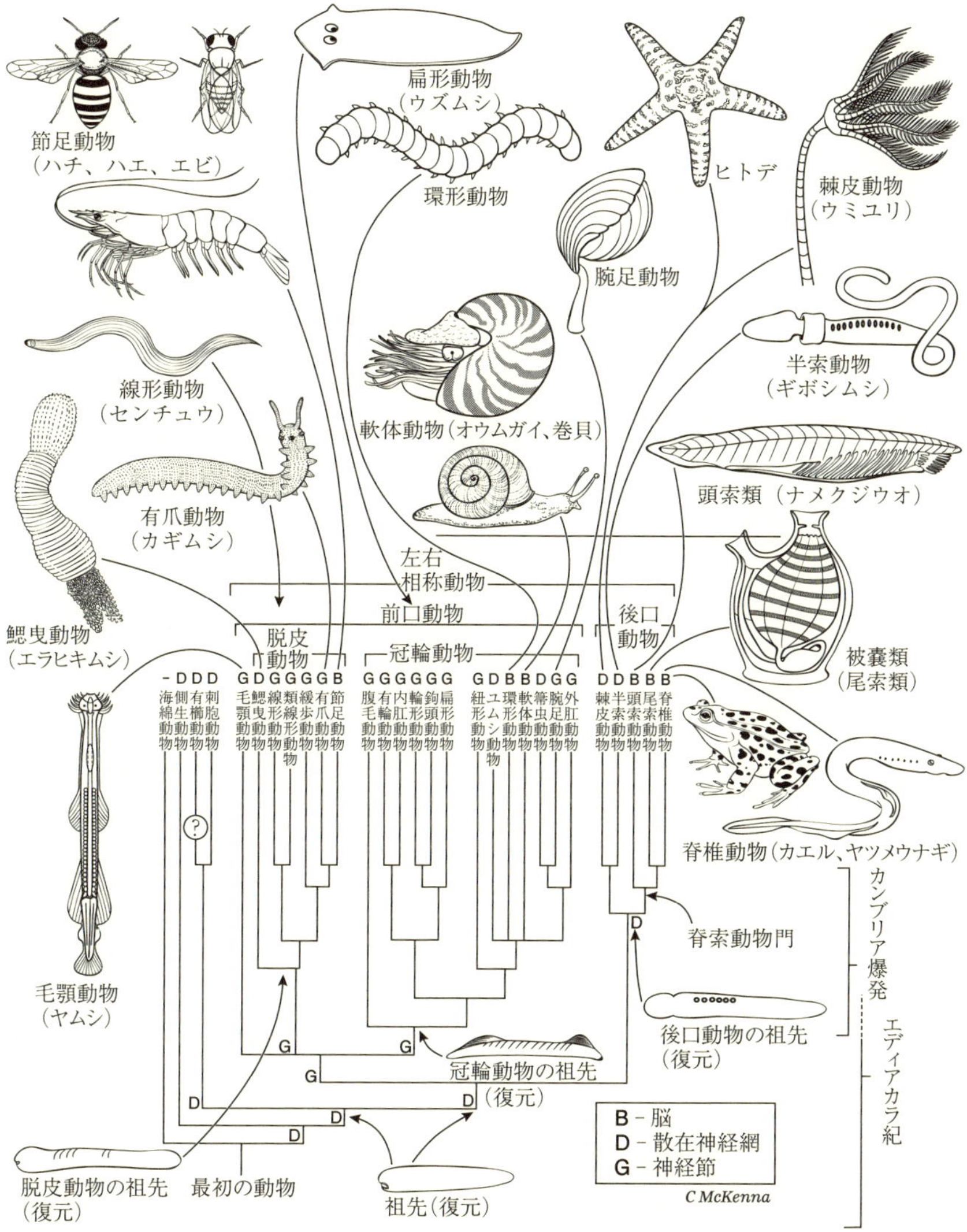

図4・2　カンブリア爆発に由来する現生の動物門。相互関係が系統発生的な「生命の樹」として示されている。より単純な神経節［ganglion（G）］や散在神経網［diffuse nerve net（D）］に対し、わずかな動物門だけが真の脳［brain（B）］をもつ点に注意。これらの祖先に脳がなかったことを示唆する。系統樹は R. G. Northcutt（2012a）の研究から改変。有櫛動物（テマリクラゲやクシクラゲ）の位置は非常に不確か（Moroz et al., 2014）。

図 4・3　エディアカラ紀（Ⓐ左頁）とカンブリア紀（Ⓑ）の生物群の対比。約 5 億 5500 万年前と 5 億 2000 万年前～ 5 億 50 万年前。動物の多様性と活動性の著しい増大に注意。海底の堆積部分を見ると、蠕虫類はエディアカラ紀ではそれほど深く潜っておらず、カンブリア紀ではより深く、広範囲に潜っていることがわかる。

Ⓐの符号：A. 葉のような動物、*Charniodiscus*。B. 葉のような「ランゲア形類［rangeomorph］」、*Charnia*。C. 海藻。D. 管状の身体の化石動物、*Funisea dorthea*。E. カイメン、*Thectardis*。F. 微生物層。G. 微生物層の下側に潜る蠕虫。H. 分節状動物、*Spriggina*。I. 軟体動物だった可能性がある *Kimberella*。J. 微生物層を這い回る左右相称蠕虫。K. 動くことができる分節状動物、*Dickensonia*。

Ⓑの符号：A. カイメン、*Vauxia*。B. 節足動物に関係のあるアノマロカリス類、*Amplectobelua*。C. Narcomedusidae 科のクラゲ。D. 有櫛動物のテマリクラゲ、*Maotianoascus*。E. 脊椎動物に近いハイコウエラ［*Haikouella*］。F. カイメン、archaecyathid。G. 腕足動物、*Lingulella*。H. カイメン、*Chancelloria*。I. 節足動物の三葉虫、*Ogygopsis*。J. 鰓曳動物、*Ottoia*。K. 軟体動物に近縁な、hyolothid。L. 節足動物、*Habelia*。M. 節足動物、*Branchiocaris*。N. 腕足動物、*Diraphora*。O. 半索動物、*Spartobranchus*。P. 環形動物の多毛類、*Maotianchaeta*。Q. 脊椎動物、ハイコウイクチス［*Haikouichthys*］。R. 節足動物、*Sideneyia*。S. 砂底中の、蠕虫のさまざまな移動痕。T. 節足動物の三葉虫、*Naraoia*。U. イソギンチャク、*Archisaccophyllia*。V. 葉足動物、*Microdictyon*。

物層で覆われた、奇妙な眺めをしている。軟体性の動物はほとんどヒダ状もしくは扁平で、口も腸もなく、今日では見慣れない姿をしていた（図4・3Ⓐ）。葉のような見た目のものもいた。まったく動けない種もあり、他の種もゆっくりしか動けなかったので、活発な活動は、砂底の表面でも、上でも、中でも、それほどはっきりしない。動物は砂底の表面で層を形成していた微生物を食べ、互いを食べることはなかった。原初の左右相称動物は、這い回る蠕虫のように描かれている。一方で五億二〇〇〇万年前のカンブリア紀の海は、だいぶ見慣れた光景になり、動物も多様化している（図4・3Ⓑ）。微生物層はほとんどなくなり、現生のほとんどの動物門の、初期の構成種がいる。節足動物、魚類、硬い殻で覆われた動物などだ。今日の海と同じように、多くの動物は、砂底の表面で、上で、中深くで、絶え間なく動き回っていた。

　最初の多細胞動物はおそらくカイメンであり、六億三五〇〇万年前に進化したようだ（図4・

1を参照）。カイメンは濾過食性である。神経細胞はなく、ほとんど運動や「行動」をしない。最初のカイメンの候補はウィッフル・ゴルフボール［約4・5㎝の、ところどころ孔があいている中空のボール］ほどの大きさと形状で、海水と浮遊している餌粒子を取り込むための孔があった（図2・1を参照）(7)。

エディアカラ紀のカイメンは、海底の厚い微生物層に付着していた（図4・3Ⓐ、動物E）。カンブリア爆発後この微生物層は消えたので、なぜそれほど分厚かったのか考える必要がある。実際、細菌は海底などの表面ではふつう膜状になる（歯にできる歯垢を想像しよう）(8)。だがエディアカラ紀では、藻類細胞がこの膜に付着し、日光を浴びて生長していたのである。微生物層が青々と茂っていたので、科学者は「エデンの園」をもじって「エディアカラの園」と呼んでいる。

左右相称動物の祖先の蠕虫は、おそらく身体が伸びたカイメンから進化し（図2・1を参照）、栄養豊富な細菌が付着した微生物層や砂底の微粒子を食べつつ這い回っていた（図4・3Ⓐ、動物J）。最古の動物の移動痕は五億八五〇〇万年前に体長1㎝以下の単純な動きをする小さな蠕虫が残したものだ。分布勾配に従って餌に向かうこと、そして深く垂直に掘り進むのではなく水平に前の方を掘り起こし、周囲を探索しようとして脇道にそれることなく、ゆったりと波うつようにただ進むこと。たったこれだけが、このような単純な動きを生みだす「規則」だ。とても興味深い、非常に原始的な「行動の化石［一種の生痕化石］」である(9)。

爆発の産物――動物の系統樹

エディアカラ紀の動物は微生物層に育まれていたが、カンブリア紀の動物ほど多様ではなかった。この多様化を説明するには、爆発で生じた多くの動物門について、現生の構成種とカンブリア紀の構成種の両方を吟味する必要がある。刺胞動物のクラゲやその近縁群も多様化に寄与してはいたが、以下では左右相称動物に着目しよう。

左右相称動物の動物門は、ふたつのグループに分かれている（図4・2を参照）。私たち脊索動物門は、後口《こうこう》動物に属している。ほかにも、棘皮《きょくひ》動物（ウミユリ、ヒトデ、ウニなど）と半索動物（主にギボシムシ）というふたつの無脊椎動物の動物門がある。前口《ぜんこう》動物は、脱皮動物［ecdysozoans］（節足動物など）と冠輪《かんりん》動物［lophotrochozoans］（軟体動物など）のふたつに分かれる。**つまり私たち脊椎動物は、節足動物や軟体動物とは遠い関係にしかない。**ほかの多くの前口動物の動物門については、図4・2に示してある。(10)

図4・4では、これらの動物門のカンブリア紀初期の構成種が示されている。(11)ほとんどが現生の近縁種とよく似ているので、科学者は太古の生活様式や神経系の機能を推理できる。カンブリア紀の脊索動物は、それほどたくさんいたわけでも多様化していたわけでもないが、ここ二〇年で研究が進み、よく知られるようになってきた（図4・4B～E）。その脊索動物の中には、化石被嚢類（図4・4C）や、小さな頭をしたうすっぺらいウナギのような謎めいたピカイア［*Pikaia*］（図4・4B）、そして無顎類《むがくるい》などの脊椎動物（図4・4D）がいた。一方でカンブリア紀の節足動物は非常に多様化しており（図4・4F～I）、その多くが感覚性の触手と複雑な複眼を備えていた。またカンブリア紀の蠕虫類や腕足動物には、驚くほど現代の近縁種に似たものがいる（図4・4A、J、K、L、N）。

どの動物門にも適合しないような、風変わりな動物もいた（図4・4P～T）。しかし一部は動物門の関係性がわかっている。恐ろしげなアノマロカリス類（図4・4T）は体長1mにもおよぶ捕食者であり、カンブリア紀最大の動物で、口の前方に巨大な棘を備えた付属肢があった。アノマロカリス類には節足動物に特有な歩脚はないが、新しい化石から眼は節足動物と同じ複眼であることがわかった。したがってアノマロカリス類は、確かに節足動物か、節足動物にもっとも近縁な動物群である。古虫動物（図4・4R）は、巨大な「鰓籠《えらかご》」をもつ、眼のない大きな遊泳性動物だ。鰓籠は被嚢類の咽頭に似ているが、後ろにつながった部分は節足動物のようで謎めいている。(12)後ろのほうに脊索動物特有の脊索があるという根拠に照らせば、もしかしたら確かに被嚢類と近縁なのかもしれない。

左右相称動物の各動物門の関係性から、左右相称動物の祖先について何がわかるだろうか。エディアカラ紀の蠕虫による移動痕の化石記録と同じく、現生の動物門の研究から、初期の左右相称動物は蠕虫の姿をしていたことが示唆され

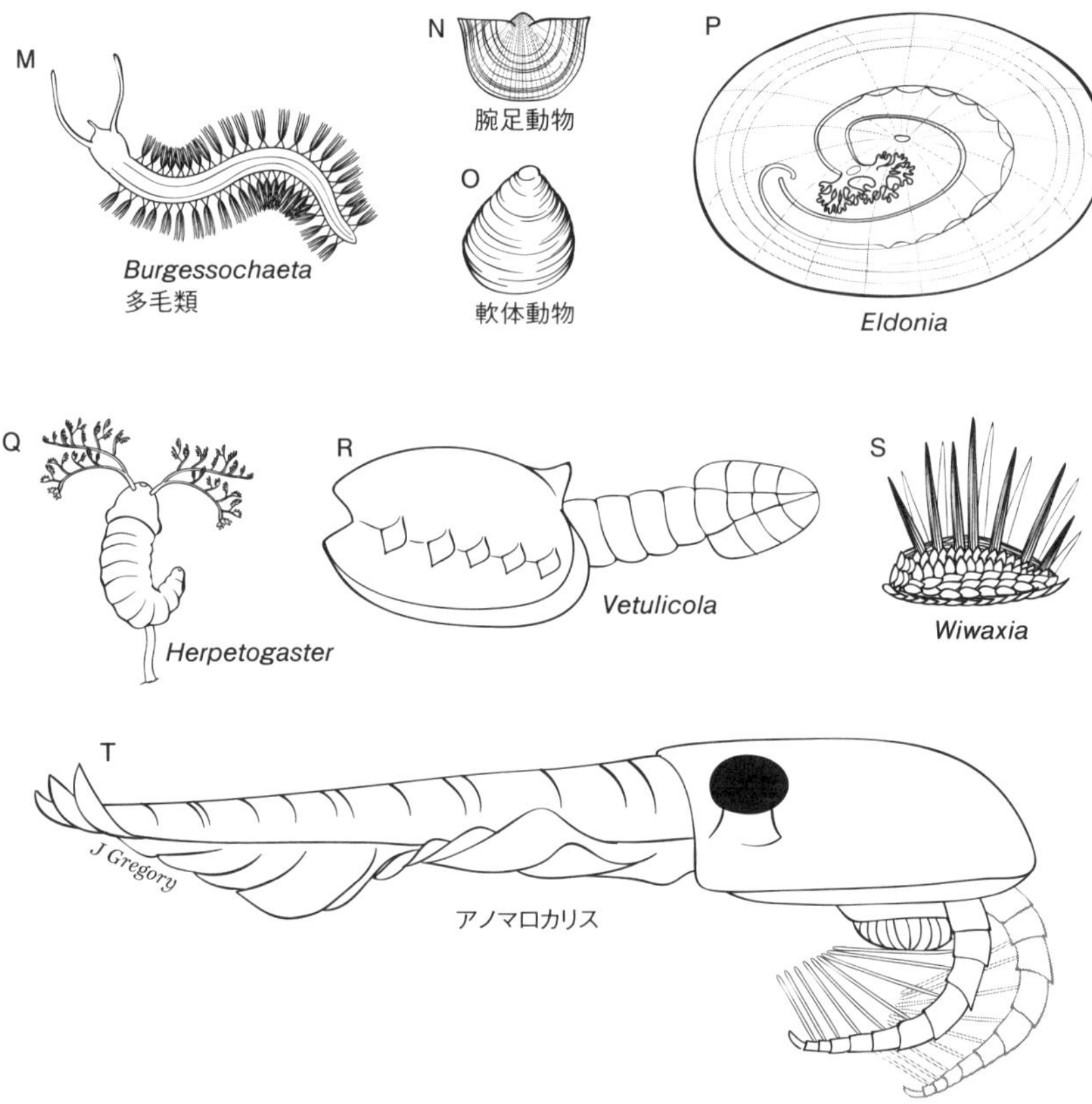

図4・4（つづき）M. 多毛類の *Burgessochaeta*。N. 小さな腕足動物。O. 軟体動物の小さな二枚貝。P. *Eldonia*、浮き笠の中にいる、C字型の奇妙な蠕虫。Q. *Herpetogaster*、触手と柄をもった風変わりな蠕虫。R. 古虫動物［ウェツリコラ類 *Vetulicolia*］。S. *Wiwaxia*、軟体動物・環形動物・腕足動物に関係がありそうな蠕虫。T. 節足動物に関係があるアノマロカリス［*Anomalocaris*］。

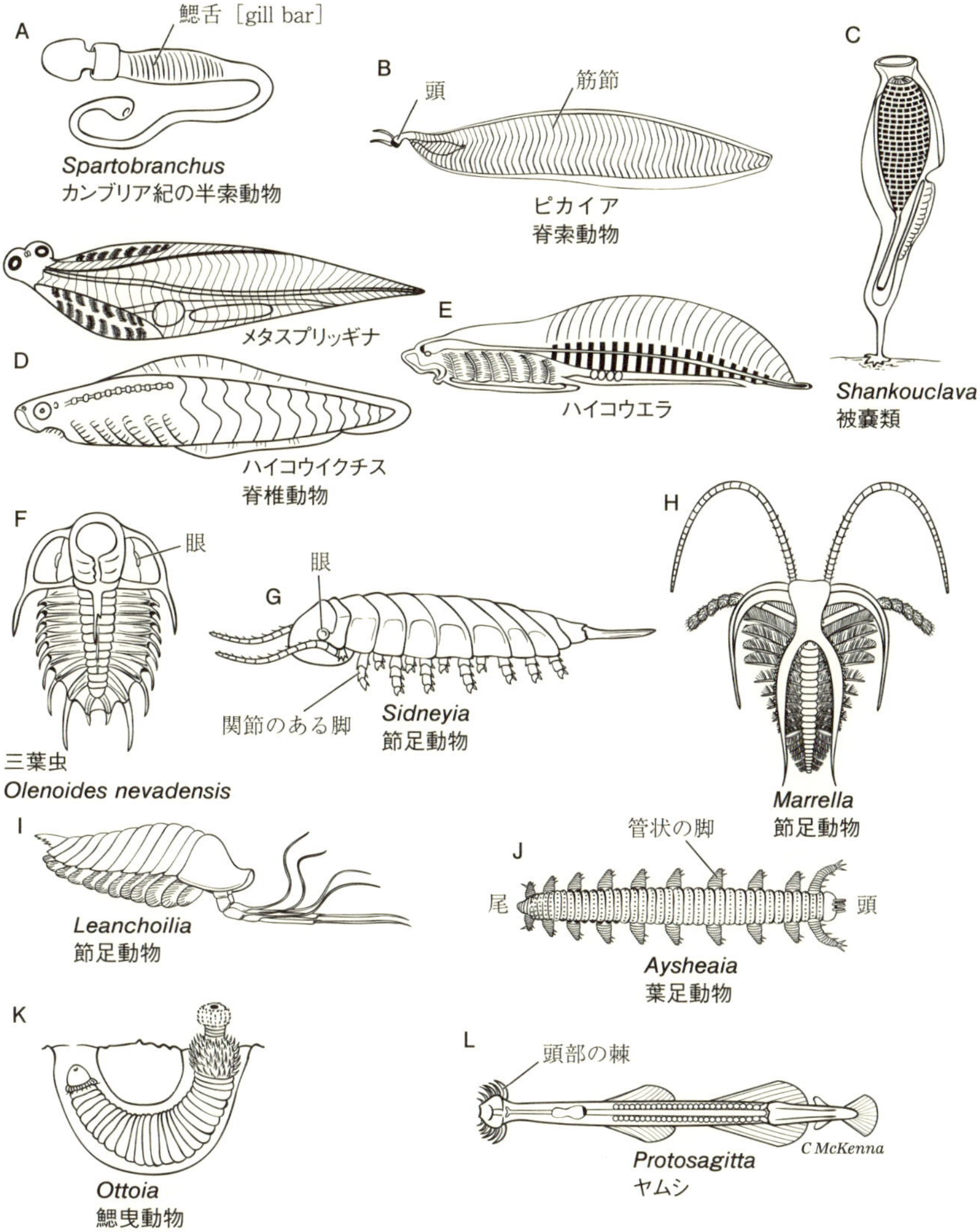

図4・4　多くの左右相称動物の動物門の、カンブリア紀の代表種。化石からの知見だが、奇妙なものや、関係性が不明瞭なものもある。A. 半索動物ギボシムシ、*Spartobranchus*。B. 脊索動物のピカイア［*Pikaia*］。C. 被嚢類の *Shankouclava*。D. 脊椎動物の魚類ハイコウイクチスとその近縁のメタスプリッギナ［*Metaspriggina*］。メタスプリッギナは頭頂部分を示すために、ひねった状態で描かれている。E. 脊椎動物に近縁なハイコウエラ。F. 節足動物（三葉虫）の *Olenoides*。G. 節足動物の *Sidneyia*。H. 節足動物の *Marrella*。I. 節足動物の *Leanchoilia*。J. 葉足動物の *Aysheaia*。K. 鰓曳動物の *Ottoia*。L. 毛顎動物（ヤムシ）の *Protosagitta*。

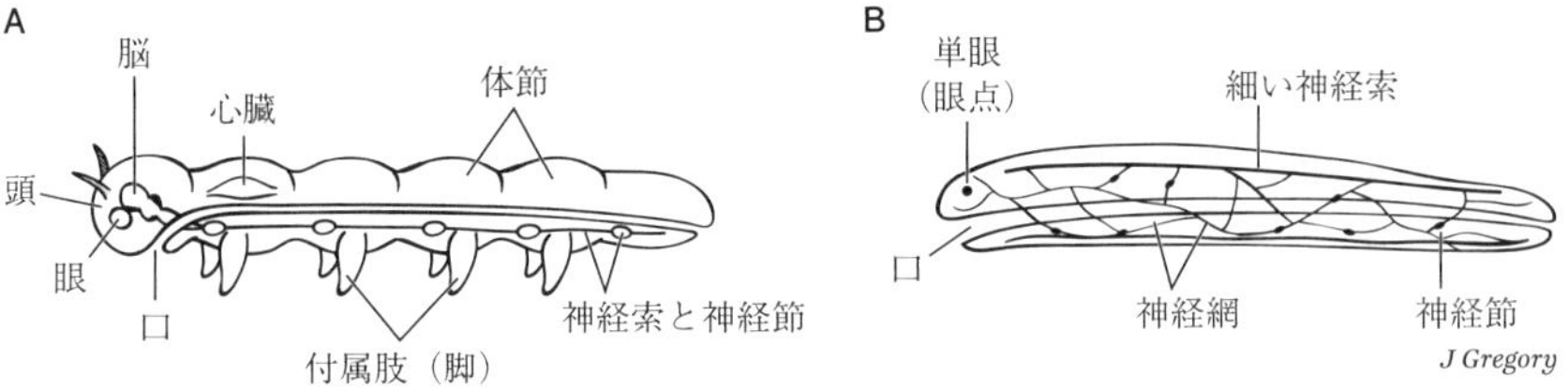

図4・5　左右相称動物の祖先の復元図。複雑な復元案（A）と単純な復元案（B）。この祖先はエディアカラ紀、おそらく5億8000万年前に生きていた。

ている（図4・2を参照）。というのも、系統樹の初期に生じた動物門（図4・2、前口動物と後口動物のより「根幹的」な分岐群）は蠕虫類なのだ。たとえば、ヤムシ、エラヒキムシ、ギボシムシがそうだ。

しかし左右相称動物の祖先をもっと詳細に理解しようとすると、二通りの相容れない復元案が導き出される。つまり、複雑な蠕虫か、単純な蠕虫かだ[13]。複雑な復元案（図4・5A）には、明確な頭やイメージ形成眼、体節、付属肢（脚）、心臓、血管がある。また三部分からなる大きな脳と、神経索もある。これは、遠く離れた関係にある脊椎動物と節足動物がいま述べたような形質を多く共有し、胚発生でこれらの形質をつくるように働きかける遺伝子経路の多くも共通しているという事実から発想されたものだ。一方で、単純なほうの祖先モデル（図4・5B）には、光を感じることはできるがイメージを形成できないような、単純な眼（眼点）を備えた未発達な頭しかない。体節も、付属肢も、心臓も、血管もない。脳もなく、体表面に神経網があるだけだ。

多くの生物学者が、単純なほうの左右相称動物の祖先案に賛同している。左右相称動物の動物門の多くには、イメージ形成眼、脳、体節、脚といった複雑な形質がないためだ（図4・2を参照）。祖先でこうした形質があったとすれば、のちに多くの現生の動物門で失ったことになり、不合理なのだ。図4・2では、R・グレン・ノースカットの研究にしたがって、脳という形質についてこの点を示している[14]。確かに、すべての左右相称動物には複雑な構造を発生させるように指令する遺伝子がある。とはいえこれらの遺伝子は、祖先では細胞型（眼全体ではなく、光感受性細胞）のような、より単純な身体の構造を規定するだけだったのかもしれない。また祖先では身体を分節させるのではなく、身体のどこの場所に特定の細胞を発生させるのか制御するだけだったのかもしれない。こうした解釈によれば、一部の左右相称動物の動物門で、複雑な形質が独立に進化したとき、別々に本来の遺伝子経路が修正されたことになるだろう。この解釈でしか、カイメンや刺胞動物のイソギンチャクのような非左右相称動物には左右相称動物のような複雑な形質がまったくないのに、同じ遺伝子の多くが発現していることの説明がつかない。なので、単純な神経系をもった「単純な左右相称動物の祖先」という説を受け入れることにしよう。

そんな神経網しかない単純な祖先は、餌を見つけたり交配したりするような、生存に必要な行動がすべてできたのだろうか。実はできたのだ。エディアカラ紀の微生物層はまるで品揃えがいいビュッフェのように餌が豊富で、簡単に見つけられたからだ。祖先の蠕虫は、餌へと至る匂いや味の分子の「報酬勾配」に従うだけでよかった。生殖に関しては、性フェロモン（誘引物質）を分泌しそれに従うだけで、微生物層上の交配相手を見つけることができただろう。反射と単純な運動プログラムだけがあり、意識は必要なかったのである。

祖先の蠕虫は、意識の必須要素として表2・1でまとめた神経生物学的特性のうち、少ししか進化させていなかった。反射に付け加えて、相互に連絡した神経系だけだ。しかし表に挙がっている、さらなる神経の複雑性を必要とする特殊な神経生物学的特性は、この単純な蠕虫にはなかった。

爆発の原因

ここまで、カンブリア爆発で突然現れた動物と、蠕虫として復元されたエディアカラ紀の祖先について見てきた。そこで今度は、何が原因で蠕虫がそこまで急速に多様化したのか考えよう。いくつかの根拠から、酸素がその候補とも目されている。酸素を産生する（光合成）細菌が、最初に誕生したときから何十億年もかけて大気中に酸素を蓄積し、ついに活動的な大型動物を養えるほどの高濃度に達した、というものだ。(15) しかし爆発のもっとも重要な原因は、最初の捕食者が進化したことによるようだ。端的に言えば、ある蠕虫が別種の蠕虫を食べられることを発見したのだ。そして襲撃に対抗するために、被食者となった海底の動物は生き残り戦略を進化させた。たとえば、頭上の捕食者から隠れるために深く潜ったものもいた（図4・3Ⓑ下部）。こうした掘潜性《くっせんせい》の動物は底砂をかき回し、上層の水と微生物層から、栄養と酸素を底砂に運び入れた。すると底砂が肥沃になり、新しい掘潜性の動物門の餌ができた。また移動痕と巣穴の化石から、餌を漁る行動が複雑化、多様化したことがわかる。ついに神経系の進化が始まったのだ[16]。

捕食によって、カンブリア紀における海中や海底上の動物の放散も劇的に進んだ（図4・3Ⓑ）。カンブリア紀の捕食者は、化石を見れば現生の捕食動物に似ているのでやはり捕食者だったと判断できる。獲物をつかみ、引き裂く同じような棘や、付属肢や、爪を同様に備えているのだ。カンブリア紀の捕食者には、付属肢を巧みに操る数多くの節足動物（図4・4G、I、T、4・6A）や、頭に棘がある蠕虫（図4・4K、L）などがいた。こうした捕食者によって、被食種は適応か死かという、とてつもない選択圧にさらされた。そこで被食者はさまざまな防御法を進化させた。たとえば、防具となった最初期の貝殻や硬組織（鉱質形成）、植物や岩のすきまへの潜伏、カモフラージュ、逃げるための素早い移動運動、視覚・聴覚・嗅覚といった向かってくる捕食者を探知するための遠距離感覚の向上、捕食者にも殺せないほど大きく成長することなどだ。同時に自然選択によって、捕食者もまさに同じような形質を進化させるようになった。つまり身体の鉱質形成（ここでは、獲物を突き刺したり切ったり、他の捕食者から身を守ったりするため）、獲物に忍び寄るための潜伏、遠くの獲物を補足するための遠距離感覚の向上、獲物を追うためのより速い移動運動、より栄養豊富な大きい獲物さえ屈服させるほど巨大に成長することなどだ。こうした捕食者と被食者の相互作用は徐々に大きな軍拡競争を引き起こし、多様な生存戦略と、急速な動物の多様性、行動、体サイズの増加をもたらした。

捕食による軍拡競争が、カンブリア紀に現れた動物の一部になぜ精緻な感覚と脳をもたらしたのか。この問題に答えられそうな仮説がある。ロイ・プロトニック、ステファン・ドーンボス、陳均遠［Chen Junyuan］の指摘によれば、カンブリア紀の海は海中でも海底の上でも多くの新しい動物が動き回っており、微生物層が広がっていた単調で平穏なエディアカラ紀の海よりも複雑で多様な環境だった（図4・3）[17]。そのような環境はより多くのシグナル（新奇な、あるいは持続的な匂いや味、光や色の複雑なパターン、水や砂を伝わる振動）を発し、刺激を感じて処理する動物の助けになっただろう。そういった動物はこれらの情報を用いて方向転換し、危機に対応し、風景のなかから物事を見つけだした。多くの場合、たくさんの種類のシグナルを感じられるほどよい。こうして眼や嗅覚器、味覚器、触覚受容器、振動受容器などの進化が促進され、向上した(18)。刺激からの感覚情報を処理するもっとも単純な方法は初歩的な反射反応だが、よりよい方法は感覚情報を集め整理し、動物の外的環境を記録・再構成するために、神経系内の地図や脳内の心的地図（視覚地図、嗅覚地図、触覚刺激を受け取る身体の外表面の地図）へと構造化することだ。そしてこれらの地図にしたがって動物は動き回り、環境と相互作用する。感覚地図は解像度を上げ、ちゃんと生存できるよう正確に世界を表象するよう、常に選択圧にさらされた。こうして、知覚があまりに未熟で不完全でしかない対価は、とても高くつくようになった。たとえば、巧みに潜伏している捕食者を見つけられなかったり、嗅ぎつけられなかったりすれば、死が待っている。感覚を向上させることによって神経系全体も急速に高い複雑性を進化させていった。

カンブリア爆発のあいだ、動物のうちでもきわめて活動的なふたつのクレードが、右で述べたような、それまでになかった感覚系向上の道をたどっていった。節足動物と脊椎動物である。しかし同時期に現れた他の動物門のほとんどはそうではなかった。感覚処理は、それをまかなうための食物エネルギーが必要だという点でコストが高いからだ。また動き回り活動的であるために要求されるエネルギーコストも高い。したがって他の動物門は、生き残るためにより安上がりな「手っ取り早い方法」を採用し、時には神経系の退化さえともなった。つまり新たに防具を獲得した動物群や掘潜性になった動物群は、それほど動き回ることなく捕食から逃れることができ、感覚一式を備えずに済ませた。殻に守られた二枚貝のような軟体動物や腕足類、砂に潜る目の見えない蠕虫類などがそうだ。要するに、左右相称動物のうち、わずかな動物群だけが感覚と認知の増大という道をたどったのは、コストの高さが理由なのだ(19)。

カンブリア爆発の解明

感覚の向上は、捕食行動と被食者の多様な防御法の急速な進化に寄与することで、動物の多様化というカンブリア爆発を引き起こす一因となった。そのうちきわめて活動的な捕食者と被食者は、殻での防御や、潜伏やカモフラージュといった受動的な生存方法よりも、精緻な感覚と、高い認知機能のある複雑で新しい脳に頼った。これまでの科学的発見からすると、捕食の軍拡競争こそがカンブリア爆発の要因であり、ダーウィンのジレンマへの解答なのかもしれない。

節足動物 対 脊椎動物

節足動物と脊椎動物は、いくつかの点で大きく異なっている。節足動物には身体の外側に骨格（**外骨格**と呼ばれ、クチクラでできている）と多関節の脚がある。一方で、魚類は遊泳のために流線型をしており、内骨格があり、肢［魚類では対鰭］は本来なかった（図4・4D〜I）。ところがカンブリア爆発のあいだに、これらふたつの動物群は高い移動能力、発達した感覚処理、そして脳を独立に進化させた。節足動物と脊椎動物は、エディアカラ紀からカンブリア紀への移行期に起こった軍拡競争の、正反対の立場を反映している。すなわち、捕食者と被食者、戦士と農民、ライオンと子羊だ。[20]

節足動物はカンブリア紀の食物連鎖の最高位にあり、捕食者のほとんどを占めていた（ただし、節足動物のすべてが捕食者だったわけではない）。[21] 節足動物は葉足動物から進化した（図4・4J）。葉足動物は現生のカギムシに近縁な、脚付きの管のような蠕虫だ。この進化が起こったのはおそらくエディアカラ紀後期であり、そこで移動のためだった付属肢、特に口の付近の頭部付属肢が、餌を捌くために適応した。図4・6Aはこの適応の好例だ。カンブリア紀の捕食性の節足動物、サンクタカリス［*Sanctacaris*］であり、口の前に獲物をつかむ付属肢がある。この名前は「聖なる爪［セイントリー・クロウズ saintly claws］」という意味で、サンタクロースをもじっている。付属肢を使った餌捌きには、正確に距離を詰め、つかみ、切り裂くなどがある。こうした動きには発達した空間能力が必要だ。そのためには空間的視

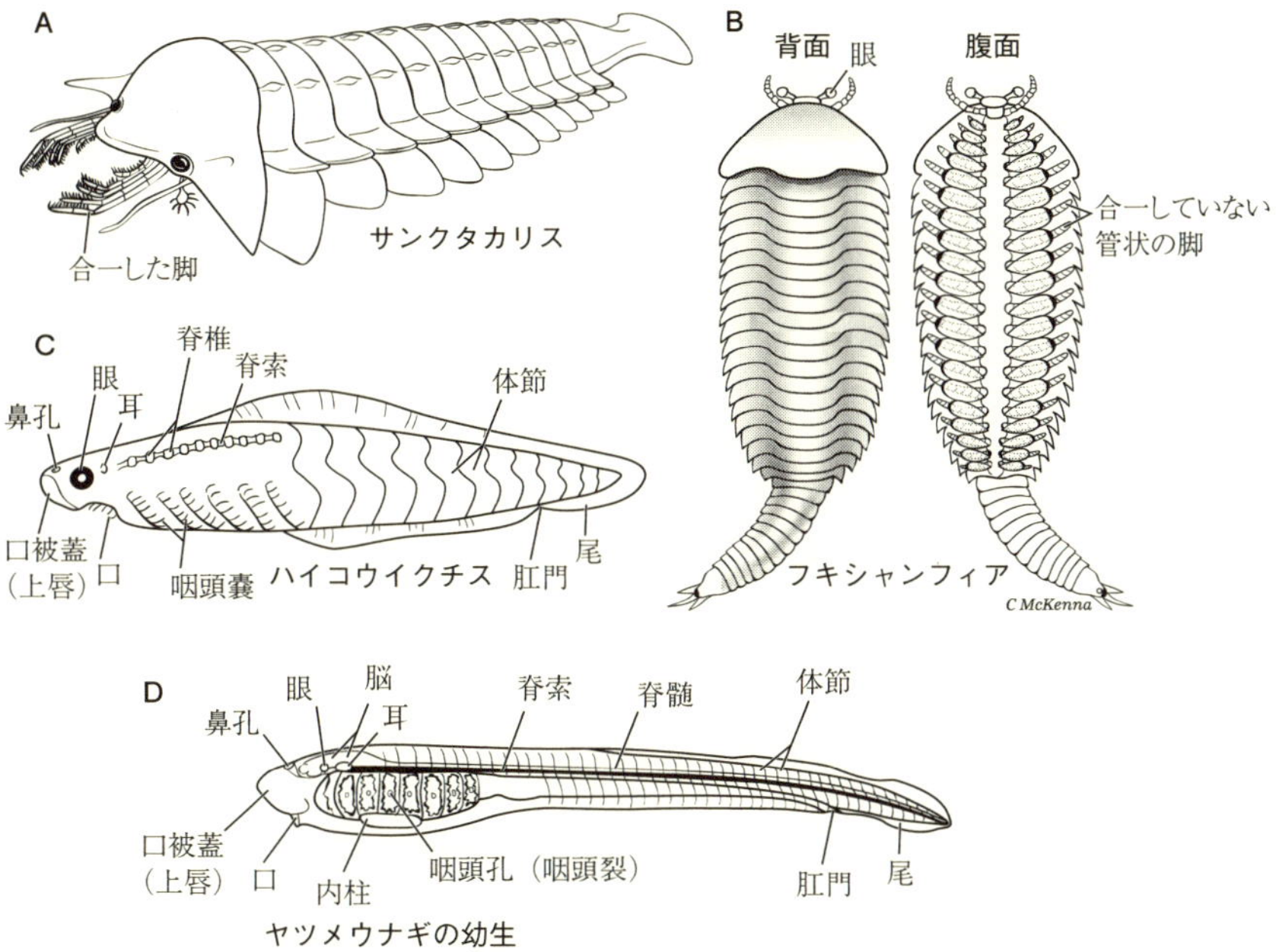

図4・6　カンブリア紀の節足動物と脊椎動物の比較。A. サンクタカリス［*Sanctacaris*］、獲物をつかむための付属肢をもつ節足動物。体長は最大で 9 cm。B. フキシャンフィア［*Fuxianhuia*］、もっとも根幹的な節足動物。体長 4~7 cm。C. ハイコウイクチス、図4・4D で示したものより詳細に図示してある。体長約 3 cm。D. 現生のヤツメウナギの幼生。図は体長 1 cm のものだが、約 13 cm まで成長する。

覚が役に立つ。ほとんどのカンブリア紀の節足動物は、一部の葉足動物にあった眼点よりもずっと精緻なイメージ形成眼を備えていた。図4・6Bに示したのは、既知の節足動物でもっとも根幹的なフキシャンフィア［*Fuxianhuia*］である。フキシャンフィアには高性能な眼と節足動物型の脳があったが、付属肢はまだ祖先である葉足動物と類似した原始的な管状のものだった[22]。

付属肢に関節があることで、節足動物はとてつもない強みを手に入れた。脊椎動物も付属肢のない他の動物も当初はこの餌捌きの腕前に敵わず、節足動物の放散に拍車がかかった。こうして節足動物は、もっとも個体数が多く多様化した動物門としてカンブリア紀の海を支配した。そのなかには、カンブリア紀の海で最大の個体を擁する種もあった（図4・3Ⓑを参照）。

次に脊椎動物について見てみよう。カンブリア紀初期の脊椎動物の化石は非常に珍しい。

体長3cmほどしかない小さな魚類だが[23]、捕食者だったようなしるしはない。つまりハイコウイクチス（図4・6C）をはじめとする最古の魚類には、歯も、顎も、肢もなかった。むしろ、おそらくは濾過食性だっただろう。現生の近縁群がすべて濾過食性だからだ。近縁群とは、被嚢類、魚のような姿をした頭索類（図4・2を参照）、ヤツメウナギの幼生（図4・6D）のことだ。ヤツメウナギは顎のない現生魚類のなかでもっとも特殊化していない［原始的な特徴を多く保存している］。今日のヤツメウナギの幼生は河川の底砂の中に棲み、水中の藻類細胞やデトリタス［有機物の微細粒子］を濾過する。そして驚くべきことに、動物界全体でも濾過食性動物のなかでもっとも高密度で高栄養な餌懸濁液を食べている[24]。このことから、ハイコウイクチスのような最初の脊椎動物の祖先も、カンブリア紀の豊富な微生物層を食べていたと考えられる。実際のところは、その頃には多くの動物が微生物層をついばみ、ほとんどなくなっていただろう。したがってカンブリア紀の脊椎動物は、まだ微生物層が豊富に残されたところをあちこちで見つけては、別の離れた場所から摂餌のために移動していたに違いない。

このような移動は、脊椎動物の遊泳メカニズムで簡単に実現できる。魚類には体幹に沿って、筋節と呼ばれる筋肉の分節がある（図4・6C、D）。レストランでマスを注文すれば、この筋節の列を見ることができる。魚が泳ぐとき、こうした筋節のひとつひとつが前から後ろへと収縮し、身体を波のようにくねらせながら前へと進む。移動運動のメカニズムとしてはこれだけで十分であり、刃のように流線型となった身体と協調して機能する。そして節足動物のような重い外骨格ではなく、内骨格、すなわち比較的軽量な脊索が必要だ[25]。

筋節、流線型、魚類型の遊泳方法は、脊椎動物に近縁な無脊椎動物であり、おそらく最初期の前脊椎動物と類似しているナメクジウオ（図3・3E）でも立派に発達している（第3章を参照）。ナメクジウオは弾丸のように水中を泳ぐことができるが、イメージ形成眼と嗅覚器を欠いている。これは、筋節による素早い遊泳が脊椎動物よりも先に、また脊椎動物が鋭い遠距離感覚を進化させるより先に進化したことを意味する。おそらく前脊椎動物は、たとえ捕食者が近づくまで感知できなかったとしても、捕まえられないくらい素早かったのだろう。そしてこれが、最初の脊椎動物が体表に防具を必要とせず、また実際になかった理由でもあるだろう。しかしカンブリア紀初期の容赦ない軍拡競争のなかで、それまでより素早い捕食者の登場が強い選択圧をもたらし、脊椎動物の感覚はより鋭敏になり、危機をより遠くから感知できるよう、視覚や嗅覚などが向上していった。また初期の脊椎動物が進化させたより鋭敏な遠距離感覚は、分散した餌の層のなかでもっとも豊富なところを見つけるのにも役立っただろう。

最初［原初］の魚類（図４・６C）は発達した感覚と感覚処理能力を有しており、強力な遊泳能力と相まって、カンブリア紀でもっとも有力な農民［被食者］、また濾過食性動物となり、捕食者から逃れることができた。驚くべきことに私たちは、こうした機敏だが温和な当時の完全菜食主義者から進化したのである。「驚くべきことに」と言ったのは、このような最初の脊椎動物は非常に小さく、それほど数が多かったわけでも多様化していたわけでもなかったようだからだ。ところが脊椎動物の黎明期に、ゲノム全体が重複［倍化］して、無脊椎動物の祖先の二倍の数の遺伝子をもつことになった。そしてすぐにもう一度重複した。[26] ナメクジウオや他の無脊椎動物と比べて、どの現生脊椎動物も非常に多くの遺伝子を有しているので、そうだとわかる。この「ゲノム四倍化」が遺伝的な新奇性をもたらし、進化的革新を可能にした。初期の脊椎動物は遺伝的メカニズムによって、身体構造、身体機能、神経系の面でそれまでの地球上でもっとも複雑な動物となり、それが今日まで続くこととなった。[27] より複雑なゲノムを有することで、脊椎動物はより複雑で、より多くの段階からなる神経階層（第２章の議論）を備えられた。こうして、カンブリア紀の脊椎動物には高い進化的な潜在能力があることがわかった。そして次章で議論するように、この潜在能力には意識も寄与したのである。

第5章　意識の発端

意識はどのくらい古いものだろうか。これから立証するのは、五億二〇〇〇万年前よりも昔のカンブリア爆発で、脊椎動物が意識を進化させたということだ。脳の複雑性が臨界点にまで発達し、意識を生みだせるようになったのだ。この見立てが正しければ、意識はこれまで一般的に考えられていたよりもずっと古くからあることになる。本章と次章では、外的環境に対する感覚意識、つまり**外受容意識**の進化に注目しよう。第7章と第8章では、感性つまり内的感情や情感の能力を議論する。だが基本的にどの感覚意識もほぼ同じ期間に進化したと主張することになる。

図5・1は脊椎動物やその他の脊索動物の初期の放散と、その時期を表した系統樹だ。本章で説明する、遠距離感覚、脊椎動物の頭部、感覚意識の進化における重要な革新的要素も示してある。現生動物と同じく、カンブリア紀の化石脊椎動物や脊椎動物に近縁な化石動物（ハイコウエラ、ハイコウイクチス、メタスプリッギナ）も、議論を進めるのに役立つだろう。

脊椎動物の脳

本章では脳の進化を扱う。脊椎動物が生まれたカンブリア爆発で、脊椎動物型の脳もまた生まれたからだ。[1]ナメクジウオを調べると、祖先にあたる脊索動物にはすでに前脳、中脳、後脳の三部分からなる脳があったことがわかり（図

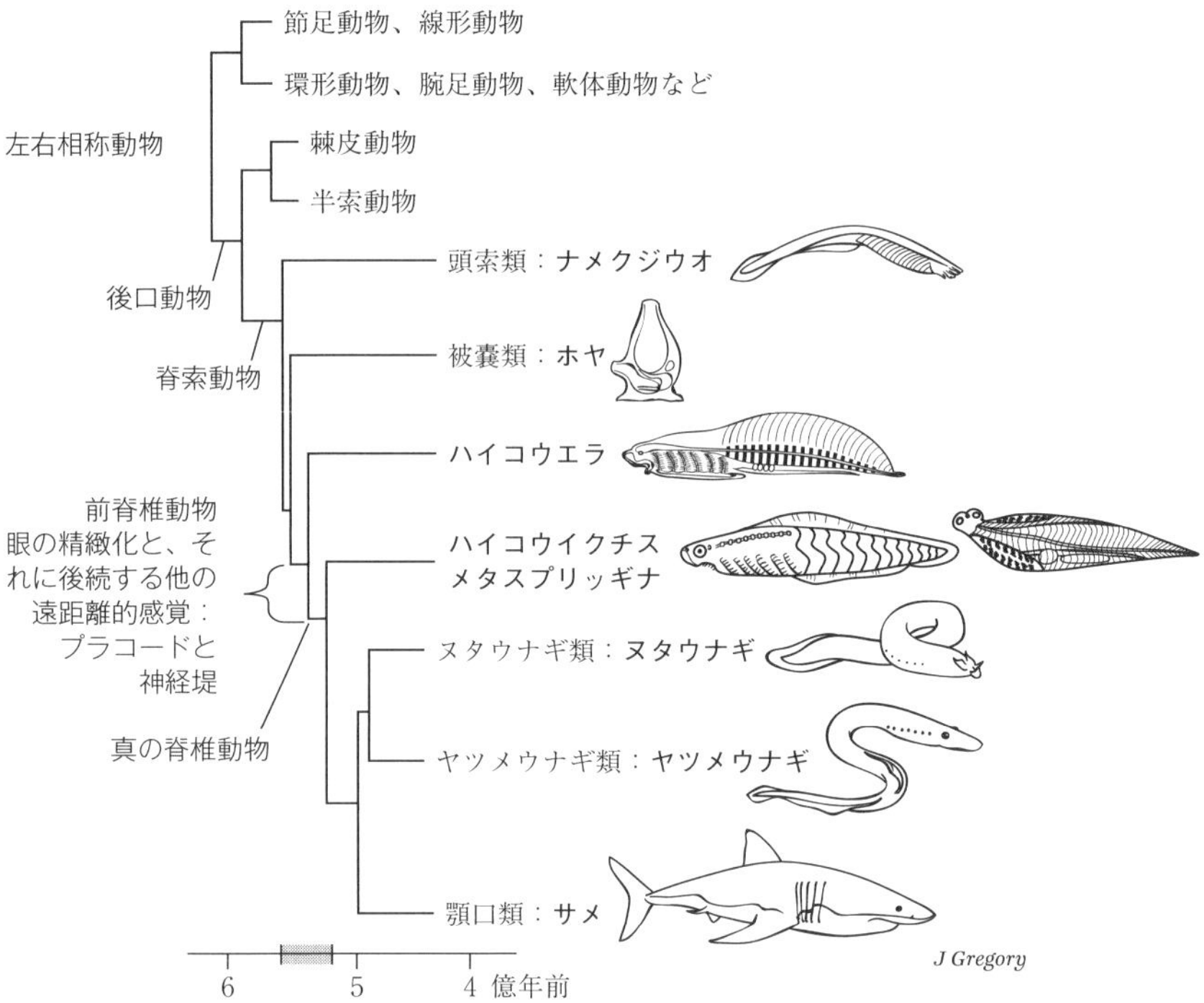

図5・1　脊索動物と脊椎動物の関係性と進化。重要な感覚的特性が現れた時期を左側に示す。動物の大きさは縮尺どおりではない。

3・5を参照)、このような脳は奇怪な姿の被嚢類からも復元できた(図3・4を参照)。脊椎動物では、この脳の三つの部分はさらに拡大して複雑になり、分化も進み(図5・2)、神経階層はよく発達して高次段階まで備わっている。

図5・2では、どの脊椎動物にも共通する部分を使って一般化した脳を、図5・3では、魚類から両生類、爬虫類、鳥類、哺乳類までの特定の脊椎動物の脳を示している。さらにヒトの脳も表5・1に示した。図5・3では、それぞれの脊椎動物に共通する脳構造の名前を記してあるので、相対的、絶対的な大きさの違いがわかる。これらの脳構造については、これ以降よく使っていくので表5・1に体系的にまとめ、機能も併記した。そして表5・2では、ナメクジウオや被嚢類にもあるのはどの脳構造か、またどの脳構造が脊椎動物に固有なのかをまとめた。この表に基づけば、脊椎動物にしかない構造から最初の脊椎動物

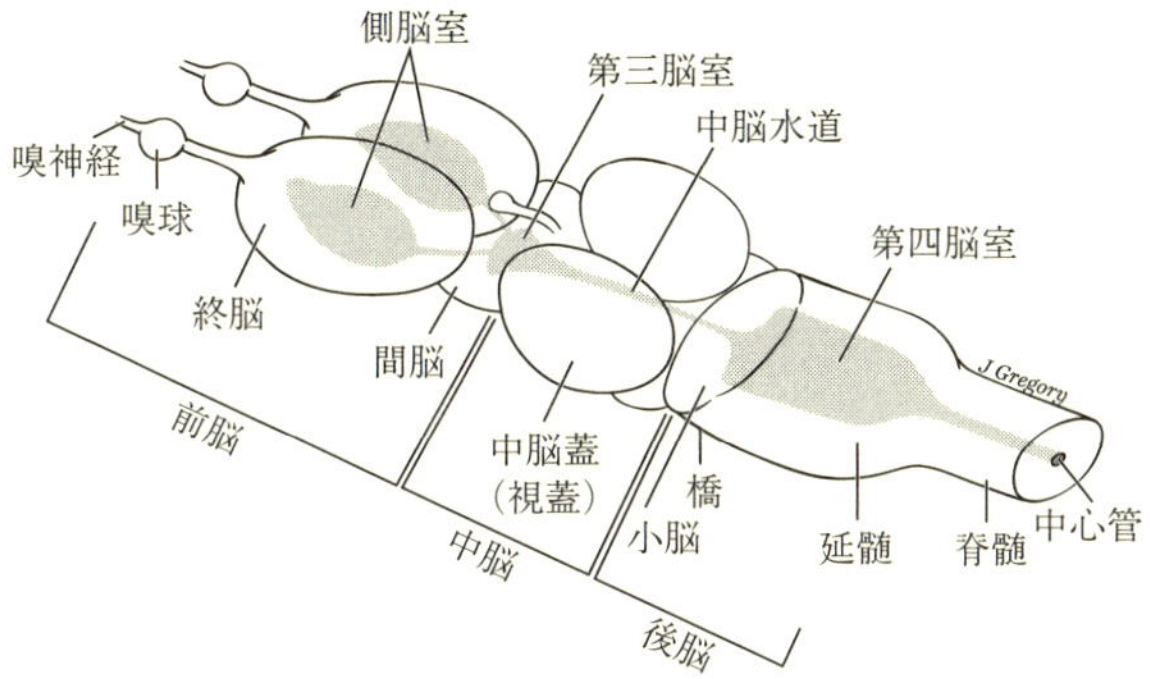

図5・2　脊椎動物の脳の主な区分と部位（前脳、中脳、後脳）。左側が前方。Butler and Hodos（2005）から改変。中空の中心部が灰色になっている。

に起こった神経の発達が明らかになる。

ここで脊椎動物の脳を概観しながら、表5・1、表5・2を要約しよう。**後脳**［hindbrain］には、延髄という尾側部と、橋《きょう》や小脳という頭側部がある。**中脳**［midbrain］には視蓋《しがい》と呼ばれる天井部分と、その腹側の被蓋がある。延髄、橋、中脳はともに**脳幹**を形成する。**前脳**［forebrain］には間脳（主に視床と視床下部）と終脳（大脳半球を含めた、大脳）がある。脳は中空で、体液［脳脊髄液］で満たされた**脳室**という連絡系になっている。脳の尾側には脊髄があり、中空の中心部は**中心管**という。

脊椎動物の進化で脳が拡大したというとき、大脳の拡張、特に高次の心的機能と関連する外套《がいとう》や大脳皮質といった背側部の拡張と絡められるのがお決まりだ。この拡張は、哺乳類や鳥類の巨大な大脳（図5・3F、G、表5・1）を見ればよくわかるが、顎のある魚類の一部や、爬虫類（図5・3E）でも拡大している。しかし大脳だけが拡大したわけではない。他にも、それぞれの脊椎動物の種ごとに特化した機能を担う脳領域も拡大しうるのだ。たとえば、味覚や電磁場の感覚（電気受容）[2]が非常に鋭い魚では、脳幹でこれらの刺激の処理を最初に始める部分が大きくなっている。[3]大脳の外套の機能は、記憶、学習、恐怖、嗅覚処理、ほぼすべての感覚刺激の複雑な処理、意思決定、身体運動への作用、認知である。大脳の前方には、匂いを一次処理する嗅球がある。嗅球は、魚類、両生類、ラットのような一部の哺乳類といった、嗅覚に強く依存している動物で比較的大きい。

視蓋は脊椎動物で一貫して視覚情報処理の中枢となっているが、↙88頁へ

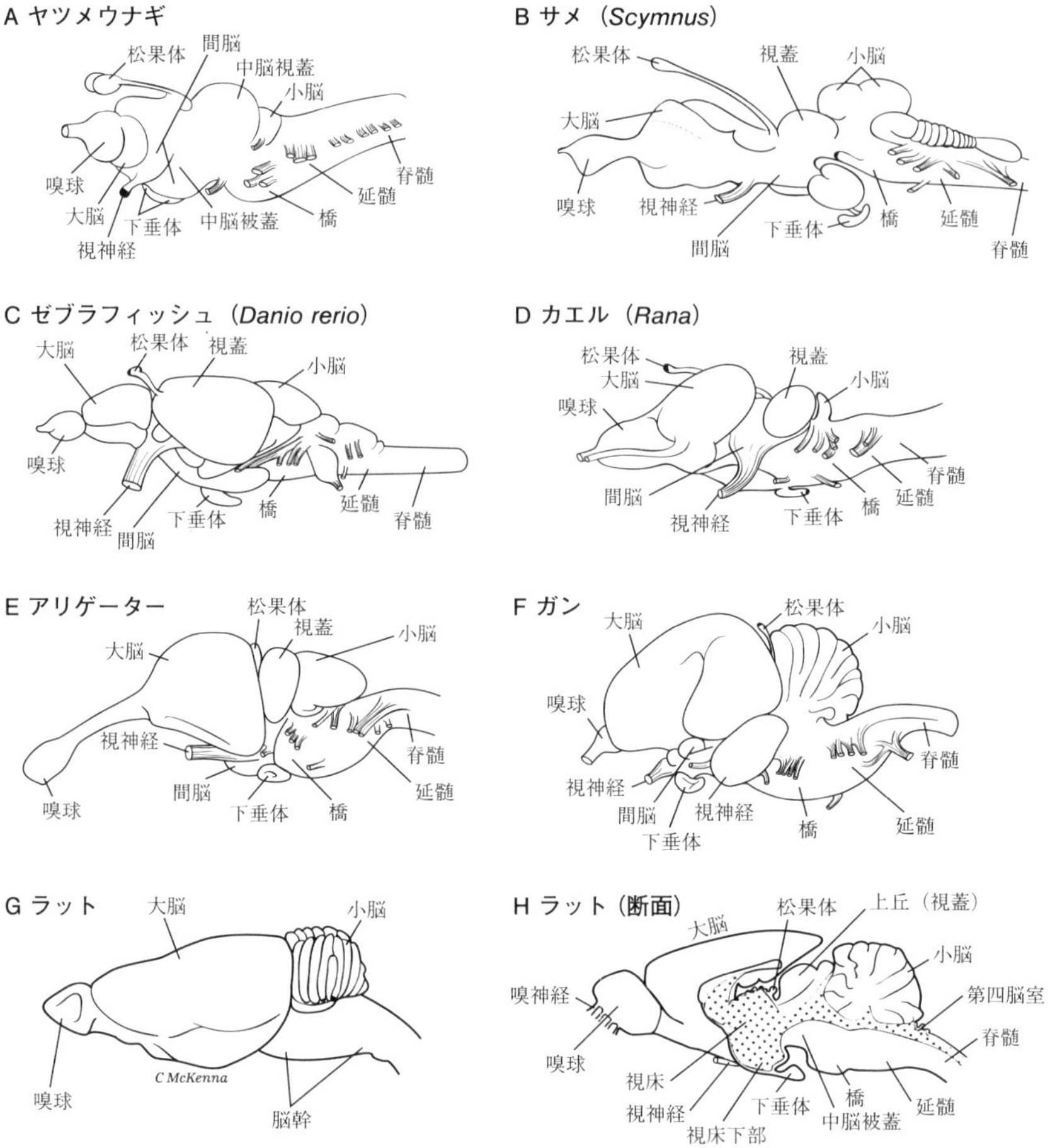

図5・3　脊椎動物のさまざまな動物群の脳の側面図。左側が前方。A. ヤツメウナギ。B. サメ、*Scymnus*。C. ゼブラフィッシュ、*Danio*。D. カエル、*Rana*。E. アリゲーター。F. ガン（雁）、*Branta*。G. ラット、*Rattus*。H. 内部を示すために半分に切ったラットの脳。点描部は脳室を示している。

表5・1-(1)　脳を中心とした、脊椎動物の中枢神経系の各部分

Ⅰ．脊髄
感覚入力を受け、脊髄神経を通して運動出力を送る。頭より下［後方］の身体に関わる反射と単純な運動指令。
Ⅱ．脳、尾側から頭側へ
A．後脳［hindbrain］または菱脳［rombencephalon］
1．延髄［medulla oblongata］または髄脳［myelencephalon］
・脳神経の後半5対（Ⅷ-Ⅻ）が付属し、頭部の神経支配に関わる。
・嚥下、心拍数、血圧、呼吸速度といった自律的（体内）機能を支配する「中枢」などがある、網様体（下記参照）の一部を含む。
2．後脳［metencephalon 上の後脳 hindbrain との混同に注意］または橋と小脳
a．橋
・脳神経の3対（Ⅴ-Ⅶ）が付属し、頭部の神経支配に関わる。
・橋の網様体には呼吸、嚥下、排尿の中枢がある。
・「橋核［pontine nuclei］」が小脳とともに働く。
b．小脳
・滑らかで協調した身体運動を計算する。
・バランスと姿勢を保つのを助ける。
B．中脳［midbrain, mesencephalon］
1．被蓋
・脳神経の1対（Ⅲ）が付属し、物を見るときの眼の運動を助ける。
・網様体が大まかな身体運動を開始する：中脳運動中枢。
・基本的運動プログラムを選択する、線条体の後半部分を含む（下記参照）。
2．中脳蓋［tectum］（「屋根」という意味）あるいは視蓋［optic tectum］（哺乳類では上丘と名づけられている）
・視覚反射と広範囲の視覚処理。
・さらに他の種類の感覚情報（触覚、聴覚など）の受容と処理。
・同型的感覚地図。
・脳神経の1対（Ⅳ）が付属し、物を見るときの眼の運動を助ける。
3．中脳の中空の中心部［つまり中脳水道］の周囲にある、中脳水道周囲灰白質
・パニック時の身体反応の指令。
C．前脳［forebrain, prosencephalon］
1．間脳［diencephalon］
a．視蓋前域［pretectum］
・光の強さを変えるための眼の反応の調整。
b．視床（図5・4の楕円）
・脳の他の部分や脊髄のすべてと、哺乳類の大脳皮質といった外套（下記参照）との中継中枢。
・視床を通過する情報の処理。
・警戒と覚醒。
c．視床上部（間脳の最上部）

表5・1-(2)

i．松果体
・光の方向や日周、年周を判別するが、イメージは形成しない光受容器がある。日周のうち夜間に対し身体を整える、メラトニンホルモンを分泌する。
ii．手綱（手綱核）
・睡眠中の身体運動を抑制し、適切でなかったり危険だったりする行動を防ぐ。
d．前視床［prethalamus］または腹側視床［subthalamus］
・基本的運動プログラムを選択する、線条体の一部（下記参照）。
e．視床下部（間脳の最下部）
・情感や情動の運動反応の指令。
・第II脳神経、つまり視神経が付属。
・眼の網膜は胚発生期にこの部分から伸長する。
・神経下垂体も含め、底部に下垂体が付属する。
・自律機能、内臓機能をモニター、制御する主な脳領域であり、その目的のため、下垂体による数多くのホルモン分泌を制御する。
・喉の渇き、飢え、体温調節、消化の中枢がある。
・性行動や生体リズム（視交叉上核が生成）を含め、生存のための基本的行動を制御。
2．終脳［telencephalon］、ふたつの大脳半球を含む（図5・4も参照）
a．淡蒼球（腹側に位置する）
i．線条体、本質的には「基底核」と同一
・脳幹と脊髄でコード化されている、さまざまな運動プログラムのなかで、どの運動プログラムが実行されるべきか選択する。たとえば、呼吸、咀嚼、嚥下、移動運動。どの運動パターンを実行するかについての、素早いが融通の効かない意思決定[1]。
ii．中隔核、透明中隔
・情感[2]、気分、不安感。
iii．扁桃体、淡蒼球か「淡蒼球下部」の一部分
・情感[2]による反応や活動。恐怖や恐怖様行動。
b．嗅球、嗅神経束
・第I脳神経（嗅神経）が嗅球に付属。
・最初の嗅覚処理が嗅球で起こる。
c．外套［pallium］（背側に位置する。特に図5・4を参照）
i．背側外套
・哺乳類では、大脳皮質のほとんどを含む。
・さまざまな感覚の情報処理、哺乳類での精緻な同型的地図。
・複雑な意思決定。
・活動や行動への作用、（ヒトが行うような精密で自発的な動きの）一部の運動制御。
・認知。
・情感[2]、情動の一部。

表5・1-(3)

ⅱ．外側外套
・匂いの嗅覚処理。嗅覚経路の重要部分。
・哺乳類では、大脳皮質嗅覚野と呼ばれる。
ⅲ．内側外套、海馬
・場所についての空間的記憶や、［認識］対象や事象の記憶。
ⅳ．腹側外套、あるいは扁桃体の外套部分
・情感[2]学習、特に恐怖。
Ⅲ．複数の脳領域にまたがる、神経系の他の部分
A．脳幹
・ひとつながりになっている、延髄、橋、中脳の総称。
B．脊髄と脳の中空の中心部（図5・2を参照）
1．脊髄の中心管
2．脳の脳室
a．後脳［hindbrain］の第四脳室
b．中脳の中脳水道
c．間脳の第三脳室
d．各大脳半球の（第一、第二）側脳室
C．自律神経系［autonomic nercous system（ANS）］
・脳と脊髄から発し、内臓に達して、消化、心拍、排尿といった体内機能を制御する運動ニューロン。
・専門的には、体内の器官の分泌腺や平滑筋、また心筋を活性化（あるいは抑制）する末梢神経系の一部として定義される。
・交感神経と副交感神経。副交感神経は各器官に「休憩して消化せよ」と指令するのに対し、交感神経は「怯えるか、戦うか、逃げるかしろ」と指令する。
・こうした自律神経系の出力の多くは脳と脊髄が制御、作用する。
・**骨格**筋を収縮させ、四肢や身体を動かす指令をする**体性運動系**と対照をなす。
D．網様体
・延髄、橋、中脳の脳幹の中核にある。
・覚醒、注意喚起、情動強度の制御のための、**網様体賦活系**をもつ（図10・8を参照）。
・基本的で大まかな身体の運動のための、筋肉の収縮を指令し制御する。
・自律神経系を介した内臓機能への作用中枢がある。
E．大辺縁系［greater limbic system］（図5・4）
・情感[2]（とヒトの情動）のための領域。
・生存のための基本的行動を動機づける。
・内臓機能と、体内の定常的状態（恒常性）を維持する。
・前脳では、扁桃体、海馬、基底前脳、中隔核、視床下部などが含まれる。
・脳幹では、中脳水道周囲灰白質、網様体などが含まれる。

1．線条体の運動機能はGrillner et al.（2005）で記述されている。
2．情感とは、ポジティブな感情やネガティブな感情である（第1章、第7章、第8章を参照）。

表 5・1-(4)

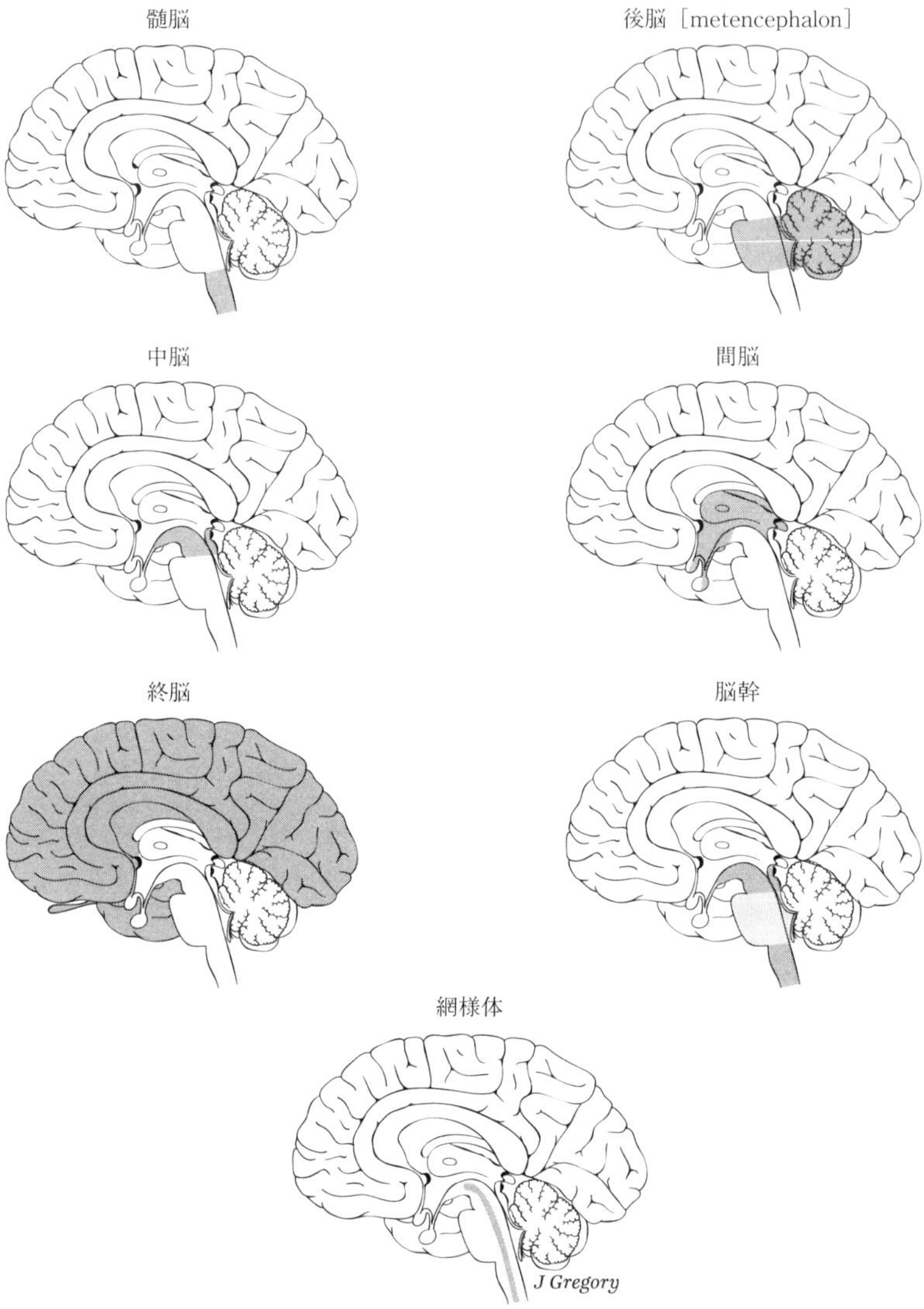

表5・2　脊椎動物と、被嚢類・ナメクジウオの中枢神経系の部分の比較。(＋)あり、(－)なし。

	脊椎動物	ナメクジウオ	被嚢類
1．脊髄	＋	＋	＋
2．後脳［hindbrain］	＋	＋	＋
A．髄脳	＋	＋	＋
B．後脳［metencephalon］	＋	－	－
i．橋	＋	－	－
ii．小脳	＋	－	－
3．中脳	＋	＋	＋
A．被蓋	＋	＋	＋
B．視蓋	＋	－	－
4．前脳	＋	＋	＋
A．間脳	＋	＋	＋
i．視蓋前域	＋	－	－
ii．視床	＋	?	?
iii．松果体	＋	＋	＋
iv．前視床	＋	－	－
v．視床下部	＋	＋	＋
vi．神経下垂体	＋	＋	＋
B．終脳、大脳半球を含む	＋	－	－
5．脊髄と脳の中心管（脳室）	＋	＋	＋
6．自律神経系	＋	－[1]	－[1]
7．網様体	＋	＋	?
8．大辺縁系	＋	＋[2]	?

ナメクジウオと被嚢類の構造の情報源は Burighel and Cloney (1997)、Lacalli (2008)、Mackie and Burighel (2005)、Moret et al. (2005)、Wicht and Lacalli (2005)。第3章も参照。

1．ナメクジウオや被嚢類の臓性末梢神経系は、脊椎動物の自律神経系とは異なり、神経堤は関与しない。

2．図3・5B のナメクジウオの「神経網」を参照。

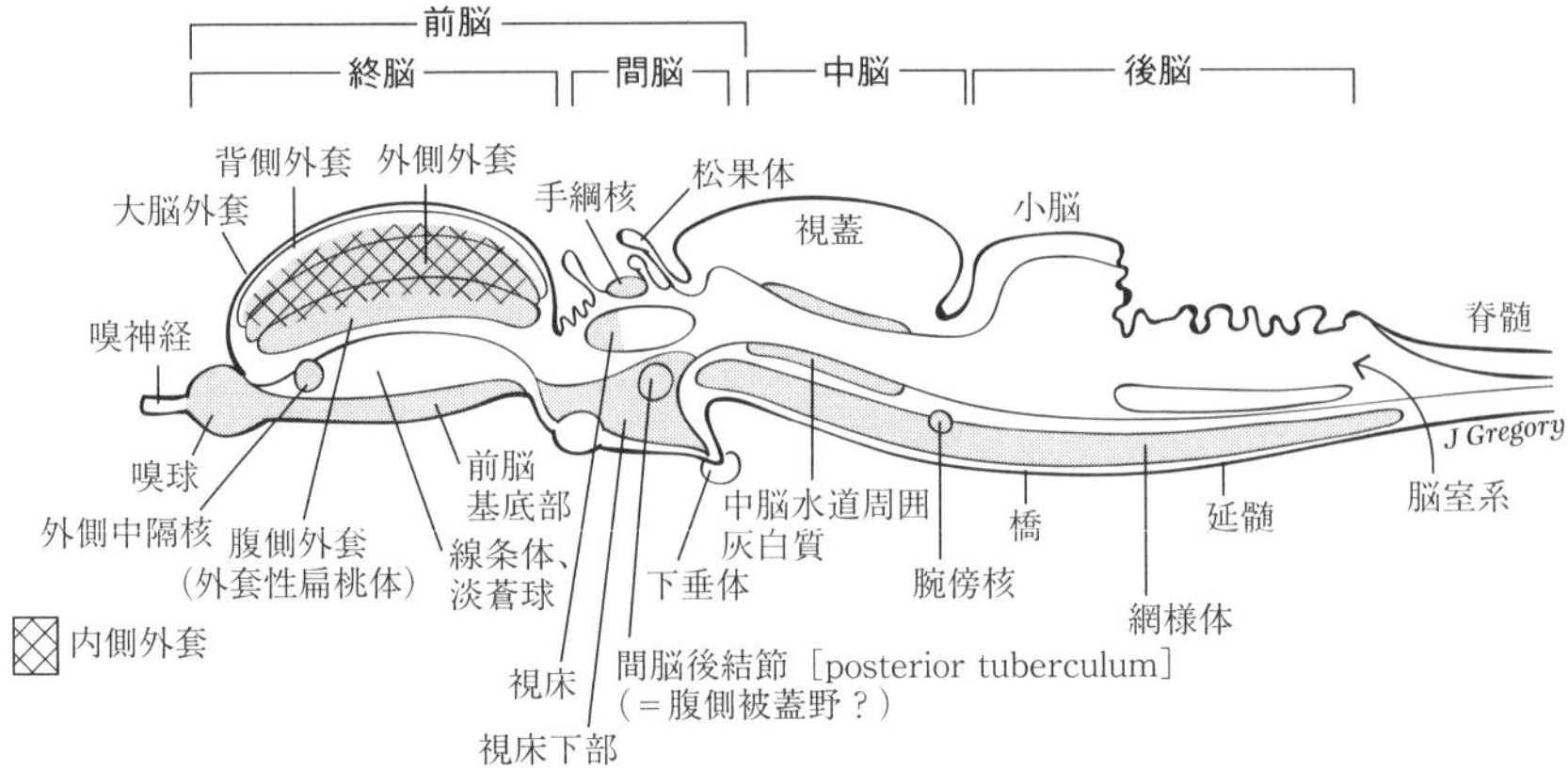

図5・4　辺縁系。この図は一般化した脊椎動物の脳の正中断面図であり、灰色で示した部分が辺縁系である。また、この図からは終脳の部分、外套や淡蒼球などもよくわかる。

哺乳類では［主な視覚中枢が大脳皮質へと移っているため］それほどではない。また視蓋は（匂いを除く）他の種類の感覚情報も処理する。多くの魚類で、脳のなかで相対的に大きな部分である（図5・3A、C）。これらの事実から、視蓋と大脳外套は視覚、触覚、聴覚、嗅覚からの情報を処理する主要な領域であることがわかる。

小脳［cerebellum］（大脳［cerebrum］と混同してはいけない）は後脳にあり、種によって大きさはさまざまである。自身の身体の動きを感知し、バランス維持を助けるのと同時に、動きを滑らかで協調的にするための計算をする。鳥類やヒトのように、よく調和のとれた活発な動きをする動物ほど大きい。

辺縁系（ニューヴェンフィスの大辺縁系）は脳の深部や内部にあり、外側からはほとんど見えない[4]。そしてすべての脳区分が辺縁系を構成している（図5・4）。つまり脳幹、間脳、終脳のそれぞれに辺縁系部分があるのだ。辺縁系は中核的な生体機能や基本的な生存機能、動機、情感の遂行に関わっている。また第3章で述べた脳の「原始的な中核領域」も含まれる。

辺縁核をはじめとする脳の各部分を見ていくと、脊椎動物間で脳構造の類似性が高いことがわかる。その最大の例外は紛れもなく、哺乳類、鳥類、爬虫類での大脳外套の顕著な複雑性である。

また脊椎動物には、最初期の前脊椎動物の代理であるナメクジウオにはない、決定的な脳構造があることに注意しよう（表5・2）。これは第3章の主題ではあったが、ここで脊椎動物の脳を詳細に見たことで、よりはっきりとした。表5・2から判断すれば、脊椎動物で新しく進化した脳構造のうちでもっとも重要なのは、大脳、よく発達した視床、視蓋、後脳［metencephalon］（小脳や橋）である。これらの新しい脳領域はすべて、主として感覚処理の役割を担っている。

脊椎動物の感覚

ここで前脊椎動物の感覚を復元しよう。まずは光受容からだ。第3章で述べたナメクジウオと、図4・5Bで復元した最初の蠕虫様の左右相称動物から、初期の前脊椎動物には光感受性の細胞、つまり**光受容細胞**があったはずだ。部分的に色素で遮蔽され光源の方向がわかるようになっていたものの、視覚イメージは形成しなかった(5)（図5・5A、ステージⅡ）。他の感覚器としては、初期の前脊椎動物には皮膚に**機械受容器**もあり、さまざまな触覚刺激を感知していただろう。ナメクジウオにもさまざまな機械受容器があるからだ(6)。前脊椎動物には、他のほとんどの動物と同様に有害な刺激に反応するための**侵害受容器**と、水中に溶け込んだ匂いや味の分子を感知するための、嗅覚や味覚によく似た働きをする**化学受容器**もあったはずだ。ただし、ナメクジウオや被嚢類には確かに化学受容器と呼べるものはいまだ見つかっていないので、この推理はいささか冒険的かもしれない(7)。しかしこれらの脊索動物にも化学受容に関連する遺伝子があり(8)、化学受容器は左右相称動物すべての原始的な形質だと考えられている。光受容器の一部は脳内や脊髄内にもあっただろうが、光受容器、機械受容器、化学受容器といった受容体はどれも前脊椎動物の身体の表層、つまり皮膚に位置していただろう。

脊椎動物の祖先はこうした基本的な感覚系を備え、単純な環境刺激の処理ができただろう。しかし本書の復元によれば、これらの感覚系はもっぱら（ナメクジウオや被嚢類に見られるように）反射的だったようだ。意識処理が生じるには、複雑な感覚階層を備えた、もっと強力で拡張した脳が進化する必要があっただろう。そうすると「なぜ」「どのように」感覚処理の精緻化が爆発的に進んだのか。これが次の疑問だ。

視覚先行説

前章では、カンブリア紀の前脊椎動物がたくさんの新しい捕食者（そのほとんどは節足動物だった）をなんとかして感知し逃避していたのとほぼ同時期に、脊椎動物のさまざまな遠距離感覚が進化したことを論証した。これらの遠距離感覚はほぼ同時に現れたのではあるが、実際にはどの感覚が発端として進化し、そして他の感覚が追随することになったのだろうか。

仮説のひとつでは、光受容こそ遠距離感覚のうち最初に感覚イメージを進化させたのだとされる。この仮説は、アンドリュー・パーカーによって提案され、それをもとにマイケル・トレストマンが確立した。(9) ふたりとも節足動物に着目していたが、この主張は脊椎動物にも当てはまる。パーカーはこれを光スイッチ仮説と呼び、イメージ［ここでは光学的な像を指しているが、イメージで訳語を統一する］を形成する真の眼が節足動物を最初の捕食者にし、カンブリア爆発そのものまで引き起こしたと言った。トレストマンはさらに洗練させ、新しい眼は単にイメージを形成するだけでなく、**空間**イメージをも形成して視界に入る個々の対象を特定し、その位置、距離、動きや、どれが他のものよりも手前にあるのか判断できるようになったと提唱した。この空間的視覚があったからこそ、餌を発見し、追跡し、攻撃し、やすやすと操って口に入れられたのだという。**節足動物**が最初にそのような眼を進化させ光スイッチを押したのだが、被食者だった**前脊椎動物**の視覚も、向かってくる捕食者を見つけるために自然選択によってすぐに向上した。視覚先行説の論拠として次のことが考えられる。すなわち焦点を合わせられる視覚はどの感覚よりも環境情報をよく集め、カンブリア紀の軍拡競争で複雑な捕食行動と防御、回避行動ができるようになっただろう。視覚による軍拡競争に続いて、嗅覚、触覚、聴覚といった他の感覚の精緻化も引き起こされた。こうした感覚の精緻化はすべて、捕食者（節足動物）でも被食者（前脊椎動物）でも生存率を上げたのだ。

脊椎動物のイメージ形成眼の進化（図5・5）では、どのような解剖学的な段階があったのだろうか。化石記録は［レンズが進化し、化石として残る］最終段階に至るまで役に立たないので、現生のナメクジウオや被嚢類を使って、他の現生の無脊椎動物からわかった眼の進化の一般的傾向もふまえながら段階的順序を復元しなければならない。というのも何十もの無脊椎動物群（特に蠕虫類や巻貝）が、単純な眼をそれぞれ独立に進化させたのである。[10] しかも動物群を問わず、その初期段階はほぼ同じなのである。こうした動物比較を根拠に、ダン＝エリック・ニルソンは眼の進化の機能的、構造的な四段階を区分した。そのそれぞれから、次の段階を簡単かつ論理的に導ける（図5・5AのⅠ〜Ⅳ）。[11] 四段階とは、単体の光受容細胞（Ⅰ）、色素細胞の付加（Ⅱ）、杯状化（Ⅲ、Ⅲ+）、高い視覚解像度をもつカメラ型の眼（Ⅳ）だ。以下で各段階の詳細を説明しよう。

ステージⅠは単一の光受容細胞による基盤的で方向性のない光受容であり、色素細胞で遮蔽されることなく、単に光の強さだけをモニターする。この段階にある動物は、昼か夜か、または暗いところにいるかどうかわかる。

ステージⅡは方向性のある光受容だ。光受容細胞は色素細胞によって部分的に遮蔽されており、一部の方向からの光を受け取り、他の方向からは受け取らない。こうした方向性があると、動物は光に向かったり光を避けたりでき、また向かってくる捕食者といった移動中の対象がつくる影を感知できる。図4・5Bで示した、目の見えない［イメージを形成できない］左右相称動物の祖先の眼点［ocellus］（「小さな眼」という意味）は、ステージⅡつまり方向性を感知する光受容器だったのだろう。ナメクジウオの幼生にある前方「眼」は、脳の内部にあるが脊椎動物の眼と相同であり、このステージⅡか、かろうじて次のステージⅢの段階にかかるかのどちらかだ。このナメクジウオの前方眼は、図5・5C（また図3・5）で示してある。

ステージⅢは低解像度の視覚である。光受容細胞や色素細胞が単に杯状化するだけで、ステージⅡからステージⅢに

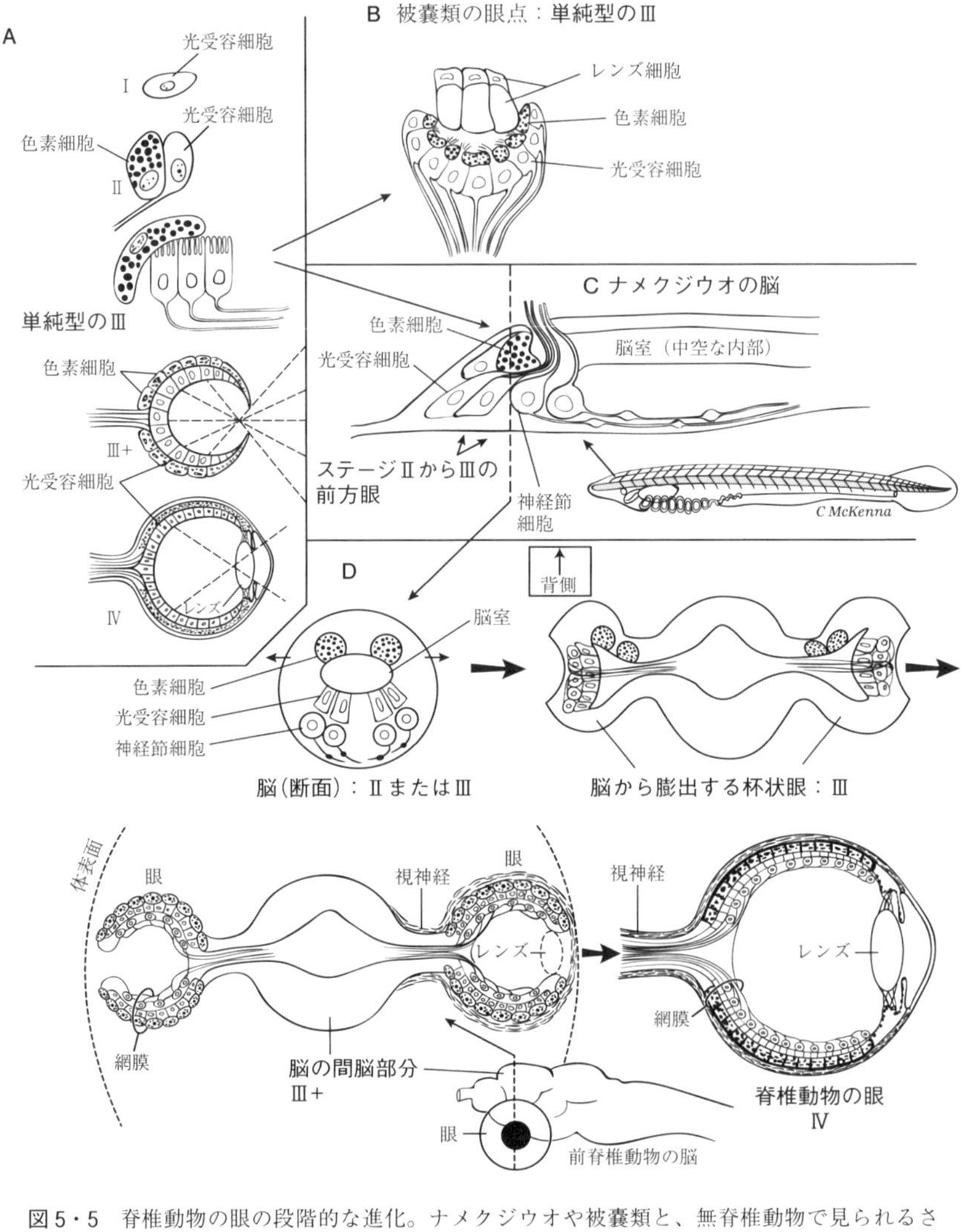

図5・5　脊椎動物の眼の段階的な進化。ナメクジウオや被嚢類と、無脊椎動物で見られるさまざまな種類の眼に基づくダン＝エリック・ニルソンの眼の進化の各ステージとを利用して復元。A. ニルソンのステージI～IV。B. 被嚢類幼生の小さな眼点状の「眼」（松果体、つまり脊椎動物の「第三の眼」と相同）。C. 脳の側面図、ナメクジウオ幼生の小さな前方眼。D. ナメクジウオの前方眼を出発点として提案された、脊椎動物の眼の進化の各段階。これらの断面図は、トレヴォー・ラムの論文の図をもとにしている。

移行できる（図５・５Ａ、Ｂ、Ｄ）。光を防ぐ色素によって部分的に遮蔽されているので、光受容細胞はそれぞれただひとつの**方向**から杯状眼に入射する光だけを受容し、反応する。すべての光受容細胞からの入力を集めて整理することで、眼はイメージを形成する。このイメージは大まかではあるが、対象の動きを追跡したり、遊泳中や移動中に物にぶつかるのを防いだりするには十分だ。ステージⅢの眼を備えた動物にはレンズを進化させたものもいる（図５・５Ｂ）。こうしたレンズには焦点を絞って結像させるほどの効果はないが、光受容細胞に対して光を屈曲、集中させ、ほの暗い光であっても眼を機能させるには十分である。

図５・５Ｄの模式図では、前脊椎動物がステージⅢを経てどのようにより発達したのかについて、眼胚が脳の側面から膨出して拡張し、対眼となる過程として示してある。「ステージⅢ＋」では杯状化が進み、眼はピンホールカメラのような働きをしてステージⅢ初期の浅い杯状眼よりも高い解像度の視覚をつくりだしたことに注意しよう。この段階で祖先は本当の意味で**イメージ**を見るようになった。完全ではないが、最初期のカンブリア紀ではそれで十分だった。前脊椎動物とともに進化した、捕食者としての新しい節足動物も、おそらく同じようにまだよくは見えていなかっただろう。視覚がまだ精緻化していなかったこれらふたつのクレードには、ラテン語由来の古いことわざ、「盲人の国では、隻眼の者が王となる」がよく当てはまる。そして視覚は、急速に向上しつつあった。

ステージⅣは高解像度の視覚だ。精細な視覚のためには、鮮明に網膜に結像するようにレンズが少しだけ変化するのと同時に多くの網膜光受容細胞を備えるだけでよい。これは図５・５Ｄで、「脊椎動物の眼」と表された最終段階として示してある。

高解像度のイメージが眼で新しく受容されるようになった。これを無駄にしないためには、同時に前脳と中脳での視覚処理も大きく向上したはずだ。こうした視覚処理で生じた精細で同型的［網膜部位局在的］な視覚表象が、意識をともなった脳に生じた最初の心的イメージだった。そしてこの心的イメージによって、脊椎動物は視覚誘導による多岐にわたる行動ができた。こうして、視覚は意識の萌芽の前触れとなったのである。

脊椎動物の眼の網膜は間脳に由来する（図5・5D）。つまり脳の一部であり、中枢神経系に属している。眼は体表近くにあるため末梢神経の一部だと思われやすいが、実際にはそうではない。対照的に、他の感覚はどれも末梢神経系で受容される。

嗅覚先行説

ここまで、脊椎動物と節足動物では視覚こそが最初に進化した遠距離感覚だったという見解を提示してきた。しかしロイ・プロトニック、ステファン・ドーンボス、陳均遠といった人々は、視覚ではなく嗅覚が先に生じたと言っている[12]。彼らの主張によれば、カンブリア紀が始まったとき、（第4章で議論したように）祖先の蠕虫類は光が届かず匂いが重要となる海底の微生物層の中に棲んでいた。そこで視覚は、動物が海底から出て泳ぎ始めたときに後から進化したのだとされる。しかし祖先の蠕虫類の多くは微生物層の**表面**をついばんでいたはずであり、そこにはたくさんの光が到達していたと反論したい。またプロトニックらは、現生のヒトデや巻貝の例を挙げ、視覚は海底に棲む捕食者には必要なかったと主張している。しかし、そのような環境に棲む多くの捕食者にも視覚があり、海底の複雑な状況を見ることで優位に立っていると反論できる。視覚がありながら海底に潜る、現生の脊椎動物や節足動物には、エビ、カブトガニ、カレイ、エイなどがいる。最後に、プロトニックらの主張ではイメージ形成眼を備えた最初期の化石動物（三葉虫など）は五億二〇〇〇万年前まで現れなかったとされる。これはカンブリア紀の始まりから二〇〇〇万年後のことであり、眼は後から進化したはずだという。しかし、この主張は認められないだろう。なぜなら、いかなる動物体の化石も五億四〇〇〇万年前から五億二〇〇〇万年前までは産出しないからだ。残念ながら、鱗片や貝殻など初期の動物の一部分しか見つかっておらず、岩石記録のギャップとなっている[13]。つまり当時存在していたかどうかにかかわらず、このギャップからは眼も**嗅覚器**もあったかどうかわからないのだ。

もう一度、視覚が最初の重要な感覚であったと考えられる理由を強調しよう。それは、光が多くの情報をもたらすからだ。空間の「嗅覚イメージ」は確かに存在し[14]、水中で匂いを発する対象から生じる匂いの流れや匂い分子の濃度勾配をもとに、脊椎動物の脳内で構築されうる。しかしこのような嗅覚イメージは（光によるイメージがもたらすようには）対象についてはっきりとした境界や正確な距離を明らかにはしない。対して視覚イメージは、襲い来る捕食者のような、素早く動くような対象を追うのに非常に向いている。たとえ視覚が濁った水中でうまく働かなくとも、そうした濁りはおおかた匂いシグナルをも散乱し混乱させる混濁流が起こしたもので、嗅覚も妨げられるのだ。

とはいえ、匂いはある意味で特に重要である。視覚、聴覚、触覚刺激とは異なり、匂いは刺激の発生源がなくなっても残り続ける。捕食者、仲間、餌、他の動物の排泄物や分泌物の匂いなどの痕跡が後に残される。匂いは過去を物語るのだ。匂いにはこうした独特な時間軸があるので、嗅覚が出現したとき、自然選択によってすぐに記憶と結びつけられた。ある匂いから、かつてそこにいて、まだ近くにいるかもしれない、匂いを発するような対象を思い出して認識し、避けるべきか近づいていくべきかがわかる。その綿密な関係性から、太古の脊椎動物の脳、その初期終脳で記憶と嗅覚の構造が非常に近接して進化した理由を説明できる。

さて、初歩的で原始的な化学受容を乗り越えて嗅覚が精緻化するより前に、視覚が進化したという議論に戻ろう。すでに述べた理論的根拠のほか、物的証拠もこの見解を支持する。第一に、遺伝子の発現から細胞型を特定する方法によって、ナメクジウオの幼生にある前方眼は、網膜細胞から色素細胞まで事細かに見ても真《しん》に脊椎動物の眼と相同であることがわかった。したがってナメクジウオには、嗅覚器や聴覚器が見つかっていないにもかかわらず、「眼」がある。第二に、マーティン・シェスタクらの発見によれば、視覚に関係する大量の遺伝子は、嗅覚、聴覚、平衡覚のような他の感覚に関する遺伝子よりも早く脊索動物の系統で進化した。第三に、カンブリア紀の地層から産出した前脊椎動物の候補の化石は、鼻の器官（嗅覚器）よりも眼があった証拠を多く示している[15]。

これらの化石と視覚の話に移る前に、視覚の後に進化した太古の前脊椎動物の**非視覚的**な遠距離感覚について、まず探求せねばならない。これらの感覚は、おまけのように、視覚が発達した後を追っただけなのではない。むしろ、これらの感覚の精緻化は祖先の身体と神経系の再構成の一端をなし、新しい視覚イメージと同じくらい脊椎動物の脳と意識の進化に寄与したのだ。

神経堤とプラコード

ここまでの議論で、焦点を合わせるための眼のレンズが高解像度の視覚と視覚イメージの進化に必須だったことが確められた。しかし、このレンズはどこから派生したのだろうか。また、脊椎動物の非視覚的感覚を大いに向上させた神経が、身体のどの部分から派生したのかもまだ説明していない。意外なことにこれらは（あるいはさらにほかのものも）、脊椎動物の黎明期に新しく進化したばかりの胚細胞、つまり神経堤とプラコード（図5・6）から派生した。[16]

神経堤とプラコードは脊椎動物以外には存在しない。[17]だが脊椎動物では数多くの重要な成体構造へと発生し、脊椎動物が進化的に成功を収めるために核心的な貢献をしたと広く認識されている。特に頭部や頸部の領域の構造に寄与し、神経堤とプラコードの進化的起源は脊椎動物の頭部に著しい複雑性をもたらしたと考えられている。神経堤とプラコードが生じるのは、初期胚において頭部から尾部まで伸びる細長い表面組織（外胚葉）である**神経板**の周辺部、その頭部背側と背部である（図5・6A）。神経板はすぐに胚内に陥没し、筒状に折りたたまれて神経管となり、脊髄と脳になる。この折りたたみが始まると、境界部が隆起し、この隆起部の頂点が神経堤に、側面の壁がプラコードになる。図5・6で示したように、神経堤とプラコードは胚体の左右で対になっている。

まず神経堤を議論しよう。神経堤細胞は神経組織と非神経組織の両方へと発生し、体幹部のすべてと頭部の多くの感覚ニューロン、特に触覚、痛覚、温覚などの体性感覚ニューロンを生む。加えて、多くの神経堤細胞が本来の背部から移動し、身体中に広く分布する**メラニン細胞**と呼ばれる色素細胞や、腸の運動ニューロン、頭蓋の一部などになる。

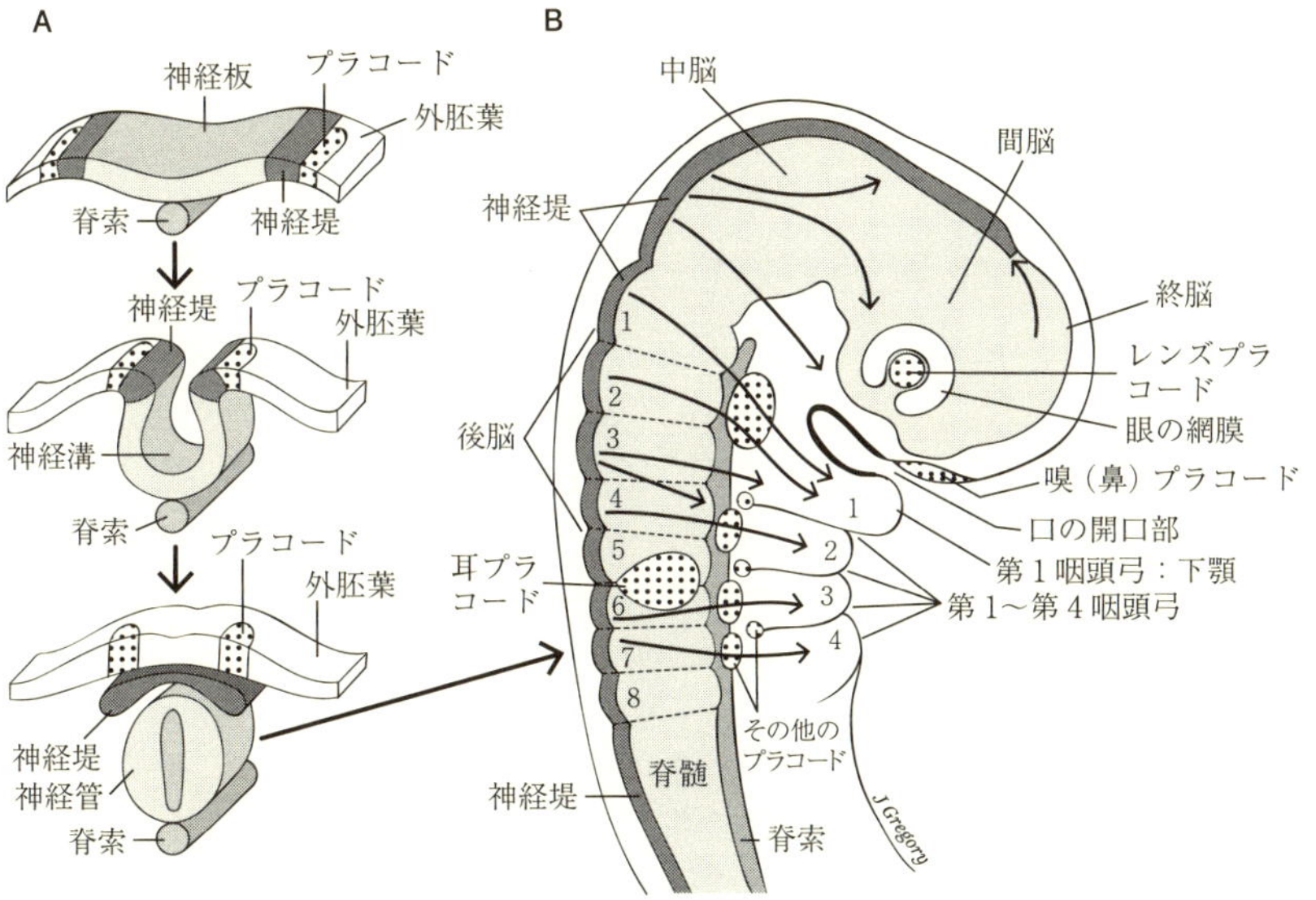

図5・6　脊椎動物に特有な胚組織、神経堤とプラコード。A. 胚の背部（背側）における、神経堤とプラコードの形成と発生の時系列。神経管近くの外胚葉から生じる。B. 脊椎動物の胚、頭部および頸部領域の側面図。プラコードと神経堤を示している。胚体の長い矢印は、神経堤細胞が広範囲に移動することを示している。

プラコードは、正式名称を**外胚葉プラコード**あるいは**神経原性プラコード**という。頭部や頸部で発生し、そこで主に感覚に関連する構造を形成する。プラコードは図5・6Bで点描部として示してある。ほとんどは体表面に留まり、神経堤細胞のように体深部あるいは広範囲に移動することはない。嗅プラコードは鼻の匂い受容細胞を、レンズプラコードは眼のレンズを、耳プラコードは耳内で聴覚と平衡覚のための細胞を生む。他のプラコードは神経堤とともに、頭部の体性感覚ニューロンの形成に寄与する。他にも、味蕾《みらい》を含めた消化器官の臓性感覚ニューロンや、側線（魚類や水棲両生類に見られる線状に配置された機械受容器で、頭部や体幹側面にあり、水中の振動を感知するためのもの）の感覚細胞を形成する[18]。

脊椎動物では、非視覚的な感覚性末梢神経系のほとんどすべてが、プラコードや神経堤に由来する。対照的にナメクジウオや被嚢類では、感覚性の末梢神経系はあるものの、神経堤やプラコードはない。せいぜい、末梢神経系に少ししか寄与しないような神経堤とプラコードの原基的前駆体があるだけだ[19]。この違いから、

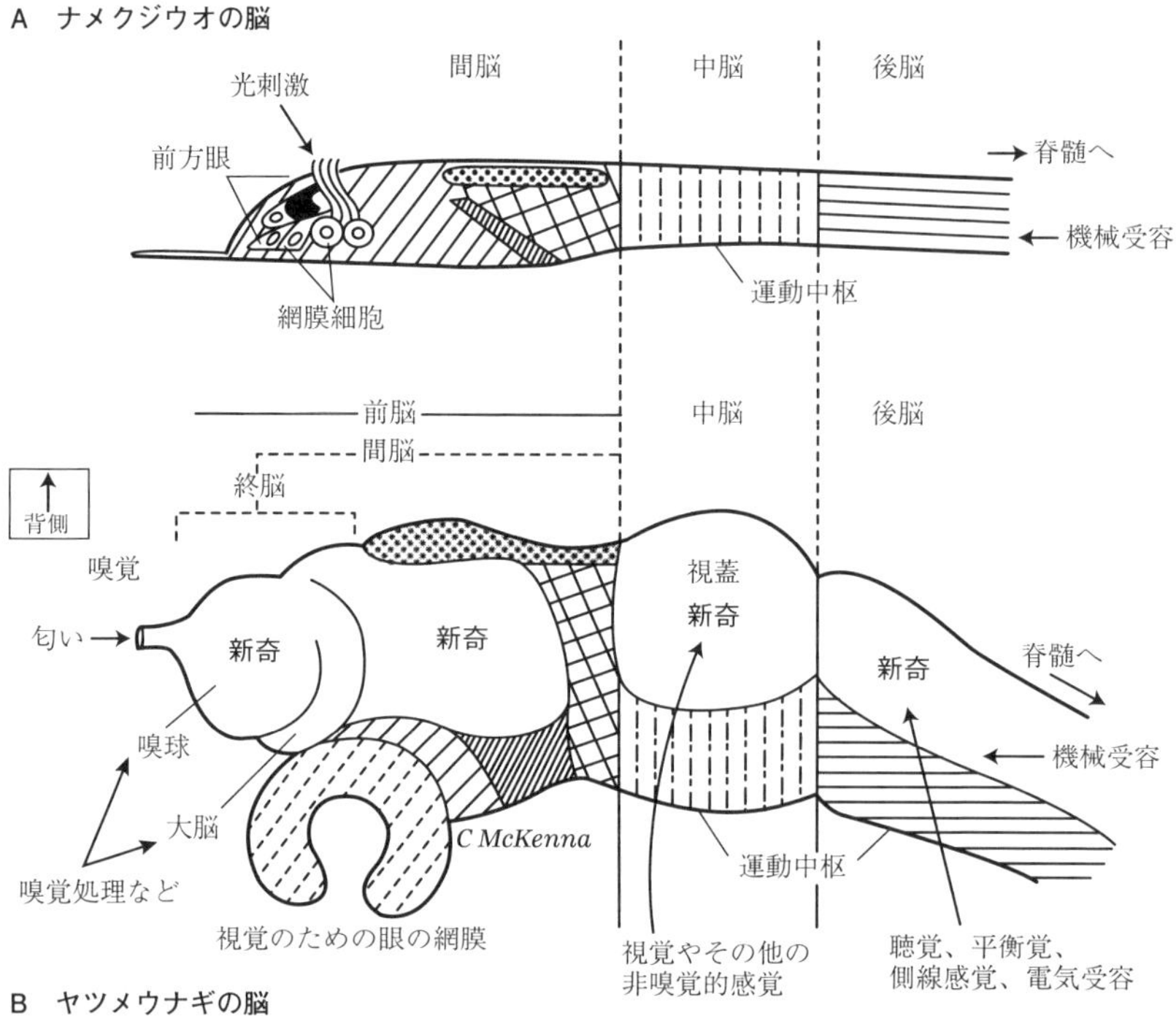

図5・7　ナメクジウオの脳（祖先の前脊椎動物の代理）とヤツメウナギの脳（最初の真の脊椎動物の脳の代理）の比較。各模様はふたつの脳で対応する領域を示している。脊椎動物の脳の大きな「新奇」領域に注意。この図はサーストン・ラカーリの研究に大きく依拠している。

感覚性末梢神経系は脊椎動物の黎明期あたりでほぼ完全に入れ替わったことが示唆される。本書では脊椎動物の感覚の進化に関して、脳から膨らんでできた巨大な眼がいかに膨大な量の視覚情報を集めたのかを強調しながら説明してきた。しかしある意味では、神経堤とプラコードの進化の結果、機械受容性、化学受容性の他の感覚のほとんどすべてが刷新されたことほど劇的ではないのだ。

図5・5Dで描写した眼の進化の各段階と比較して、神経堤とプラコードはいつ進化したのだろうか。眼の進化段階でいう低解像度から高解像度のステージ（ⅢとⅣ）までには生じていたと導き出される。鮮明な視覚への移行が生じるためにはレンズが必要であり、ゆえにレンズがつくられたときにはレンズプラコードが存在していたはずだという推理からだ。

脊椎動物の黎明期あたりに起こった感覚

の大変革は、脳にも影響した（図5・7）。プラコードと神経堤に由来する、嗅覚、聴覚、向上した触覚などから押し寄せる新しい感覚情報の波は、イメージ形成眼からくる視覚情報の流れと合流し、それによって脳での精緻な多感覚処理が必要となった。ラカーリが提唱したように、その結果として脳が拡張し、脊椎動物とナメクジウオの脳の違いが生じた原因になったことは、第3章（図3・5）で述べたとおりだ。[20] 主に背側の脳領域が新奇に現れ、拡張した。これらの領域は図5・7Bで「新奇」と表記してある。前脳の前背側から、終脳が大脳とともに新しく生じた。脊椎動物の終脳は嗅覚入力を受け取る。したがって、その起源は嗅覚の出現と関係していた。中脳の視蓋は視覚情報を（他の感覚とともに）処理するために拡張し、後脳の背側も、聴覚や平衡覚、そして側線からの情報を処理するために拡張した。現生の脊椎動物すべてから判断すれば、新しく向上した感覚はそれぞれ、巧妙に地図で表された同型的な配置をして現れた。つまり、網膜、神経堤、プラコードは脳の背側の拡張部に感覚入力を提供し、そこで非常に精緻化した地図やイメージが進化したのである。

地球上で最初に意識を獲得した生物の候補

ここまで、脊椎動物の感覚が二重の波となって進化したことを論じてきた。つまり、脳からイメージ形成眼が発生し、そして他の感覚がプラコードと神経堤からつくりあげられたのである。実際には、研究者仲間のアン・B・バトラーがこのことを二〇〇〇年に初めて提唱した。脊椎動物の起源の段階説だ。[21] この仮説を説明するために、彼女はナメクジウオのような祖先と最初の真の脊椎動物との中間段階を復元し、「有頭［cephalate］」動物と呼んだ（図5・8A）。この仮説上の有頭動物は対になった眼と拡張した脳を進化させ、間脳と中脳を基盤とする視覚系があった。しかしまだ脊椎動物の他の感覚系も、神経堤やプラコードも、終脳もなかった。バトラーの説によれば、有頭動物の視覚経路は、嗅覚、触覚、聴覚といった、新しい感覚系や向上した感覚系の**回路の雛形**となった。つまり、新しく進化した神経堤とプラコ

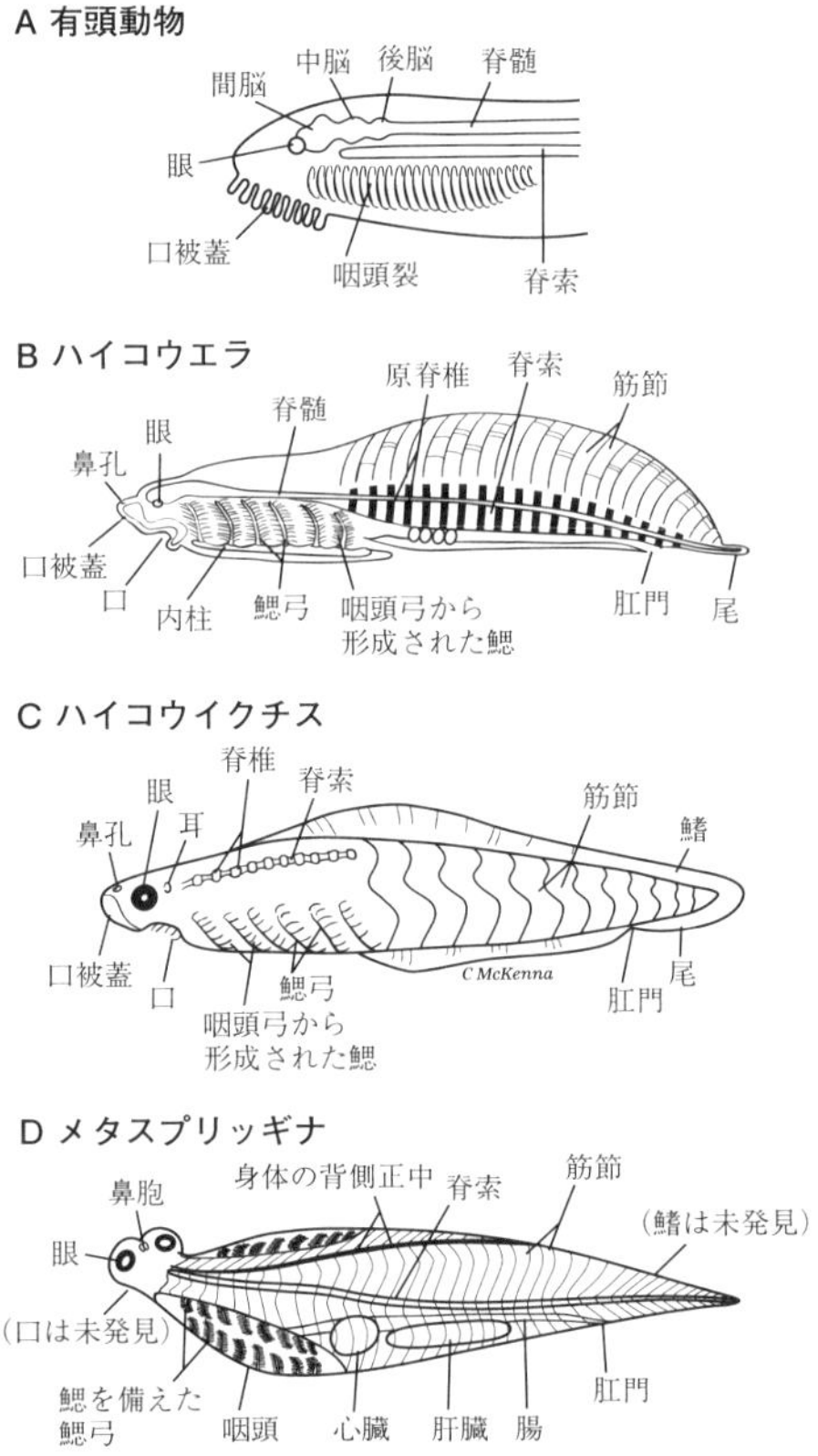

図5・8　前脊椎動物と初期の脊椎動物。A. 仮説上の「有頭」動物、アン・バトラーが想定するナメクジウオと真の脊椎動物の中間的動物。B. ハイコウエラ（魚類のような化石動物）。C. ハイコウイクチス（カンブリア紀初期の化石魚類）。D. メタスプリッギナ（カンブリア紀中期のハイコウイクチスの近縁種）。

ードの感覚経路は、脳内の視覚の神経パターンを取り入れた。非視覚的感覚のための感覚ニューロンの階層は、すでに存在していた視覚の階層を模倣したのである。

　バトラーが有頭動物モデルを提唱したころ、それを検証するような化石動物が何例か見つかるようになった。そのカンブリア紀の化石とは、中国南部の雲南省［Yunnan］の澄江頁岩から見つかったユンナノゾーン類［yunnanozoan］だ[22]。図5・8Bに描かれているように、軟体性の身体、そして刃のような形をしており、体長2・5cmほどである。（第4章で議論したとおり）この頁岩は五億二〇〇〇万年前のもので、知られている限り最古の左右相称動物の全身化石が産出する。ユンナノゾーン類のうち、もっともよく保存され、もっとも情報量の多い化石は、ハイコウエラ・ランセオラートゥム［*Haikouella lanceolatum*］（図5・8B）と呼ばれる種だ。陳均遠や共著者のマラット［本書の著者のひとり］らはこのハイコウエラの標本を調べ、魚のような姿をした、脊椎動物にもっとも近縁な動物だと解釈した[23]（図5・1）。この解釈によれば、ハイコウエラには脊索、対になった眼、間脳部と後脳部を備えた大きな脳があり、これらはヤツメウナギなどの現生魚類とすべて同じ位置にあった。しかしハイコウエラが脊椎動物と違うのは、頭蓋や耳胞がなく、終脳と（嗅覚のための）鼻孔も痕跡的にしか見られない点だ。

ハイコウエラには対になった眼と、よく発達した間脳はあったが、耳はなく、「鼻」があるかも不確かだ。したがって、視覚先行説や、バトラーが提唱した、神経堤やプラコードによる感覚がまだ進化していなかった有頭動物の段階に適合している。しかしハイコウエラには、魚類のような（神経堤細胞から発生する）鰓弓《さいきゅう》や、それぞれの眼の中心に（レンズプラコードから発生する）点状のレンズがある。このことから、ハイコウエラは本来の想定の有頭動物よりも脊椎動物に近いことが示唆される。ハイコウエラの眼は小さく、直径は０・２㎜しかない。これは０・０１㎜ほどしかないナメクジウオの小さな前方「眼」よりは大きいが、ちゃんと焦点の合ったイメージを形成するにはおそらく小さすぎる[24]。明らかに視覚があった他のカンブリア紀の動物（ほとんどが節足動物）には、１㎜弱、あるいはそれ以上の眼があった[25]。それでもハイコウエラには（間脳内にではなくその側方に）まがりなりにも対になった眼があったという事実から、視覚先行説がいくぶん支持される。

ハイコウエラやその他のユンナノゾーン類は論争の的になっている。古生物学者のなかには、これらの「眼」は単なる化石化の副産物であって生体には決して存在しておらず、ユンナノゾーンは脊索動物ですらなかったと考える者もいる[26]。もしそれが結局は真実だとわかったとしても、澄江頁岩から産出する体長２・５㎝ほどの別の化石動物群、ハイコウイクチスとその近縁種が[27]、脊椎動物の神経系の初期進化を明らかにする最有力候補として残される（図５・８C）。残念なことに、ハイコウイクチスはハイコウエラに似た名前をしており、違う動物なのに両者を混同する人はおのずと多くなる。混同を避ける一番の方法は、「〜イクチス［-ichthys］」は（脊椎動物の）「魚」を意味し、縮小語尾の「〜エラ［-ella］」は「小さな」あるいは「完全な脊椎動物ではない」を意味すると覚えることだ。舒徳干［Shu Degan］らが一九九〇年代末に発見して脊椎動物として記載して以来、ハイコウイクチスは科学者のあいだで驚くほど論争にならなかった。その化石には、脊椎、直径０・６㎜の明瞭な眼、耳胞と鼻胞（嗅胞）があったため、真の脊椎動物、そのうちの無顎類としてほぼ例外なく認められた。また特徴的な鰓弓、鰓嚢《さいのう》、胴体の鰭《ひれ》、そして脊椎動物の魚類がもつ、湾曲した筋節もあった。本書では第4章でためらいなく、ハイコウイクチスをカンブリア紀の脊椎動物の代表として扱った（図4・4D、4・3Ⓑ）。ハイコウイクチスの眼はおそらく視覚イメージを形成し、そのイメージは処理のために脳へと到達しただろう。したがって私たちの見立てでは、ハイコウイクチスには視覚意識があった。五億二〇〇〇万年前にできた澄江頁岩によって、左右相称動物の最古の良質な記録がもたらされていることを思い出そう。つまり、意識はそのときから存在していたことを意味している。

つい最近、古生物学者のジャン＝ベルナール・キャロンとサイモン・コンウェイ＝モリスは別のハイコウイクチスのような魚類、メタスプリッギナを同定した[28]。これは、カナダのブリティッシュコロンビア州の、わずかに新しい時代のバージェス頁岩（五億五〇万年前）から産出した。メタスプリッギナは図5・8Dである。頭を上に向けつつ、体幹は通常の側面から見えるよう、ひねった状態で描いた。ハイコウイクチスの頭部は上から見るとほぼ同じように見えるので[29]、これらのカンブリア紀の魚類二種が近い関係にあることを支持している。

ハイコウイクチスとメタスプリッギナは最初の真の脊椎動物について多くのことを教えてくれ、いつ意識が生じたのかを示唆してくれさえする。とはいえ、脊椎動物に至るまでに感覚と脳がどのように進化したのかは、それほど明らかにしてくれない。まず、眼や鼻があることから脊椎動物型の脳もあったことを暗示してはいるが、化石では脳が保存されていない。次に、ハイコウイクチスやメタスプリッギナは、全身化石がある左右相称動物のなかでも最古の時代に生きていたとはいえ、すでに脊椎動物に**なりすぎ**ていて、化石からわかる限りどんな意味でも完全に脊椎動物なので、そこから感覚進化の**前**脊椎動物の段階については明らかにできないのだ。この段階を明らかにするためには、すでに本章で述べた理論から導き出される論理（つまり視覚先行説を支持する論理）と脳の拡張を示すユンナノゾーン類に頼らざるをえない。

本章のここまでの議論をまとめると、五億六〇〇〇万年前から五億二〇〇〇万年前のどこかの時点で、光の方向や動く影を捉えるような、ナメクジウオのような生物にあった不対の前方「眼」が、高解像度のイメージを捉えるような、脊椎動物の「カメラ眼」（図5・5D）へと進化した。そしてその過程は、五億二〇〇〇万年前には完了していた。同型的［網膜部位局在的］な視覚イメージは、拡張する脳によって心的イメージへと処理された。これが意識の到来を示す目印となるだろう。そして他の遠距離感覚は後から、意識をともなった知覚に参入した。もっと正確に年代を定めるため（図5・1）、大きな眼があるハイコウイクチスとメタスプリッギナには意識もあったが、小さな眼しかないユンナノゾーン類にはおそらく意識もなかったことが導き出された。最初の脊椎動物は、最初の意識を有していたのだ。

すべての感覚に共通するイメージと経路のパターン

バトラーが提唱したところによれば、前脊椎動物においてすぐれた視覚が進化し、脳が視覚処理を担うようになると、もともとの反射経路はニューロンの階層段階を増やし、整然と構成された同型的な階層パターンとなった。その後すぐに、非視覚的感覚も視覚のパターンを複製するようにして処理ニューロンの連鎖を形成した。実際、脊椎動物のそれぞれの感覚系はすべてこの点で互いに似通っている。この類似性は図5・9から図5・12で示してある。これらの図では、視覚、触覚（体性感覚）、聴覚、嗅覚それぞれの経路を描いた。[30] そして表5・3から、それぞれの経路が同じ、五つの部分からなる図式に当てはまることがわかる。図中の経路の丸数字は表中の列番号（1〜5）に対応している。哺乳類の最高位部分［大脳皮質］は魚類、両生類、爬虫類よりも複雑になっているのだが、基本のお作法どおりに哺乳類の感覚経路を図示した。魚類と両生類の経路は図5・3に含まれており、図6・4でも示されている。

これらの経路や図は込み入っていて、覚えるのは骨が折れそうだと思うかもしれない。神経生物学を履修する若い学生がよく不満をこぼしながら「どうして脊椎動物の脳はこんなに細かくて覚えにくいんですか……宇宙一の複雑さですよ」と言っているのを思い出す——その質問自体が答えだというのに。しかしできるだけ簡単になるようにしよう。各感覚経路で共通する一般的特性と、脳の基本的な部分でこれらの感覚経路がどのように組織されているかだけ

↙109頁へ

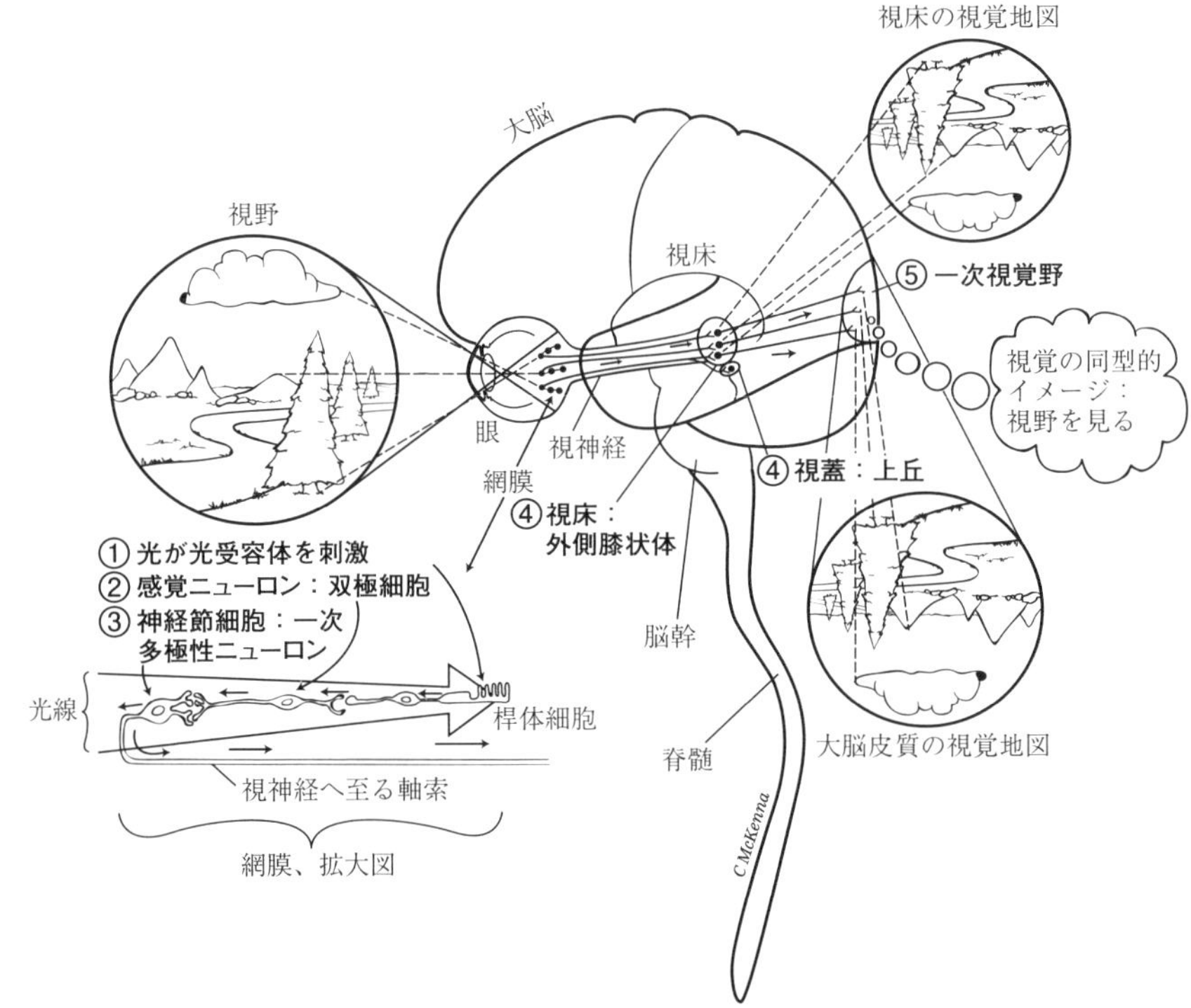

図5・9　見る：ヒトの視覚経路。経路は、光が光受容体（左）を刺激するところから始まり、双極性の感覚ニューロン、神経節細胞、視床（または上丘＝視蓋）、そして大脳の一次視覚野に達する。経路では一貫して、神経構造は網膜に投影された視野の地図にしたがって配置される。この同型的な特性は網膜部位局在性と呼ばれる。丸数字は表5・3の列番号に対応する。視覚イメージは、ここで示してあるものよりも高次の大脳皮質で創発するかもしれず、また図5・10から図5・12で示した他の感覚でも同様かもしれない（Panagiotaropoulos et al., 2012, Pollen, 2011）。

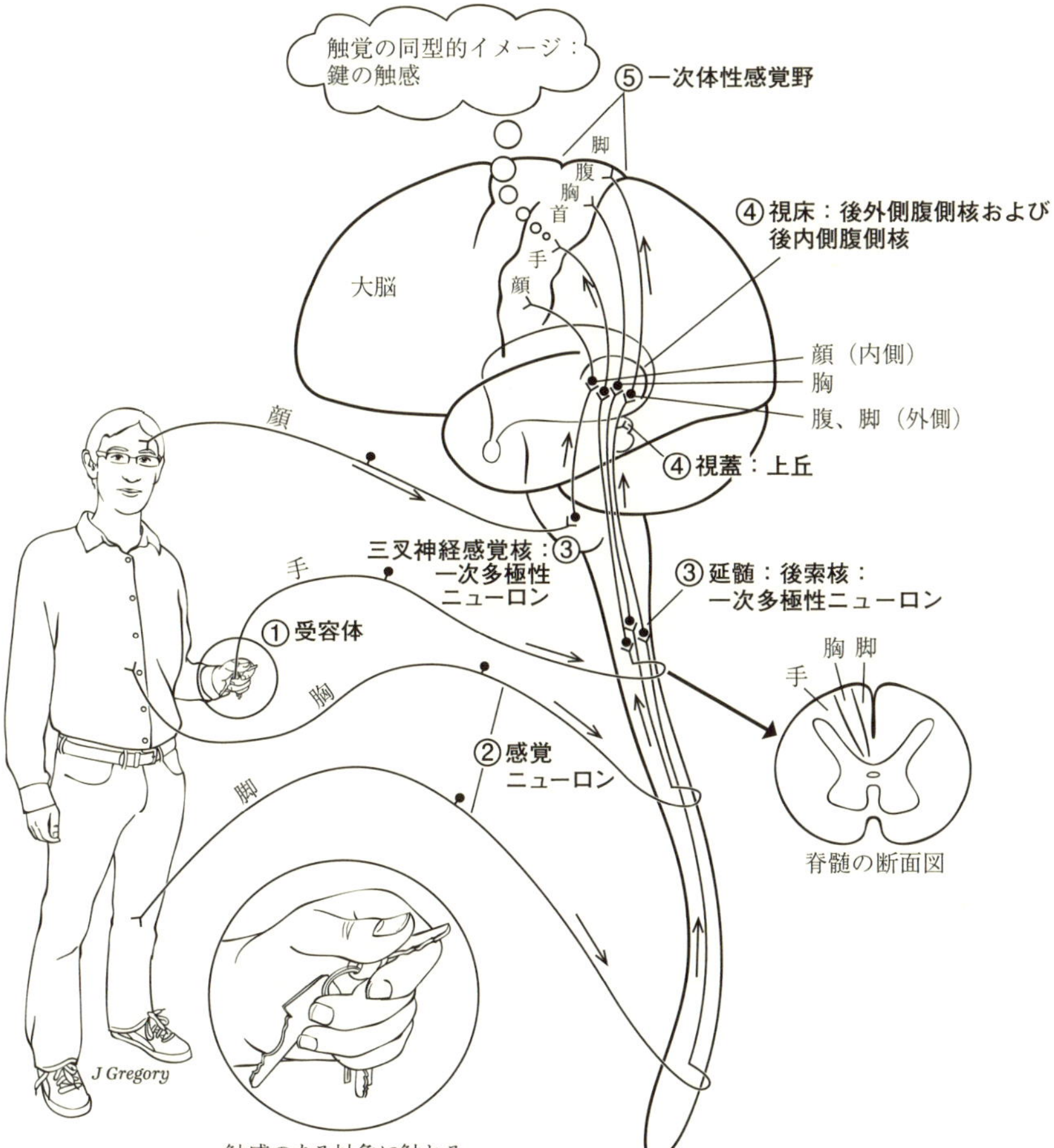

図５・10　触る：ヒトの体性感覚（触覚）経路。経路は、対象の触感が機械受容体を刺激するところから始まり、感覚ニューロンを通って、後脳延髄の後索核、視床（あるいは上丘＝視蓋）、大脳の一次体性感覚野へと至る。経路では一貫して、神経構造が身体の地図にしたがって同型的に配置されている。この特性は体部位局在性と呼ばれる。

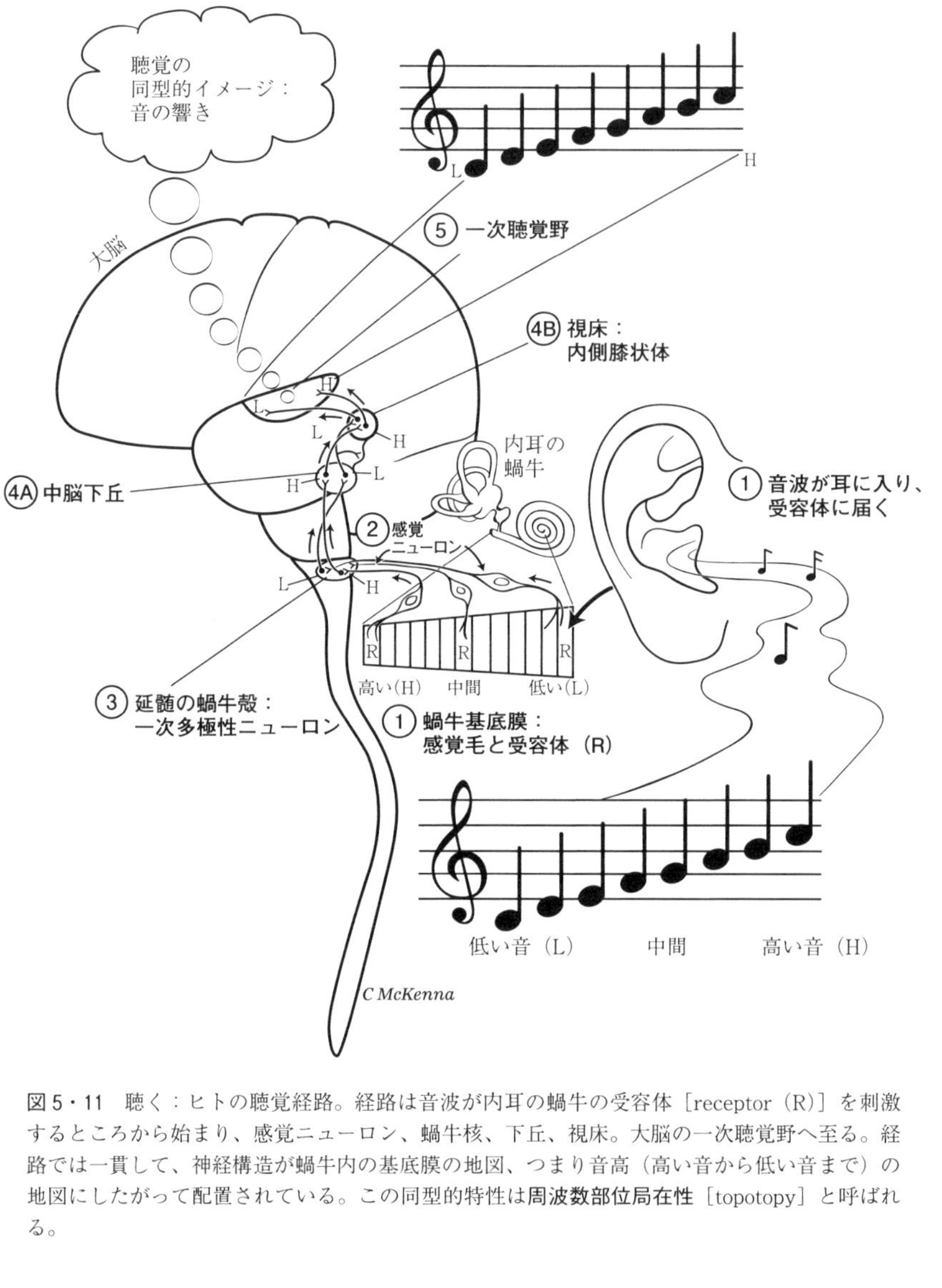

図５・11　聴く：ヒトの聴覚経路。経路は音波が内耳の蝸牛の受容体［receptor（R）］を刺激するところから始まり、感覚ニューロン、蝸牛核、下丘、視床。大脳の一次聴覚野へ至る。経路では一貫して、神経構造が蝸牛内の基底膜の地図、つまり音高（高い音から低い音まで）の地図にしたがって配置されている。この同型的特性は**周波数部位局在性**［topotopy］と呼ばれる。

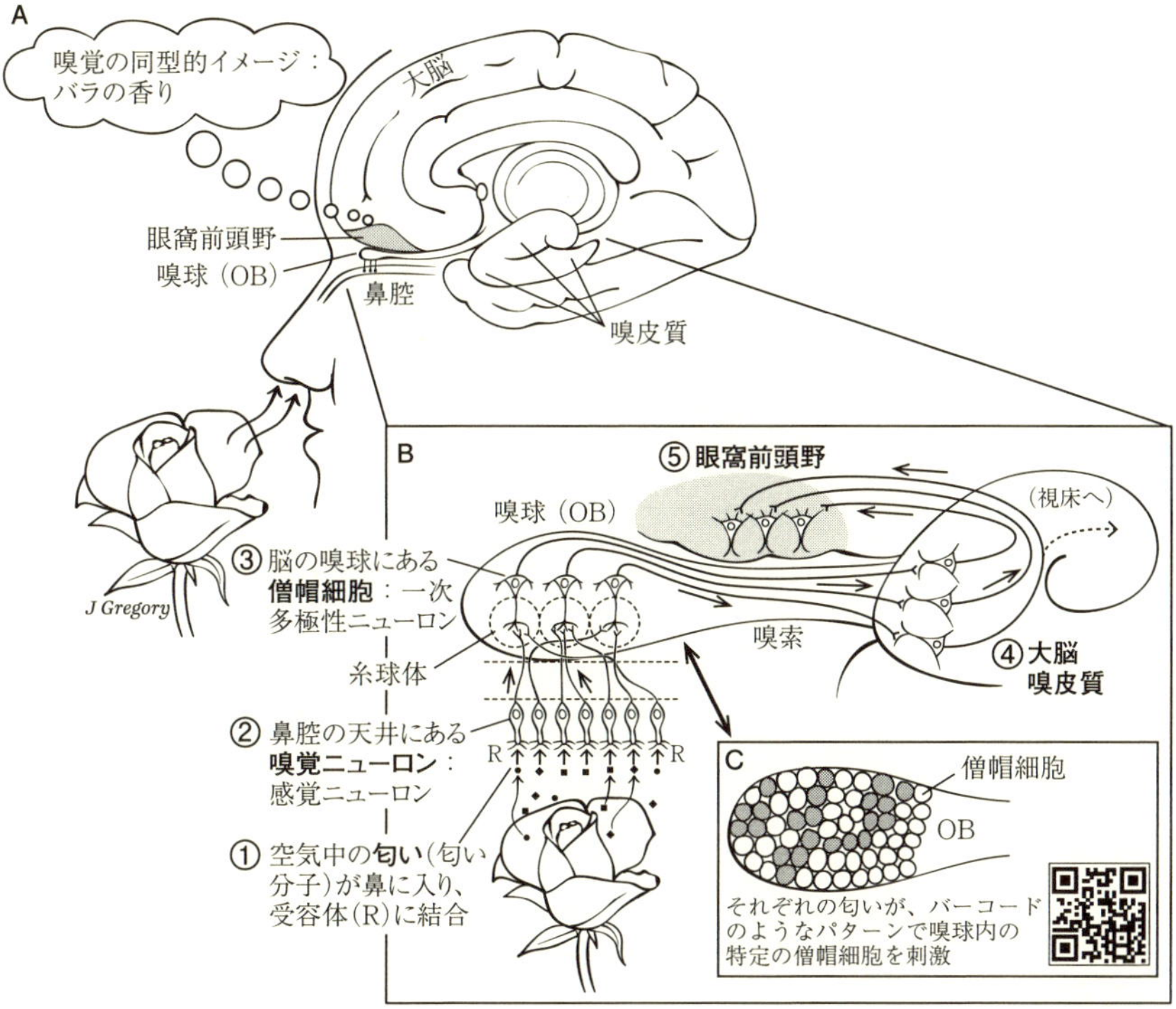

図５・12　嗅ぐ：ヒトの嗅覚経路。A. バラの香りを吸入するときの、鼻と大脳の正中部の関係を示す概観図。B. 経路は、匂い分子が嗅覚受容体［receptor（R）］を刺激するところから始まり、感覚ニューロンを通じて、嗅球［olfactory bulb（OB）］の僧帽細胞、大脳嗅覚野、そして眼窩前頭野に達する。C. 匂いが嗅球でどのように特定の僧帽細胞集団を活性化させるのかを、匂いの「バーコード」として示す挿入図。この経路では、神経構造は特定の匂いを指示する地図にしたがって配置されている。

表5・3　脊椎動物の主要な感覚経路の概要

1 感覚、受容体	2 感覚ニューロン	3 一次多極性細胞	4 次の段階	5 さらに次の段階[1] ：大脳
視覚 光受容細胞 （図5・9）	網膜の双極細胞	網膜の神経節細胞	視床；視蓋[2]：**視覚地図、視覚イメージ**	一次視覚野：**視覚地図、視覚イメージ**
体性感覚 体性感覚ニューロンの機械受容体[3]	体性感覚ニューロン（感覚神経節）	後脳の後索核、または脊髄の後角（体幹）；三叉神経感覚核（顔面）	視床；視蓋[2]：**体性感覚地図、体性感覚イメージ**	一次体性感覚野：**体性感覚地図、体性感覚イメージ**
聴覚 機械受容体：有毛細胞（図5・11の「R」を参照）	感覚ニューロン（内耳の蝸牛内のラセン神経節）	後脳の延髄の蝸牛核	中脳の下丘および視床；半円堤から視蓋[2]：**視蓋での聴覚地図と聴覚イメージ**	一次聴覚野：**聴覚地図と聴覚イメージ**
平衡覚 機械受容体：有毛細胞	感覚ニューロン（内耳の前庭神経節）	後脳の前庭神経核	視床；半円堤から視蓋[2]：**視蓋の、身体の位置と動きについての地図とイメージ**	一次前庭野：**身体の位置と動きについての地図とイメージ**
味覚 化学受容体：味細胞（図7・1Aを参照）	味覚ニューロン（脳神経節）	後脳の孤束核の味覚中枢	視床；視蓋[2]：**味覚地図と味覚イメージ**	島野［または島皮質］：**味覚地図と味覚イメージ**
嗅覚 嗅覚ニューロンの化学受容体（図5・12）	鼻の嗅覚ニューロン	嗅球＝糸球体：僧帽細胞	嗅皮質	眼窩前頭野：**嗅覚地図と嗅覚イメージ**

1．「さらに次の段階：大脳」は、（嗅覚以外のすべての感覚で）哺乳類だけに当てはまり、哺乳類ではすべての感覚でさらに高次の処理が行われ、大脳皮質の前頭葉に至る。これらの高次領域でさらなる処理を行い、すべての種類の感覚情報を統一化するためには、哺乳類における完全な多感覚的な意識イメージが必要なようだ。Boly et al.（2013）、Kandel et al.（2012）、Maier et al.（2008）、Pollen（2011）参照。

2．ここでは、魚類や両生類の視蓋のこと。第6章では、これらの脊椎動物では感覚イメージは視蓋にあると主張する。視床の補助はあるが、それより高次はない。

3．一般的な体内感覚、痛み、情感の感覚については、第7章と第8章、特に図7・1を参照。

↙を考えたい。

共通する特性は以下のとおりだ。すべての感覚経路は①受容体を刺激する感覚情報から始まり、②感覚ニューロンにシグナルを伝える。感覚ニューロンはシグナルを中枢神経内の③一次多極性ニューロンに送る。そしてほとんどの場合、中脳「視蓋」（＝上丘）や視床の④高次ニューロンに投射し、視床から、各図で「皮質」と示した大脳の⑤高次の処理中枢へと投射する。例外として、聴覚経路は余分なニューロン（つまり、図5・11の「4A」と「4B」）があり、嗅覚経路は視床や視蓋には達しない（図5・12[31]）。しかし例外なく、すべての感覚経路は次々と連なるニューロンの各段階で一貫して同型的に組織されている。これは地図で表された意識にとって重要だ。この同型性は図5・9から図5・12まで、すべての図で強調されている。

意識をともなう感覚階層の段階数

表5・3は、各感覚の経路に共通する特性や、これらの経路すべてが同じ設計に基づいていることを示すのにちょうどいいが、各経路がどれほど多くの**神経の**階層段階があるかを表すのには理想的ではない。しかしここで注目するのは後者である。感覚階層で意識を生みだしうる最小の段階数がどれほどか求めようとしているからだ。神経階層では、段階内や段階間での処理量が段階の総数と同じくらい重要なので、段階数は大まかな指標にしかならないことはわかっている。しかし段階数は階層内連絡よりもはるかに測定、算出しやすいので、意識の必要条件を求めるための「目印」としてこれを採用しよう。

ひとまず数えてみると、意識をともなう感覚階層で最小のニューロン段階数は4段階であるようだ。確実に意識があるとわかっている唯一の動物であるヒトでは、4段階という数字は図5・10の体性感覚経路（体性感覚野をひとつの段階として数えている）、図5・12の嗅覚経路（眼窩前頭野をひとつの段階に数える）を数えて得られた［これらの経路では、

「感覚ニューロン」そのものに受容体があるため」。一方でニューロンの段階が5段階あるのは、図5・9のヒトの視覚経路（光受容細胞をニューロンとして数え、一次視覚野もひとつの段階に数えれば）、また図5・11の聴覚経路（繰り返すと、一次聴覚野がひとつの段階として含まれている）である。強調しなければならないのは、意識のための実際のニューロンの段階はこれより高次なのかもしれない点だ。つまり従来考えられていたように[32]、一次感覚野で意識が創発するというのは本当なのか、あるいは皮質の他の高次領域で生じるのかには議論がある。前頭前野に至るまで、さらなる高次処理領域が必要なのかもしれない。

もしも表5・3をもとに主張し、第6章で探求するように、意識のある感覚イメージが魚類や両生類の視蓋で創発しうるのならば、感覚階層の最小のニューロンの段階数はたったの3段階となる。このような3段階のニューロンからなる連鎖は、［魚類や両生類といった］これら特定の脊椎動物の**体性感覚**経路をつくっている。つまり、①感覚ニューロンから②脊髄や後脳の中継ニューロン、そして③視蓋（図6・4の「s」と名づけられた経路を参照）までの経路である。しかし魚類や両生類における、視蓋まで至る視覚・聴覚経路や背側外套に至る嗅覚経路といった重要な経路はすべて**4**段階になっている（図6・4の「v」や「oL」の経路を参照）。重ねて言うが、大規模な感覚処理が視蓋**内**で起こっているため、実際の段階数はもっと多いのかもしれない[33]。

結論としては、感覚階層は最高次の処理領域に投射する（そしてこれを含めて）4段階かそれ以上のニューロンの段階数があれば、あるいは場合によっては3段階だけで意識が生じうる。

本章を要約しよう。脊椎動物におけるイメージ形成眼の進化によって、最初の複雑な感覚階層、脳の拡張、「心的イメージ」、そして「意識の萌芽」が生じた。これまでに知られている魚の姿をしたカンブリア紀の化石は、この見解と整合的だ。眼の進化と視覚の階層の構築の後からすぐに、プラコードと神経堤という画期的な構造が付随して現れ、嗅覚、触覚、聴覚などで似たように構築された階層が生じた。それによって初期の脳は「多感覚的イメージ」を生むことができ、このようにして感覚意識が充実した。これらの階層では、次々と連なる各段階は同型的に組織化された。このことは、その結果として生じた心的イメージを秩序的に地図で表すことに寄与した。現生のさまざまな脊椎動物の階層から算出すると、意識に必要な最小の神経段階数は、哺乳類では4段階（図5・9から5・12）、魚類では3段階か4段階（図6・4）だと導き出された。

神経生物学的自然主義という本書の構想では、感覚意識には特殊な神経生物学的特性が必要であると主張する（表2・1）。ナメクジウオのような姿をした祖先の単純な反射経路が、脊椎動物への進化にともない同型的に組織化された複雑な感覚階層へとどのように拡張したのかをモデル化することで、最初の脊椎動物がこれらの必要条件を満たし、意識をもっていた可能性を示した。しかし現生の脊椎動物からも意識の起源についての手がかりが得られるかもしれないのに、具体的にはまだ考察していない。次章ではこの目的のため、最初に現れた現生の脊椎動物の系統に属すヤツメウナギの神経系を探求しよう。そしてヤツメウナギの脳の視蓋に、感覚意識についてどのような手がかりがあるのかを示そう。

第6章　脊椎動物の感覚意識の二段階的進化

第1章で議論したように、感覚意識や現象的意識は外的世界をイメージとして主観的に経験するような意識を必ずともなう。ここまでは脊椎動物の意識がどのようにしてナメクジウオのような無脊椎動物の段階から進化したのかを考えてきた。今度は現生の脊椎動物と、その脳に関するあらゆる知見とに基づいた視点から、この問題を探求する。まず、ヤツメウナギに代表される現生の無顎類が意識をもつ証拠を示そう。それはすなわち、他のすべての脊椎動物も意識をもつことを意味する。次に、第一段階としてカンブリア紀（五億二〇〇〇万年前よりも昔）に最初の魚類で生じた意識が、ずっと後の第二段階として、最初の哺乳類（約二億二〇〇〇万年前）と最初の鳥類（約一億六五〇〇万年前）で大幅に向上したと主張する。本章を通して、ヒトを含めすべての哺乳類や鳥類にだけ存在するような拡張した外套や大脳皮質が意識に不可欠だという広く親しまれている見解と、本書での解釈がどう違っているのかを示そう。本章のほとんどは、同じ問題を扱った私たちの最近の論文二編を改変したものだ(1)。

脊椎動物とは何か

まず、脊椎動物の長い進化史を通して意識を探求するために、現生種と絶滅種の両方で脊椎動物にどのような種類がいるのかを説明する必要がある(2)。主要な脊椎動物のクレードとそれらの系統関係について、図6・1に図示する。系統樹の主幹の左側に描かれた動物は、一部のクレードの祖先を復元したものだ。これまでに見つかっている最初期の脊椎動物、カンブリア紀の海に棲んでいたハイコウイクチスとメタスプリッギナ（図5・8C、Dを参照）を思い出そう。ハイコウイクチスにもメタスプリッギナにも顎はなく、おそらく濾過食性だった。無顎類の他の系統も、カンブリア紀後期から約三億六〇〇〇万年前までそこそこの成功を収めていたが[3]、そのときもまだ懸濁性で粒子状の小さな餌を摂取していた。こうした化石無顎類をいくつか図6・2で示している。一部の無顎類は淡水域に侵入した（約四億四〇〇〇万年前）。そして無顎類の一系統として、ウナギのような姿をしたヤツメウナギとヌタウナギが生じた（図6・3）。これらの二群からなる円口類《えんこうるい》［cyclostomes］（「丸い口をしたもの」という意味）は、現在まで生き残った唯一の無顎類である[4]。両者とも肉食の捕食者であり、角質の刃を備えたピストンのような「舌」を使って獲物の動物の肉を削ぎ、餌として口に入れる。ヤツメウナギの成体は自由遊泳性かつ寄生性であり、円形の口被蓋《こうひがい》［oral hood］を棘付きの吸盤として使って大型魚類の側面に吸いつき、その皮膚を削り取って体液や筋肉片を奪い取る。邪悪な吸血鬼のようなヤツメウナギの成体の摂餌法は、幼生の未成熟でおだやかな濾過食とはまったく違う（図4・6Dを参照）。ヌタウナギは泥質の海底に潜って棲み、上層から落ちてくる死んだ魚やクジラの屍骸を漁って食べるため海中に出てくる。また泥中で活動する蠕虫類や、隠れている硬骨魚類も捕食する。

ヤツメウナギやその他の魚類には、私たちにとって馴染み深い感覚が揃っている。つまりほとんどの魚類には、最初の脊椎動物から受け継いだ、立派な視覚、嗅覚、味覚、触覚がある。魚類には聴覚と平衡覚（バランス感覚）もあり、内耳の有毛細胞と呼ばれる受容器がこれらをモニターしている。また、それほど馴染みのない感覚もある。水中の振動と電場をモニターする**側線**による感覚である（第5章）。ヤツメウナギの側線を図6・3Aで示してある[5]。

太古の無顎類の一系統は顎のある脊椎動物、つまり顎口類になった（図6・1）。これは約四億六〇〇〇万年前の海で起こった。顎の獲得は大きな進歩であり、著しい進化的放散を導いた。脊椎動物のすべての現生種のうち、99％は顎口類だ。顎はもっとも前方の咽頭弓《いんとうきゅう》であり（魚類の咽頭弓には関節がある）、口に沿って大きくなっている。顎のおか

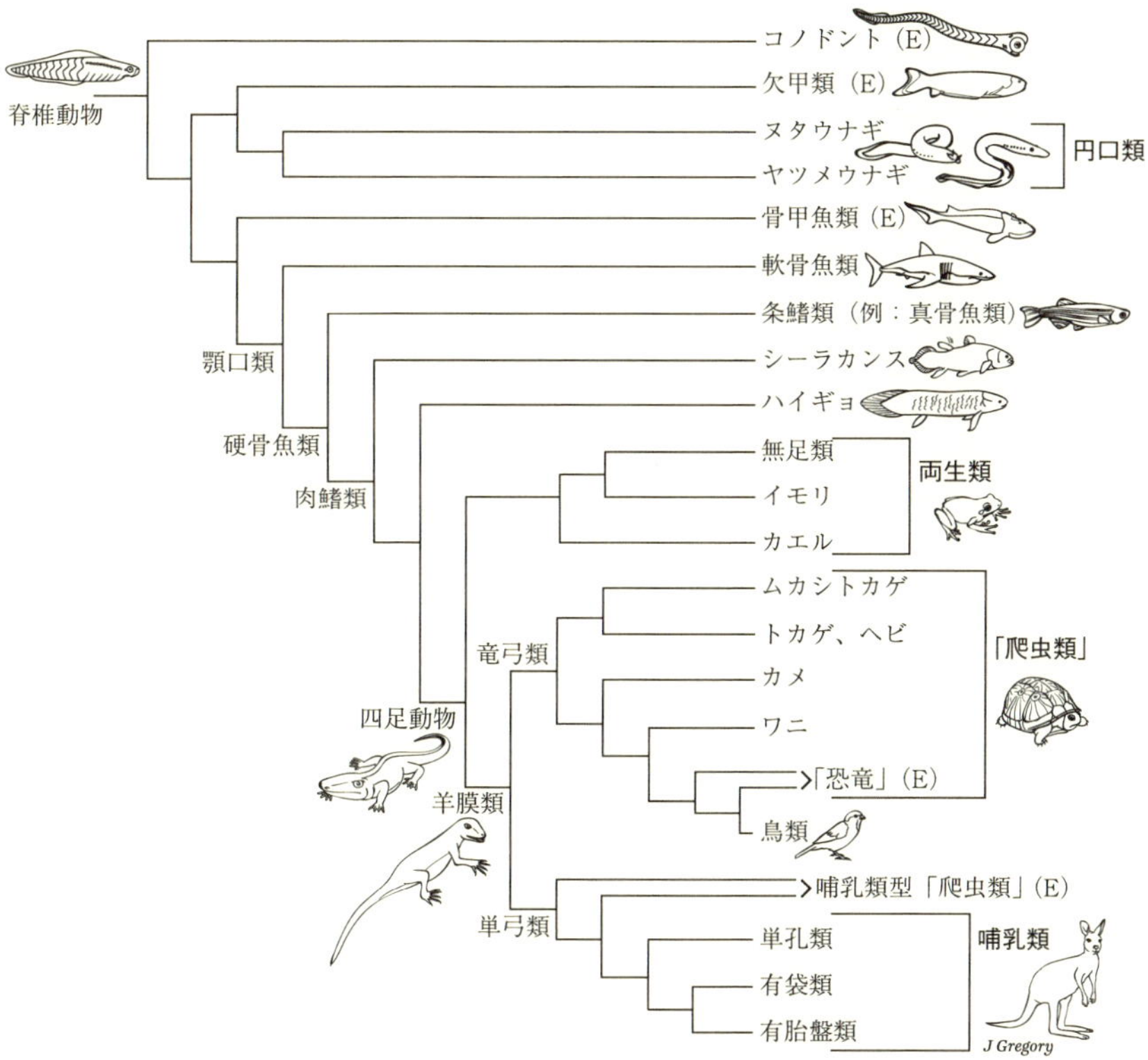

図６・１　脊椎動物の各クレードとその系統関係。現時点での理解に基づく。一部の化石群に絶滅した［extinct］ことを表す「E」をつけた。

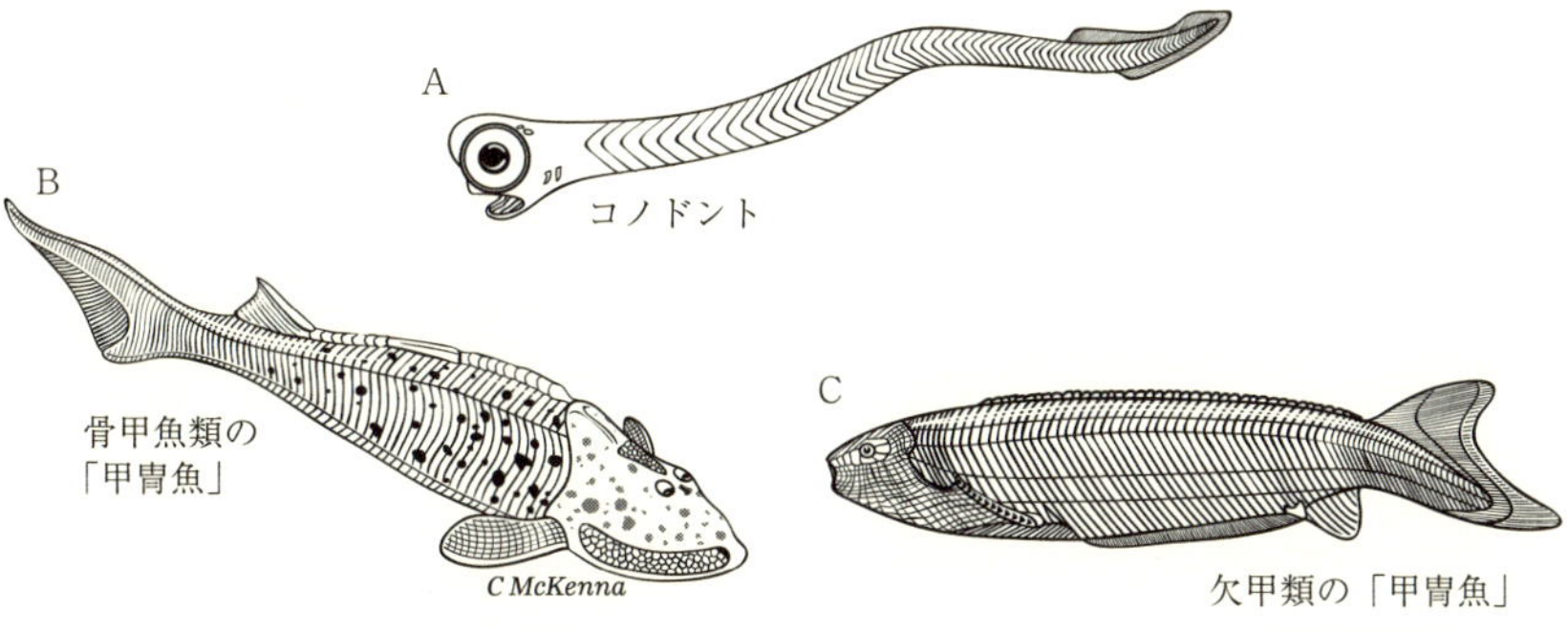

図６・２　カンブリア紀後期とそれ以降の化石無顎脊椎動物。A. コノドント。B. 骨甲魚類の一種。C. 欠甲類［アナスピス類］の一種。

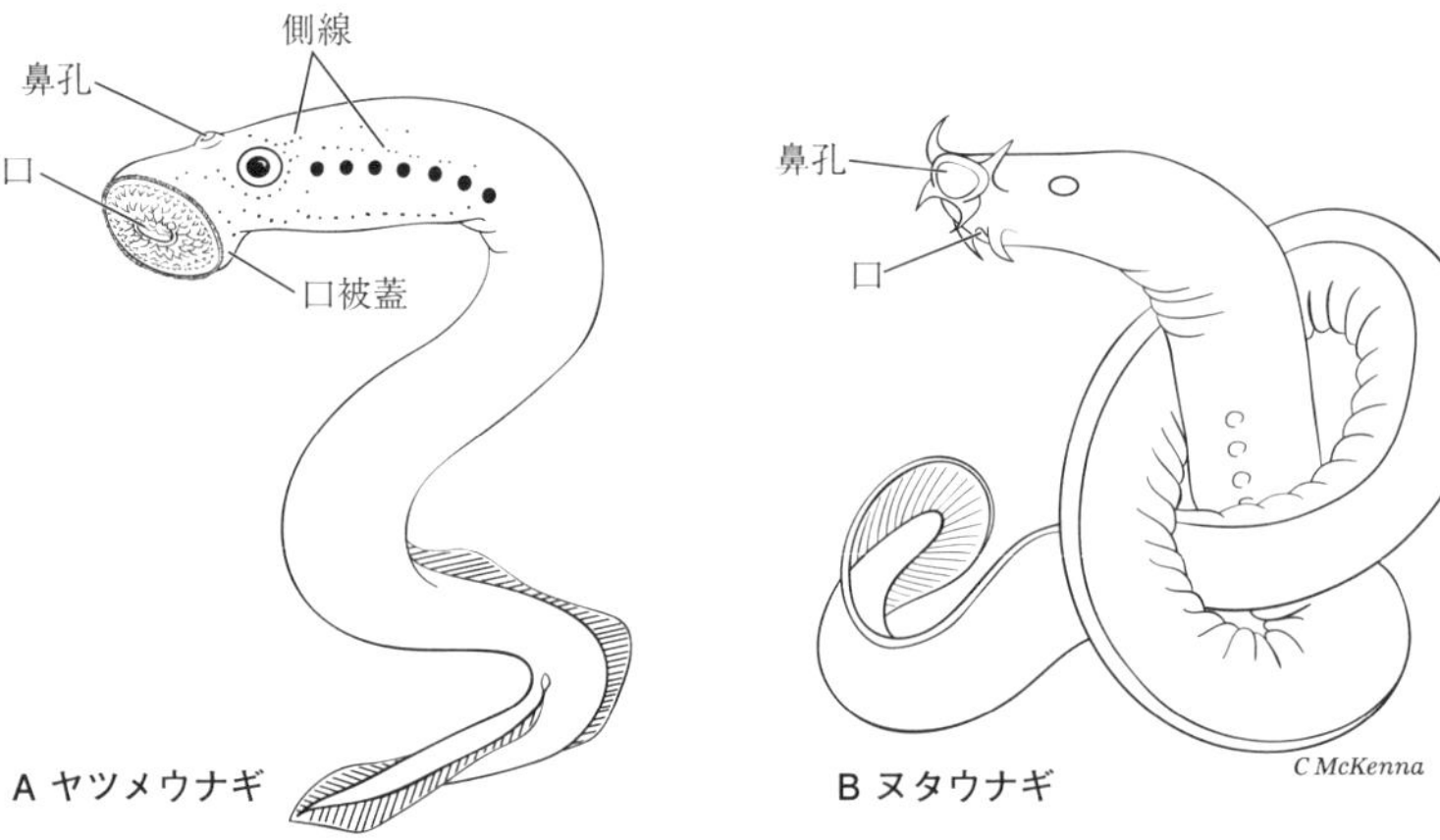

図6・3　円口類：現生のヤツメウナギ（A）とヌタウナギ（B）。

げで顎口類は、それまでは口へと吸い込んでいた獲物を挟み込んで摂食できるようになった。このとき脊椎動物の歴史上で初めて、大きくて栄養豊富な食料を得られるようになったのだ。すぐに、歯が進化して顎に生え、獲物をもっとしっかり保持できるようになった。節足動物のような餌をつかんで操作する付属肢のない脊椎動物が、ついに最高位の捕食者となるすべを見いだしたのである。[6]

初期顎口類は①軟骨魚類（サメ、ガンギエイ、エイ、ギンザメに代表される）と②硬骨魚類（図6・1）へと分岐した。続いて硬骨魚類は、条《じょう》鰭類《きるい》と肉鰭類《にくきるい》のクレードに分岐した。条鰭類のうち**真骨魚類**《しんこつぎょるい》はもっとも数が多くて馴染みも深く、ゼブラフィッシュ、マス、パーチ、ウナギなどがいる。葉のような形の鰭をもつ肉鰭類は、今ではハイギョ（肺魚）とシーラカンスしか該当する動物がいない。しかし肉鰭類からは陸上脊椎動物、つまり四足動物が約三億六〇〇〇万年前に生じた。四足動物は両生類と羊膜類からなり、羊膜類は爬虫類、哺乳類、鳥類からなる。羊膜類は本章の後半で扱うが、ここでひとつ注意点がある。正式ではないが、羊膜類ではないすべての脊椎動物は**無羊膜類**と呼ばれる。つまり、すべての魚類と両生類は無羊膜類である。[7]

進化の第一段階——意識の出現

ヤツメウナギ

ヤツメウナギが属す無顎類は顎口類よりも前に現れたので（図6・1参照）、ヤツメウナギに意識があるかどうかを探求すれば現生脊椎動物の太古の祖先に意識があったかどうかがわかる。しかしヤツメウナギに意識があるかどうかを議論するにしても、ヤツメウナギだけが無顎類ではないことを心に留めておかなければならない。［現生の］無顎類にはヌタウナギもいるからだ（図6・3B）。とはいえヌタウナギは盲目で、暗く深い海底の泥の上や中での生活のために特殊化していると考えられている。また一部の感覚（視覚、電気受容）は退化しているが、その他の感覚（嗅覚、触覚、味覚）は鋭敏化している。(8) 二次的な改変を多く経ているため、ヌタウナギは祖先的な脊椎動物のモデルとしてはふさわしくない。

一方で、自由遊泳性のヤツメウナギは、吸いつくための口と肉を削るための舌を除き、あまり特殊化していないように見える。少なくとも神経の特性はヌタウナギと比べて顎口類に似ている。すでに述べたように、ヤツメウナギには脊椎動物の遠距離感覚のすべてがあり、明確な前脳、中脳、後脳もある。神経堤とプラコードの派生物や、末梢神経系もある。脳の感覚経路は典型的で、他の無羊膜類のクレードと同じように、すべて揃っている。図6・4で示した主要な感覚経路は、哺乳類のもの（図5・9〜5・12、表5・3を参照）と比較できるほどだ。(9)

しかしヤツメウナギの神経系は、顎口類と比べるとそれほど高度に発達しているわけではない。(10) 軸索には神経インパルスを加速させるミエリンがなく、臓性神経系は単純で、小脳はどの脊椎動物よりも小さい（図6・4Aおよび図5・3）。

ヤツメウナギやその他の無羊膜類には、ヒトにおいて意識に関連する脳構造の一部もある。これらの構造を、無羊膜

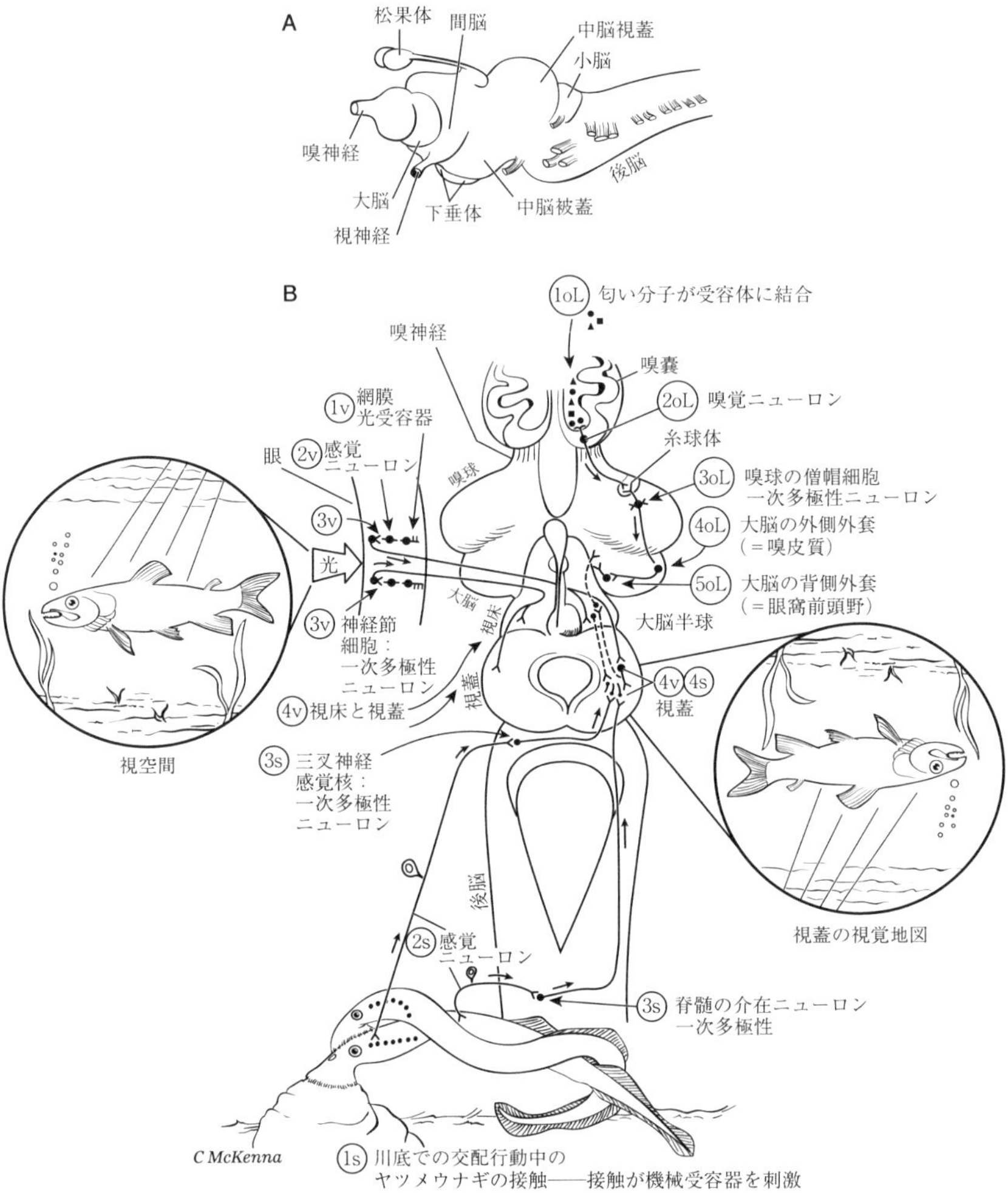

図6・4 ヤツメウナギの脳と感覚経路。A. 側面から見た脳。B. 背面から見た脳と脊髄（中央）。視覚、触覚または体性感覚、嗅覚の感覚経路も示してある。経路は1から5まで表示されており、1oL は嗅覚［olfactory］の経路の最初のステージ、3v は視覚［visual］経路の3番目のステージ、2s は体性感覚［somatosensory］の経路の2番目のステージなどを意味する。数字は表5・3の列番号に対応する。

類に意識があるのかどうかを検証するために利用しよう。といっても無羊膜類における脳構造の**機能**に関する科学的知見は、特にヒトの意識にもっとも関わりの深い脳領域である終脳について、かなり不完全である。だが科学者は進化研究でのヤツメウナギの重要性をわかっており、比較的詳しく脳を研究している[11]。ただ残念なことに、前脳で重要な部分ふたつ、外套と視床の機能についてはまだよくわからない。

情報は断片的だが、いつ意識が最初に現れたのかを探求できるくらいには、脊椎動物すべての脳の知見がある。同型的な神経配置［階層間で対応性を保ったニューロンの配置（第2章三七〜四〇頁を参照）］が意識をともなう心的イメージを生みだすという、脊椎動物から導き出された理論が探求に役立つ。

同型的な神経階層の理論

同型的な神経階層の理論については前の章でだいたい紹介したが、ここでさらに詳述しよう。考え方としては次のとおりだ。脊椎動物の神経系ではニューロンの連鎖と網が張り巡らされており、次々と連なる階層のなかで、ある処理中枢から他の中枢へと感覚シグナルが送られる。そして、その情報は一貫して同型的（部位局在的）に組織化されているのである[12]。経路に沿って、中枢は他の脳部位からの情報を受け取り（図6・5の「OI」、外部入力［outside input］）、その情報を処理する方法はだんだん複雑になっていく。階層の各段階は上下で互いに連絡しあい、また神経系の他の部分とも連絡しあう。頂点に近くなると、外部入力の一部は他の感覚階層から来ることもある。たとえば視覚の階層では音に関する情報も受け取る。このようにして、処理階層の上位にいくほど、同型的な地図形成は複雑で多感覚的、抽象的になる。そして、もっとも高度に処理されたある感覚、あるいは多感覚的な表象が、**心的イメージ**として経験される。

多くの研究が示唆しているように、ニューロンが調和して振動するような発火パターンも感覚意識に必要だと思われる[13]。脳領域間で行き来するこういった振動のほとんどは、ガンマ波の周波数帯にある「脳波」である。これらの脳波は感覚情報をコード化し、さらには同一の知覚対象や情景に反応している感覚階層のすべてのニューロンを統合する（ひ

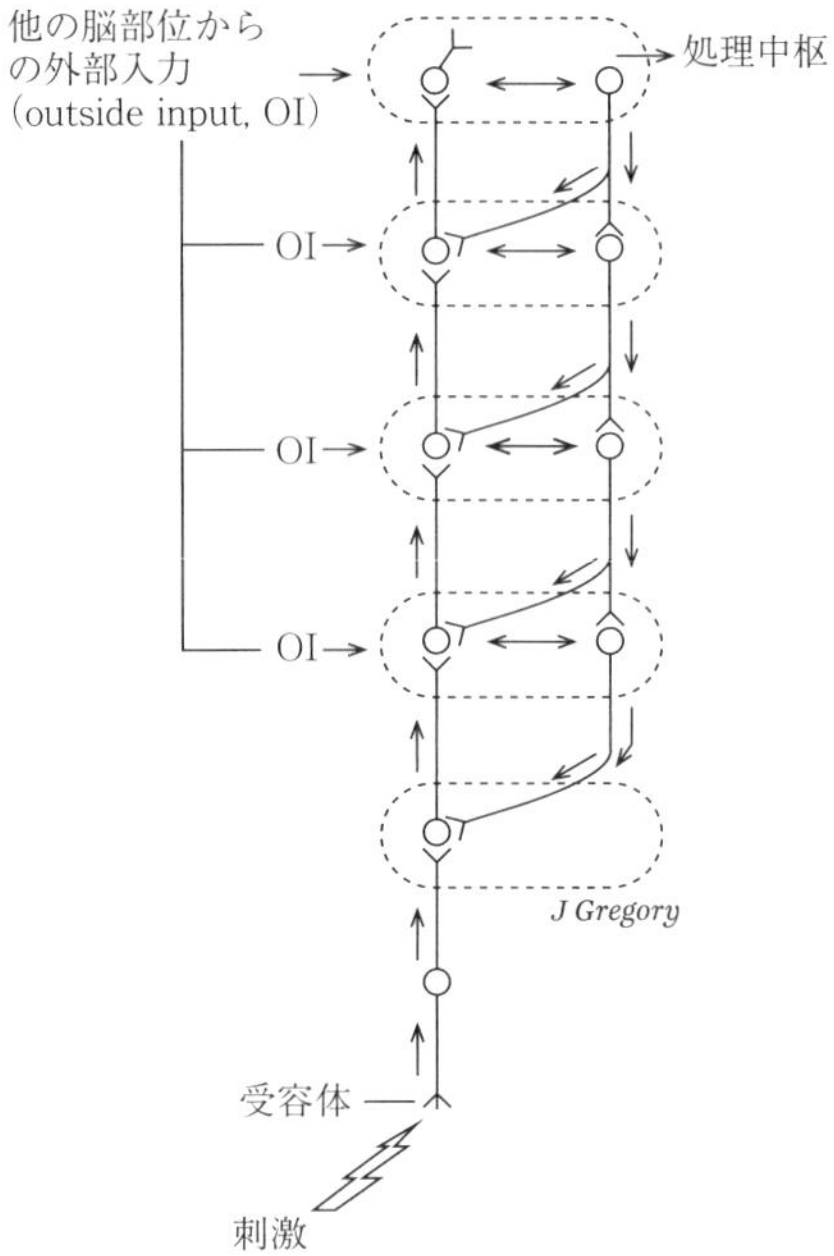

図6・5　感覚的な神経階層の単純な模式図。ニューロンは次第に複雑になる処理中枢のあちこちで情報を伝える。

とつの知覚へと結びつける）と考えられている。同調的な振動はひとつの感覚階層だけに限らず（たとえば視覚だけではなく）、異なる種類の感覚をひとつの知覚へと結びつけるのだろう。感知した対象の音、触感、視覚的な見た目をつなぎ合わせるのだ。これによって、統一された多感覚的な意識のイメージ、つまり意識の「統一的情景」が生まれる(14)。振動によって意識経験が統一され、感知した対象に対する気づきが生じるほかに、振動は**選択的注意**において特定の刺激に注意の焦点を当てると考えられている。

部位局在性、階層、振動的結びつけ――これら三つの研究テーマはほとんどの場合、哺乳類の大脳皮質に当てはめられ、視床と皮質の相互伝達に関わっていることが電気記録から明らかになっている。しかしこういった証拠から、大脳皮質のない魚類や両生類において脳の低次部分で意識が生じている可能性が排除されるわけではない。つまり感覚意識は、哺乳類の大脳皮質が進化したとき高次の脳中枢へと移ったのかもしれない。魚類や両生類に意識があるのかどうかは、ヒトの状態ではなく、これらの動物そのものからの証拠に基づいて判断する必要がある（意識に大脳皮質が必要かどうかのさらなる議論は、一二七～一三〇頁を参照）。無羊膜類においては、ほとんどの感覚情報は中脳の視蓋で統一化される。そこで、この構造が意識の場としてふさわしいか考察しよう。

視蓋

第5章で、視蓋が脊椎動物中脳の天井部分のほとんどを形作っていたことを思い出そう（図5・2）[15]。視蓋は哺乳類では比較的小さく、上丘《じょうきゅう》と呼ばれている。無羊膜類においては比較的大きく、時には大脳よりも大きい。また鳥類や爬虫類では、大脳が無羊膜類より大きいにもかかわらず、視蓋も大きい（図6・4、6・6、5・3）。魚類や両生類では主な視覚処理中枢であり、視蓋は他のどの脳部位よりも多くの視覚入力を網膜から受け取っている。視蓋を破壊された魚は盲目となる[16]。

すべての脊椎動物で、視蓋は著しい同型的地図形成を示す。それは視覚入力だけでなく他の感覚、つまり触覚、聴覚、味覚、側線からの機械感覚や電気受容でも同様である。ただし嗅覚は違う。最近論文で述べたように、多感覚的地図形成は「視蓋の神経の層状化、あるいは層構造化に反映されている（図6・6B）。視蓋の層構造では、それぞれの層がそれぞれの種類の感覚入力を受け取り、それぞれの感覚から来る地図で表された入力は、部位局在的に視蓋の各層に記録される」[17]。このようなパターン化によって、統一的で整然とした感覚空間の地図が得られる。また視蓋は他の多くの脳部位に接続、相互作用する。ヤツメウナギの視蓋（図6・4）は特に単純かつ原始的なだけでなく、脊椎動物の典型例である[18]。

視蓋には数々の機能があるが、そのほとんどは脊椎動物で保存されている。すなわち、①感覚機能として、受け取った感覚入力を処理する、②運動機能として、行動におけるそれぞれの動きを指令する、③注意機能として、選択的に注意を向ける、といった機能だ。

感覚上の役割として、視界に入った対象の大きさ、形、新奇性、動き、向き、変化の割合を認識し、区別するのに視蓋が役立っている。また視蓋は視認対象の顕著性［salience］（重要性や特異性）も決める。たとえば、早く動くもの、新奇なもの、大きなもの、脅かすように迫りくるものに、高い顕著性があるとされる[19]。

運動機能の面では、視蓋は脳の網様体にシグナルを送る（表5・1を参照[20]）。こうしたシグナルによって、視蓋は視

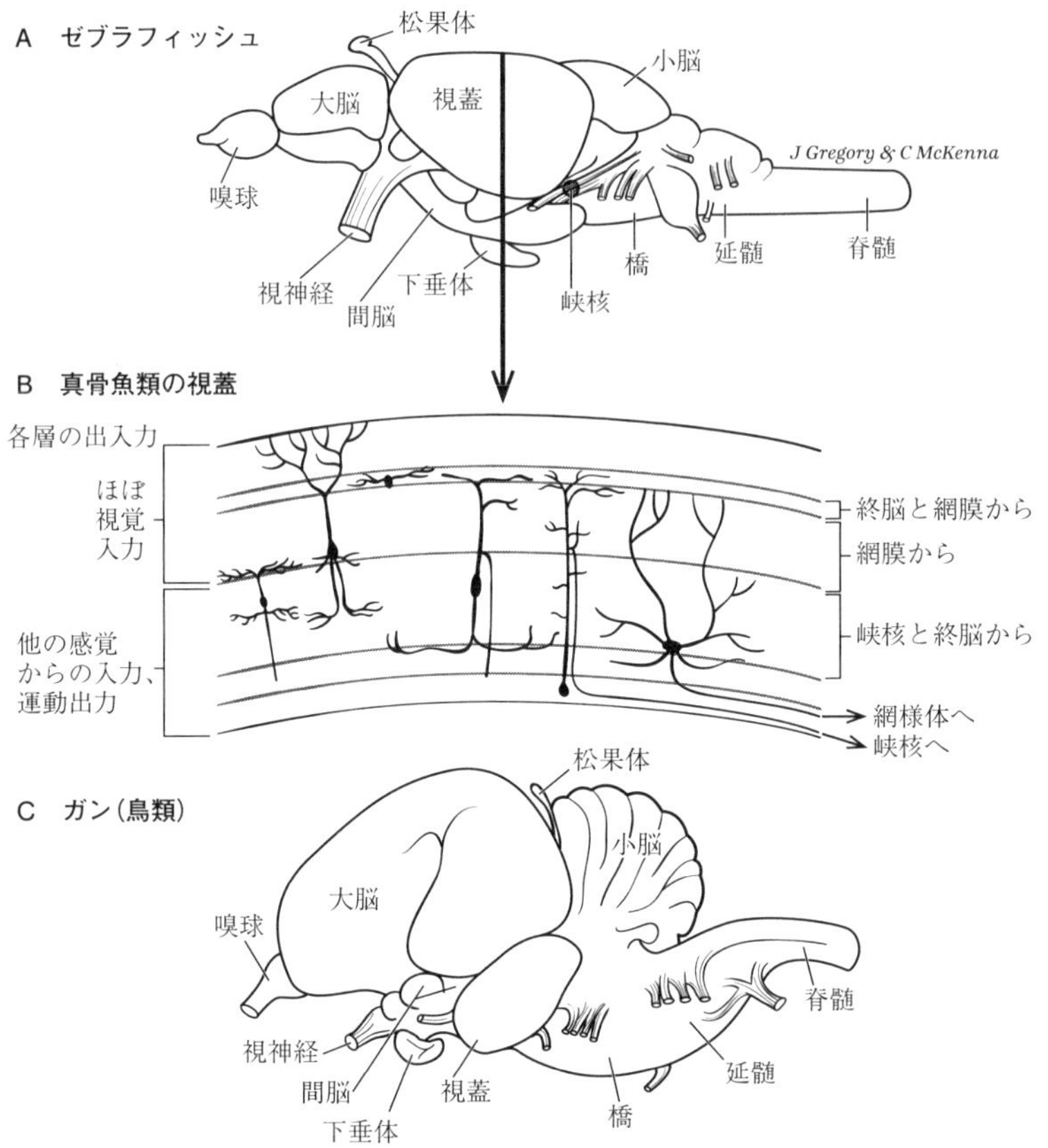

図6・6　視蓋。真骨魚類ゼブラフィッシュ（A）と鳥類の一種（C）での大きさを、真骨魚類での層状神経構造（B）とともに示している。BはNorthmore（2011）から描き直したもの。

認対象に向けて眼を動かし、また身体を向け、対象の動きに従って追跡する。またこうした対象に向かうのか、避けるのかを身体に指示する。さらに視蓋は、餌を探したり障害物をかわしたりといった、空間内の視覚主導性の運動を制御する。この動きを指示するには、高い空間解像度が不可欠だ。

注意における役割では、視蓋は脳幹のうち視蓋の近くにある**峡核**《きょうかく》という中枢と共同して（図6・6A）、感知された刺激に対し選択的に注意を向けることを可能にする。[21] つまり地図で表された多感覚的な空間において、もっとも顕著な対象を見つけ出し、その対象に注意を向ける。

視蓋は高度な分析というより、素早い分析のためのものだ。[22] 即時的な注意や、素早い意思決定、直接的な反応を必要とする感覚刺激や状況について、最初の評価を下す。魚類神経生物学者のデイヴィッド・ノースモアは、刻々と変化する環境に対する素早い反応であるとした。そして次に大脳外套が、より時間をかけて高度で徹底した評価を下すのだろう（外套については、さらに後述する）。

脳の第一の**視覚**的部位である視蓋が、なぜそれほど多くの種類の感覚から入力を受け取るのだろうか。[23] 視覚のみでつくられる世界の地図よりも、他の感覚が加わればより完全な地図となることは明らかだ。だが感覚が追加されることで、整合的かどうかも確認される。つまり、すべての感覚が整合的に、世界を同じように再構成しているかどうかが確認されるのである。また他の感覚によって、視覚地図内で視覚入力が弱かったり不明瞭だったりする領域を修正することができる。視蓋でそれぞれの感覚の神経地図が密接に積み重ねられ、部位局在的に配置されることでニューロン間の連絡ができるだけ短く保たれ、地図は非常に効率的になっている。ジョン・カースが解明したように、密接に配置されると「もっとも頻繁に相互作用するニューロンが効果的にまとめあげられ、長く、遅く、代謝コストが高いという神経連絡が要求する条件を減少させる」。[24] これは、視蓋でそれぞれの感覚をひとつの同型的イメージへと結合させる利点となる。この利点があるからこそ、「なぜ」そして「いつ」視覚が最初の脊椎動物に現れ（第5章）、他のほとんどの感覚からの同型的な入力が視覚を担う視蓋へとすぐに投射するようになったのかが明らかとなる。この感覚の収束は、外受容意識における心的統一性という重要な特性の起源の目印となる（表2・1）。

無羊膜類の視蓋機能では、各種の感覚の識別能力が意識を呼び起こせるほど発達しているようだ。ウルスラ・ディッケとゲルハルト・ロスはこう指摘する。

> 両生類においては、他のすべての無羊膜類と同様に……視蓋が視覚的**知覚**と視覚運動機能を統合する主要な脳中枢である。両生類の視蓋では、対象の位置決定と**認識**および奥行きの知覚が起こる。対象を認識するために、三つの

異なる網膜視蓋サブシステムが存在する。すなわち①大きさと形状、②速度と運動パターン、③環境照度の変化についての情報を処理する。これらの情報はそれぞれの網膜神経節細胞や視蓋ニューロンの段階で処理され、他の視覚中枢のニューロンと密接に相互作用している。(25)

この引用で「知覚」と「認識」を強調したのは、これらが意識の存在を暗示しているからだ。マリオ・ヴリマンとフィリップ・ヴェルニエの研究で、魚類の視蓋が「対象の同定と位置決定」のためのものだと結論づけられたことからも推論される。(26) 反対に、視蓋の機能は（高次の複雑な反射であるとはいえ）意識をともなわない反射に限られると主張する研究者もいるだろう。しかし魚類や両生類の視蓋は、世界の多感覚的な地図をつくり、地図上のもっとも重要な対象に注意を向け、能動的な行動を指示する。このことは、こうした動物がその地図にアクセスして利用していることを示唆し、**真の意識**があることを示しているように思われる。(27)

視蓋と峡核のあいだで振動するガンマ波を記録した研究者もいる。(28) 顕著な刺激に対する選択的注意での、視蓋 - 峡系の役割を思い出そう。視蓋の振動を記録した研究者は、それが哺乳類の大脳皮質における空間的注意や意識で生じるガンマ振動と類似していることを認めた。この類似性は、視蓋での意識が存在するさらなる根拠となるかもしれない。しかし視蓋と峡核のあいだのこの振動に関するもっとも確実な証拠は鳥類からもたらされたことに注意しなければならない。鳥類は特に精緻で大きな視蓋を備えているが、無羊膜類ではなく羊膜類である。とはいえ両生類や真骨魚類でも、視蓋のガンマ振動が何度か記録されている。(29) またどの脊椎動物も、視蓋と峡核の神経連絡が必要で、実際にある。ヤツメウナギでもそうだ。(30) 視蓋 - 峡の「意識の振動」が本当にあるのかどうかを判断するためには、無羊膜類でさらなる電気記録が行われなければならない。

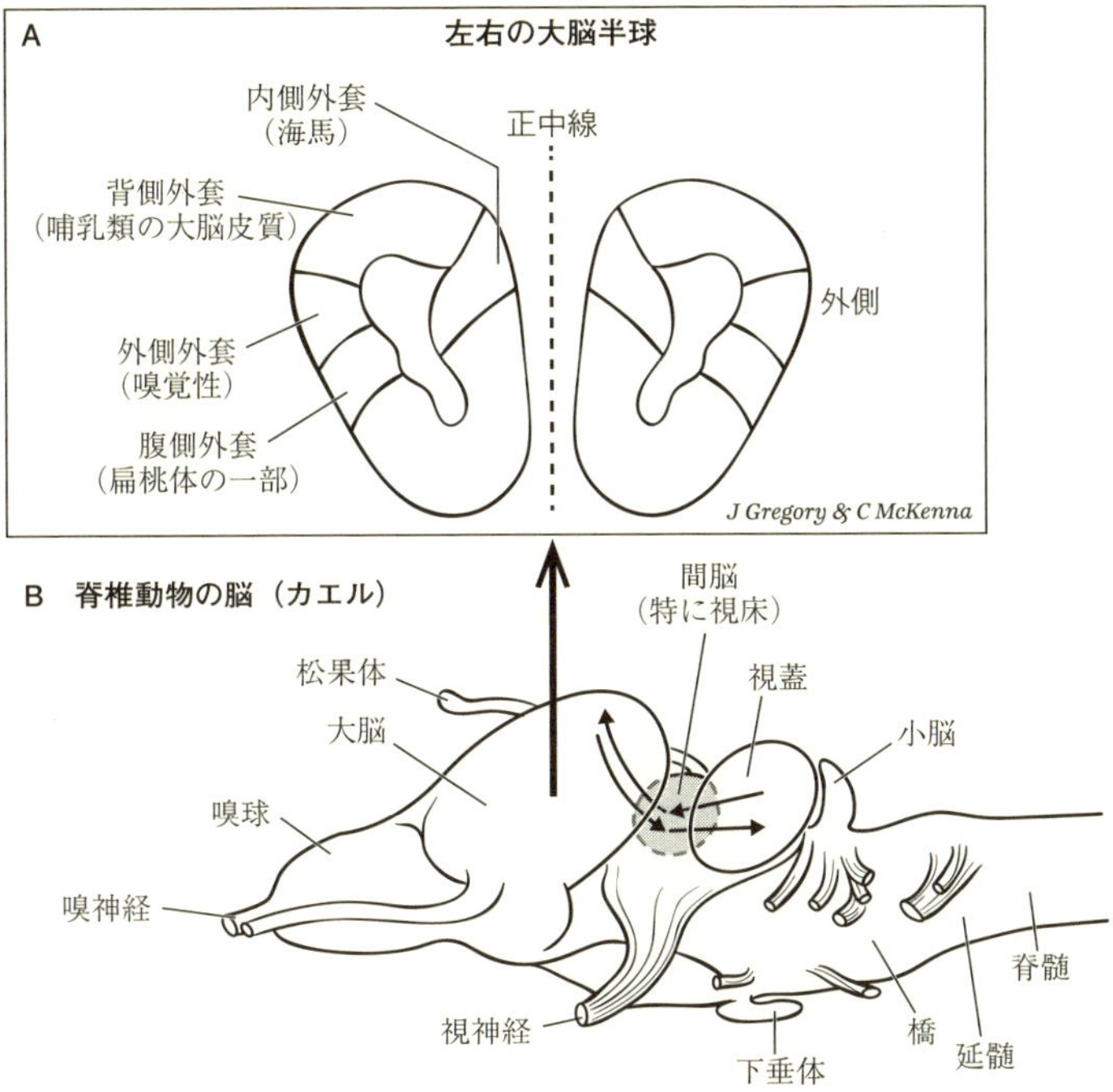

図６・７　脊椎動物脳の大脳外套。A. 胚における左右の大脳半球の断面図。外套の４つの基本部分を示している。B. 脊椎動物の成体の脳で、A の切断面の位置を示す模式図。

終脳と外套

魚類と両生類での大脳皮質の相同物である終脳の背側外套（図６・７A）では、ヒトの大脳皮質のようにすべての感覚が意識をともなって知覚されるのだろうか。かつて無羊膜類の終脳は、単なる「嗅脳」であり、他の感覚には関わらないと考えられていた[31]。しかし今では、視覚、聴覚、触覚や、その他の非嗅覚性の感覚情報を受け取ることが知られている[32]。無羊膜類の終脳には、羊膜類と同様に非感覚的部分があることもわかっている。たとえば記憶を構築するための海馬（内側外套）や、行動上の運動プログラムのどれを実行するか選択するための線条体（基底核）である（表５・１）。

それでも、最初の脊椎動物での終脳外套の主要な機能は嗅覚処理だったようだ。というのもヤツメウナギやヌタウナギ、軟骨魚類のサメやその近縁群といった、もっとも根幹で生じた現生魚類の系統では、外套の大部分が嗅覚投射を受け取り、嗅覚処理の外套に占める割合が他の脊椎動物と比べてはるかに多いからだ。[33]

とはいえ、無羊膜類の外套が嗅覚だけでなく、感覚情報のすべてのモード［mode 視覚、聴覚、触覚、嗅覚、味覚といった感覚の種類］を受け取っていることは否定されないままだ。そこで魚類や両生類の外套でも哺乳類の大脳皮質のように、非嗅覚性の感覚も地図で表されるのかを問わなければならない。しかしどうやらそうではないらしい。これらの感覚の外套への投射は感覚の種類（モード）で分けられてはおらず、同型的な配置で外套に達しているわけでもないからだ。ウォルター・ウィルチンスキはこう言った。

各感覚系に別々の表象があるという証拠はなく、部位局在性が保存されて投射していることを示す兆候は……どの終脳領域にも……ない。哺乳類の大脳皮質では非常に顕著であるのに、ひとつのモードによる［unimodal］、明確に地図で表された感覚表象の証拠は要するに存在しない。例外としてありうるのは、外側外套の中核的嗅覚受容領域かもしれない。[34]

ウィルチンスキは両生類について述べているのだが、この記述はこれまでに調べられた魚類の外套にも当てはまる。[35]結論としては、魚類と両生類において、嗅覚を除く同型的な感覚表象は外套ではなく視蓋にあることになる。

魚類と両生類の脳では、嗅覚の表象はどこにあるのだろうか。ヤツメウナギを含めたすべての脊椎動物には同じ嗅覚経路があり、終脳を標的としている（図6・4「oL」[36]）。したがって、たとえ他の感覚の意識が（哺乳類とは違って）視蓋で生じるとしても、無羊膜類に嗅覚意識があるのなら（羊膜類のように）背側外套で生じるはずだ。

無羊膜類の大脳外套と視蓋は、そのあいだにある間脳を通して前後で互いに連絡しあう。この相互作用は、図6・7Bの四つの矢印で示してある。視蓋と間脳のあいだの連絡は特に豊富にあり、詳細に報告されている。[37]おそらくは視蓋と外套のクロストークが、無羊膜類の（嗅覚と非嗅覚性の感覚による）二種類の意識のイメージを何らかの仕方で統合、統一しているのだろう。

もし無羊膜類の外套が、複数の感覚に基づいて地図で表された意識に関与せず、したがって私たち自身の大脳皮質とはかなり違っているのなら、嗅覚受容以外にどのような機能を果たしうるのだろうか。ヤツメウナギから新しくもたらされた証拠から、外套は羊膜類と同様、運動作用に影響することが示唆されている。[38] しかしここでは違った方向からこの疑問にアプローチしたい。無羊膜類の外套の機能が難問となるのは、外套を切除あるいは破壊された魚でも、目が見え、餌を捕らえることができ、ふだんどおりに振る舞っているように見えるためだ。ところがそのような魚は、経験や、自身の行為の結果から学習することができない。また空間内の対象の位置を学習することもできない。これは記憶に問題があるということだ。そして脊椎動物の背側と内側の外套は、記憶を貯蔵していることが知られている。[39]

また脊椎動物の脳では、背側と内側の外套は終脳前側からの嗅覚入力が視床と視蓋から中継されてくる他のすべての感覚と合流する主要領域でもある（図6・4B）。[40] そしてすべての感覚情報は、背内側外套に入ってくるときには高度に処理されている。したがって、背内側外套は視蓋よりも十分に処理された情報を常に受け取っているので、視蓋が命令した運動指令を無効化し、よりよい結果を出せる。視蓋による運動指令は素早いが大雑把な感覚評価に基づいているので、間違いを起こしやすい。背内側外套は視蓋よりも「賢い」運動制御中枢といえるだろう。

たとえ無羊膜類では小さく、意識をともなわなくとも、背内側外套には確かに利点があると推理される。つまり①記憶の貯蔵と②高度に処理されたすべての種類の感覚情報を受け取る場所である点だ。これらの利点によって背内側外套は、後に提起するように、脊椎動物のうち心的能力を大きく進化させた動物群、つまり鳥類と哺乳類で脳が拡張する主要な場となった（「進化の第二段階」一三二～一四二頁を参照）。

記憶

意識の研究領域の巨人、ジェラルド・エーデルマンが特に強調したように、記憶は感覚意識で重要な役割を果たす。

意識をともなった知覚では、各イメージは記憶から絶え間なく呼び出され、新しくやってきた感覚情報で修正され、そのときまさに経験している世界のイメージへと更新される。したがって、その瞬間瞬間で完全に新しい心的イメージをつくりだす必要はなく、すでにあるイメージを調整し、更新するだけでよい。またさらに基本的なことだが、先行する学習や訓練なくして感知されたものが認識されることはほとんどなく、この学習や訓練は記憶に依存している。(41)

内側外套（海馬）が記憶を構築する。(42) これらの記憶には、対象や経験のエピソード記憶だけでなく、地図で表された空間記憶もあり、この記憶能力によって動物は環境中を正確に移動できる。こうした記憶を形成するために、海馬はすべての種類の感覚情報を受け取っている。また海馬は前脳のあらゆる領域との相互連絡が数多くある。そして海馬は顎口類のすべてのクレードで見られる。(43) そこで最初期の脊椎動物から記憶が意識の役立っていたと、ほぼ言っていい。とはいえヤツメウナギの海馬について報告した文献はあまりなく、発生中の脳で海馬を規定する遺伝子の一部（特に *Lhx1/5* と *Lhx2/9* という遺伝子）が発現している証拠があるだけだ。(44)

記憶と嗅覚に強い進化的なつながりがあることを思い出そう。環境に残り続ける匂いの発生源を思い出せば、動物は獲物を追ったり捕食者を避けたりできる（第5章）。嗅覚と記憶の関係を適応的にもっとも効率よくするために、内側外套は嗅覚入力（外側外套、図6・7A）に近い位置にある。それは情動記憶の脳領域である扁桃体も同様である（図5・4、第8章を参照）。そして嗅覚経路は海馬と扁桃体に大規模に投射している。言いかえれば、匂い情報のなかでも特に大きな入力が、記憶のための近傍脳領域に向かう。嗅覚は最深層の記憶を呼び起こすとよく言われるくらいだから、この密接性を当然だと思う読者もいるだろう。嗅覚によって呼び起こされた記憶は、あらゆる脊椎動物で意識にのぼると推理できる。(45)

覚醒

覚醒は注意と関係する。というのも覚醒、警戒している動物は一般的に、感覚刺激により注意を払っているからだ。

また覚醒は意識の一部、あるいは意識レベルの一部である。意識レベルは意識、覚醒、目覚めの度合いや強さで定義される。どの脊椎動物にも覚醒のための同一の神経構造がある。すなわち、網様体賦活系《もうようたいふかっけい》［reticular formations's activating system（ＲＡＳ）］と、「中隔核《ちゅうかくかく》」を含めた前脳基底部［basal forebrain（ＢＦ）］である。[46] これらの構造は図５・４に描かれている。哺乳類では、これらの構造は大脳皮質が特定の顕著な刺激に注意を向けることも助ける。[47] しかし魚類や両生類では明らかにそうではなく、視蓋‐峡のメカニズムがそのような選択的注意の任に当たっている。

覚醒に関わる構成要素は魚類や両生類でもよく発達している。羊膜類のように、網様体賦活系と前脳基底部は脳の広範囲にわたって投射してシグナルを送る。そしてふたつの領域は同じように、覚醒や警戒全般に関わる化学物質を放出する。これらの神経伝達物質のうち、重要な例としてノルエピネフリンとアセチルコリンが挙げられる。[48]

ここまで、無羊膜類には感覚意識のすべての要素があるという主張をしてきた。その要素とは、（ほとんどは視蓋だが、嗅覚は外套における）心的イメージの部位局在的な地図、（外套における）記憶をつくり、貯蔵し、引き出す場所、そして、選択的注意と覚醒のための脳のメカニズムである。

ナメクジウオに意識はあるか

脊椎動物を調べることで、意識の要素が新しく見えてきた。そこで、前脊椎動物の脳にもっともよく似た脳を備えていると思われる無脊椎動物、ナメクジウオに感覚意識の目印が何かないか、もう一度問えるようになった。ナメクジウオには光受容器はあるがイメージ形成眼がないこと、触覚受容器と推定上の化学受容器が体表面上にあることを思い出そう。[49] 第３章では、ナメクジウオの幼生の脳を研究しているラカーリが、その脳では意識が生じるには単純すぎると考えていると書いた。

実際、ナメクジウオは意識の目印を欠いている。第一に、脊椎動物での意識をともなった感覚階層において、感覚ニューロンが最初の段階として決定的に重要であったことを思い出そう。ところが第５章で強調したように、ナメクジウオの感覚ニューロンは、脊椎動物の感覚ニューロンのように神経堤やプラコードからは発生しないので、ナメクジウオと脊椎動物の感覚ニューロンは相同ですらない。第二に、ナメクジウオの脳への感覚経路では、神経網というただひとつの処理中枢に至るまでに、ほとんどひとつかふたつのニューロンしかない（図3・5）。これでは意識をもつには少なすぎるだろう。

第三は部位局在性の問題だ。ナメクジウオの感覚経路が部位局在的に組織化されているかどうかは定かではない。しかしニコラス・ホランドと游智凱［Yu Jr-Kai］[50]は幼生の脊髄で、触覚神経の軸索に興味深い部位局在性の兆候を見つけた。身体の背側と腹側の両方から来る軸索が一緒に集まり、身体の中央から来る軸索とは隔てられているのである。これは、脊椎動物の中枢神経が頭側から背側までほぼ部位局在的に配置されているのと対照的で、脊椎動物型の身体の地図形成とは似ていない。

ナメクジウオには網様体があるので（「一次運動中枢」、図3・5）、危険から泳いで逃げられるよう前もって備えるために、基盤的な覚醒システムがあるかもしれない。だが、ナメクジウオの前脳は覚醒のための神経伝達物質であるノルエピネフリンとアセチルコリンを両方とも欠いている[51]。これは重要な点だ。つまりナメクジウオには、脊椎動物と同様の覚醒メカニズムはないのかもしれない。結局、以上の四点の根拠から、ナメクジウオの幼生には意識がないことがわかる。

また成体のナメクジウオにも意識はないようだ。成体の脳は幼生よりも複雑だが（図3・5A）、明瞭な視蓋を欠き、前方「眼」は単純でイメージを形成できず、間脳にあるこの眼は脳の最前方に位置するので、おそらく終脳もない。視蓋も、カメラ眼も、終脳もないので、意識もないことが導き出される。

遺伝子と意識

意識の起源についての最初の論文［Feinberg and Mallatt（2013）］では、私たちは関連遺伝子の角度から感覚意識を探求した。つまり公刊された文献を渉猟した結果、すべての脊椎動物で働き、三つの脳部分から神経堤やプラコード、眼に至るまで、意識に関連する構造の胚発生を指令する遺伝子を多く見つけた。しかし、すべての感覚系にわたって同型的な組織化を司令する共通の遺伝子は、私たちの理論からすれば存在するはずなのに、見つけられなかった。最近になって、そのような遺伝子、つまり*Eph/ephrin*グループの報告を見つけた。脊椎動物の視覚、聴覚、体性感覚（触覚）系において、これらの遺伝子の同型的シグナリング機能が報告されている。ナメクジウオには意識に関連する遺伝子があるかといえば、それはない。*Eph/ephrin*遺伝子は中枢神経系の発生に関係していなさそうだし、脊椎動物の意識と結びついている他の遺伝子についても同様である。(52)

第一段階の要約、意識の起源と進化的適応

さて、脊椎動物の脳の解剖学をさらに追加して、意識がどのように進化したのか第5章で述べた説を更新できるようになった。脊椎動物の祖先がイメージ形成眼を進化させると、それにより世界の視覚イメージが視蓋という新奇な脳領域へともたらされた。この心的イメージは、同型的に組織化されたニューロンの階層と、網膜から近傍の視蓋へと拡張した視覚処理中枢から創発した。視蓋のイメージは意識における最初の主観的な質感、すなわち視覚クオリアを包含していた。視覚クオリアは、他の感覚からの同型的な入力がすぐ後から追加されることによって向上した。つまり聴覚、平衡覚、側線感覚、刷新された触覚や味覚といった、新しい遠距離感覚である。同時に嗅覚の階層も進化しつつあり、嗅覚イメージが終脳の外套という新奇な脳領域に生じた。

意識をともなって知覚されたこれらの感覚イメージはすべて適応的であり、自然選択下で有利だった。広範かつ正確に外的世界を心的に再構成することで、**現実**の環境との確かな相互作用行動ができるようになった。最初の魚類は心のなかでこうしたイメージを参照することによって、ますます目まぐるしく変化し、複雑かつ危険になっていくカンブリア紀の世界で、餌を見つけ、攻撃を避け、交配するために、行為の目標を正確に特定の位置へと定められるようになっ

た。また脳が意識をともなうイメージを操ることで、直近の未来について簡単な予測をしてより素早い反応行動が可能になり、目まぐるしく変化するカンブリア紀の環境で、初期の魚類の生き残りに有利に働いたと主張したい。今日では多くの研究者が、意識は「予測のための装置」であると解釈している。これは予測というテーマについて本書でとる立場でもある。[53] 加えて、意識をともなった心的イメージは、ごく初期から「進化可能性」が高かった。つまり時間経過とともに、感覚の一部またはすべてで心的イメージの細部がたやすく向上しただろう。これは特に処理中枢で、既存の階層へと多くのニューロンが単に追加されることで起こった。[54]

また意識にとって核心的だったのは、視蓋‐峡複合体のような、選択的注意のための脳のシステムだった。最初期の脊椎動物が世界を地図で表した神経シミュレーションをつくりはじめたとき、世界の地図のなかで重要な対象に注意を向ける能力が必要となった。そして網様体賦活系が覚醒全般で、意識レベルや、新たな刺激すべてに対する警戒レベルを調整した。現生のどの脊椎動物にもこれらの意識の要素があるが、近縁の無脊椎動物であるナメクジウオには、その少ししか、あるいはいずれも存在しない。

進化の第二段階――哺乳類と鳥類での意識の躍進

なぜ哺乳類と鳥類なのか

五億二〇〇〇万年前よりさらに古い最初の「原初の」魚類で、眼や視蓋とともに意識が始まったのだとすれば、次の大きな一歩は数億年後に、ふたつの陸上脊椎動物のクレードで独立に起こった。すなわち最初の哺乳類と鳥類においてである。これらの祖先は初期の爬虫類型の羊膜類から、約三億五〇〇〇万年前に、単弓類《たんきゅうるい》（哺乳類型爬虫類［ただし現在の分類学では、哺乳類は爬虫類から進化したわけではなく、「哺乳類型爬虫類」という表現は不適切だとみなされている］）と竜弓類《りゅうきゅうるい》（現在の爬虫類と鳥類の祖先）へと分岐した（図6・1、6・8、6・9A）[55]。哺乳類と鳥類が誕生したとき、さまざまな変化が起こった。それにより背側外套が感覚処理の支配的な脳領域となり、感覚意識の終着点にもなった。

この第二段階では、まず最初期の哺乳類で約二億二〇〇〇万年前に（図６・８E）、次に約一億六五〇〇万年前に恐竜から進化した最初の鳥類で（図６・８G）、大脳が急激に大きくなった[56]。体重から補正すると、現在の哺乳類や鳥類の脳は、現代の爬虫類の脳と比べて平均して一〇倍ほど大きいものの、最初の哺乳類と鳥類の脳は「爬虫類型の」祖先の脳と比べて「ほんの」三倍から五倍ほど大きいだけだったことが頭蓋の化石からわかった[57]。それでも、たった数千万年という比較的短い期間で起こったことを鑑みれば、３００％から５００％も大きくなったことはかなり劇的だ。

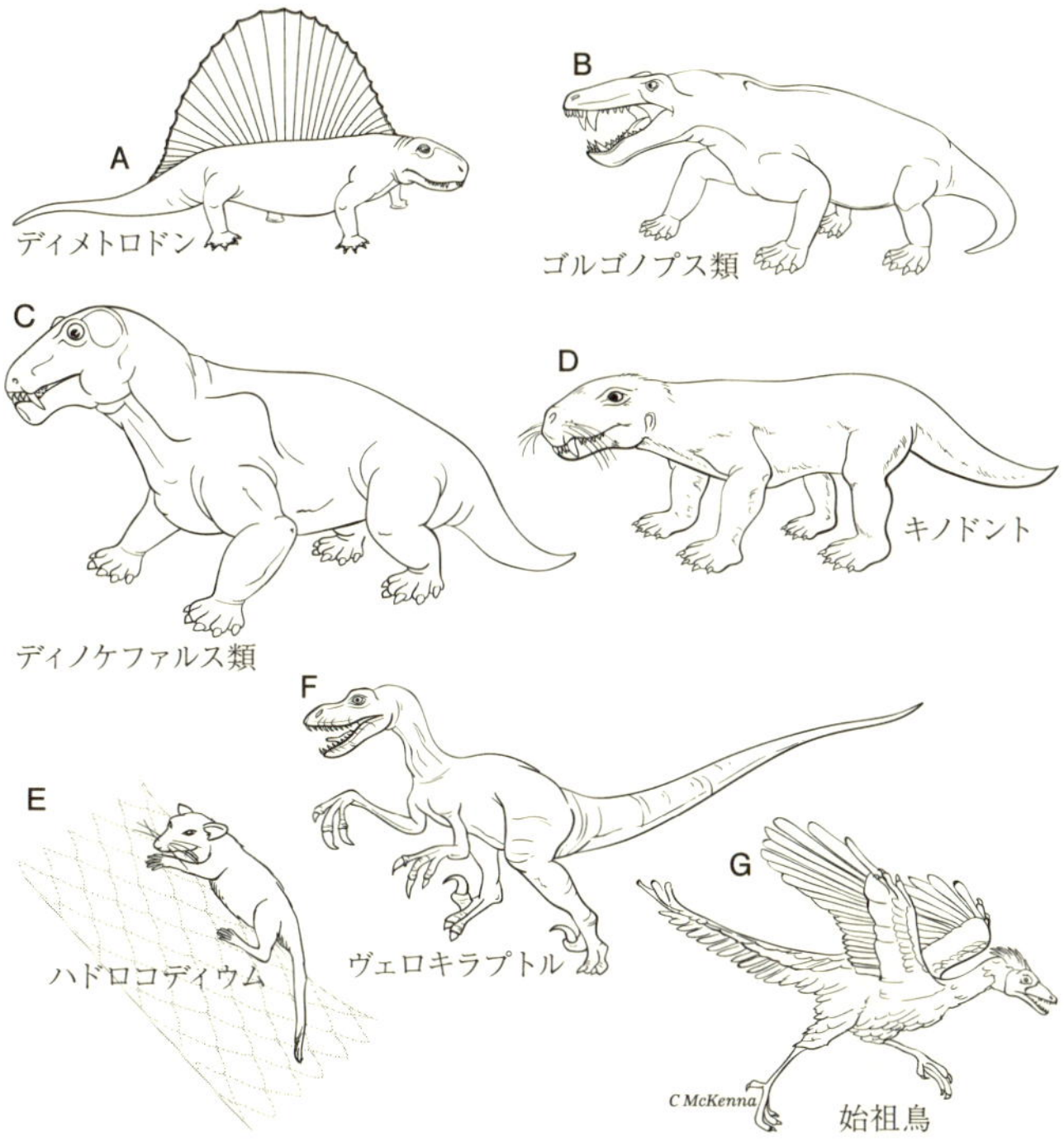

図６・８　絶滅した単弓類と竜弓類の代表例、２億8000万年前から7000万年前まで。哺乳類型爬虫類、哺乳類、恐竜、鳥類。哺乳類型爬虫類はAからDへと、だんだんと哺乳類型になるように配置した。A. 背に帆のようなものがあるディメトロドン［*Dimetrodon*］。B. ゴルゴノプス類［Gorgonopsid］（「ゴルゴーン［ギリシャ神話の醜い女の怪物］の顔をした」という意味）。C. ディノケファルス類［Dinocephalian］（「恐ろしい頭の」という意味）。D. キノドント［Cynodont］（「犬の歯をした」という意味）。E. 初期の哺乳類、ハドロコディウム［*Hadrocodium*］。FとGは竜弓類。F. 鳥類に近縁な恐竜、ヴェロキラプトル［*Velociraptor*］。G. 初期の鳥類、始祖鳥［*Archaeopteryx*］。

　哺乳類と鳥類の両方で、脳の大きさの増加には感覚処理をする外套が主に関与している。この事実をもとに、意識には大きな外套（あるいは大脳皮質）が必要であると信じる多くの研究者が、意識はこれらのクレードで初めて進化したのであり、哺乳類と鳥類だけが意識をもつと主張している[58]。そのなかには、アン・バトラー、ロドニー・コッタリル、メラニー・ボリー、バーナード・バース、デイヴィッド・エーデルマン、アニル・セスなどがいる。この哺乳類‐鳥類仮説の支持者は、すべての脊椎動物が意識をもつとする本書の新しい仮説の支持者よりも多い。

ひょっとすると最初の哺乳類や鳥類で脳が発達したのは、三億五〇〇〇万年前に両生類の系統から最初の羊膜類が現れたときから始まった脳のゆるやかな向上の一端にすぎないかもしれない[59]。しかし、ゆるやかな発達はありそうもない。直接的な化石証拠は乏しいが、現生の爬虫類の脳の大きさは現生の両生類の脳に比べ二倍に満たない[60]。ここでの大きさの増加は、それほどでもない。そう、脳サイズと意識が大きく発達したことを探るには、最初の哺乳類と鳥類が適切なのである。

哺乳類と鳥類における外套中心的な意識への移行は、何千万年も隔たって、嗅覚と視覚という異なる感覚の支配のもとに起こった。こうした違いのため、地球史上においてはほぼ同じ時期に、両方の系統で突如として意識が発達したのはなぜなのかを明らかにするような共通性を見つけることは難しい。

しかし、その答えへの近道はあるのかもしれない。研究者のなかには、哺乳類や鳥類の両方が恒温性（内温性または「温血性」）であり高い体温を保つという事実が意識と結びついているとする仮説を唱える者もいる[61]。哺乳類と鳥類はこの恒温性のおかげで、祖先的な状態を示す外温性（いわゆる「冷血性」）爬虫類よりも速い代謝と活動性を備えている。この仮説の主張によれば、代謝効率が向上することで、向上した意識が高度な計算をするのに見合う、より速いニューロンのシグナル伝達やより多くの情報処理が可能となったようだ[62]。この仮説には一考の余地がありそうだが、ある問題に直面する。哺乳類や鳥類の系統進化で、正確にいつ、より活動的で恒温性になったのかわからないのである。恒温性は最初の哺乳類や鳥類で現れたのではなく、ゆっくりだんだん進化したのかもしれないし、哺乳類以前に長く生存していた初期の単弓類（図6・8B～D）や、「コエルロサウルス類［coelurosaurs］」（図6・8F）と呼ばれる前鳥類的な恐竜で進化したのかもしれない[63]。脳の拡張と恒温性の年代が一致しないため、意識が共通して発達したことを説明するのに恒温性は使えない。恒温性という近道は失敗したので、哺乳類と鳥類のそれぞれを詳しく調べ、この問題に正面から取り組まなければならない。

哺乳類での躍進を説明するのは鳥類より簡単そうだ。約二億二〇〇〇万年前の哺乳類型爬虫類から哺乳類へと移行するあいだに外套または皮質が大きくなり、視覚から嗅覚（と触覚）への主要感覚の移行も同時に起こったのだ。ティモシー・ロウ、フランシスコ・アボイティス、マーガレット・ホールなどの生物学者や古生物学者がこれを示した[64]。彼らはこの変化を、地上での夜行性への適応だと解釈している。真っ暗な夜ではほとんど目が見えないが、たくさんの匂いがとても有益な情報をもたらす。体表面全体の毛がモニターする触覚刺激も同様だ（腕の毛に少し触れてみれば、かすかな接触も感知できるセンサーだとわかるだろう）。匂いに関係する嗅球と外側外套が最初の哺乳類で拡張したことは、脳の鋳型化石［脳が収まっていた部分の頭蓋化石］（脳函化石）の内部空間構造をもとに脳形態を復元したもの」から明らかになった。大脳皮質の触覚（体性感覚）領域も同様であり、触覚はそこへと部位局在的に投射するようになったと推測される。こうした最初の哺乳類での視覚の衰退から、すべての哺乳類で視蓋［上丘］が比較的小さいことも説明できる。

そこで次のように推理できる。触覚、聴覚、視覚、平衡覚といった感覚は、かつては視蓋の意識に達していた。しかし視覚と哺乳類の視蓋［上丘］が衰退したことで、大脳皮質がそれらの感覚のための意識の終着点となった。論理としては、衰退する脳部位から拡張する脳部位へと移行したということのようだ。そしてこの移行によって、外套での嗅覚イメージには他の感覚からのさらなる情報も加わり、ますます有用性が高まっただろう。以上の明確な論理から、哺乳類で意識の終着点が移行したことは「それほど不可解ではない」と考えられるのである。

現生の哺乳類の脳からも、この説明が支持される。現在の哺乳類には、カモノハシやハリモグラといった卵生の単孔類、オポッサムやカンガルーといった有袋類、そしてその他の哺乳類のすべて、つまりサル、齧歯類、オオカミ、ウマ、ツチブタ、イルカなどが属す有胎盤類がいる。これら三つのクレードのどれでも、大脳皮質は大きく、意識をともなったそれぞれの感覚（図6・9B）のために同型的に組織化された一次感覚領域と、感覚に関わる近傍領域がある。加えて、それぞれの根幹的な構成種では、嗅覚性の皮質領域が大きい[65]。設計がこのように共通しているので、大脳皮質は現生のすべての哺乳類で意識の終着点であるはずだ。単孔類、有袋類、有胎盤類の最後の共通祖先は二億二〇〇〇万年前から一億九〇〇〇万年前のあいだにいたことが化石からわかっている[66]。これは爆発的に拡張しつつあった大脳を備えた、最初の化石哺乳類が現れた二億二〇〇〇万年前からほど近く、この時代に哺乳類の意識が完全に大脳的になったことを支持している。

鳥類で外套性の意識へと移行したことを理解するのはもっと難しい。感覚の特殊化が哺乳類とは異なっている——というより、ほぼ正反対だからだ。恐竜の一系統から鳥類が進化したとき、すでに精細だった視覚はさらに鮮明になったが、嗅覚は同程度に留まった[67]。このことは、本書の仮説に次の問題を投げかける。視蓋がすでに視覚意識の役割を果たしており、嗅覚は向上していなかったのに、なぜ鳥類で視覚意識が嗅覚性の外套へと大きく移動したというのか。

視覚主導の鳥類と嗅覚主導の哺乳類の両方で背側外套が急速に拡張した理由は、視蓋よりも外套にもとから何らかの優位性があったからに違いない。すでに本章で指摘したように、すべての脊椎動物において背側外套は、嗅覚を含めたすべての感覚の受け取り方が視蓋とは異なっている。そして背側外套はより徹底的に高次の感覚入力を処理し、近傍の海馬によって呼び起こされた記憶と比較する。このようにして記憶を参照することで、外套は行動を指示する多種多様で正確な選択肢を選び、過去の学習に基づいてよりよい意思決定ができるようになった。

記憶を貯蔵する背側外套が拡張し、精緻化したことは、さらに多くの記憶が貯蔵できるようになったことを意味する[68]。哺乳類では嗅覚記憶、鳥類では視覚記憶だ[69]。こうした動物では記憶力が向上したことで、呼び起こされる過去をさらに多く保持するようになり、意識経験も移ろいやすい「その瞬間の」意識経験ではなくなった[70]。記憶が向上して、感知した対象をさらに多く**認識**し、注意を向けられるようになった。実際、記憶の向上によって哺乳類や（おそらくは）鳥類にいっそう発達した選択的注意がもたらされた（選択的注意では、外套は重要だと**学習**した刺激に注意を向けさせる）[71]。

記憶力のおかげで哺乳類と鳥類は原意識の次のレベル（第二段階）へと到達したが、意識の高次な各側面や、認知の向上のための舞台も用意された。向上した外套の情報処理能力と組み合わさり、記憶力の向上のおかげでさらに多くの一次イメージや経験が解釈され、さらに多くの世界の知識がつくりあげられたのだ[72]。

とはいえ、こうした外套の処理と記憶の向上には原意識の発達のほかにもさらなる神経計算が必要であり、より多くの時間と、追加で必要となるエネルギーがかかった。コストが高いものは、あらゆる生息環境のあらゆる動物種にとって役に立つわけではない。特殊な状況下の特殊な生息環境においてのみ、進化しうるのである。

こうした考察から、最初の鳥類と哺乳類が、外套の感覚処理の向上と記憶の増加という進化が有利となるような特殊な環境に棲んでいたかどうかに問題が移る。両方の動物群とも森林に棲んでいたか、あるいは最初の哺乳類は岩の隙間だったり、巣穴の中だったり、地表の植物に覆われた中だったりといった、安全な遮蔽物のある場所に棲んでいたと考えられている。夜行性の哺乳類が、森の中で落葉のあいだをちょこまかと走り回っている姿が想像できる。そこは匂いを嗅いだり、（特に感受性の高い洞毛、またはひげで）触れたりする対象にあふれていただろう。最初の鳥類が、日中に木々のあいだを活発に動き回っている様子を思い描くこともできる。森林は複雑な三次元世界である。衝突や落下をせずに木から木へと移動するために、鳥類は鋭敏な視覚によってこの三次元世界を思い通りに飛べなければならなかった。哺乳類と鳥類は両系統とも小型化しており、身体が小さければ捕食性の大きな恐竜の狩りの対象となっただろう。古生物学者のマイケル・リー、マイケル・ベントン、ゾフィア・キエラン＝ヤヴォロフスカらが、こうした特殊環境について非常にうまく推理し、説明している[73]。

この解釈は、鳥類では少し修正が必要かもしれない。アミー・バラノフ、マイケル・リーらの発見によれば、脳の拡張は、鳥類に近縁な恐竜が大規模に放散したことの特徴である。これらの恐竜の身体は次第に小さくなり、一歳半のヒトの子供ほどの大きさから、最初の真の鳥類ではカラスほどの大きさに縮小した（10kgから０・８kgになった[74]）。つまり、脳の拡張は最初の真の鳥類だけで起こったわけではないのだ。それでも、放散があまねく広まったのは非常に早く（リーらによれば、たった五〇〇万年のあいだ)、すべての構成種には羽毛があり、(バラノフによれば)「何らかの飛翔能力」があった。すなわち、意識の発達が鳥類に至るこの放散の初期に起ころうと後期に起ころうと、脳の拡張は飛翔が主導したという前段落の説明は依然としてうまくいくのである。

鳥類も哺乳類も、比較的弱く小さかったが、安全性が保たれ、保護されてもいた。木々のあいだに隠れられなければ、鳥類は危険から逃れるため、素早く遠くまで飛び、滑空した。夜行性の哺乳類は暗闇に紛れたり、地表の物陰を棲み家や隠れ家にして潜んだりしていた。鳥類や哺乳類は比較的捕食されにくい安全な環境にいたので、絶えず拾い上げられる多くの感覚刺激に基づいて、多種多様な選択肢を秤にかけ、十分な時間をかけて意思決定を下せた。[75] 複雑な感覚処理には時間がかかり、危険への意思決定は遅れがちだったが、彼らが棲んでいた「安全地帯」ではハンディキャップとはならなかった。それに加えて、最初期の鳥類と哺乳類は昆虫を食べていた。昆虫は豊富で、高エネルギーの食料である。そのため、発達した意識が行う高度な計算をはじめとする、ますます複雑化する脳が必要とするエネルギーを供給できたのだ。

したがって、鳥類も哺乳類も特異な環境で生まれ、その環境では記憶によって増強され発達した意識と、外套の拡張が有利となった。私たちの見立てでは、これは**収斂進化**(Ｂｏｘ４・１を参照)の一例である。収斂進化では、類似の生活環境、捕食者、競争相手にさらされたとき、無関係のクレードで独立して同じ形質が進化する。[76]

あるいは視蓋は意識の場ではなかったという対立的な外套仮説のもとであっても、すぐ右に提示したのと同じ進化の順序で、まったく意識をともなわない爬虫類型の祖先から鳥類と哺乳類がそれぞれ新しく意識を進化させたと説明できるかもしれない。しかしこの仮説によれば、意識は脊椎動物で(まず哺乳類、そして鳥類で)二度にわたって生じたことになり、最初の「原初の」魚類での単一起源を主張する本書の仮説よりも扱いづらい。とはいえ本書の仮説にも弱点となりうるところがある。鳥類には視蓋と外套という、意識をともなう視覚イメージのためにふたつの別個の支配部位があることが示唆されるのだ。このことから、やっかいな問題が生じる。視蓋と外套というとても離れた場所で生じたとても詳細な心的イメージが、どのようにひとつの心的イメージへと効果的に統一されるのだろうか［一二六〜一二七頁の、無羊膜類での説明を参照］。

外套の多様性——もうひとつの謎

意識が最初の哺乳類と鳥類で新しく進化しようと、これらのクレードで単に発達しただけだろうと、別の謎も生じる。哺乳類と鳥類の外套は構造として非常に異なっているように見えるのだ（図６・９）。確かに両方のクレードで拡張した外套は、同型的に組織化された視覚、聴覚、触覚、嗅覚の感覚領域を備え（図６・９B、６・９C、６・９D）[77]、高次の認知機能を果たす。[78]しかし哺乳類の大脳皮質のニューロンの配置は、鳥類で大脳皮質に相当する背側外套のニューロンの配置とは異なっており、神経科学者は長いあいだ、比較できるような類似性を見つけようと苦闘した。哺乳類の大脳皮質は覆《おお》いのような形状で、全体におよんで六層のニューロン、あるいは薄層からなっている（図６・９EのⅠ〜Ⅵ）。これに対し、鳥類の背側外套には背側脳室陵［dorsal ventricular ridge（ＤＶＲ）］と呼ばれる層構造のない大きな部位と、その外部に皮質に似た「高外套［hyperpallium］」がある。高外套では厚い層が何層か重なっているものの、哺乳類の皮質の薄層とはあまり似ていない（図６・９F）。[79]

最近になって、哺乳類と鳥類の外套の軸索連絡、神経回路、遺伝子発現の研究からこうした違いの謎が解けた。このブレークスルーに大きく寄与したのは、ハーヴェイ・カーテン、ジェニファー・デュガス＝フォード、エリック・ジャーヴィス、アン・バトラーらの研究だ。[80]その結果は驚くべき内容だった。哺乳類の六つの層に鳥類で対応する構造は、積み重なった薄層のかわりに、細胞塊（神経核）や厚い帯状の領域として背側外套に広く分散しているのだ（図６・９Eと６・９Fを比較しよう）。また、鳥類の外套にある**視覚**領域は、哺乳類の大脳皮質の視覚領域よりもはるか前方に位置している（図６・９Bと６・９Dを比較しよう）。

新たな研究から、ニューロンや神経回路の機能的グループの多くが鳥類や哺乳類で同じであることがわかった。一次感覚領域から出入りする長い軸索連絡が同じこともだ。つまり鳥類と哺乳類の外套では、意識をともなう感覚イメージを生成する方法の多くが共通しているはずだ。それでも外套の解剖学的構造という点では、ふたつのクレードでの進化はまるで違っていたという事実に変わりはない。

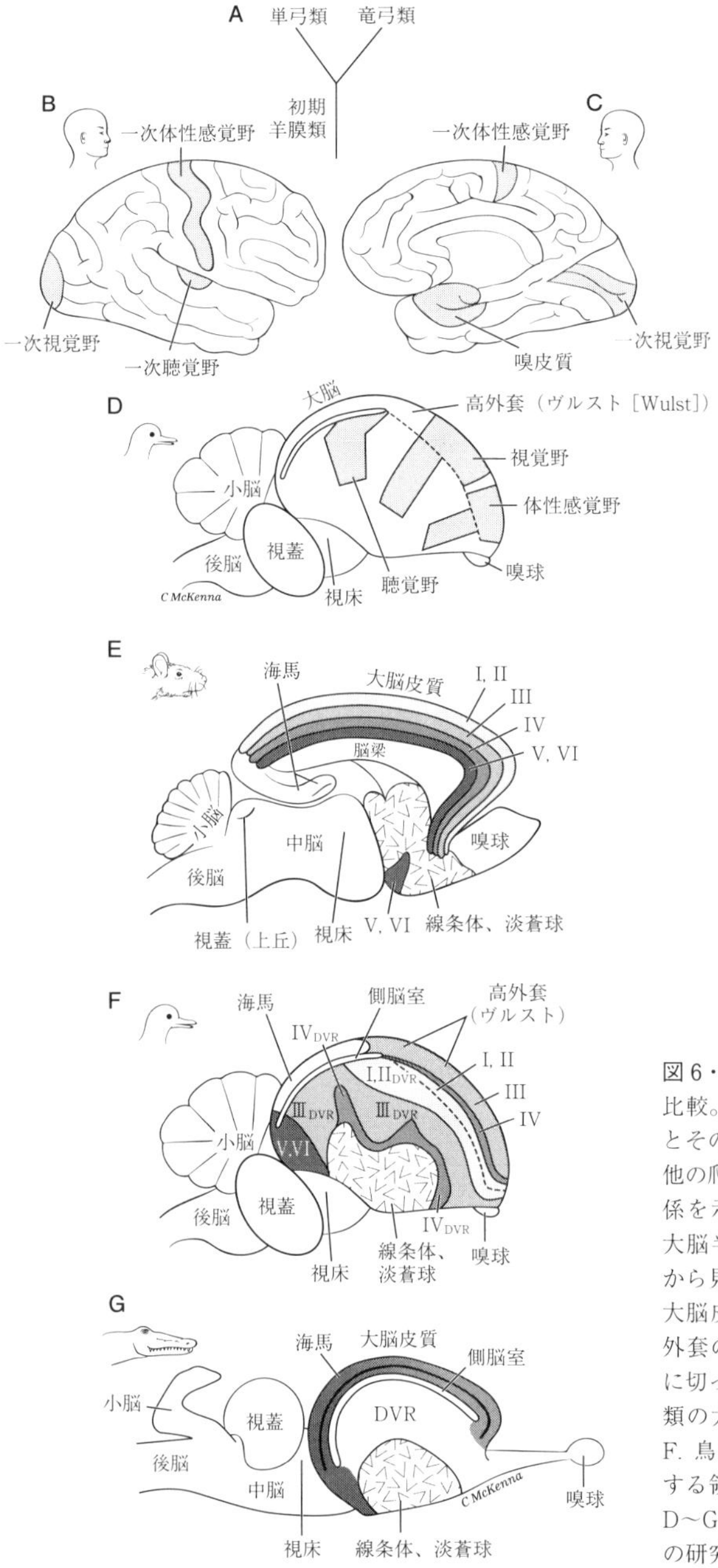

図6・9　それぞれの羊膜類の脳の比較。A. 単弓類（哺乳類型爬虫類とその後の哺乳類）と竜弓類（その他の爬虫類と、その後の鳥類）の関係を示す単純化した系統樹。B, C. 大脳半球を外側（B）と内側（C）から見たときの、哺乳類（ヒト）の大脳皮質の一次感覚領域。D. 鳥類外套の感覚領域。E. 正中面で半分に切ったラットの脳における、哺乳類の大脳皮質の6つの層（I–VI）。F. 鳥類の背側外套でI〜VIに相当する領域。G. 現生爬虫類の背側外套。D〜Gはエリック・ジャーヴィスらの研究に基づく。

鳥類や哺乳類の外套の違いが「いつ」「どのように」進化したのか、あるいは鳥類の状態と哺乳類の状態のどちらが原始的なのかを見極めることは難しい。それは彼らの共通祖先、すなわち初期の絶滅した爬虫類型の羊膜類が備えていた外套について知るのはかなり難しいからだ。現生爬虫類の背側外套（図6・9G）には、鳥類にあるような大きな背側脳室陵と、哺乳類にあるような大脳皮質があるが、爬虫類の大脳皮質は哺乳類より単純で、わずか三つの薄層しかない。[81] しかしここでは現生の爬虫類は当てにならない。現生爬虫類はすべて竜弓類（鳥類の近縁群、図6・1、6・9A）であり、すなわち背側脳室陵が前哺乳類的単弓類または初期羊膜類に存在していたと想定することはできないからだ。羊膜類にもっとも近縁な現生の動物群、両生類とハイギョから判断すれば、[82] 最初の羊膜類にはただ一層のニューロンからなる単純な大脳皮質があっただけだろう。それでもなお、本書で意識と関連づけている、多感覚的な同型的感覚領域があったかどうかはわからない。現生の爬虫類でこういった領域が発見されれば役に立つだろうが、爬虫類外套の機能やニューロンの相同性はまだよくわかっていない。[83] 未検討の爬虫類についてさらなる研究がなされれば、意識の進化史を解き明かすのに大いに役立つだろう。

かなりのことがまだ不明だが、鳥類と哺乳類の確かな違いから、脊椎動物のそれぞれで外套意識のための神経構造がさまざまであることがわかる。しかし脊椎動物での外套の多様性がもっと高いことは、一部の魚類から明らかとなる。背側外套が、ヌタウナギ、サメの一部、ガンギエイ、エイ、硬骨魚類の一部のクレードで独立に拡張しているのである。その方法はまったく同じわけではないが、決まって特殊化した新たな神経核や多重の薄層が追加されている。[84] こうしたそれぞれの精緻化は、まだ回路レベルで研究されてはいないものの、特定の動物群を特徴づけるような何らかの感覚の際立った鋭敏化や感覚処理の発達と常に関連している。そして右に挙げた動物群のうち、顎のある魚類はすべて中生代に生まれた。[85] 鳥類と哺乳類で外套と感覚意識が拡充しつつあったのと同じ時代である。こうしたクレードのいくつかで気づきが向上しつつあり、それを利用して生き残りをかけた競争で互いに対抗し、結果として中生代において意識が広く発達することになったのだろうか。それはカンブリア紀初期で意識をもたらした軍拡競争の再来だったのかもしれない（第4章を参照）。

本章を要約しよう。外的世界を地図で表したイメージの構築や経験に関係するような感覚意識は、脊椎動物の歴史で二度の大きな発達を経た。第一段階では、五億二〇〇〇万年前より前に脊椎動物が生まれたとき、最初の意識が現れた。意識は、ニューロンの階層的連鎖の高次段階で、精巧に地図で表された感覚表象から生じた。最初の「原初の」意識の終着点は、①視蓋が視覚意識やその他の非嗅覚性の感覚の意識の場、②終脳が嗅覚意識の場だった。また（網様体と前脳基底部にある）覚醒のためのシステムと、（視蓋‐峡系など）選択的注意のためのシステムが不可欠だった。

ヤツメウナギは、最初期に生じた脊椎動物を反映し、右記すべての特性を有している。ヌタウナギは、奇妙な特殊化をしたヤツメウナギの近縁群だが、脳はヤツメウナギの三倍もあり[86]、嗅覚、触覚、味覚の処理領域のために大きく膨張しているので、ヌタウナギも意識をもつはずだ[87]。

意識は誕生したときから、脊椎動物の行動を反射と単純なパターンの動き以上に向上させた。意識のおかげで脊椎動物は環境を詳細にまとめあげて評価し、正確に世界と相互作用できるようになった。同型的な神経の組織化がこの地図形成の鍵であり、*Eph/ephrin* 遺伝子がこの同型的な神経連絡をつくる指令をするために役立った[88]。

第二段階は中生代に、哺乳類と鳥類が進化したときに起こった。両者の背側外套が、同型的に組織化された新たな感覚領域をともなって拡張し、脳における感覚意識の唯一の終着点となった。外套はもはや嗅覚意識だけのものではなくなった。この拡張は収斂進化によって、まず哺乳類、次に鳥類で起こった。この変化は両方のクレードとも、背側外套が脳内で好ましい位置、すなわちすべての種類の感覚入力が集まる場所であり、記憶を呼び起こす中枢（海馬）の近くにあったことに起因した。意識が記憶によって増強され、躍進したことの基盤には、事前の学習をもとに多感覚的な入力をゆっくり解析し、複雑な意思決定を下すという背側外套の本来の役割があった。これは刺激にあふれてはいたが比較的安全だった、最初の鳥類と哺乳類の生息環境においては利点だったのではないだろうか。

以上の発見によれば、同型的な感覚意識はすべての脊椎動物に存在しているため、多くの研究者が考えていたよりも広範囲におよんでいる。また五億二〇〇〇万年以上前からある、太古のものだ。さらに、同型的な感覚意識は視蓋と外套に存在し、また鳥類と哺乳類で異なった外套の配置に起因するため多様である。このことから、前に第２章で仮定した（表２・１）、多様性という意識の特性が垣間見える。次に、同型的な感覚意識との比較のため、好悪の「感情」をはじめとする情感意識の議論に移り、この側面の意識が「いつ」進化し、「どの」脊椎動物にあるのかを検討しよう。

第7章　感性の探求

「感性」とは何か

原意識とは神経生物学的にどういったものなのか、あるいは「～であるとはこのようなことだ、という何か」の本性とは何なのか。この問題は単一の問題として扱われることが多い。しかし事はもっと複雑であり、単純化されすぎていると私たちは見ている。前のふたつの章では、外受容意識の起源について注目した。外受容意識とは同型的（部位局在的）に地図で表された世界の神経表象によって生じる感覚意識のことであり、世界の神経表象は参照の対象となる心的**イメージ**として主観的に経験される表象である。しかし外在化されたイメージとして世界へと参照されず、むしろ内的な**感情**や身体**状態**として主観的に経験されるような、別の種類のクオリアもある。**感性**という名称は、このような種類の経験に使われることがほとんどだ。

「感性［sentience］」という語は「感情をもつ能力がある［または感じる能力がある capable of feeling］」ことを意味し、「感情［または感じること feeling］」を意味するラテン語の「sentiens」に由来する。[1]「感性」という語は、現代の倫理学や、特に動物の権利を論じる文献では、文脈しだいで感覚意識のすべての側面、つまり外受容的な気づきと内受容的（内的）な気づきの両方を広く指すことがある。一方で、より具体的には動物が快苦を経験できる能力を指す。このような感覚経験は、生物が自身の体内的な感情や情感的な感情［affective feeling］に対して意識をともなった気づきをもつようになったときに生みだされる。本書の目的のために、以下の定義を採用することにしよう。すなわち、動物が「感性」をもつためには、**情感的状態を経験することが可能**でなければならない。

情感的経験には**誘発性**［または感情価 valence］がある。つまり刺激や事象に対する忌避性（ネガティブ性）や嗜好性（ポジティブ性）だ。もっとも基盤となる情感的経験は、ネガティブ（有害的）な性質やポジティブ（快楽的）な性質、つまり好悪の感情である。(2)

本書でも他の人々と同じく、意識経験として「情感」を定義している。(3) しかし著名な神経科学者のジョセフ・ルドゥーをはじめとして、情感は必ずしも意識をともなわないと主張する権威もいる。(4)「情感」は**情動**の経験として定義されることもあるが、さまざまな研究者がいろいろな定義を「情動」にあてている。少し定義を列挙するだけでも、情感的な感情そのものから、価値がある事象に対する認知的反応、身体が生理的に不安定となる経験、その不安定さに対する生理的反応や運動的**反応**まで、多岐にわたる。(5) こうした理由から、感性的な感情を議論する際にはできるだけ「情動」という語を避け、「情感」「情感的状態」または「情感的な感情」の語を使うようにしよう。だが情感的な感情、特にヒトの情感的な感情を指すときにだけ、まれに「情動」を使うこともある。

三種類の感覚意識——外受容意識、内受容意識、情感意識

外受容意識は**本来**、自身のイメージに誘発性を付与しない。これが外受容的な感覚意識と情感の気づきのあいだにある、もっとも重要な違いのひとつだ。すなわち、ライオンが見えたりバラが香ったりすれば、やがて（必然的にというわけではないが）恐怖感や幸福感が引き起こされるが、外受容的な同型的イメージが感情を引き起こすのは脳の別のシステムが追加で処理を行った後だけであり、こうした別のシステムが意識の情感的側面と体内的側面をもたらす。した

がって外受容意識と情感意識は別物であり、同様に**内受容**意識も別に考慮に入れなければならない（表7・1）[6]。

外受容

外受容的クオリアについては前の章ですでに述べたから、ここではその特性を簡単に要約しよう。外受容的クオリア（表7・1の最初の部分）は投影的［第1章八頁を参照］であり、外在化された心的イメージとして経験される。また主観上「局所的」である。つまり（視覚や触覚では）環境の局所的な位置や、（嗅覚や味覚では）脳内の化学的地図［嗅覚地図、味覚地図］の一点を示す。また高い同型性があるが、そのクオリアは本来的には情感的性質を欠き、脳の情感的な部位が関与するときにのみ情感的性質をもたらす[7]。

内受容と痛覚

内受容的な感覚意識（表7・1の二番目の部分）は、他の二種類の感覚意識の中間にあり、外受容系［システム］と情感系の双方の特性を備える二面性がある。内受容器は、広範囲に分布する内受容ニューロンの終末を介して、体内の生理的、機械的変化を感じとる。これらの内受容器は深部や浅部の痛み、温度、化学的状態、消化器・肺・膀胱・心臓・血管などの内臓の感覚を測る。内的感覚には、膨張した内臓の壁の張りや刺激を単に記録するものから、くしゃみの前にむずむずする感覚、空腹、喉の渇き、吐き気、酸欠による「空気飢餓」、疲労といった複雑な感覚まである。こうした多様なシグナルは身体が自分自身を変化に適応させ、内的環境を理想的な状態に保つための入力となる。これが、恒常性［homeostasis］（homeo- ＝ 一定の、stasis ＝ 状態）を維持するためのプロセスである。

内受容的情報は同型的に組織化された経路を通って脳へと至るが、この同型性にはいろいろな程度がある。原則的には外受容での同型性よりも分散し、大まかにしか組織化されていないが[8]、皮膚の鋭い痛みでは例外的に高い同型性（体部位局在性）がある[9]。意識をともなう内受容的感覚は、身体の特定の部位を参照する（胃、肺、筋肉などに局在化される）

表7・1 感覚意識（クオリア）と「～であるとはこのようなことだ、という何か」の3つの側面[1]

1．**外受容意識**：遠距離受容器からの感覚（視覚、嗅覚、聴覚、味覚、弁別的触覚、皮膚の鋭い痛覚）
A．「同型的な感覚意識」。
B．投影的（外的環境への参照）、地図で表された外的な対象に関係[2]。
C．局所的な「心的イメージ」としての経験。
D．高い感覚的同型性と低い内的情感／誘発性。
E．解剖学的経路は、第5章、図5・9～5・12を参照：視覚、弁別的触覚、聴覚経路は外受容のみだが、痛覚と化学感覚（嗅覚・味覚）は外受容と内受容の両方。経路は大脳、視蓋に到達。

2．**内的な気づきと痛覚**：皮膚の痛覚、内臓の痛覚、身体内の機械感覚（たとえば内臓壁の張りや刺激）、化学受容（たとえば味覚や嗅覚）
A．「内受容的な感覚意識」。
B．「二面性」がある：投影的かつ内臓的（身体内部と外的環境の両方を参照）、恒常的反応のための入力。
C．局所的な「心的イメージ」と大域的な身体内部／内臓状態・情感的状態の両方を経験？
D．中程度の感覚的同型性（同型的な系［システム］と非同型的情感系の特性の組み合わせ）、情感あふれる知覚。
E．解剖学的な一次経路と一次構造としては、脊髄視床路、三叉神経視床路および島、前帯状野（図7・1を参照）。

3．**情感意識／辺縁系**：快／不快、情動的な感情のすべて
A．「情感意識」。
B．非投影的、「自己」への参照。
C．大域的な情感的状態（感情、情動）としての経験
：内的、外的感覚プロセスに価値を付与。
D．感覚的同型性は低い／なし、情感／誘発性は高い。
E．解剖学的構造のほとんどは「辺縁系」（図7・1、7・2）：
たとえば、網様体、中脳水道周囲灰白質、中脳辺縁報酬系、前脳基底部、扁桃体、島、前帯状野、前頭前野の一部。

1．Feinberg and Mallatt（2016a）の表4より改変。
2．Tsakiris（2013）。

かもしれないが、クオリアはほとんどの場合、情感的かつ動機を生むものとして、全身で大域的に経験される。たとえば、恐怖、飢餓、酸欠、悪心、渇状態にあるときだ。

伝統的には、皮膚からの触覚と痛覚は「内受容」の区分にあたるような内的に生じる感覚には加えられていなかった。しかし痛み（侵害受容）、温度、痒みの原因となる皮膚の「外受容器」は恒常性に不可欠なので内受容的であり、恒常性に関連しているとみなすべきであると神経生物学者のA・D・（バド・）クレイグは近年に指摘している。[10] こうした皮膚からの侵害的な経験はすべて情感的な側面が強く、これらの経験から衝動や情動が生じる。それにもかかわらず、外受容的特性も示すことを疑う余地はない。たとえば針で皮膚を刺せば、針先の精巧な投影イメージが生じ、同時に侵害を受けたという情感的な質感も不快な鋭い感覚として生じる。痛みの二面的な内と外の性質はサブタイプにも見られる。つまり、針で刺した鋭い痛みは皮膚上で（外受容のように同型的に）正確に局在化されるが、遅い痛みや鈍い痛み、焼けるような痛みは（内受容のように、より大まかな同型性として）あまり局在化されず、広い領域におよぶ。[11]

加えて、味覚と嗅覚、すなわち化学受容も外受容と内受容の両面を示す。刺激が外部の世界に由来し、経路も同型的に組織化されている（第5章）点では外受容的だ。しかし受容器が体内に位置し、情感面も強いという点では内受容的だ。つまり、味と匂いは容易に良し悪しを判断され、すぐに動機づけも誘発される。

したがって、内受容意識は外受容意識（たとえば視覚）よりも直接的に情感に関連しているだけでなく、（皮膚の侵害受容、味覚、嗅覚において）ある種の外受容的感覚と混ざり合い、情感的な感情を引き起こす。内受容は多くの点で、「中間的」であり、二面的なのである。

哺乳類（ヒト）における内受容経路

図7・1と表7・2は、ヒトの内受容と痛覚の経路を示している。[12] 味覚も部分的には内受容的感覚であり、この内受容経路を通る（図7・1A）。[13] 内受容経路はニューロンの階層を形成し、感覚情報は経路を伝ってさまざまな神経核で

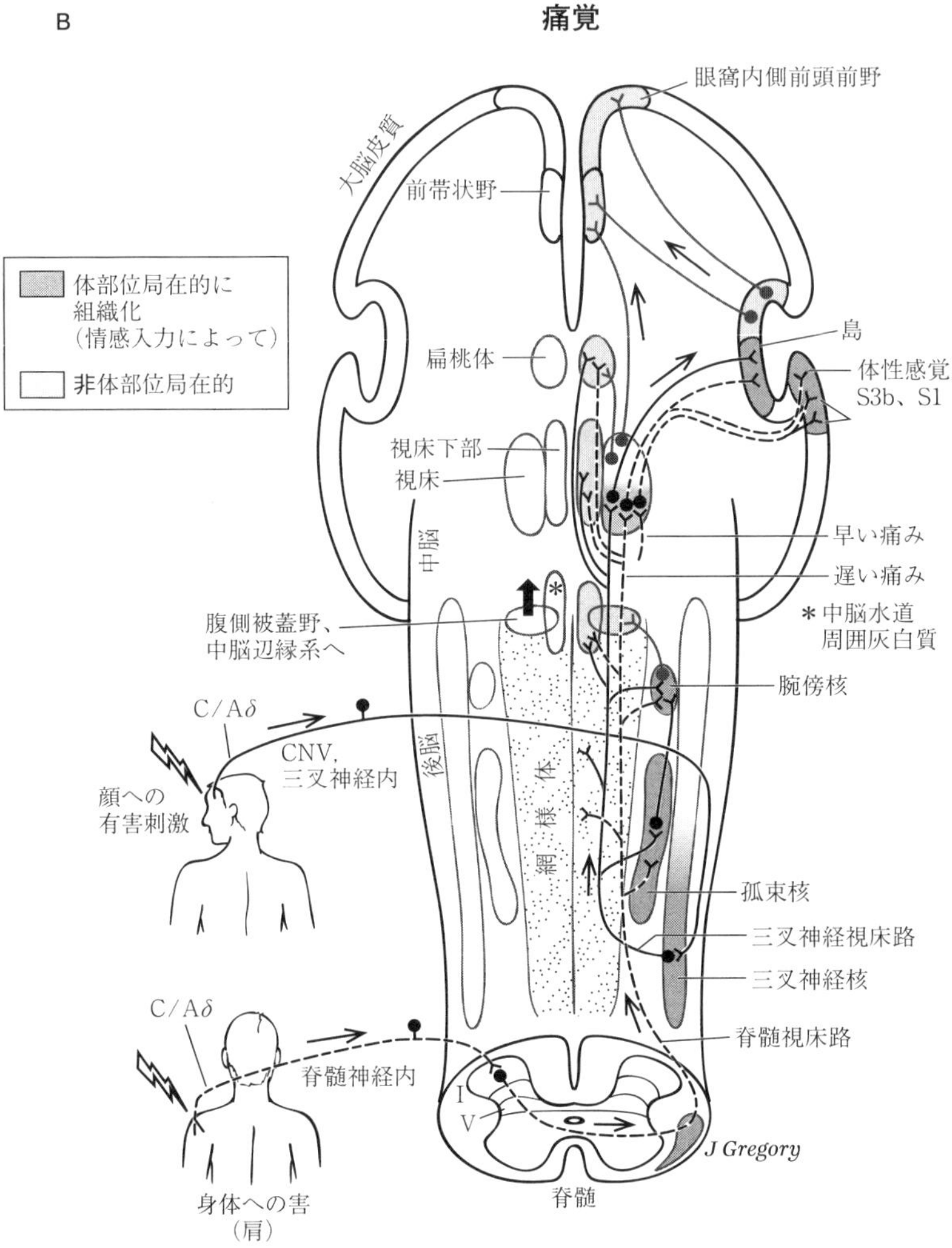

図 7・1（つづき）濃い部分では何らかの同型性があり、薄い部分では同型性はない。さらに詳しい情報は、表 7・2 を参照。CN は脳神経［cranial nerve］。B では、A δ は速い痛み、C は遅い痛みを意味する。

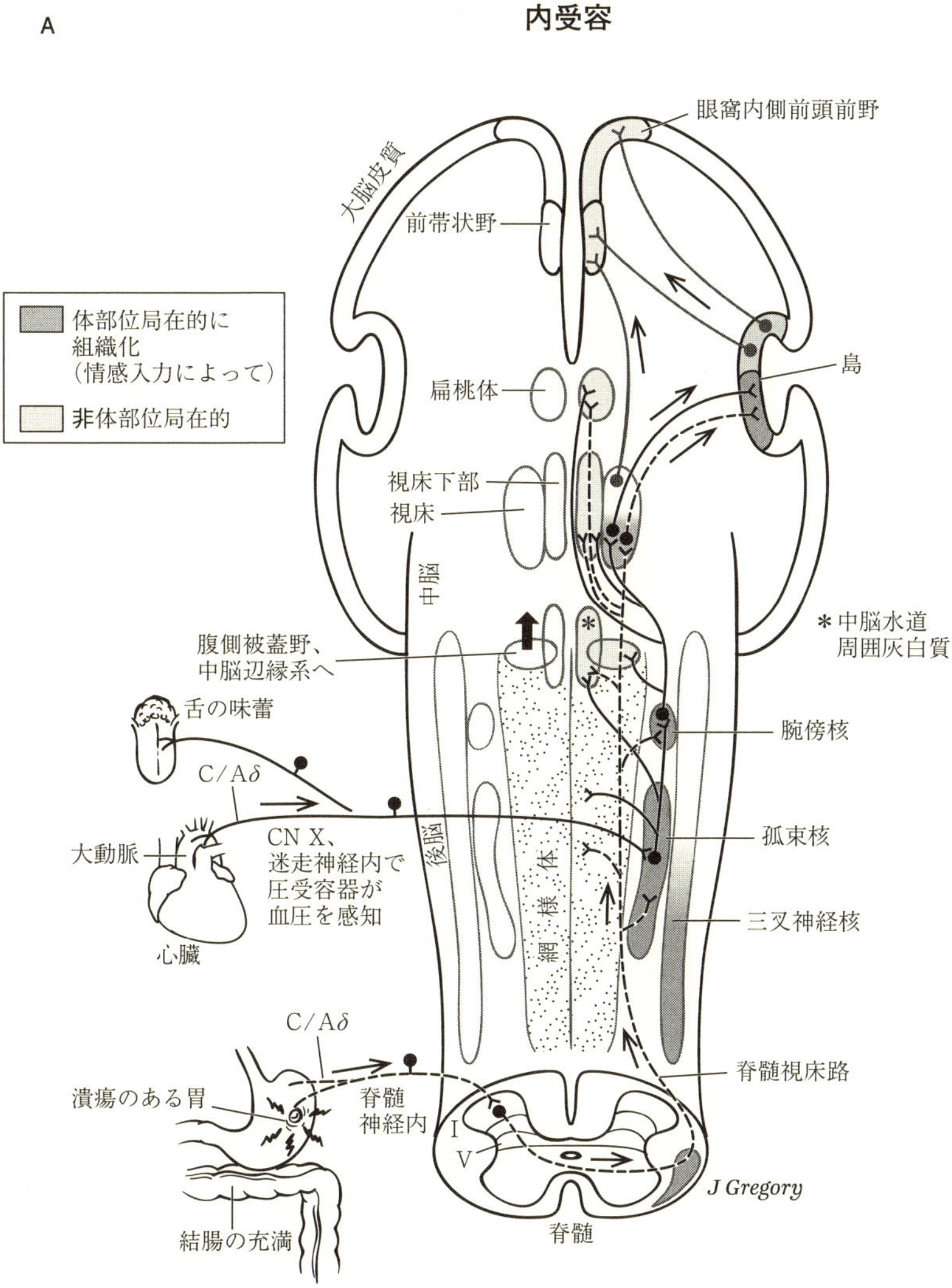

図7・1　ヒトの脳の内受容、痛覚経路。A. すべての内受容的感覚の経路、脊髄部分を下に、頭部を上に示す。B（右頁）. 痛覚経路、内受容的だが固有の特性もある。灰色は同型的組織化の程度を示す。

B．痛覚の侵害受容経路（図7・1B）

1．脊髄の痛覚経路：頭部、体幹、四肢から		2．頭部の三叉神経の痛覚経路：頭から
a．情感的痛覚経路（内側：古脊髄視床路[1]という古い概念に最も近い）	b．弁別的痛覚経路（外側：新脊髄視床路[1]という古い概念に最も近い）	c．頭部の情感的・弁別痛覚経路
i．感覚ニューロンが、脊髄の第Ⅰ層のHPCニューロンを中継	i．感覚ニューロンが、脊髄の第Ⅰ層のNS（侵害受容特異的［nociceptive-specific］）ニューロンと第Ⅴ層のWDR（広動作領域［wide-dynamic-range］）ニューロンを中継	i．感覚ニューロンが三叉神経脊髄路核内で第Ⅰ層に相当する部位を中継
ii．上行経路：図7・2Aにある外側脊髄視床路：「古脊髄視床路」[1]、脊髄網様体路、脊髄中脳路、脊髄腕傍核路、脊髄視床下部路	ii．脊髄視床路の一部	ii．三叉神経視床路
iii．C繊維	iii．Aδ繊維	iii．C繊維とAδ繊維
iv．遅く、体部位局在的	iv．早く、高度に体部位局在的（第Ⅰ層）または体部位局在性なし（第Ⅴ層）	iv．遅いものと速いものの両方の要素、体部位局在的
v．（焼けるような）二次痛覚、熱刺激、つまみ刺激、冷刺激	v．（鋭い）一次痛覚（第Ⅰ層）、他の多くの感覚モード性（第Ⅴ層）	v．一次痛覚と二次痛覚、熱刺激、つまみ刺激、冷刺激
vi．最終標的：島、前帯状野、眼窩内側前頭前野、体性感覚野のS3a；また魚類と両生類では、外套と終脳のさまざまな部位[2]	vi．最終標的：体性感覚野（S3bとS1）	vi．最終標的：島、前帯状野、眼窩内側前頭前野；また魚類と両生類では、外套と終脳のさまざまな部位[2]

2．Demski (2013)、Dunlop and Laming (2005)、Rose et al. (2014), p. 111。
3．Rink and Wullimann (1998)。

表７・２　哺乳類の内受容・侵害受容経路

Ａ．内受容的・情感的経路（痛覚を含む）（図７・1A）

１．脊髄の内受容経路：頸部、体幹、四肢の脊髄神経から	２．頭部の内受容的経路：さまざまな脳神経から：三叉神経、顔面神経、舌下神経、迷走神経
ａ．感覚ニューロンが、脊髄の第Ｉ層の HPC（熱、つねった痛み、冷 [heat, pinch, cold]）ニューロン、内臓感覚ニューロンを中継	ａ．感覚ニューロンが孤束核のニューロンを中継
ｂ．上行経路：図７・1A にある外側脊髄視床路のすべて：「古脊髄視床路」[1]、脊髄網様体路、脊髄中脳路、脊髄腕傍核路、脊髄視床下部路	ｂ．脳へ上行するさまざまな経路
ｃ．ほとんどが多シナプス的に、孤束核、腕傍核、延髄網様体、中脳水道周囲灰白質、視蓋、視床の内側腹側核後部［VMpo］、視床下部、扁桃体へと進行	ｃ．孤束核から、腕傍核、網様体、中脳水道周囲灰白質、視床の内側腹側核後部、視床下部、扁桃体へと進行
ｄ．Ｃ繊維とＡδ繊維	ｄ．Ｃ繊維とＡδ繊維
ｅ．遅い、かつ体部位局在的（＝内臓部位局在的、臓器局在的）	ｅ．遅い、かつ体部位局在的（＝内臓部位局在的、臓器局在的）
ｆ．ほとんどが組織の損傷や臓器（たとえば、胃や腸）の充満についての情報	ｆ．化学受容器、機械受容器、圧受容器（血圧の感覚）、飢餓、口渇、悪心、呼吸感覚、味覚
ｇ．最終標的：島、前帯状野、体性感覚野の S3a、S3b、S1（痛覚）、眼窩内側前頭前野；また魚類と両生類では、外套と終脳のさまざまな部位[2]	ｇ．最終標的：島、前帯状野、眼窩内側前頭前野；また魚類と両生類では、外套の各標的[3]

内受容経路についての文献：Craig (2003b)、Critchley and Harrison (2013)、Nieuwenhuys (1996), p. 570、Saper (2002)。哺乳類における侵害受容経路についての文献：Almeida, Roizenblatt, and Tufik (2004)、Craig (2003a, 2003b)、Saper (2002)、Todd (2010)、Vierck et al. (2013)、Yang et al. (2011)。Sewards and Sewards (2002) は独自の見解を提示している。他の脊椎動物の侵害受容経路についてはあまりよく知られていないが、文献としては Butler and Hodos (2005), pp. 552-553、Stevens (2004)。

注記：少なくとも脊髄網様体路、三叉神経路、孤束核、腕傍核は、すべての脊椎動物にあることは重要な事実だ（本文を参照）。

１．古脊髄視床路と新脊髄視床路という古い見解についての文献は、Butler and Hodos (2005), pp. 552-553、http://neuroscience.uth.tmc.edu/s2/chapter07.html、Almeida, Roizenblatt, and Tufik (2004)、Kandel et al. (2012)。

処理される。内受容経路の感覚ニューロンには、C繊維、Aδ繊維と名づけられた細い軸索がある（表7・2）。侵害受容では、C繊維が長い苦痛に関わる遅く鈍い痛みのシグナルを送る一方で、Aδ繊維は速く鋭い痛みのシグナルを送り、負傷、損傷したことをはじめに脳に知らせる。この図と表を示したのは、圧倒的な情報量で読者を驚かせるためではなく、表5・3と図5・9〜5・12で前に示した**外受容**経路と比較できるようにするためだ。ここでは、基礎的な部分を紹介するだけに留めよう。

頭部から下の身体の感覚ニューロンは、上行性の**脊髄視床路**にシグナルを送る。一方で頭部の神経（脳神経）の感覚ニューロンは上行性の**孤束**［solitary tract 延髄の孤束核へと至る神経経路］と**三叉神経視床路**の両方へとシグナルを送る（図7・1）。これらの経路はすべて視床を中継し、意識を担う大脳皮質へと至る（外受容経路と同様、表5・3）が、その経路の途中で皮質下の、辺縁系の情感的な部位により多くの分枝を送る。つまり視床下部、峡と中脳の連絡部にある腕傍核、辺縁系の網様体、中脳の腹側被蓋野、扁桃体といった辺縁系の各中枢へと直接、外受容的な情報と比べてより多くの内受容的な情報が到達する（図7・1）。この情報流入によって、内受容と情感的な感情のあいだに強固な物理的なつながりがもたらされる。

また図7・1からは、（外受容経路で見られるような）同型性や（情感ネットワークで見られるような）非同型性という特性と、内受容経路がどのように結びついているのかもわかる。すなわち灰色で示したように、経路ははじめ同型的に組織化されているが（濃い灰色）、高次になるにつれ、皮質下の辺縁系の構造では減衰して消失する（薄い灰色）[14]。

内受容経路のうち、大脳皮質に到達するもの（図7・1）は同型性を保持し、島《とう》（脳葉のひとつ［島葉］）にある一次内臓感覚野に達する。痛覚では、体部位局在的に組織化された一次感覚野にも経路が伸びている。島と一次感覚野以外では、内受容の同型性は失われている[15]。

その他の脊椎動物の内受容経路

哺乳類以外の脊椎動物では、内受容経路、特に頭部から後ろの脊髄部分はそれほど研究されているわけではない。しかしこれまでの知見に基づく限り、哺乳類とその他の脊椎動物の内受容経路の特性は十分共通しており、基本的に同じだといえる。以下の特性が共通だとわかっている。哺乳類にあるような脊髄視床路は普遍的に存在するわけではないが、どの脊椎動物にも内受容経路のうちの「脊髄網様体路」がある（表7・2の左の列）[16]。味覚経路はすべての脊椎動物にあり、一貫して同じ基本設計に基づいている[17]。どの脊椎動物の三叉神経路にも、哺乳類で侵害受容繊維に関係している三叉神経脊髄路核がある[18]。すべての脊椎動物に脳幹に孤束核、腕傍核、網様体がある[19]。魚類と両生類では、内受容経路の最高次段階はそれほど研究されていないが、大脳がさして精緻化していないことからすると、おそらくは哺乳類より単純である。

情感／辺縁系

感覚意識の第三の側面は情感であり（表7・1の三番目の部分）、いわゆる「辺縁系」がこれに関与している[20]。辺縁系については第5章でも紹介したが、図7・1ではその一部が見られる。図7・2では、辺縁系の全要素が詳細に示されている。

情感意識は大域的であり、「自己」全体に関与する。また基本的な情感的状態（好悪の感情）をもたらし、悲しみ、喜び、羞恥心、絶望、恐怖などのヒトの複雑な情動の原因となる。感覚意識の情感‐辺縁系の側面は、感覚意識の他のふたつの側面（外受容面、内受容面）より、内的な動機、衝動、行動反応と直接的に関係している[21]。ポジティブな情感（嗜好、快楽）によって、私たちは報酬刺激へと向かうよう動機づけられ、ネガティブな情感（嫌悪、不満、不快）によって、侵害刺激や脅威刺激を避ける、あるいは逃げるように動機づけられる。外受容系とは対照的に、情感系は同型的ではなく、外的環境と直接的に接しているわけではない。

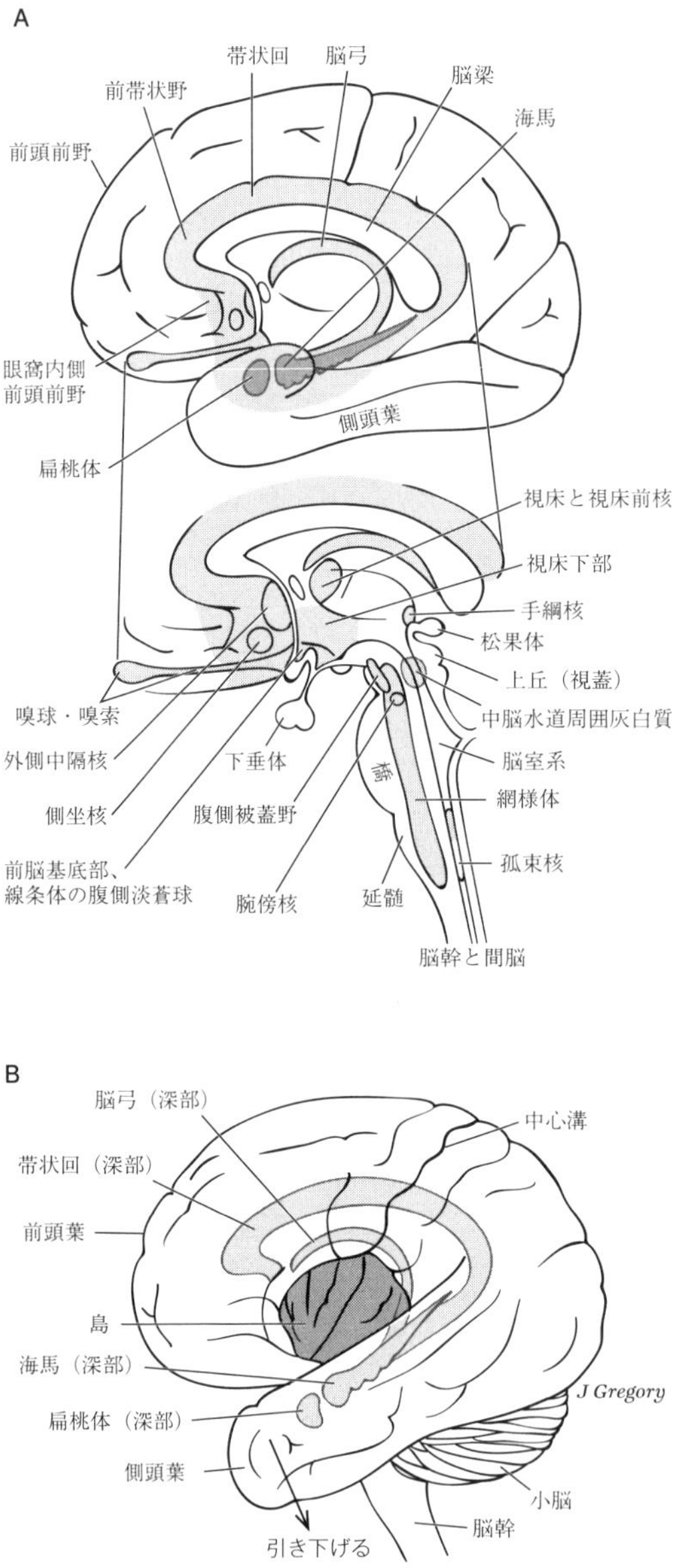

図7・2　脊椎動物の脳の辺縁系（灰色部分）。A. 断面図、ヒト。B. 側面図、ヒト。C（左頁）. 一般化した脊椎動物の脳、正中断面図。頭側（顔側）が左。Aでは、終脳の辺縁系の構造を見る邪魔にならないよう、脳幹と間脳を終脳から離し、下の方に描いた。

情感系は外受容系より密接に「内的環境[22]」に関係しているとはいえ、感覚的気づきの外受容的な側面（虹や協奏曲の美しさなど）も、情感系との相互作用を通して情感意識をもたらすことに留意しよう。そうだとしても、情感意識が外受容意識より密接に内受容系に関係していることは、忘れてはならない。

一九世紀の有名な思想家であるウィリアム・ジェームズやカール・ランゲをはじめとして、内受容と情感の関係性はきわめて密接だとする専門家もいる[23]。この「ジェームズ－ランゲ的」

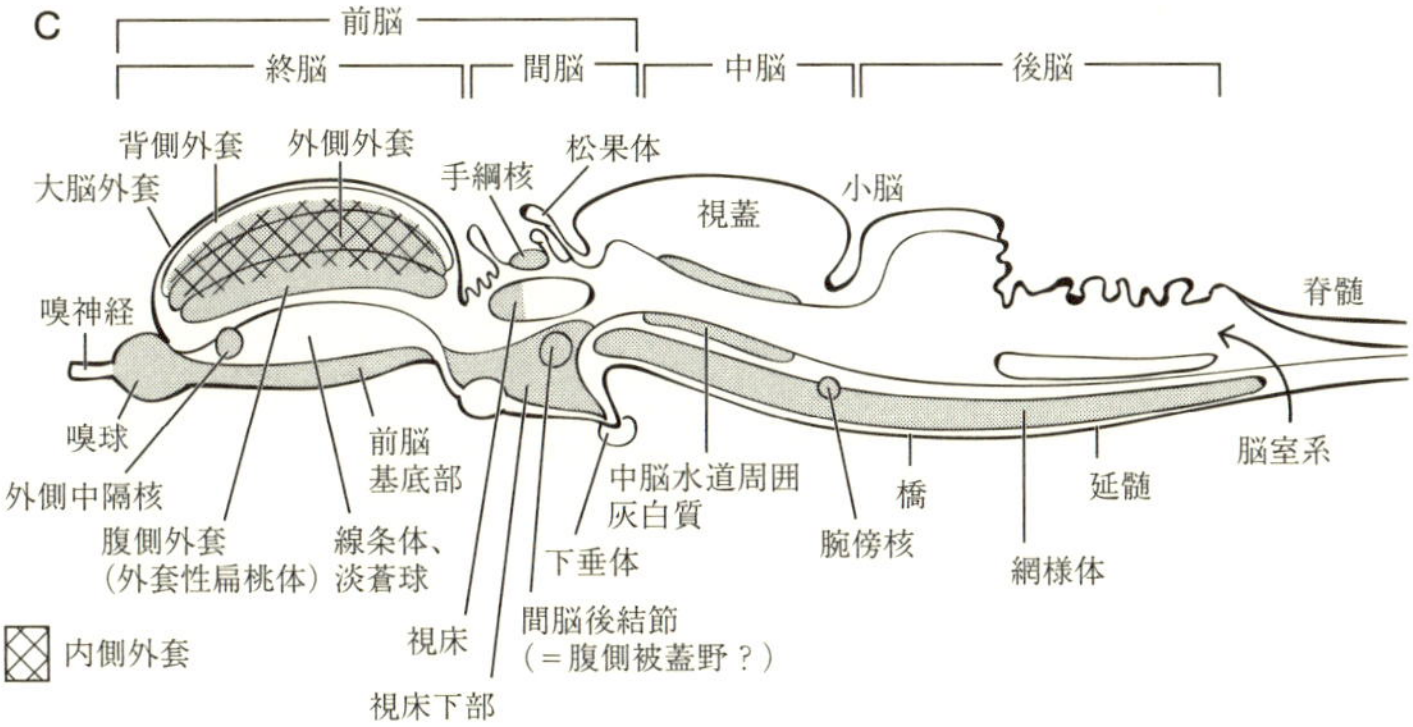

または「ジェームズ主義的」な説（見解1）によれば、すべての誘発的刺激は最初に身体の生理的変化を引き起こし、次にこの生理的変化が内受容器によって感知され、脳に送られて情感が生じる。これは次のような興味深い帰結をもたらすことになるだろう。すなわち、外受容的刺激がまず生理的反応を起こすものとして、次に内受容を通じて情感を引き起こすものとして、二重に翻訳されるということだ。対照的に、内受容刺激と外受容刺激は最初の生理的変化をともなうことなく、もっと直接的に辺縁系で情感を引き起こすと主張する研究者もいる（見解2）[24]。たとえば、内受容的入力は図7・1の内受容経路をまっすぐ上行し、その経路上にある辺縁系を標的にしている、と彼らは主張する。見解1と見解2の両方とも、それぞれを支持する証拠がある。ジェームズ－ランゲ的な見解1を支持する証拠には、生理的変化（高血圧など）を刺激、誘発させることで実験的に内受容を増加させると、さまざまな試行に対する被験者の情感的反応が増加しうることが挙げられる。しかし見解2を支持する証拠として、脊髄の切断、迷走神経の切断、島両側の切除といった、脳へ至る内受容シグナルを大きく減退、停止させるような損傷を受けた後でも、人は外的刺激や内的刺激に対して情感をもって反応することも知られている[25]。これらふたつの見解を組み合わせると、内受容入力と外受容入力は直接的に脳の情感的部分へと達するが、生理的変化の感覚を通じて間接的にも達すると結論づけられる[26]。

内受容意識と情感意識の起源と基盤についての従来理論

内受容の理論

内受容的気づきと「感性的自己」（クレイグ）

バド・クレイグは、「感性的自己」の起源に関する内受容的気づきのモデルを提唱している[27]。このモデルでは、全身からの全内受容的情報と全恒常性情報（痛み、かゆみ、温度感覚など）はまず島の後背部に到達する（図7・1）。そしてこの領域で体部位局在的に表象され、そしてさらに下流の、島の中間部や前部で順次再表象されて、最終的に感性的自己の「映写的表象［cinemascopic repsentation 画像が経時的に映し出されて連続的な動画となるように、経時的に生成され連続的な感性的自己をもたらす身体の表象］」または彼が「肉体の私［material me］」とも呼ぶものになる[28]。さらにクレイグが主張するには、島前部と前帯状野に特有な［発見者のコンスタンティン・フォン・エコノモにちなんで名づけられた］「フォン・エコノモ・ニューロン」が高密度化することが決定的に重要であり、哺乳類でも最大級の脳を備えるヒト、チンパンジー、ゴリラ、クジラ、イルカ、ゾウだけが、感性、自己への気づき、そしておそらく意識をともなった痛覚を有する。最後に、こうした感情の意識をともなう情感的気づきは、瞬間瞬間で断え間なく再構成され、ヒトの情動の原因となると彼は主張する。クレイグは自分の見解がジェームズの気づきのモデルや、「感情」は身体からの感覚（および恒常性）シグナルから創発するというアントニオ・ダマシオの見解と整合的だと考えている[29]。

クレイグの「島」理論には、単純だという魅力的な特徴がある。すなわちこの理論は、痛覚と感性を脳のそれほど広くない領域に位置づけ、比較的限られた時期に（三五〇〇万年前以降に現れた、フォン・エコノモ・ニューロンをもつ哺乳類）起源があるとしている。しかし島はおそらくすべての羊膜類に存在するので[30]、感性の起源はむしろ羊膜類が現れた三億五〇〇〇万年前に遡ることになるだろう[31]。

クレイグの理論に反論する人々は、単純ヘルペスウイルスによって左右の島が破壊されても、情動に関する検査は正常だった患者の症例を挙げる[32]。ヒトの脳のさまざまな部位を電気的に刺激、記録した研究からの知見と合わせて考えれば、島は痛覚や恒常性における処理に関与はしているが、感性の原因となっているとは限らないと言えそうだ[33]。

チャールズ・ヴィエルクらの痛覚の理論

チャールズ・ヴィエルクらはクレイグと同様、感覚意識の進化的起源に関する手がかりが掴めるかもしれないと考えて皮膚から大脳皮質への侵害受容経路を研究した[34]。サルとヒトの研究から彼らが発見したのは、焼けるような遅い痛みを担うC繊維の経路は、大脳皮質の島へと投射するだけでなく、一次体性感覚野、つまりS1（そのうちS3aの領域、図7・1Bを参照）へも投射する、ということだ。どうも感覚野では、このC繊維による侵害受容はAδ繊維の経路（速く鋭い痛み）からの侵害受容入力と統合され、完全な痛覚の経験が生じているらしい[35]。ヴィエルクらが提唱するには、島ではなく一次体性感覚野こそが痛覚受容の場であり、これがクレイグの理論との違いである。

ヴィエルクらの研究チームは、感性が生じた年代については何も言っていない。しかし痛みの知覚に関する彼らの議論に従えば、すべての哺乳類に大脳皮質の一次体性感覚野があり、哺乳類は約二億二〇〇〇万年前に進化したので（第6章）、感性はその時期に生じたことになるだろう。一方で、彼らはサルとヒトしか研究しておらず、両者の最後の共通祖先は約三五〇〇万年前にいたので[36]、この時期とするほうがいいのかもしれない。そこで、二億二〇〇〇万年前から三五〇〇万年前のあいだに感性が生じたということにしておこう。

情感の理論

原初の情動（デリク・デントン）

オーストラリアの生理学者、デリク・デントンが提唱するには、基盤的な「原初の情動」こそがあらゆる意識の最初のかたちだった。[37] 身体の栄養的機能を制御する本能的衝動の主観的側面のことだ。つまり喉の渇き、飢餓、空気飢餓、特定のミネラルの飢えをはじめとする「恒常的機能」が、複雑な反射から意識をともなう感情へと進化したとき、動物に意識が現れたのだと彼は提唱する。巧みな言葉づかいで彼が言うには、こうした基本的な必須要素が満たされなかったとき、それは「強迫感［imperious sensation］」となり、強い原始的情感である「満足［gratification］」への「抗いがたい志向［compelling intention］」をもたらす。脊椎動物では、こうした身体的必要性に関する神経中枢は脳幹と視床下部にある。つまりこれらの脳領域が、右にあるような衝動や情動のための神経回路が進化した領域だということになる。その後、さらなる行動プログラムや動機が進化し、新しい情動回路が現れ、その寄与によって終脳という前側領域、特に島と辺縁系領域が徐々に発達した。デントンの理論によれば、より複雑な情動は原初の情動の後に進化した。意識の外受容的側面や、外的刺激が情感を誘発する能力もまた、二次的に進化した。

デントンは脳幹構造と前脳構造の両方が意識をともなう情動を生みだすのに関わっているとしているが、具体的にはどの時期に両者が最初に現れたのか、はっきりとした態度を示していない。一方で彼は、（損傷や先天異常によって大脳皮質を欠いた）除皮質哺乳類が情動行動を示す証拠を挙げ、こうした情動を脳幹領域に帰している。脳幹はすべての脊椎動物だけでなく頭索類にさえ存在する。[38] つまり五億六〇〇〇万年ほど前の、脊索動物の黎明期に情動が現れたということになるだろう。他方で彼は、原初の情動の「初期の基盤」には、完全に発達した大脳と、哺乳類にしか存在しない新皮質が含まれるとしている。[39] つまり意識は二億二〇〇〇万年前、最初の哺乳類だけに生じたことになる。ところがそういう一方でさらに、乾燥した陸地に棲む最初の羊膜類に真の喉の渇きが生じた時期だともしている。[40] それは三億五〇〇〇万年ほど前になるだろう。

情感意識と原始情動的感情（ヤーク・パンクセップ、マーク・ソルムス、ダグラス・ワット、ビョルン・マーカー）

心理学者で神経科学者のヤーク・パンクセップは、情感、とりわけ哺乳類の情感の神経生物学に主な関心がある。彼の理論は、情動を恒常性の進化的拡張とみなす点ではデントンの理論と似ている。しかし喉の渇きを強調するデントンよりも、パンクセップの考える情動は多様であり、生理的側面はあまり強くない。[41] パンクセップの説では、ヒト以外の羊膜類にも「原始情動」を経験する動物がいる。原始情動は誘発性のある現象的経験（クオリア）として定義され、それには望ましい（ポジティブな）ものや望ましくない（ネガティブな）ものといった多様性がある。また原始情動はもっとも基盤的な情動（あるいは「一次処理的情動」）であると彼は言う。こうした情感は、生存のための本能的な欲求を支える感覚・恒常性・情動的感情を生む「内的脳価値系」に起因する。基盤的な情動的感情に必要な古い脳構造は、尾側部（脳幹）と中間部（主に辺縁系前脳）にある（図7・2Aの灰色部分）。そしてこれら古い脳構造こそ主観的経験が最初に進化した原因となった。彼の主張によれば、情感は外受容より前に現れた。つまり「情感的反応をする生物」は「精緻な遠距離感覚器と、新皮質でそれを分析する部分」の出現よりも進化的に前に現れたのである。この主張の背景には、何よりもまず恒常性維持の必要性を情感によって感じ、この必要性に見合うような環境を探すよう動機づけられていなければ、初期の動物は生存できなかっただろうという推理がある。したがって、外界の多様な刺激を鋭敏に感知する能力が進化するだけでよいのである。[42] ダグラス・ワットもパンクセップの見解を擁護し、同様の推理を展開した。[43]

パンクセップは「情感的中核自己」による補助を受ける七つの原始情動あるいは原情動（あるいは「爬虫類的情動」）を提案している。恒常性に必要なもの（食物、水、適切な体温の維持など）の探索［SEEKING］をはじめ、怒り［RAGE］や（身体への危害を避けるための）恐怖［FEAR］、（種の存続と繁栄を促進する）性欲［LUST］などである。後から、社会的情動が「おそらくは鳥類と哺乳類の分岐以前の種で」現れた。世話［CARE］、悲しみ［GRIEF］、遊び［PLAY］といった「特有の社会、情動系」だ。パンクセップの中心的関心事ではないものの、これらの情動は最初に進化したときから意識をともなっていたと彼は考えているようだ。

パンクセップは長いあいだ、ヒトだけが意識をもちうるとする行動主義心理学者を論駁することに骨を折ってきた。概して、彼は哺乳類（二億二〇〇〇万年前）やすべての羊膜類（三億五〇〇〇万年前）に意識があるとしているが、基盤的情動があるとする皮質下の辺縁系構造の大部分はどの脊椎動物にも存在するため、意識の出現年代は五億六〇〇〇万年前から五億二〇〇〇万年前に遡れそうだ。実際、何年も後の二〇一五年になって、パンクセップはこの太古の出現年代を支持する旨を公表した。(44) アンドリュー・パッカードとジョナサン・デラフィールド＝バットもこの推論に理解を示し、起源の年代はカンブリア紀であると主張している。(45)

南アフリカの心理学者マーク・ソルムスは、情感意識の起源を解明するためにパンクセップとタッグを組んだ。(46) この分野では、情感は大脳皮質しか関与しないというのが主流見解だが、(47) ソルムスは反対の見解つまり辺縁系という皮質下部位から情感が生じることを支持する根拠を集めて整理した。パンクセップはすでに、非ヒト哺乳類において電極や薬剤を使って深部脳領域を刺激すると情動的反応あるいは情動らしき反応（たとえばラットにさまざまな表情が現れること）が生じることを示していた。(48) 加えてソルムスとパンクセップは、ラットの大脳皮質を切除するとそのラットはむしろより「情動的に」なることを示した。(49) ヒトでも、大脳皮質を切除してもそれほど原始情動は減損しない。(50)

ソルムスはデントンらと同様、(51) 脳科学者のビョルン・マーカーとアントニオ・ダマシオが行った(52)水頭症と呼ばれる状態で生まれてきたヒトの赤ちゃんについての観察記録に注目した。この先天異常では、血管が詰まって大脳皮質がほぼ完全に破壊されるが、皮質下の脳幹、間脳、終脳基部は温存され機能的である。こうした子供は情感を示唆する幅広い行動を見せる。マーカーは以下のように記している。

彼らは微笑み、笑うことによって喜びを表現し、「ぐずっ」て背中を反らし、泣くことで（さまざまな段階の）嫌悪を表現する。彼らの顔はこうした情感的状態によって生き生きとしている。慣れ親しんだ大人なら、この反応性をもとに、この子供の顔が微笑からにっこり笑い、満面の笑み、そして大はしゃぎへと進んでいくことを想定しながら、遊びの順序を組み立てることができる。(53)

大脳皮質の感覚処理領域を欠いているので、これらの子供には認知的な障害や動作的な障害があり、外受容意識も限られている。だとしても、彼らはオペラント的に（たとえば特殊なおもちゃを蹴ったり動かしたりなどの報酬経験から）学習でき、喜びを表現するように見える。したがって彼らの行動は彼らが情感を経験していることを表し、同じ皮質下の脳領域がある非ヒト動物も同じ情感を経験できる可能性が示唆される。

パンクセップとソルムスによれば、大脳皮質は生《なま》の情動を生むことはなく、皮質下の辺縁系ネットワークで生じる原始情動を微調整し、認知的に抑制または増幅するだけである[54]。

行動の指針となる共通通貨としての快（ミシェル・カバナ）

意識は感覚とともに生じ、感覚は質感（青色の青さなど）、強さ、長さ、情感という四つの次元がある――ミシェル・カバナの理論はここから出発する[55]。そして情感はもっとも重要な次元だ。情感は各刺激に快の度合いを付与し、動物が継続的に受け取るさまざまな刺激を重要度で順位づけできるからだ。つまり情感は**顕著性**（第6章）すなわちある刺激が他の刺激よりどれほど際立っているかで順位づけする。もっとも大きな快を生みだすような刺激は最大の生存価があり、反応行動への動機づけや誘導への優先権を有する。この順位づけによってどの行動反応をするかという選択が単純化されるため、脳は遭遇するたくさんの刺激のそれぞれに対して膨大な数の特定の反応プログラムをコードして維持する必要がなくなる。要するに、情感は神経の能率を向上させて生存を後押しする[56]。

最初の一九九六年の論文でカバナは、自分の理論は「いつ」ではなく「なぜ」情感が進化したのかだけを扱っていると述べた[57]。しかし彼の論理は、情感が五億六〇〇〇万年より前に進化したことを暗に示していた。つまりさまざまな摂餌、交配、逃避戦略のなかで数多くの「選択」を行うこと、またさらには、身体をさまざまな方向のどちらに動かすかを選ぶことができるような初期の蠕虫様の左右相称動物と同じ時代にまで遡るということだ。また明確に議論されてはいないが、この論文には最初の脊椎動物（五億六〇〇〇万年前から五億二〇〇〇万年前）に意識があったとする表が現にあった。

後の二〇〇九年には、カバナらは年代の問題に直接的に取り組んだ(58)。彼らがとったアプローチは、脊椎動物のさまざまな動物群について、快や不快を反映していると思わせるような行動を示すかどうか、つまり情感的状態があるかどうか調べる、というものだった。こうした行動には、刺激が与えられた動物にとってその刺激が好ましいのか好ましくないのか比較するようなトレード・オフの意思決定、喜びを表す遊び行動、特定の種類の脳波を生じる睡眠行動などがある。この分析から、情感意識は最初の爬虫類型羊膜類に生じたと結論された。それは三億五〇〇〇万年ほど前だっただろう。

生存回路と「大域的生体状態」(ジョセフ・ルドゥー)

ルドゥーは哺乳類、特に齧歯類の古典的恐怖条件づけを研究している。特に、音の後にショックを与えるなど侵害刺激や有害刺激と一組になった「条件刺激」に対する学習反応を実験してきた。そして哺乳類の恐怖条件づけには辺縁系、特に扁桃体とその関連領域における外界からの神経シグナルの処理が広く関与していることを見いだした。そして恐怖条件づけが、逃避やすくみなどの防御行動を誘発する。こうした回路は非常に古く、おそらくすべての脊椎動物で広く同様に機能していると、デントンやパンクセップ、ソルムスと同様に、ルドゥーも考えている。しかし他の研究者とは違い、ルドゥーは非ヒト哺乳類に「意識をともなう感覚や情動」があるかどうかは、辺縁系の構造が保存されているにもかかわらず、ほとんどわからないとしている。実際、齧歯類の脳に「意識をともなう感覚や情動」が生じるのに十分な複雑性があるのか懐疑的なようだ。意識をともなった感覚には、認知的な自己観察と認知的な生体状態の評価というヒトにしかない能力が必要だとルドゥーは考えている(59)。他の哺乳類が真の恐怖を感じるとは限らないとして、以下のように述べている。

ゆえに恐怖条件づけは、神経系の特定の神経回路における細胞、シナプス、分子が実行する。このことから、恐怖条件づけは扁桃体回路での細胞、シナプス、分子的な可塑性のメカニズムから生成、保存される連合［心理的な要素の結びつき］だという見地からだけで説明可能だ。その後に条件刺激が起こるとこの連合が活性化され、条件刺激が知らせる危険に対抗するために、その生物に用意されている種特異的な防御反応の発現が導かれる。意識をともなう恐怖感情が媒介する必要はない。回路の機能こそが媒介変数［intervening variable 心理学における、独立変数（実験的に操作される変数）と従属変数（実験結果として得られる変数）を媒介し、両者の関係性を変化させる変数］である。とはいえ私や他の研究者たちが、脅威の検出やその反応に関わる回路を恐怖系と（過去に）呼び続けたことで、混乱を招いてしまった。[60]

したがってヒト以外に「恐怖」や「情動」の用語を使うべきではなく、非ヒト動物には「防御的生存回路」を使うべきだとルドゥーは示唆する。またこの回路には、栄養の摂取、体液平衡、体温調整、生殖、動機の回路も含まれる。このリストには、真に意識をともなった情動が主導するとデントンとパンクセップがみなした機能も含まれていることに注意しよう。しかしルドゥーはこれに同意しない。彼の主張では、こうした生存回路はすべての脊椎動物で進化的に保存され、「大域的（身体全体の）生体状態」を活性化する。大域的生体状態は生体の良好な状態と自己保存性を最適化するが、意識上で知覚されるとは限らない。生存回路は（意識がないと彼が想定する）多くの無脊椎動物の脳にも生じ、「害に対する防御は生命の根本的な必要条件である」として、非神経的な防御メカニズムが単細胞生物にも存在すると彼は指摘する。[61]

結局ルドゥーはヒト以外の動物で「情動」や情感の話をすることを避けながらも、最終的にはヒトの情動をもたらす生存回路と大域的生体状態（少なくともその前駆体）の起源に関して［単細胞生物の時代まで］進化史をはるかに遡っている。これはおそらく直感に反する。とはいえ彼の理論では、完全に認知的な情動はたった二〇万年前に進化した最初の現生人類から始まったとされる。[62]

従来理論からの結論

表7・3では、情感意識の本性と起源に関する六つの理論の主張の要点をまとめている。各主張のあいだには類似点と相違点の両方がはっきり現れているが、全体としては相違点のほうが目立つ。理論間で際立った違いを解消するのは難しく、感性の本性と起源に関する三つの核心的問題を残す。

最初のふたつの問題は「いつ」「どの」系統で情感意識が進化したのかである（第1列、第2列）。表に見るように、原情感は皮質下辺縁系にあるとする理論がある一方で、大脳皮質の他の領域だとする理論もあるが、どの皮質領域（島か、一次体性感覚野か、前頭前野か）が関与しているかについての見解は一致しておらず、情感を皮質と皮質下の両方にあるとする理論もある。このように起源の推定年代は五億六〇〇〇万年以上前からたった二〇万年前まで、途方もない広がりを見せる。すべての脊椎動物、あるいはすべての左右相称動物の歴史におよぶような範囲では、幅がありすぎて本書の探求にとって意味をなさない。

これまでの研究から生じた三番目の問題は、情感意識と外受容意識のどちらが先に進化したのかである（表7・3の第3列）。表の中央部に記した研究［Bの情感中心的理論］は、情感が先だとする見解を支持している。しかしすでに述べたように、表に含まれていないものも含め他の多くの理論では情感よりも意識の外受容的側面が中心に据えられており、外受容的側面が先に進化したとされるだろう。[63] したがって表7・3はこの点で偏りがあり、最初の意識がどのようなものだったのかという問題を解けるほどには、従来の研究をまとめきれてはいない。

本章では、意識の内受容的側面と情感（感性）的側面を解説し、これらの側面が脊椎動物でいつ進化したのかに取り組んだ理論を紹介した。起源の年代や、情感と感性の神経基盤という点で、それぞれの理論はてんでバラバラな結論に

表7・3　情感意識の起源についての理論の要点

	1 脳内の場所	2 年代	3 情感意識と外受容意識のどちらが先に進化したか
A．内受容中心的理論			
1．クレイグ[1]	島（前帯状野、前頭前野）	3億5000万年前または3500万年前	—
2．ヴィエルク[1]	一次体性感覚野	2億2000万年前または3500万年前	—
B．情感中心的理論			
3．デントン	皮質下辺縁系領域と大脳皮質	～5億6000万年前、3億5000万年前または2億2000万年前	情感意識
4．パンクセップ／ソルムス	皮質下辺縁系領域	3億5000万年前、2億2000万年前、または5億6000万年前～5億2000万年前	情感意識
5．カバナ	大脳皮質	～5億6000万年前、5億6000万年前～5億2000万年前、または3億5000万年前	情感意識？
6．ルドゥー	前頭前野、頭頂野	20万年前	同時期
本書の結論（第8章）	皮質下辺縁系領域	5億6000万年前～5億2000万年前	同時期

1．クレイグとヴィエルクの理論はヒト中心的であり、明確には進化を扱ってはいない。したがって、理論から内受容意識が進化したことが示唆される年代を推定した。
注記：5億6000万年前から5億2000万年前は最初の脊椎動物、3億5000万年前は最初の羊膜類、2億2000万年前は最初の哺乳類、3500万年前はヒトとサルの共通祖先、20万年前は最初の現生人類［*Homo sapiens*］が現れた年代を意味する。
注記：各理論の正確な文献情報は巻末注に示した。

達している。そのため、本章では問題点を洗い出したが、解決まではしなかった。次章でこれらの問題に答えよう。

第8章　感性の解明

本章では、どの脊椎動物に情感意識と内受容意識があるのか、また、いつこれらの現象が進化したのかを明らかにするため、それに使える実験的証拠を比較検討する。まず脊椎動物の動物群ごとに報告されている行動を比較し、次に情感や辺縁系の脳構造を比較する。読者はそろそろ後者の比較神経解剖学的なアプローチに慣れてきた頃だろうが、動物に感覚意識があるかどうか検証する行動実験がどう行われるのかは、まだきちんと説明していない。そこで動物の痛覚に関する行動研究を探求することから始めよう。動物の意識でも、痛覚はもっとも徹底的に研究されてきた（論争の的にもなっている）側面のひとつなので出発点として適している。ヒトでは、痛覚はもっとも強く容易に識別できるネガティブな情感であり、よく原型的な感性状態だとみなされるため、この点でも意義が大きい[1]。

動物に痛覚はあるのか——行動的証拠

どんな動物が痛みを経験するのだろうか。これを調べるためには、まず用語を定義しなければならない。もっとも広く受け入れられている痛みの定義は、「実際の組織の損傷や、損傷となりうるものに結びついた不快な感覚や情動経験、またはそのようなダメージに関する不快な感覚や情動経験」というものだ[2]。つまり痛みは常に主観的である。ここではC繊維から生じる、長引く焼けるような痛みに注目する。というのもC繊維は「動物が苦しむかどうか」、ゆえに「動物を扱うのにもっとも人道的な方法とは何か」という問題に直結しているためだ。

動物が痛みを感じるかどうか、もっとも包括的かつ協同的で、かつあまり偏らずに検討することを試みた報告書は、全米研究評議会のとある委員会から提出された。『実験動物の痛みの認識と緩和』[3]という題で、神経科学、動物行動学、薬理学、その他の関連分野の専門家によって二〇〇九年に作成された。

この報告書の核心は、**侵害受容**［nociception］と**痛みの意識経験**［conscious experience of pain］の区別だ。侵害受容の概念はチャールズ・スコット・シェリントンによって一九〇六年に、皮膚での事例として初めて記載された[4]。侵害受容は特殊化したニューロン（侵害受容細胞）の「侵害刺激」に対する反応である。「侵害刺激」は「ダメージ、または組織にダメージを与えかねないような感覚刺激（たとえば有害となりうる機械的、温度的、化学的刺激）」と定義される。切創、擦過傷、熱傷、挫創、電気ショックが思い当たる。侵害受容によって反射的な反応や、さらに複雑な行動反応が身体から引き起こされるが、必ずしも意識をともなう痛みは引き起こされない。つまり、侵害受容が起こっても痛みや苦しみが想定できないような状況は多い。たとえば中枢神経を欠いた生物の侵害受容反応は、おそらく反射的あるいは応答的にすぎないだろう[5]。神経系がまったくない単細胞動物や、クラゲやクシクラゲといった単純な神経ネットワークを備えた動物が示す忌避反応[6]はこの範疇に入る。

前のほうの章では、大脳が多くの面で哺乳類の意識の中枢になっていることを立証したが、痛覚もそのひとつだ[7]。このことから、意識をともなわない侵害受容の行動の例として、侵害受容が起こっている下位の脳幹や脊髄から大脳や間脳を切り離した（「除脳」した）哺乳類における侵害受容反応も挙げられる。こうした除脳ラットや除脳イヌでも侵害刺激に反応でき、自律神経系の活性化によって心拍数や血圧の上昇、瞳孔拡張が起こる[8]。除脳ネコは電気ショックを避けるために足を引っ込めたままにすることも学習できるし、脳**全部**が脊髄から切り離された脊髄切断ラットでも同様に学習できる[9]。除脳ラットは驚くほど多様な防御行動まで見せる。たとえば、給餌チューブを口へ挿入すると苦しんだり、足をつかって押しのけようとしたり、鳴いたりして反応する[10]。こうしたラットに注射しようとすると、注射器や実験者の手を噛んだり、注射部位を舐めたりする。[11] 侵害性の化学物質であるホルマリン（ホルムアルデヒドとアルコールの一種を混ぜたもの）を足に注射されると、除脳ラットは通常のラットとまったく同じように、被害を受けたその足を振ったり毛づくろいをしたりする。[12] 要するに大脳の関与がなくても、つまり実際の痛覚がなくても、侵害刺激によって痛みを感じているような哺乳類行動の多くが引き起こされるのである。

侵害刺激に対して、除脳後も残る行動反応とは対照的に失われる行動もあり、こうした行動が意識をともなう痛みのよりよい指標になることが示唆される。大きく失われる行動のひとつは、オペラント条件づけのパラダイム［問題の設定、解決法］での訓練能力だ。**オペラント条件づけ**または**道具的学習**［instrumental learning］とは、ある行動とその行動の結果との連合学習［心理学的な要素ふたつの結びつきの学習］である。たとえば、レバーを押して餌をもらうラットの学習や、電気柵を避けるウシの学習、つまり経験からの学習だ。[13] 対照的に、**古典的条件づけ**または**パブロフ型条件づけ**は、ベルの音などの条件刺激と、餌の呈示などの無条件刺激のふたつについて、条件刺激だけで動物が反応する（たとえば唾液が分泌される）まで連合学習させるものである。侵害刺激を避けたりまたは逃げたりする学習戦略などのオペラント行動は、古典的条件づけパラダイムよりも皮質の切除で失われやすい。したがって除脳ラットは、あらゆる典型的な侵害受容反応を見せ、古典的条件づけもできるものの、どのようにして侵害刺激を避けるのかを記憶、学習することができない。[14] オペラント条件づけは古典的条件づけより複雑で発展的だと考えられており、[15] オペラント条件づけの存在を証明されたのは、動物門のうちのいくつかだけだ。しかしほぼすべての左右相称動物の動物門は、非常に単純な神経系しかない動物門でさえ古典的条件づけによる学習ができる。[16]

オペラント条件づけの他にも、痛覚の行動的指標の候補はもうひとつある。これは次の仮定に基づいている。真に意識をともなう痛みは、単純な侵害受容よりも損傷を受けた出来事の後に長引く。つまり全米研究評議会の委員会が言うには、動物が痛みを経験していると結論づけるには、意識をともなわない反応ではないと言える時間、行動反応が持続する必要がある。

また委員会は意識をともなう痛みを確かめる指標として鎮痛剤（痛みの緩和剤）を自己供給するかどうかも考慮に入れた。これを証明する方法のひとつはこうだ。脊髄神経を結紮《けっさつ》および圧迫されたラットは、レバーを押して鎮痛剤のクロニジンを受け取ったが、対照群にした無結紮のラットはそうしなかったというのだ。[17] さらに、関節炎で足が不自由になったラットやニワトリでは、痛みを緩和するＮＳＡＤ（非ステロイド性抗炎症薬［non-steroidal anti-inflammatory drug］）をみずから飲むのが観察される一方、健康な対照群では観察されなかった。[18]

こういった痛覚の行動的指標が哺乳類と鳥類で確認されているというのは重要かもしれない。魚類では話が変わってくるだろうし、魚類の痛みの問題は激しい論争になっている。[19] こちらはのちほど、動物の感性を認識するもっとよいツールを開発し、どの動物に情感意識があるのかという分析を終わらせた後で扱おう。

情感意識の行動的基準

動物の痛みを認識する行動的基準がわかったので、ここではポジティブな状態もネガティブな状態も含めた他の情感的状態を同定するために、こうした基準を適用して一般化し、追加していこう。ここではポジティブな情感やネガティブな情感をもっともよく反映する行動を選んで分析することにする。具体的には、動物がそれぞれ有益な刺激に向かったり、有害な刺激を避けたりするかどうかだ。とはいえ、痛みを考えたときに学んだように、選んだ行動は単なる反射やパターン化された運動プログラムが見せる単純さや硬直性の範囲を超えていなければならない。まず表８・１は、こうした理由から**除外した**行動的基準だ。[20] 前述のように単純な接近／回避行動は、神経系すらない単細胞生物でも起こるので除外してある。単なる反射でも古典的条件づけが可能なので、古典的条件づけも除外される。表中の他の行動が除外されたのは、たとえば切り離された脊髄しかない除脳ネコや除脳ラットでも実行されうるためだ。

次に表８・２は、おそらくはポジティブな情感意識やネガティブな情感意識の指標であるとして取り入れた基準を示

表８・１　痛み／快（ネガティブ／ポジティブな情感）を示さない行動

- 単純な接近／回避
- 「脊髄性」学習反応
- 古典的条件づけからの反応
- 除脳哺乳類における反射反応（たとえば、齧歯類が口から物や注射器を押しのけること、損傷部位を舐めたり守ったりすること、鳴いたり跳ねたりすること）
- 基本的運動プログラムに由来するような、生得的で、おそらく反射的な行動（摂餌のための咀嚼、すくみ、逃避など）

文献：Committee on Recognition and Alleviation of Pain in Laboratory Animals, National Research Council (2009)、Mogil (2009)。Flood, Overmier, and Savage (1976) も参照。脊髄学習についての詳細は Grau et al. (2006)、Allen et al. (2009, pp. 137-138) を参照。そのような脊髄学習には、オペラント学習性の足の屈曲のうち、単純で不完全なものなどがある。古典的条件づけが目印として不完全なことについては、Rolls (2014) を参照。除脳哺乳類については、Matthies and Franklin (1992)、Cloninger and Gilligan (1987)、Rose and Flynn (1993)、Mogil (2009)、Woods (1964) を参照。

表８・２　痛み／快（ネガティブ／ポジティブな情感）を示しているだろう、オペラント学習行動の基準

- 誘発性をもった結果に基づく、大局的で非反射的な**オペラント**反応の学習
- 行動的トレード・オフ、価値に基づく費用対効果の意思決定
- 欲求不満行動
- 経時的な負の対比：学習した報酬が不意に止まった後の、行動の退行
- 鎮痛剤や報酬の自己供給
- 強化薬剤への接近／条件性場所選好

文献：Committee on Recognition and Alleviation of Pain in Laboratory Animals, National Research Council (2009)。対比について Papini (2002)、訓練されたオペラントの計測、トレード・オフ、鎮痛剤の自己供給について Mogil (2009)、薬剤への接近と自己供給について Søvik and Barron (2013)、トレード・オフにつて Balasko and Cabanac (1998)、Cabanac, Cabanac, and Parent (2009)、Appel and Elwood (2009)。鎮痛剤の自己供給について Rose and Woodbury (2008) を参照。
注記：「遊び」は他の基準としてよいかもしれない。正の情感を示すものと示唆されてきたし、羊膜類のすべての動物群と、おそらくは両生類や硬骨魚類の特徴となっている。Cabanac, Cabanac, and Parent (2009)、Burghardt (2013)。

している[21]。こちらの基準は厳しく選んだ。つまり情感がもつ、階層段階の**拡張性**や**多層性**を基準に反映させ、確実性を期している。**大局的なオペラント反応**という基準は、情感的状態の記憶や、接近／回避という誘発性に関する特性を反映しているので指標に取り入れている。**行動的トレード・オフ**はふたつの異なる誘発性が認識され、一方がもう一方と比較検討されること、**欲求不満と負の対比**はネガティブな情感が長く持続することだ。基準の最後のふたつ、**鎮痛剤や報酬の自己供給と薬剤への接近／条件性場所選好**は、基本的な接

近という範囲を超えた、正の誘発性をもつ刺激の探索や追跡という高次段階にまでおよぶものだ。表8・1と表8・2の行動的基準は研究評議会をはじめとする評価の高い専門家によって提唱された基準とおおまかに一致する。しかし行動的撹乱［behabioral disruption］[22]も痛みの基準としてよく提案されるが、ここでは使わなかった。動物の活動変化や潜伏、摂餌困難、睡眠困難、社会的相互作用の困難、不注意、不安などがそうだ。こうした行動を退けたのは、痛みや情感に特有なものではなく、損傷、ストレス、ショックの一般的な退行効果と区別できないことがほとんどだからだ[23]。それにこの基準は哺乳類のためにつくられたもので、他の脊椎動物や無脊椎動物ではとりわけ適用や定量化が難しい。

また情感を示すとされてきた別の基準、すなわち報酬的目標を追跡する**持続性**［persistence］も使わなかった[24]。こうした持続性は強い欲求を実際に反映しており、それゆえ情感に主導された忍耐力なのかもしれないが、脳のパターン生成器を繰り返し活性化させるような強い神経興奮と区別することは難しい。言いかえれば、この持続性は興奮はしているが意識をともなわないような習性を反映しているのかもしれない。

ポジティブな情感やネガティブな情感の種横断的な行動的証拠

情感意識を認識するための行動的基準も決まったので、脊索動物のどの動物群が基準に選んだ行動を見せるのか検証することができる（表8・3）[25]。本書ではナメクジウオをもとに初期状態つまり前脊椎動物の状態を考えた。だがナメクジウオの行動は原始的に見えるものの、研究は非常に乏しい。そこで脊椎動物の祖先に迫るために、ナメクジウオと似たレベルの行動をするように見える遠縁の（前口動物の）無脊椎動物を持ち込んだ。線形動物、扁形動物、軟体動物の巻貝類やナメクジ・ウミウシ類である（図4・2参照）。

表8・3にまとめたように、結果はきわめて明白だ。脊椎動物の全動物群が情感意識の行動的指標のほとんどを示す。だがナメクジウオや蠕虫類は示さない。軟体動物の系統では、これまでに研究された腹足類はある程度の頭化（頭や脳

の特殊化）が見られ[26]、表中の五～六種類の行動のうち二～三種類の行動を示す。脊椎動物では、哺乳類と鳥類だけが行動的対比（欲求不満の後しばらく続く、動揺、攻撃、放置、ストレスといった退行的行動）を見せる[27]。行動的対比は、高等脊椎動物の発達した情感的な感情を示しているのかもしれない。つまり報酬への期待と、その後で報酬がなかったときに生じる記憶に基づく抑うつや怒りだ。**しかし表８・３でもっとも重要な結果は、ナメクジウオの段階と脊椎動物の段階のあいだに見られる情感的行動の大きな向上である。**

構造的基準――情感‐辺縁系構造

脊椎動物の動物群はどれも情感意識の行動的基準を満たすことがわかったので、情感の神経解剖学的な基準の議論に移ろう。ヒトで情感意識に関連する解剖学的構造を基準とし、脊椎動物での分布を表８・４と表８・５にまとめた。大部分が辺縁系の脳構造で、すでに前のほうの章で紹介してある（図７・２C、表５・１）。他の研究者も辺縁系構造を羊膜類と無羊膜類の情感に結びつけてきたが[28]、本書ではもっと深く調べようとした。そして、解剖学的基準を適用するため次のような基本的仮定を設けた。ヒトと他の脊椎動物で類似した（相同な）神経構造は、特にすべての動物で類似したネットワークとして相同な構造が相互連絡しているときは常に、類似した情感的機能を示すという仮定だ。

前口動物では脊椎動物の脳の構造は何もないが、参照群として表に加えてある。もし前口動物の神経系に情感意識に関係する構造があるとすれば、独立に進化したに違いない。

各構造は表８・４と表８・５で分かれている。表８・４は情感に関連した一般的な神経構造、表８・５は中脳辺縁報酬系［mesolimbic reward system（ＭＲＳ）］だ。中脳辺縁報酬系は、辺縁系のうち刺激の顕著性（重要性）を評価し、ポジティブな価値やネガティブな価値を付与するとされる部分だ[29]。各構造の情感に関する機能は、それぞれの表の最初の列に一覧化してある。これらの機能は哺乳類から特定したが、少なくともその一部は他の脊椎動物でも同様だと証明

脊索動物				
脊椎動物				
	四足動物			
魚類	両生類	爬虫類	鳥類	哺乳類
コイ[10] アカエイ[11] その他[12,13] タイ[14]	ヒキガエル[15,16] その他[17]	カメ[18] その他[19]	ハト[20]	ラット[20] イヌ[20]
マス[24] キンギョ[24,25]	ヒキガエル[26] カエル[27] サンショウウオ[28]	トカゲ[29]	スズメ[30]	ラット[31] ヒト[32]
マス[33]／−[34]	−[35]／−[34]	トカゲ？[36]／−[34]	ハト[37]／ ムクドリ[38]	ラット[39]／ ラット[39]
9種の 真骨魚類？[41,42]	−	クロコダイル？[42]	ハト[43] ニワトリ[44]	ラット[45-49]
キンギョ[55] ゼブラフィッシュ[56-61]	カエル[62]	トカゲ？[63]	ウズラ[64]	ラット[65,66] サル[67]

一方の無脊椎脊索動物である被嚢類は非常に退化的な神経系しかなく（第3章）、単純な鋭敏化や慣れ以上の行動を示さない（Holland, 2014, Perry, Barron, and Cheng, 2013）。二次的に退化しているため、被嚢類はこの表に入れていない。表中の引用文献については、付録を参照。

されている[30]。

繰り返すが、全体的な結果としては明白だ。情感を示す神経構造は、ナメクジウオにはほとんどないが、脊椎動物ではほぼ一貫して存在する。前述のように、そうした構造のほとんどが辺縁系であり、脊椎動物のどの動物群にもよく発達した脳幹辺縁系と前脳基底部があるためだ。辺縁系構造のうち、哺乳類や鳥類で拡張した背側外套や大脳皮質に存在する構造はほんの少ししかない。この結果は、ソルムス、パンクセップ、ダマシオ、デントンらが提唱する「中核的情感は脊椎動物の脳の皮質下部分で経験される」という説と整合的だ（第7章、表7・3）[31]。

どの脊椎動物にも情感的神経構造があることが示されたことの他、表8・4と表8・5からは脊椎動物のクレードの中で情感的神経構造が漸進的に進化したこともわかる。表から数え上げると、ヤツメウナギには一三から一八、軟骨魚には一四、硬骨魚には一六、両生類には一七、羊膜類には一八の神経構造があることが明らか

表8・3　ポジティブな情感やネガティブな情感の種横断的な行動的証拠の分布

	前口動物			
	線形動物	扁形動物	腹足類	頭索類
罰や報酬に対するオペラント学習された反応	*C. elegans*？[1-3]	−	アメフラシ[4-8] モノアラガイ[8]	−[9]
行動的トレード・オフ	−	−	捕食性ウミウシ[21-23]	−
欲求不満／対比	−／−	−／−	−／−	−／−
鎮痛剤や報酬の自己供給	−	−	*Helix* 属（カタツムリ）？[40]	−
強化薬剤への接近／条件性場所選好	*C. elegans*？[50]	ウズムシ[51-54]	−	−

注記：魚類のうち、ヤツメウナギや軟骨魚類で行われた実験はごくわずかなので、ほとんど真骨魚類からの知見である。頭索類については、いくつかの研究で事実上学習しないことが示されており、行動は限られ、ほとんど反射的のように見える（第3章と Casimir, 2009 を参照）。もう

となる。しかし哺乳類、鳥類、そしておそらく爬虫類だけに、皮質下で生じる情感や感情を調整するために認知的な作用をする、複雑な背側外套／大脳皮質（表8・5の形質9）がある[32]。こうした情感系は、脊椎動物の進化史の最初から存在していたが、羊膜類でさらに精緻になった[33]。

怖的反応の特性

脊索動物				
	脊椎動物			
	四足動物			
		羊膜類		
硬骨魚類	両生類	爬虫類	鳥類	哺乳類
すべて[7, 10]	すべて[7, 10]	すべて[7, 10]	すべて[7, 10]	すべて[7, 10, 11]
コイ[23, 24] マス[23, 25]	カエル[26-28]	ヘビ[29, 30]	ニワトリ[31]	ラット[32] ヒト[33, 34]
$A\delta$/C Cはまばら	$A\delta$/C	$A\delta$/C	$A\delta$/C	$A\delta$/C
すべて[40-42](4)	すべて[40-43](4)	すべて[40](4)	すべて[40, 42](4)	すべて[40-42](4)
すべて[44]	すべて[44]	すべて[44]	すべて[44]	すべて[44]
すべて[49-51] キンギョ[55]	すべて[49-51]	すべて[49-51]	すべて[49-51]	すべて[49-51] ヒト[56]
すべて[61-63]	すべて[61, 62, 64] イモリ[65]	すべて[61, 62, 64]	すべて[61, 62, 64]	すべて[61, 62, 64, 66]
すべて[68] ガマアンコウ[69]	すべて[68] カエル[70]	すべて[68] トカゲ[71]	すべて[68] フィンチ[72]	すべて[68, 69] ラット[73] ヒト[73]
すべて[74, 77]	すべて[74, 77-79]	すべて[74, 77, 79]	すべて[74, 77, 79]	すべて[74, 77, 79] ラット[80, 81]

表８・４　ポジティブな情感やネガティブな情感の比較神経解剖学：報酬、侵害受容、恐

	前口動物	頭索類	ヤツメウナギ	軟骨魚類
1．ドーパミンニューロン：報酬学習、探索※	全左右相称動物[1] *C. elegans*[2] *Drosophila*[3]	ナメクジウオ[4-6]	ヨーロッパカワヤツメ[7-9]	すべて[7]
2．侵害受容（痛みに必要だがそれだけでは不十分）	*C.elegans*[12-14] *Drosophila*[12, 13, 15] ヒル、ウミウシ[12, 13] イカ[16]	–[17]	ウミヤツメ[18] アメリカヤツメ[19]	エイ、サメ[20-23]
2A．侵害受容の繊維型	（脊椎動物のものと相同ではない）	–[17]	繊維はあるが、サブタイプなし	Aδ
3．オピオイド受容体：侵害受容の軽減に関与	ウズムシ[35] ホタテガイ[36] タコ[37] （*C.elegance* なし[38]、*Drosophila* なし[38]、ザリガニ不明[38]）	ナメクジウオ？[39]	ウミヤツメ[40](2)	すべて[40](4)
4．自律神経系（臓性運動）	–	–	すべて[44-46] ウミヤツメ[45, 46] （不完全）	すべて[44, 47]
5．侵害受容のための脊髄網様体路、脊髄中脳路、三叉神経視床路	–	ナメクジウオ？[48]	すべて[49-52] カワヤツメ[53]	サメ[49-51, 54]
6．扁桃体：恐怖的逃避や記憶・学習、ある程度の感情の生成？	–	–	すべて？[57-59]	サメ？[60]
7．中脳水道周囲灰白質：パニック、生殖、攻撃、欲求、痛みの緩和	–	–	ウミヤツメ[67]	すべて[68]
8．外側中隔：社会行動、縄張り、刺激の新奇性の評価、情感の制御（「気分」、ストレス、不安）	–	–	ウミヤツメ[74-76] ヨーロッパカワヤツメ[74, 76]	すべて[74, 77]

※ドーパミンは報酬の予測と経験のあいだの誤差、つまり欲求の結果における「驚き」の程度についてのシグナルを送る。Rutledge et al. (2015)、Schultz (2015)。

注記：特性7、8は表8・6の社会行動ネットワークにもある。表中の引用文献については、付録を参照。

あるいは中脳辺縁系のドーパミン（報酬／忌避）系、哺乳類での機能のリスト

脊索動物				
	脊椎動物			
		四足動物		
			羊膜類	
硬骨魚類	両生類	爬虫類	鳥類	哺乳類
–	–	すべて[2] ヤモリ[3] カメ[3]	すべて[2] フィンチ[4]	すべて[2] ラット[5, 6] マウス[7]
すべて[2, 9, 13] ガマアンコウ[14]	すべて[2, 9] カエル[15]	–	–	–
真骨魚類？[16]	すべて[17] カエル[18]	すべて[17] トカゲ[19]	すべて[17] スズメ[20]	すべて[17, 21] ラット[21]
ゼブラフィッシュ[25, 26]	すべて[27] カエル[28]	すべて[27]	すべて[27]	すべて[27] ラット[29]
すべて[31] ゼブラフィッシュ[34]	すべて[31]	すべて[31]	すべて[31]	すべて[31] ラット、ネコ[35, 36] マウス[37]
すべて[39, 40]	すべて[39, 40, 43]	すべて[39, 40, 43]	すべて[39, 40, 43]	すべて[39, 40, 43]
すべて[48, 49]	すべて[48-50] イモリ[51]	すべて[48-50]	すべて[48-50]	すべて[48-50, 52-54]
すべて[55, 59-60] キンギョ[61]	すべて[55, 59] ヒキガエル[62]	すべて[55, 59] カメ[63]	すべて[55, 59, 64]	すべて[55, 59, 64]
すべて[66-68] ゼブラフィッシュ[71, 72]	すべて[66-67]	すべて[66-67]	すべて[66-67]	すべて[66-67] ラット[73]
–[74]	–[74]	すべて？[74] （鳥？）[75]	すべて？[74, 76-78] （鳥？）[75]	すべて[74, 79, 80] ラット[81] ヒト[82, 83]

表8・5　ポジティブな情感やネガティブな情感の比較神経解剖学：中脳辺縁報酬系（MRS）、

	前口動物	頭索類	ヤツメウナギ	軟骨魚類
1．腹側被蓋野：刺激の顕著性の評価／ドーパミン作動性ニューロン：報酬・痛覚脱失・嫌悪	–	–	–	サメ[1]
1A．無羊膜類で腹側被蓋野に相当する間脳（または中脳）の構造	–	ナメクジウオ？[8]	すべて[9] ウミヤツメ[10] ヨーロッパカワヤツメ[11]	すべて[9] サメ[12]
2．側坐核：動機づけを行為に翻訳する、刺激に向かうか刺激を避けるか示す、快や不快（恐ろしさや恐怖）の原因として重要	–	–	–	–
3．腹側外套：行動の運動出力の伝達における報酬処理	–	–？[22]	ヨーロッパカワヤツメ？[23]	サメ？[24]
4．網様体の背外側被蓋核：ポジ／ネガの情動の強さを調整、探索行動を合図	–	ナメクジウオ？[30] （網様体をもつ）	すべて[31-33]	すべて[31]
5．線条体：目標指向行動の学習と強化	–	–？[38]	すべて[39, 40] ヨーロッパカワヤツメ[41]	すべて[39, 40] サメ[42]
6．外套性扁桃体：感覚と情動の連合、情動学習、恐怖学習、オペラント回避学習、正負の誘発性（羊膜類では基底外側扁桃体と呼ばれる）	–	–	ヤツメウナギ？[44-46]	サメ？[47]
7．海馬：経験、オペラント学習での空間地図の記憶	–	–	ヤツメウナギ？[55, 56]	サメ[57] アカエイ[58]
8．手綱核：負の報酬のコード化、行動抑制（睡眠中でも）	–	–？[65]	すべて[66-68] ヨーロッパカワヤツメ[69]	すべて[66-68] サメ[70]
9．新皮質部分、島・前帯状野・眼窩内側前頭前野：情感の認知的調節・制御、情感影響下の意思決定	–	–	–[74]	–[74]

注記：中脳辺縁ドーパミン系一般についての文献は、O'Connell and Hofmann（2011）、Goodson and Kingsbury（2013）、Binder, Hirokawa, and Windhorst（2009）、Butler and Hodos（2005）、Navratilova et al.（2012）。表中の引用文献については、付録を参照。

情感意識を反映する複雑な行動の年代推定——適応行動ネットワーク

本書の主眼は脊椎動物の感覚意識にあり、意識状態が引き起こす運動反応にはない。しかし情感は脳の「社会行動ネットワーク［social behavior network（ＳＢＮ）］」による指示を受けたとき、生存のための運動行動を引き起こすと考えられている。[34] だが「社会行動ネットワーク」という名称をここで使うのは紛らわしい。このネットワークは社会的相互作用に関わるだけでなく、生殖から競争相手や捕食者への攻撃、危険からの逃避、摂餌行動に至るまですべての生命維持行動を引き起こすからだ。そこで社会行動ネットワークを**適応行動ネットワーク**［adaptive behavior network（ＡＢＮ）］と改めよう。適応行動ネットワーク（表８・６）は中脳辺縁報酬系からの入力を受ける（表８・５）。より具体的には、中脳辺縁報酬系は感知された刺激の顕著性が正なのか負なのかを評価した後、適応行動ネットワークにシグナルを送り、適切な適応的反応を実行させる。[35] さらに報酬系は、このネットワークによって実行される適応行動を強化し、動物はより多くの強化子［ここでは報酬となる刺激（正の強化子）］を探すことになる。こうした理由から、脊椎動物のある動物群に適応行動ネットワークが存在すれば、その動物群は情感意識状態をもつ、ということになる。また適応行動ネットワーク構造は神経科学者が発見、同定するのが簡単である。適応行動ネットワークのニューロンには性ホルモン受容体があり、脳組織切片上での標識、位置特定が容易となるためだ。

表８・６はさまざまな脊索動物における適応行動ネットワーク構造の分布を、こうした構造が寄与する哺乳類での情感主導的な行動とともにまとめた。どの脊椎動物にも適応行動ネットワークの大部分が備わっている。たとえば表をみると、ヤツメウナギには哺乳類にある適応行動ネットワーク形質のうちの少なくとも五つか六つがあり、骨のある脊椎動物には全部あることがわかる。あまり直接的ではないが、情感意識が最初の脊椎動物で進化したということの、さらなる証拠である。

この節では、情感意識の起源について私たちや他の研究者が直面した三つの核心的問題（第7章末尾）に答えた。つまり、中核的情感は脳の「どこ」で生じるのか、またそれは脊椎動物の歴史のなかで「絶対的な時期」としても「外受容意識との相対的な時期」としても「いつ」進化したのかだ。中核的情感は皮質ではなく、皮質下にある。それは五億六〇〇〇万年前から五億二〇〇〇万年前に、最初の脊椎動物で進化した[36]。外受容意識が進化したのと同じ時期だ。**ヤツメウナギ**の脳と辺縁系は、現生の脊椎動物では情感意識を生じる最小レベルにある。

内受容意識は脊椎動物でいつ進化したのか、魚は痛みを感じるか

一般的な内受容

意識の情感的側面が現れた年代を五億六〇〇〇万年前から五億二〇〇〇万年前としたので、次はそれに関係する、内受容／痛覚の側面の年代について考えよう。前述のように、また表7・2で示したように、内受容の神経経路はどの脊椎動物でも類似しており、同じように辺縁系に投射しているように見える。このことから、内受容は五億六〇〇〇万年前から五億二〇〇〇万年前に、脊椎動物の黎明期に最初に現れ、情感意識に影響を及ぼしたことが示唆される。さらには、内受容的感覚ニューロンが脊椎動物を規定する胚組織、すなわち神経堤細胞と外胚葉プラコードから発生する事実とも適合する（脊椎動物の**すべての**感覚ニューロンが神経堤細胞とプラコードから発生するので、そうだとわかる。第5章を参照）。とはいえ、すべての脊椎動物に内受容意識の情感的側面があるという本書の結論は完全ではない。哺乳類以外の脊椎動物では、内受容経路は不完全にしかわかっていないためだ。

一方で、内受容意識の**同型的**（体部位局在的）側面はいつ進化したのだろうか。最初の脊椎動物で、視蓋の出現と同時に進化したのだろうか。他の多くの同型的感覚で、意識をともなって知覚するという役割が視蓋にあるのだから。これを調べる過程で以下のような断片的記述を見つけた。実際に視蓋は体部位局在的な組織化をともなって内受容入力を

トワーク」）；こうした適応行動を動機づけ、報酬を与える中脳辺縁報酬系と接続している

脊索動物				
脊椎動物				
	四足動物			
		羊膜類		
硬骨魚類	両生類	爬虫類	鳥類	哺乳類
すべて[8-10] ガマアンコウ[11]	すべて[9]	すべて[9]	すべて[9]	すべて[9, 10] マウス[12]
すべて[17, 18]	すべて[17, 18]	すべて[17, 18]	すべて[17, 18]	すべて[17, 18]
すべて[21, 22]	すべて[21]	すべて[21]	すべて[21]	すべて[21] ラット[23] マウス[24]
すべて[27] ガマアンコウ[28]	すべて[27] カエル[29]	すべて[27] トカゲ[30]	すべて[27] フィンチ[31]	すべて[27, 28] ラット[32] ヒト[32]
すべて[35-37]	すべて[35, 37, 38] サンショウウオ[39]	すべて[35, 37, 38]	すべて[35, 37, 38]	すべて[35, 37, 38, 40] ヒト[41]
すべて[42, 45]	すべて[42, 45] カエル[46]	すべて[42, 45, 47]	すべて[42, 45, 47]	すべて[42, 45 ,47] ラット[48, 49]

部、生殖における社会行動ネットワークについては、Forlano and Bass（2011）を参照。
表中の引用文献については、付録を参照。

受け取っているということと（しかし哺乳類でしか報告されていない）(37)、サメ、真骨魚類、ヤツメウナギでは侵害受容も受け取っているということだ(38)。しかし証拠は乏しく、不確かだ。

痛覚

とはいえ痛覚の起源の年代を決める、もっとまともな証拠が手に入っている。その結果は驚くべきものだ。内受容的情感のなかで苦しい痛みだけが、どの脊椎動物でも生じるわけではないようなのである。すなわち、魚は苦しみと結びついた痛みを欠いているようだ。ジェームズ・D・ローズらはこの主張を何度も推

表8・6　生存に必要な行動を指令する、適応行動ネットワーク（あるいは「社会行動ネッ

	前口動物	頭索類	ヤツメウナギ	軟骨魚類
1．視床下部の視索前野および室傍核、バソトシン：性行動	−？[1]	ナメクジウオ？[2-4]	ウミヤツメ[5-6]	サメ[7-8] ガンギエイ[7-8]
2．前視床下部：攻撃・性行動	−	ナメクジウオ？[13]	ウミヤツメ[14, 15]	サメ[16] エイ？[16]
3．視床下部副内側部：性行動、エネルギー代謝、飽食状態、脅威への反応	−	ナメクジウオ？[19]	ウミヤツメ[20]	−
4．中脳水道周囲灰白質：パニック、生殖、攻撃、欲求、痛みの緩和	−	−	ウミヤツメ[25] ヨーロッパカワヤツメ[26]	すべて[27]
5. 外套下部扁桃体：情動主導性の反応と行為	−	−	−？[33]	−？[34]
6. 外側中隔核：社会行動、制御、情感影響下の意思決定（「気分」、ストレス、ストレス対処性不安）	−	−	ウミヤツメ[42-44] ヨーロッパカワヤツメ[42, 44]	すべて[42, 45]

注記：適応行動ネットワーク（社会行動ネットワーク）一般の文献は、O'Connell and Hofmann（2011, 2012）、Goodson and Kingsbury（2013）。魚類の中脳水道周囲灰白質、視床下

し進めてきた[39]。確かにどの顎口類にもAδ神経繊維があるので、素早く鋭い痛みもある。しかし遅く苦しい痛みを担うC繊維は、魚類ではまれであるか、存在しない（表8・4、構造2Aを参照）。具体的には、軟骨魚類にはまったくC繊維がなく[40]、真骨魚類は神経軸索の4〜5%しかC繊維ではない[41]。これは「哺乳類に（それどころか両生類に）みられる数よりはるかに少ない」[42]。さらに、痛みに鈍感で知らず知らずのうちに怪我をしてしまう珍しい人々のC繊維の割合である25%よりもはるかに少ない[43]。

ローズら[44]は、魚に痛みがあることを支持するために提出

された行動的証拠、特に唇に刺激性物質を外科的に注入された後のマスが示す[45]、唇を揺り動かして水槽の底にこすりつける行動を研究した。そしてこのような反応は、手術の前の麻酔やその他の複雑な要素による副産物だったのかもしれないと結論づけた。また魚類に痛みがないことを明らかにするために、魚類はたいてい手術や釣り針でできた損傷からすみやかに回復するという反例を提示した。魚に痛みがあることを示したと主張する多くの研究が、実際には侵害受容があることだけを示していたのだと実証したのである。

硬骨魚類に素早く鋭い痛みだけがあるのはなぜかを説明するために、ローズらは興味深い進化的仮説を提唱した。それによれば、長引く苦しい痛みは、普遍的に適応的だというよりは、状況によっては適応的なのである[46]。つまり、苦しい痛みは怪我をした動物に対し、隠れ、休み、癒やす時間をとるように警告する。たとえば、最初の哺乳類や鳥類は隠れられるような森林や遮蔽物の下におそらくは棲んでいたし（第6章）、他の多くの四足動物も見えないところに隠れる（サンショウウオ、カエル、小型のトカゲ）。このことから、なぜ四足動物には痛みを知らせるC繊維がより多く存在するのか説明できそうだ。しかし野外で絶え間なく餌を探さなければならず、回復するために隠れる余裕がない動物もいる。そのような動物は、特に痛みを反映する行動は捕食者を惹きつけるため、持続する痛みの利益を得られない[47]。

このように、苦しい痛みがないからといって、魚類が他の内受容的感覚から情感的な意識状態を経験することが否定されるわけではない。そのような痛みは、脊椎動物の系統のなかで最後に進化した情感だったのかもしれない。つまり三億六〇〇〇万年前、最初の四足動物で現れたのだろう。私たちも他の研究者と同様[48]、苦しい痛みがネガティブな情感のもっとも基盤的な型［原型］であり、それゆえ最初に進化したともともとは想定していた。しかし、どうやらそうではないようだ。苦痛は、最初ではなく最後にやってきたらしい。したがって、もっとも原始的な情感や原始的なクオリアを見つけるために痛みを研究するのは、見当違いだったのかもしれない。

遺伝子と情感意識

第6章では、分子のレベルまで意識をたどるために、外受容意識に関連する遺伝子をいくつか挙げた。また、多くの遺伝子が情感意識にも関与している。こうした遺伝子は、辺縁系や自律神経系の回路のニューロンから放出される神経修飾物質や神経伝達物質の［関連］分子をコードしており、興奮や恐怖などのポジティブな情感やネガティブな情感に関わっている。ダマシオが言うように、情感的価値は「報酬や罰に関する化学分子の放出で……表わされる」(49)。関連遺伝子がわかっているそうした化学物質には、ドーパミン、セロトニン、ノルアドレナリン、アセチルコリン、亜酸化窒素、グルタミン酸、GABA（γ-アミノ酪酸）、グリシン、その他の神経伝達物質などがある(50)。オキシトシンやバソトシンといった、脳に作用して「好意」の感覚を促進するホルモンに関わる遺伝子も知られている(51)。

結論

行動的証拠と解剖学的証拠の両方が、脊椎動物の感性の起源が同一の年代にあると指し示している。つまりそれは、初期の脊椎動物で起きたことだった（図8・1）。最初期の脊椎動物が外受容的感覚器から外的世界の最初の心的地図を構築したとき、内受容的感覚や外受容的感覚には情感や情感的価値、つまりすべての感性が吹き込まれた。その価値は、どの刺激が有益でどの刺激が有害なのかに従い、辺縁系だけでなく、感覚的な神経階層のすべての段階に割り当てられた。ミシェル・カバナらが提唱したように、こうした情感は動物に対しどの刺激に向かいどの刺激を避けるのか伝えることで、それに続いて起こる運動反応や意思決定を効率的に導いた(52)。情感は適応行動ネットワークを通して行動へと翻訳された（表8・6）。また情感は将来の行動を導くために、記憶、学習されるべきものも選びだした(53)。

このような推理から、最初の脊椎動物も意識をともなった目標のある意図的な行為をしていたことが示唆される。つまり、こうした動物は意識をともなってポジティブな情感を経験するので、快や報酬への欲求を感じて動機が生まれ、

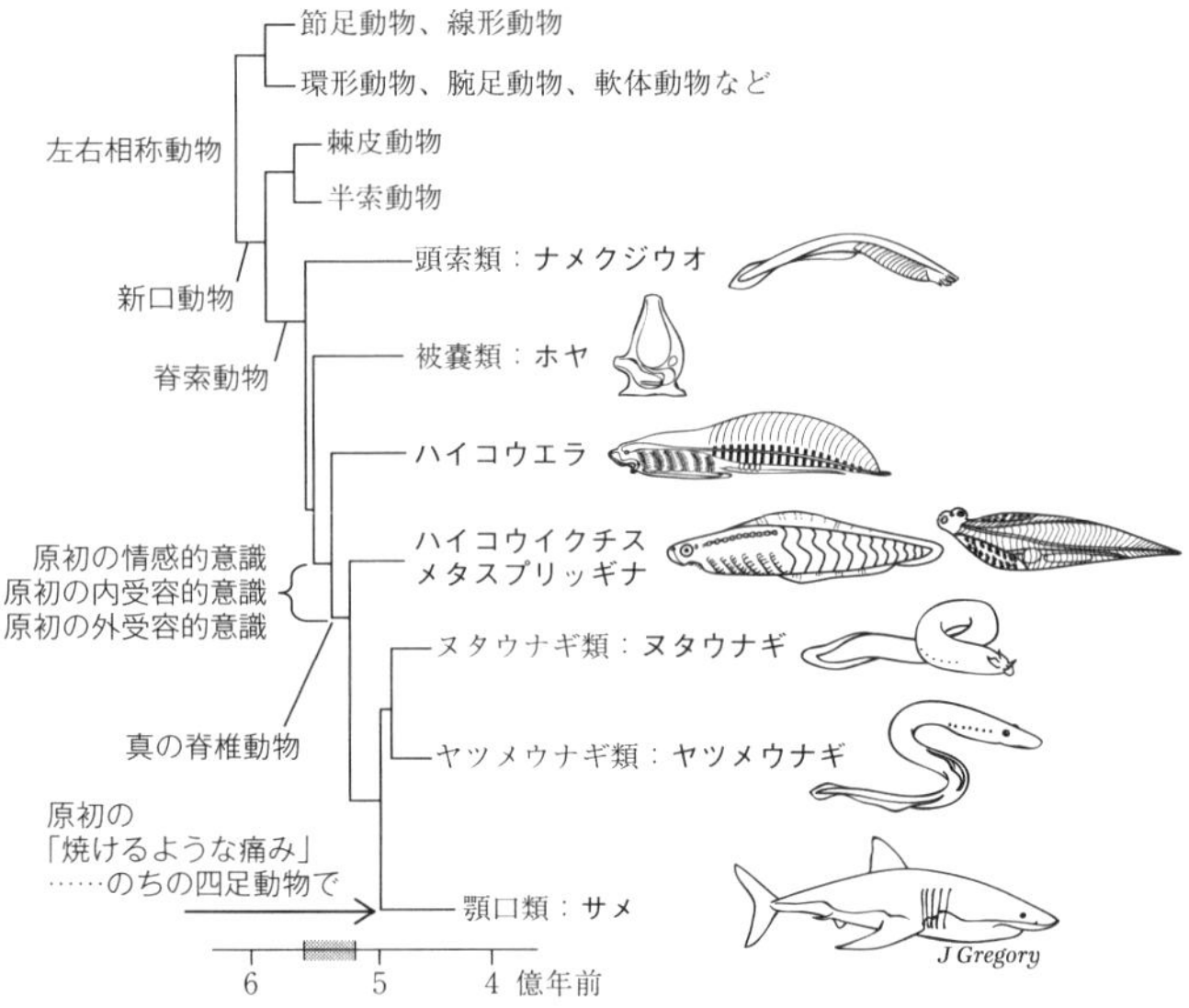

図8・1　情感的、内受容的、外受容意識のすべてが、カンブリア爆発での最初の脊椎動物に存在していたことを示す系統樹。苦しい、あるいは「焼けるような」痛みは脊椎動物の系統で後になって、四足動物で進化した。

意識に主導されて報酬の探索に明け暮れた。この論証は神経生理学者のヴォルフラム・シュルツが提示したのだが[54]、もし正しければ心的因果という難問（主観は意図的な行為を通して客観的な世界にどのように影響を及ぼしうるか、第2章）を解決するのに大いに役立つ。

図8・1から、最初の情感は最初期の脊椎動物の年代に生じたことが推定された。とはいえ、情感がそれよりいくぶん早く、外受容意識の進化より前に進化したという可能性も排除できない[55]。大雑把な感覚を備えたもっと初期の動物が、餌、安全、交配相手という恒常性維持に必要なものを見つけるために環境中を探し回る情感的な衝動や動機を感じていたのかもしれないからだ。この「情感の基盤」さえあれば、向上した感覚と外受容意識は進化したのかもしれない。そうすると、一部の前口動物も情感意識をもっている可能性が出てくる。これについては、次章で探求しよう。

要約すると、意識は太古に進化し、神経科学者がこれまで考えていたよりも多くの動物、多様な神経構造に存在する。意識の外受容的、内受容的、情感的側面は、ヒトやその他の哺乳類の大脳皮質だけでなく、魚類や両生類の視蓋（同型的な感覚意識）、およびすべての脊椎動物の皮質下の辺縁系構造（情感意識）までたどることができる。

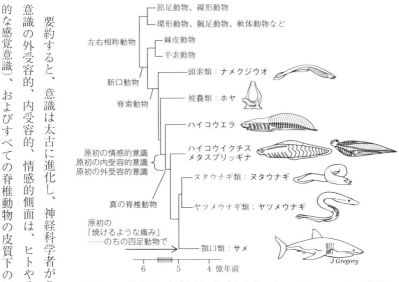

第9章　意識に背骨《バックボーン》は必要か

無脊椎動物は意識をもつのだろうか。(1) すでにナメクジウオや被嚢類は意識をもたないと結論づけたので、次は無脊椎動物のうちの**前口動物**について考えよう。前口動物は、節足動物、軟体動物、扁形動物、線形動物その他数十の動物門からなる（図9・1）。前口動物にもたいてい中枢神経系があり、縦二本の神経索と、それに沿って一定間隔で並ぶ神経節（ニューロンの集合体）で構成されている。図9・2を見ればそれがわかる。神経索は腹側にあり、脊椎動物の背側神経索や脳とは異なっている。図9・1の系統樹は第4章の図4・2と同じだ。そこでは、最初の左右相称動物（無脊椎動物と脊椎動物の共通祖先）の神経系は単純な散在神経系で脳もなかったこと、またその段階を超え、意識をもてるほど発達した無脊椎動物のクレードはほとんどいなかった証拠としてこの系統樹を使った。だがこの論証を厳密に検証したわけではないし、中枢神経系のあるすべての動物が意識をもつと主張する科学者や動物愛護運動家もいる。そこでこの主張を精査しなければならない。(2) 加えて、前口動物のなかにも脳が比較的複雑で、脊椎動物と独立に、そして互いにも独立に意識が進化した動物群がいるかもしれない。ここでは無脊椎動物の意識の話に立ち返り、さらに慎重に検証することにしよう。

本章では節足動物や軟体動物について多く述べるので、読者にはこれらふたつの動物群の構成に詳しくなってもらう必要がある。(3) ここで簡単な用語を使いながら、図9・1よりも詳しく説明しよう。節足動物の主要な下位群には、①昆虫およびそれに近縁なエビ、カニ、小エビ、フジツボ、オキアミなどの**甲殻類**、②多足類（ムカデやヤスデがほとんど）、

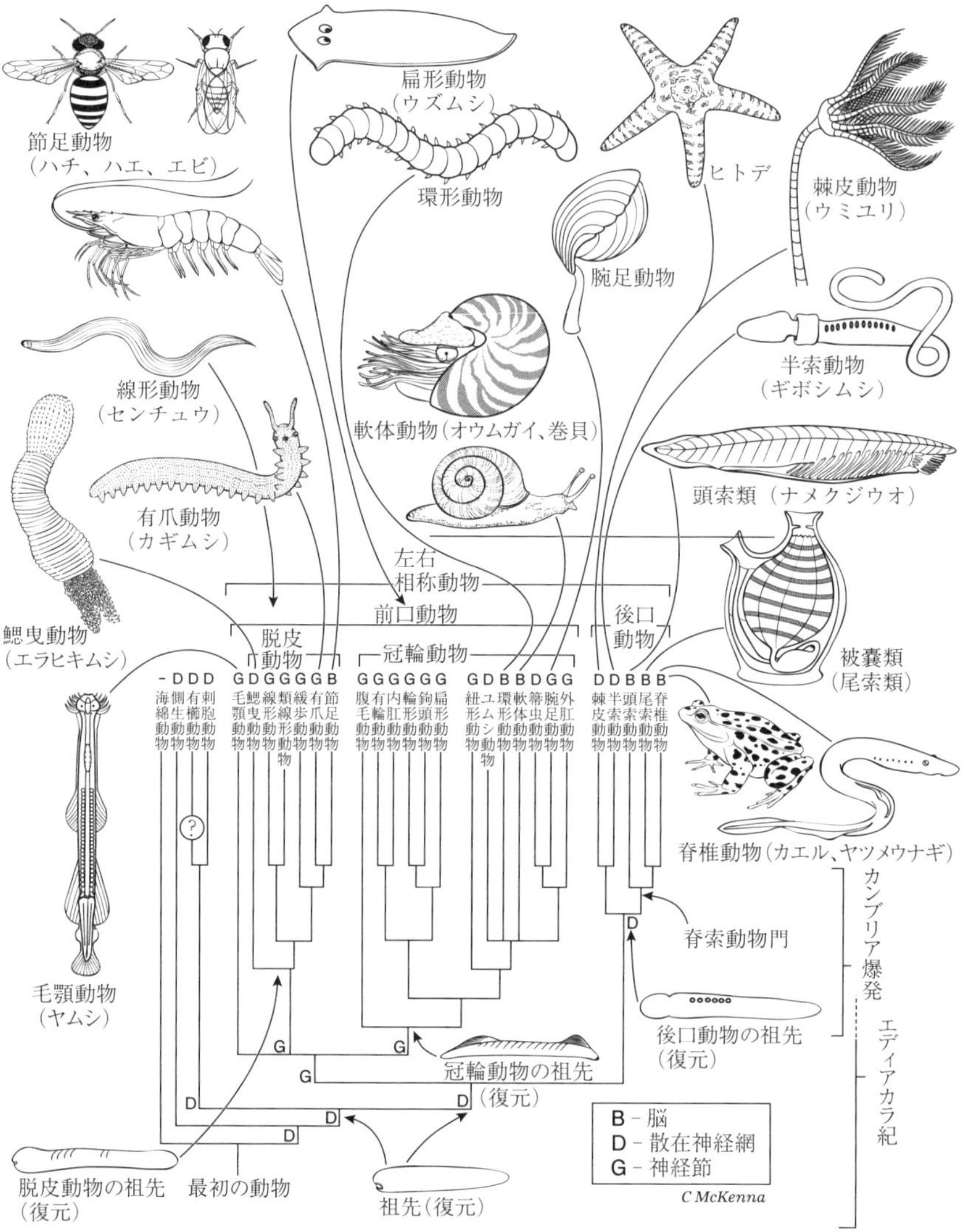

図9・1　現生動物群の関係。特に前口動物に注意。右下に示したように、「B」「D」「G」は神経系の複雑さを示す。

③鋏角類（クモ、カブトガニ、サソリやその他の近縁群）がある。軟体動物の主要な下位群には、①腹足類（たとえば巻貝類や、詳しく研究されているアメフラシ［*Aplysia*］をはじめとするナメクジ・ウミウシ類）、②頭足類（イカ、タコ、コウイカおよび図9・1にあるオウムガイ）、③二枚貝類（たとえばハマグリ、カキ、ホタテガイ）がある。軟体動物にはほかにも小規模な下位群がある。そのうちもっとも身近なのは、鎧をまとった軟体動物、ヒザラガイ類［多板類］だ。

これまでの八つの章で、動物の現象的意識を認識するための基準が導き出された。そこでこれらの基準を、前口動物に意識があるのか判断するためにも使いたいのだが、難しい判断にはなるだろう。少なくとも、意識に関して何か明らかにできるのかどうかという観点からすると、無脊椎動物の神経生物学はこれまで脊椎動物ほど研究されてきたわけではないからだ。ここで注目するのは、詳しく研究されているか、あるいは意識のある見込みがきわめて高い無脊椎動物だ。すなわち軟体動物ではタコ・イカ・腹足類、節足動物では昆虫である。ただし、より単純な神経系を備える前口動物として扁形動物や線形動物も考慮に入れよう。これまでに導き出した基準を使えば、感情に関わる情感意識と同型的な外受容意識の両方が検証できる。まず情感意識から探求しよう。行動的基準は比較的当てはめやすく、前章で見慣れているはずだからだ。

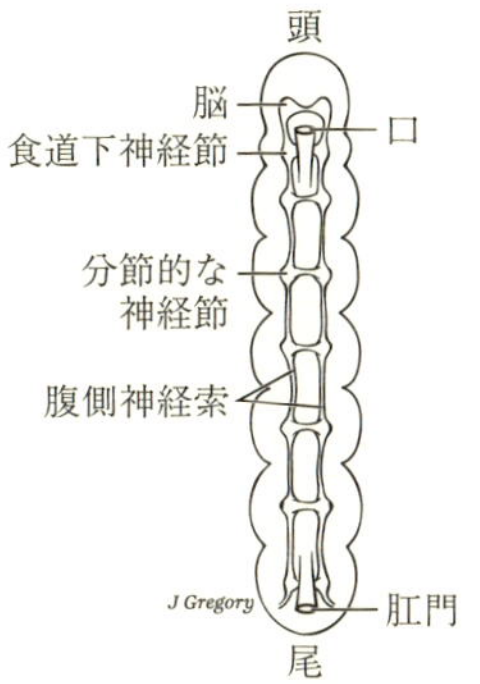

図9・2　ほとんどの前口動物の中枢神経系の基本設計。推定上の蠕虫様祖先から復元。脊椎動物と違い、神経節を基盤とし、神経の中核は腹側にある。

無脊椎動物に情感意識はあるのか

表9・1では、情感について研究されている五つの無脊椎動物のクレードを、本書の判断基準（表8・2より）に沿って一覧にしてある。各クレードは、脳内のニューロンの総数に基づいて、左から右へと脳の複雑性が増すように配置したが、軟体動物のふたつの動物群は例外的に横並びにした。これら二種類の軟体動物で強調すべ

頭足類	節足動物
5000 万[7-8]	<10 万～ 100 万[9-11]
タコ[20-23]	ショウジョウバエ[19]
コウイカ[24-25]	ハチ[26]
	ザリガニ[27]
	エビ、カニ[28]
	ハエトリグモ[29]
タコ[33, 34]	ザリガニ[32]
	コオロギ[35]
	カニ[36]
	ハエトリグモ[37]
－／－	ショウジョウバエ？[38] ／－
－	ショウジョウバエ[40]
－	ショウジョウバエ[45-47]
	ハチ[45]
	ザリガニ[45, 48, 49]

きは、頭足類（イカ、タコ、コウイカ）は腹足類（巻貝類、ナメクジ・ウミウシ類など）よりも、はるかに複雑な神経系を備えているということだ。そのため、両者の意識をもつ程度あるいは意識をもたない程度が同じであるとは限らない。

前章でこれら特定の情感意識の基準を選んだのは、いずれも動物の認識、経験、報酬／罰の記憶の可能性を示唆するからだったことを思い出そう。表の結果から、線形動物（脳内に約一四〇個のニューロンしかない）と扁形動物（脳内に約一〇〇〇個のニューロンがある）は基準のほとんどを満たさない。腹足類のナメクジ・ウミウシ類や巻貝類（脳内に五〇〇〇個から一万個のニューロンがある）は行動的基準のふたつか三つに適合し、節足動物（一〇万個以内から一〇〇万個ほどのニューロンがある）は基準のほとんどを満たす。頭足類のタコやコウイカは、すべての無脊椎動物のなかで神経学的にもっとも複雑であり（五〇〇〇万個の脳内ニューロン）、オペラント学習や行動的トレード・オフの基準を満たすが、他の基準についてはまだ検証されていないようだ。情報不足なので、残念ながら頭足類に情感があるかどうかは決められない。だが頭足類は実際に遊びに興じるし、遊ぶことは楽しい経験なのかもしれない。要約すると、本書の基準と既知の証拠からは、節足動物は情感意識がある無脊椎動物に一番ふさわしい候補だ。

とはいえ、すべての節足動物や軟体動物に情感があるとする直接的な証拠は十分ではなく、一部に情感があるだけ（たとえば、昆虫や一部の甲殻類。表9・1を参照）だということは強調しておこう。節足動物と軟体動物、特に前者は多くの種が含まれる並外れて大きな動物門だ。またそれぞれの動

表9・1　情感意識：前口動物でポジティブな情感やネガティブな情感を示す行動的証拠

動物のクレード、脳のニューロン数	**線形動物** 140[1]	**扁形動物** 1000[2, 3]	**腹足類** 5000 〜 1 万[4-6]
報酬／罰に対するオペラント学習反応[12]	*C. elegans*（センチュウ）？[13-15]	−	アメフラシ[16-19] モノアラガイ[19]
行動的トレード・オフ	−	−	捕食性ウミウシ[30-32]
欲求不満／対比	−／−	−／−	−／−
鎮痛剤や報酬の自己供給	−	−	*Helix* 属（カタツムリ）？[39]
強化薬剤への接近／条件性場所選好※	*C. elegans*（センチュウ）？[41]	ウズムシ[42-45]	−

注記 左にある情感意識の基準は、表8・2、表8・3で用いたものと同じ。
※遊びは高度な情感意識の指標かもしれない。遊びは頭足類で見られる（Mather and Kuba 2013）。Burghardt（2005）は遊びに関する文献の導入として適している。昆虫と甲殻類の遊びについてのコメントとして、Kuba et al. (2006), p.189 も参照。表中の引用文献については、付録を参照。

物門、特に軟体動物には、さまざまな体制や行動を示す多様な構成種がいる[4]。また、軟体動物や節足動物が苦しみの持続する痛みを経験するのかはなんとも言えない。痛みの経験があると認めるのは非常に難しいのだ（第8章を参照）[5]。

無脊椎動物に外受容的な感覚意識はあるのか

表9・2では、外受容的な感覚意識に関する七つの基準、つまり第2章、第5章、第6章で作った基準を、詳しく研究されている前口動物に当てはめている。比較のため、脊椎動物も表に含めた（最右列）。*C. elegans*［センチュウの一種］もよく研究されているが、「脳」には約一四〇個のニューロンしかないため、意識はありそうもないと判断して表に加えなかった。表中の各動物群、節足動物、腹足類、頭足類について、ひとつずつ見ていこう。

しかしまず基準2について説明する必要がある。基準2によれば、意識には複数の感覚階層が必要

軟体動物		
腹足類 （巻貝類など）	頭足類 （イカなど）	脊椎動物 （比較対象）
なし 2万（C）：アメフラシ[3-4] 1000（脳神経節）：アメフラシ[4] 5000～1万（B）：腹足類[5]	あり 3億（N）：タコ[6] 5000万（B）：タコ[7,8]	あり 1000万（N）：ゼブラフィッシュ[3] 1600万（N）：カエル[3] 1000万（B）：カエル[9] 2億（N）：ラット[3] 850億（N）：ヒト[2,3]
少数、小さい 化学感覚：3n[24-27] 機械感覚：1/2n[28-32] 光受容：?n[33-36]	あり 視覚：3/4n+[37,38] 嗅覚：?n[39] 味覚：?n[40-41] 聴覚：?n[42] 平衡覚：>1n[43] 触覚・機械感覚：>3n[44-45] 側線感覚：?n[44]	あり 視覚：>5n 哺乳類、>4n 魚類※ 嗅覚：>5n 哺乳類、魚類※ 味覚：>4n 哺乳類、>3n 魚類※ 聴覚：>5n 哺乳類、>4n 魚類※ 触覚・機械感覚：>4n 哺乳類、>3n 魚類※ 側線感覚：>4n 魚類※
あり 機械感覚：第2／3段階まで[59,60]	あり 視覚：第3／4段階[61] なし 機械感覚？[62-67] （他の感覚は未知）	あり すべての外受容感覚： 第5章、第6章を参照
あり（単純な神経回路）[71,72]	あり（しかし脳の深部は未検討）[73]	あり（膨大）
あり？ 脳神経節[81]	あり 脳の垂直葉・前葉： 視覚・触覚など[82,83] 足葉：嗅覚・視覚入力[84]	あり 第5章、第6章を参照
あり？ 脳神経節・口球神経節[89-93] （単純な学習）	あり 垂直葉（と前葉）[94-96]	あり 海馬と背側視床：第6章
あり 顕著な刺激に対し[104]、脳神経節と口球神経節における摂餌と遊泳の覚醒[105,106]	あり 行動的証拠に限られる[107-109]	あり 第6章を参照

ける視蓋までのニューロンの段階数（魚類）から算出されている。表中で「～より大きい」という記号（>）を使った理由については、本文を参照。表中の引用文献については、付録を参照。

であり、さらにそれぞれの階層には一定のニューロンの段階数がある［表5・3を参照］。長い議論を経て、第5章の最終節で、脊椎動物において意識が可能となる最小の段階数は多くの感覚では4段階だが魚類や両生類の体性感覚では3段階なのかもしれないと結論づけたことを思い出そう。しかし脊椎動物であれば意識が生じそうな脳領域がわかっているという点で恵まれていた。すなわち、哺乳類では大脳皮質、魚類や両生類では視蓋だ。対照的に無脊椎動物の脳では感覚意識が創発しそうな領域は知られていないか、非常に不確かである。そこで無脊椎動物では、「意識に至

表9・2　感覚（外受容）意識：前口動物での証拠

基準	節足動物 （ほとんど昆虫）
1．複雑性： 脳内（B）または中枢神経系（C）または神経系全体（N）のニューロン数	なし？ 10万（C）：カニ[1] 10万（C）：エビ[1] 10万（B）：ショウジョウバエ[2] 25万（B）：アリ[3] 96万（B）：ハチ[2] 100万（B）：ゴキブリ[3]
2．多層的な感覚階層： 前運動中枢までのニューロンの段階数（n）	あり 視覚：5n[10, 11] 嗅覚：2/4n[12-17] 味覚：2/4n[18] 聴覚：>2n[19, 20] 平衡覚（重力覚）：>2n[21] 触覚・機械感覚：>2n[22], 4n[23] 側線的感覚（風覚）：?n[22]
3．同型的組織化	あり 視覚[46-49]：第5段階[46] 嗅覚：> 第2段階[50, 51] 味覚：> 第2段階[52, 53] 聴覚：> 第2段階[54] 触覚・機械感覚[55-58]：第2段階[57, 58]
4．双方向的な相互作用	あり（少数？）[68-70]
5．多感覚的収束、統一的意識の場の候補	あり キノコ体：ハチ、 前大脳の他の部位： すべての昆虫[74-80]
6．記憶領域	あり キノコ体[85-88]
7．選択的注意のメカニズム	あり 視覚標的に対し[97-99]、色に対し[100-101]、キノコ体の振動的結びつけ、内側前大脳と視葉[102, 103]

※脊椎動物について、各「n」の値は前運動中枢より前のニューロンの段階数を表し、図5・9から図5・12における大脳皮質までのニューロンの段階数（哺乳類）と図6・4にお

る段階数」という基準をつくるには別の方法を取る必要がある。つまり脳の前運動中枢に至る前までのニューロンの段階数としなければならない。なぜなら前運動中枢は、感覚階層が終わり運動系が始まるところを規定するからだ。だとすれば、この「前運動領域までの段階数」というパラメーターが、実際に「意識の領域に至るまでの段階数（意識の領域も含む）」（第5章）という脊椎動物の基準と同等だということを確かめなければならない。

この基準がうまくいくかを確かめるために、「意識をもつ」脊椎動物の大脳皮質や視蓋が本当に前運動中枢、つまり大脳基底核と運動網様体のそれぞれに投射しているか考えてみよう(6)。結論としては確かにそうであり、脊椎動物と無脊椎動物の段階数は実際に同等である。だがこれでは脊椎動物の大脳皮質や視蓋の内部でニューロンの段階数が付加されて増えているという事実を無視したままだ。この点を補うため、表9・2では脊椎動物の段階数を示すのに「〜より大きい」という記号（>）を簡易的に使った。最低基準としては、もし無脊椎動物の感覚階層に3段階か4段階あれば、

C

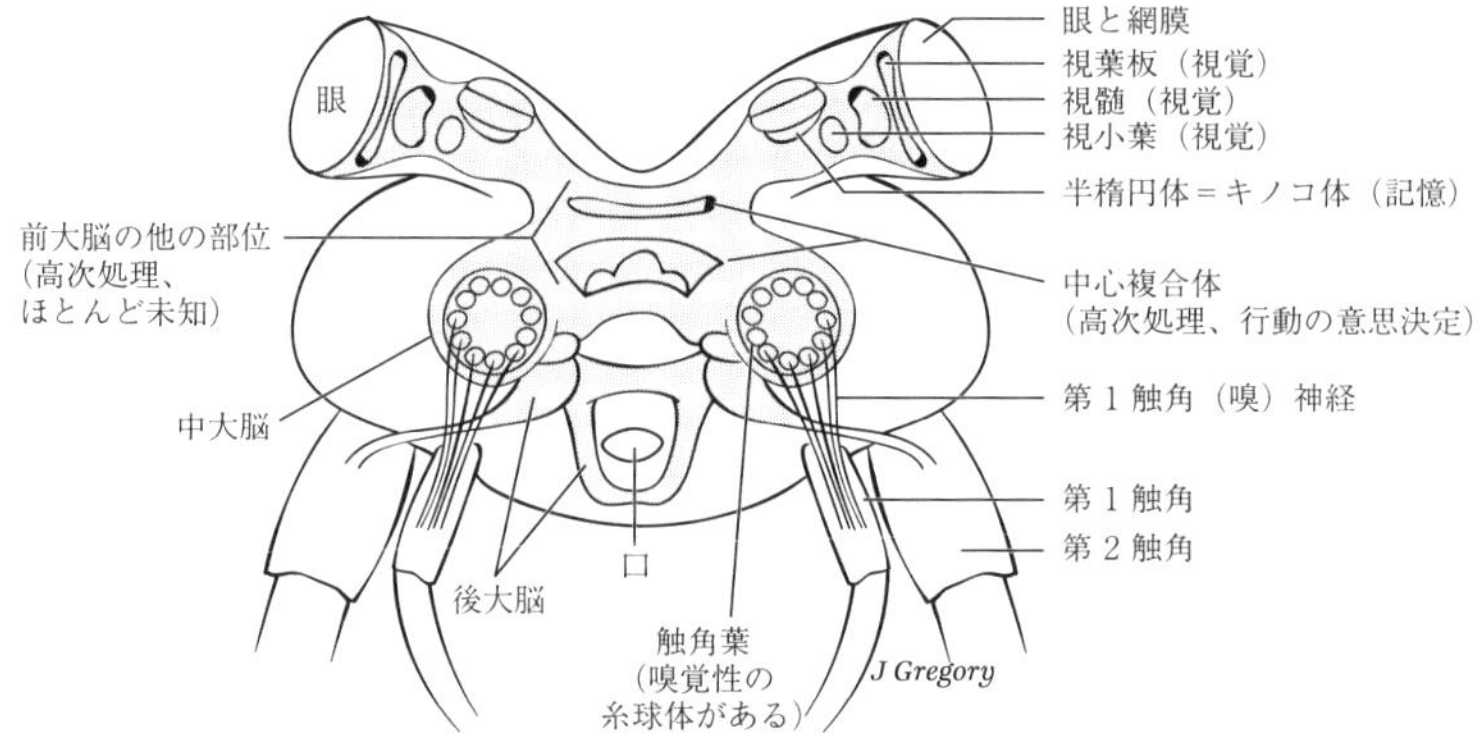
眼
眼と網膜
視葉板（視覚）
視髄（視覚）
視小葉（視覚）
半楕円体＝キノコ体（記憶）
前大脳の他の部位
（高次処理、
ほとんど未知）
中心複合体
（高次処理、行動の意思決定）
中大脳
第 1 触角（嗅）神経
第 1 触角
第 2 触角
口
後大脳
触角葉
（嗅覚性の
糸球体がある）
J Gregory

D

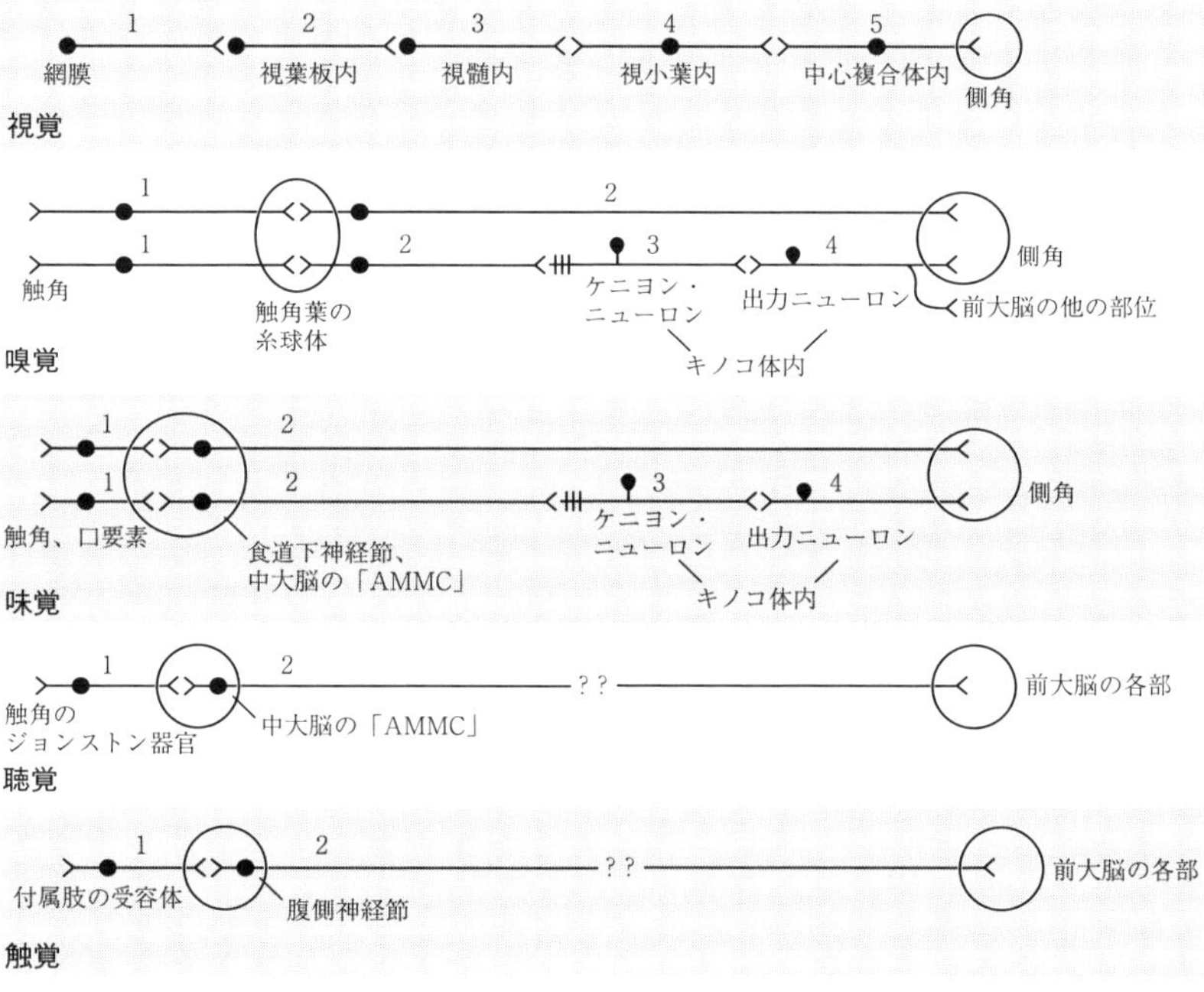
1
2
3
4
5
網膜
視葉板内
視髄内
視小葉内
中心複合体内
側角
視覚
触角
触角葉の
糸球体
ケニヨン・
ニューロン
出力ニューロン
キノコ体内
側角
前大脳の他の部位
嗅覚
触角、口要素
食道下神経節、
中大脳の「AMMC」
ケニヨン・
ニューロン
出力ニューロン
キノコ体内
側角
味覚
触角の
ジョンストン器官
中大脳の「AMMC」
??
前大脳の各部
聴覚
付属肢の受容体
腹側神経節
??
前大脳の各部
触覚

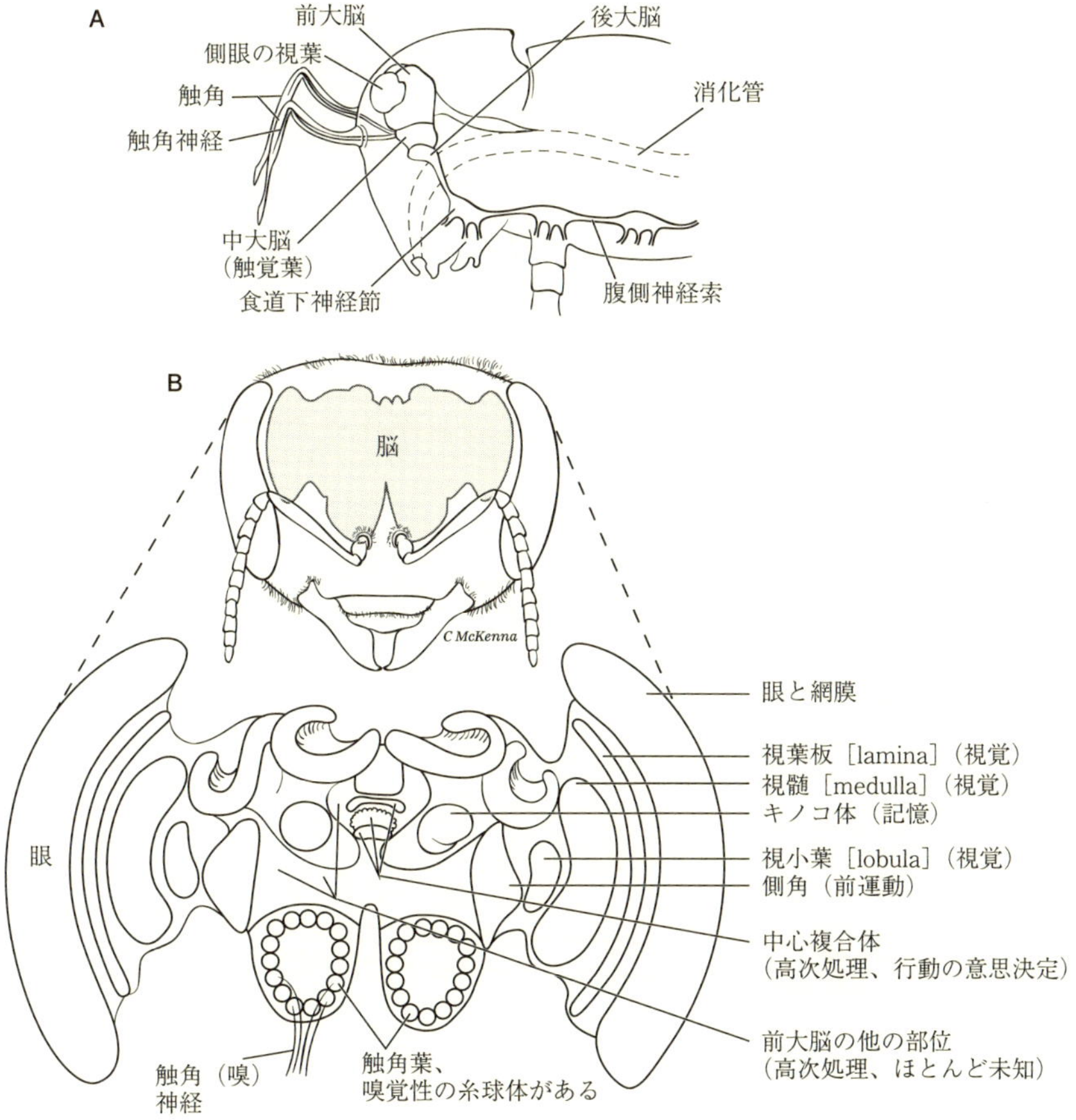

図９・３　昆虫や節足動物の神経系。A. 昆虫の脳と神経索の側面図。B. ハチの頭部の脳、前面からの図。下に脳の拡大図。C（右頁）. カニの脳。昆虫の脳と同じ部分があることを示す表記をした。D（右頁）. 昆虫のさまざまな感覚経路。前運動領域までのニューロンの連鎖。ニューロンには番号づけしてある。

意識があることになるかもしれない。脊椎動物の状態に近い数値だからだ。

節足動物

節足動物では、昆虫がもっとも詳しく研究されている。昆虫の腹側神経索では、頭部の神経節が拡張し、三つの部分からなる脳をつくる。つまり、前大脳、中大脳、後大脳（図9・3A）だ。昆虫は多様な行動を見せ、行動の柔軟性も示し、学習もできる。(7) しかし昆虫には、感じたものに対する意識はあるのだろうか。

基準1（複雑性）から始めよう。昆虫は小さな脳を備えた小さな動物であり、真の認知機能や意識をもてるほど脳にニューロンがあるのかどうか、多くの研究者が興味を抱いてきた。昆虫の脳には一〇万個以内から一〇〇万個のニューロンがあるが、脊椎動物の脳に何億何千万ものニューロンがある（表9・2の「脊椎動物」の列を参照）のと比べると、ずいぶん少ない。昆虫の小さな体サイズに合わせて換算しても、ほとんどの昆虫の脳はどんな脊椎動物の脳よりも小さい。

後者の点については図9・4（さまざまな動物の脳サイズと体サイズを比較したグラフ）を見てほしい。(8) ここでは脊椎動物のさまざまな動物群の各サイズの範囲を多角形で囲み、無脊椎動物と比較している。無脊椎動物の点は丸で囲んだ。小さな脳を備えた脊椎動物として挙げたヤツメウナギの点も同様に丸で囲んである。左下の破線は、「硬骨魚類と両生類」の多角形の平均を伸ばし、もし魚類が昆虫ほど小さかった場合の魚の値として敷衍した線だ。昆虫の脳の値五つのうち三つが、脊椎動物の多角形や線の下にある（これらの動物より小さい）ことに注意しよう。

脳サイズは他の多くの節足動物では測定されていないが、クモの脳も小さく（図9・4）、エビやカニのニューロン数は昆虫よりも少ない（一〇万個以下、表9・2を参照）。第2章の表2・1を振り返ろう。そこでは、神経の複雑性を意識の重要な基準として採用した。そして節足動物はこの基準を満たさないのではないかという疑念が湧いてくる。

とはいえ、昆虫が他の基準を満たすのかも検討しよう。まず基準2（特定のニューロンの段階数からなる多感覚的な階

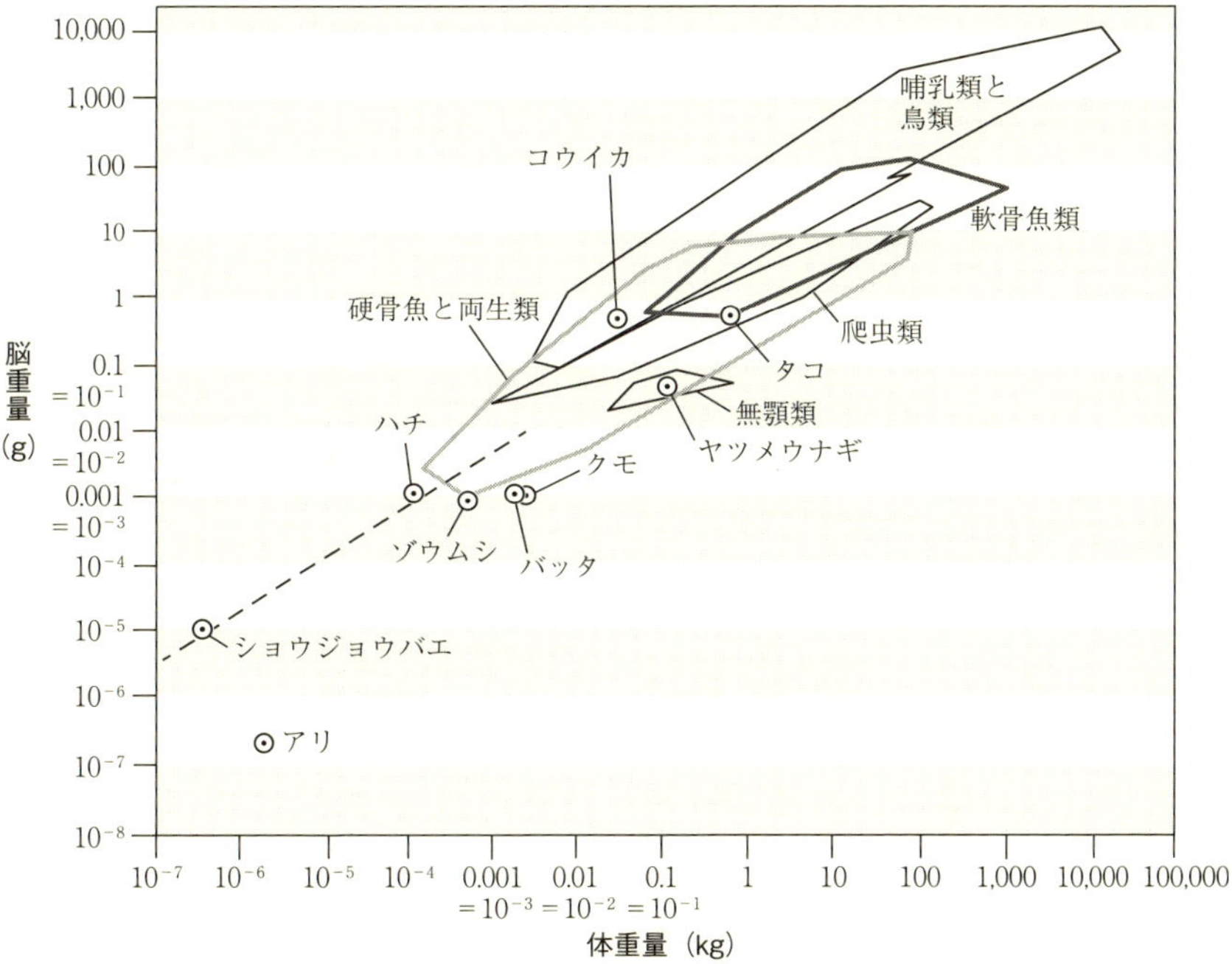

図9・4　さまざまな動物（脊椎動物と、一部の無脊椎動物）における、脳重量と体重量の関係性。

層）からだ。前のほうの章で、感覚意識には多様な遠距離感覚が必要だと推理した。(9) 昆虫には確かに、そのような感覚がある。つまり、高解像度の視覚、嗅覚、味覚、聴覚、平衡覚や重力覚、多種類の触覚的な機械感覚、さらに魚類の側線系に相当するような、風を検出する感覚もある。(10) 特筆すべきは、昆虫やその他の節足動物が備える、イメージを形成する複眼だ。(11) というのもすでに主張したように（第3章）、意識の進化の視覚先行説からすればイメージ形成眼は外受容意識の重要な目印だからだ。表9・2の基準2では、昆虫の各感覚と、その文献を一覧化してある。感覚はそれぞれ昆虫の脳に至る階層的な感覚経路を取り、意識の階層の基準を満たす（表2・1を参照）。昆虫における感覚階層の一部は、（**感覚**階層が終わる）前運動性の前脳部に至るまでで4段階か5段階に達する。これは図9・3Dにもあるとおり、表9・2の脊椎動物の値に比肩する。しかし昆虫の嗅覚経路や味覚経路は、たった**ふたつ**の階層だけで前運動性の前脳部へ達する点に注意しよう。おそらく昆虫の脳が非常に単純であることを反映しているのだ。全体としては、昆虫は多感覚／階層という基準2を満たし、はっきり「多感覚／階層あり」だといえる。

基準3は感覚経路の同型的な組織化であり、外受容的な感覚意識に関する本書の理論の中核をなしている（第2章、第5章、第6章）。昆虫のすべての感覚経路は同型的に組織化されている。つまり視覚の網膜部位局在性、聴覚の周波数部位局在性、触覚の体部位局在性、嗅覚の「香型性［odortypy］」などとして。[12] このように、昆虫は脊椎動物の同型性に、各感覚ひとつひとつが適合する。ヨハネス・ゼーリヒとヴィヴェク・ジャヤラマンはきわめて重要なことを明らかにした。ショウジョウバエの視覚階層では網膜部位局在性が少なくとも第5段階まで維持され、[13] 中心複合体［central complex］と呼ばれる脳領域（図9・3B）に至るのである。[14] 中心複合体は、高次の多感覚処理と行動の意思決定に関与している。第5段階まで網膜部位局在性があるというのは、かなり驚異的だ。哺乳類では、5次処理は意識をともなう大脳皮質まで達し、一次視覚野をゆうに超える。対照的に魚類や両生類では、視覚意識はわずか第4網膜部位局在段階、すなわち視蓋で創発する（第5章で議論した仮説による）。ショウジョウバエにある5段階の網膜部位局在性というのはきわめて印象的であり、**節足動物が感覚意識をもつ、もっとも強力な証拠となる**。

同様に重要なのは、節足動物のすべての動物群にイメージを形成する複眼があるだけでなく、脳内に視覚的な網膜部位局在性もあるということだ。こうした網膜部位局在性はこれまで昆虫、甲殻類、多足類、鋏角類で報告されている。[15] 網膜部位局在性が、意識をともなう心的イメージの存在を示す、もっとも重要な同型性の目印だとみなせることを思い出そう（第5章）。

意識の基準の四つめは、感覚階層において異なる段階の処理中枢間で行われる相互作用などの、神経の相互作用があるかどうかだ（表9・2の基準4、図6・5も参照）。この基準は適用が難しい。動物の神経回路はどんなものでも、ある程度の相互作用を示すからだ。昆虫の脳には少数のニューロンしかなく相互の連絡も少なくなるので、昆虫の認知は限られ、意識も備えられないのかもしれないとチッカとニヴェンは懸念した。[16] しかしこうした神経連絡はまだ数え上げられていないので、懸念を確かめるのは難しい。昆虫には現に相互の連絡があるので、この基準に適合するはずだ。

五つめの基準は、脊椎動物で詳しく報告されているように、それぞれの感覚の経路が神経系を別々に通ってその後ひとつのイメージへと「感覚を統一する」ために、脳のどこかで合流するかどうかだ（表9・2の基準5）。この統一化は、感覚意識の経験の**統一性**に不可欠である。チッカとニヴェンは、そのような多くの感覚が「集合する場所」は昆虫の脳で見つけられず、また脳サイズが小さすぎて不可能だと主張した。しかし感覚収束の場は昆虫の前大脳の特定の領域で見つかりつつある。ただし、前大脳の連絡性と機能はほとんど謎に包まれたままだ[17]。他にも多感覚的な収束の場として、記憶を形成するとりわけ大きな「キノコ体」が、ハチやその他の昆虫で長らく知られてきた（図9・3Bを参照）。

最後のふたつの基準は以下のとおりだ。基準6、記憶のための局所的な脳領域は、昆虫では記憶を形成するキノコ体（すぐ右で述べた）がこの基準を満たす。また基準7は、刺激に対する選択的注意のメカニズムである。昆虫における選択的注意は、特に視覚的手がかりに向かうように訓練されたショウジョウバエや、「注意を向ける」ことで似た色を識別するハチを使って実証されてきた。そのような選択的注意を担う脳領域は前大脳にあると同定されており[18]、興味深いことに、注意のプロセスはガンマ波の周波数帯にある振動的なシグナルが関与している（表9・2の基準7を参照）。脊椎動物の選択的注意の目印となるのと同じ種類の脳波だ。

昆虫は、感覚意識の基準をほぼ満たす。しかし、昆虫の脳は非常に小さく、ニューロンも少ししかないので、やっかいな疑念が残る。「針先ほどの大きさしかない断片」「一部の昆虫の脳は脊椎動物のニューロン数個の集合体より小さい」というような言い回しをする文献もある[19]。ただし、大きさは問題ではないと見る研究者もいる。その主張によれば、昆虫の小型化されたニューロンのそれぞれは特製のスーパーコンピューターである。複雑な軸索と樹状突起は機能的に区分けられているかもしれないからだ。これらの区分にはそれぞれ独自の入力と出力があり、昆虫のニューロンひとつで脊椎動物の典型的なニューロンの数十個に相当することになるだろう[20]。対照的に、昆虫のニューロンは特別でも何でもないとする証拠を示す研究者もいる。つまり、昆虫のニューロンは典型的な神経伝達物質を用い、通常の方法で電気シグナルを生成および伝達し、ネットワークに接続している、などである[21]。だがニューロンが少なすぎるという潜在的問題は残されており、昆虫の感覚意識はいまだに疑問符がつく。

どうやら袋小路に陥っているようだが、以下の方法で回避しうる。つまるところ感覚意識で問題となるのは、心的イメージを形成することだけなのだ。もし昆虫が心的イメージを形成できると示されれば、昆虫に意識があることになる。それだけだ。多くの研究者がそのようなイメージを論じているが、存在の証明は非常に難しい。しかしカリン・フォーリアらによるマルハナバチの見事な行動実験から、[22] 私たちは存在を確信している。この実験でハチは一端に餌へと続く穴がある長い箱の中を飛ぶように訓練された。穴の周りのルーレット模様や蛇の目模様には複数種類あり、ハチは後ろに餌があることを意味するのはどの模様なのかを学習させられた。しかしその前にまず穴の手前にあるゲートを通過しなければならず、ゲートの縞模様にも複数種類あって、どれが餌に通じるゲートを意味する模様なのか学習する必要があった。つまりハチは視覚的に検証して、正しいゲートの模様と正しい目標の穴の模様の両方を学習しなければならなかった。ゲートが穴を見えないようにしているので、ハチはゲートを通過しなければ目標の穴を視認できない。これが重要なポイントだ。それでも、餌へと至るゲートの縞模様と目標の穴の模様の組み合わせがどれなのか、ハチはうまく学習できた。これが唯一意味するのは、ハチはゲートの模様の心的**イメージ**をうまく形成し、そのイメージを記憶し、その後に正しい目標の穴の模様と関連づけたということだ。つまりハチは視覚イメージを形成した。これは（少なくともハチで）意識が存在することを示唆する。[23]

もし昆虫に外受容的な感覚意識があるのなら、節足動物の他の動物群にもあるに違いない。以下のように推理できる。まず、昆虫以外の節足動物には以下の動物群があったことを思い出そう。カニ、エビ、ザリガニをはじめとする甲殻類、ムカデやヤスデ、そしてクモやその近縁群だ。これらの動物群のすべてに、昆虫と同一の遠距離感覚と脳領域がある。これはニコラス・J・ストラウスフェルドの『節足動物の脳［Arthropod Brains］』で見事に記述されており、[24] 本書でも図9・3Bの昆虫の脳と比較するために図9・3Cで甲殻類（カニ）の脳を描いて類似性を図示した。さらに、カンブリア紀の根幹的な節足動物や節足動物に近縁な動物の化石証拠の一部がここで利用できる。[25] 具体的には図4・4T（アノマロカリス類）や図4・6B（フキシャンフィア）といった化石動物だ。化石を論文に記載した著者らが強調したように、これらの化石動物の脳には現生の節足動物の脳と同じ部位があった。イメージを形成する複眼をはじめとする視覚的部分は特にそうだ。重要なのは、初期節足動物の脳は単純でも小さくもなく、すでに十分に膨張していたことだ。したがって、もし現生の節足動物が意識をもつのなら、おそらく最初の［原初の］節足動物も意識をもっていただろう。

本書の基準によれば、おそらく節足動物のすべての動物群に外受容意識と情感意識の両方がある。これが最終的な結論だ。しかし、脳が小さいという否定的証拠にはしっかり注意するべきだ。もし節足動物に最初から意識があったとしたら、あるいは少なくとも、すでに報告されている複雑な行動と認知能力が昔からいつもあったのなら、なぜ節足動物は脊椎動物のように大きな脳と高次意識を発達させなかったのだろうか。[26] その理由は、どの節足動物も成長するために、外殻、つまりクチクラを脱ぎ捨てる［脱皮する］からかもしれない。[27] 脱皮の後はしばらく、柔らかく、物理的な防御もなく、捕食に対し無防備な状態にさらされてしまう。寄るべない脱皮段階で巨大だとうまく隠れることもできず、捕食者に簡単に殺されてしまうだろう。だから、節足動物の最大の体サイズが決まり、それゆえに最大の脳サイズも制限されるのだ。

軟体動物

腹足類

巻貝類やナメクジ・ウミウシ類には泳ぐことのできる水棲種もいるが、ほとんどがゆっくりと這って移動する。無脊椎動物に典型的な、対になった腹側神経索はあるが、脳を構成する頭部の神経節はそれほど大きくなってはいない。図9・5に図示したアメフラシの神経節でそれがわかる。腹足類の行動は比較的単純であり、こうした単純な活動をもとに、腹足類がどのように餌に接近し、取り込み、吐き出すか、また酸素が欠乏した水中から出て空気を吸うモノアラガイ［小型の淡水棲巻貝］の行動や、逃避遊泳をはじめとする逃避行動が研究されている。[28]

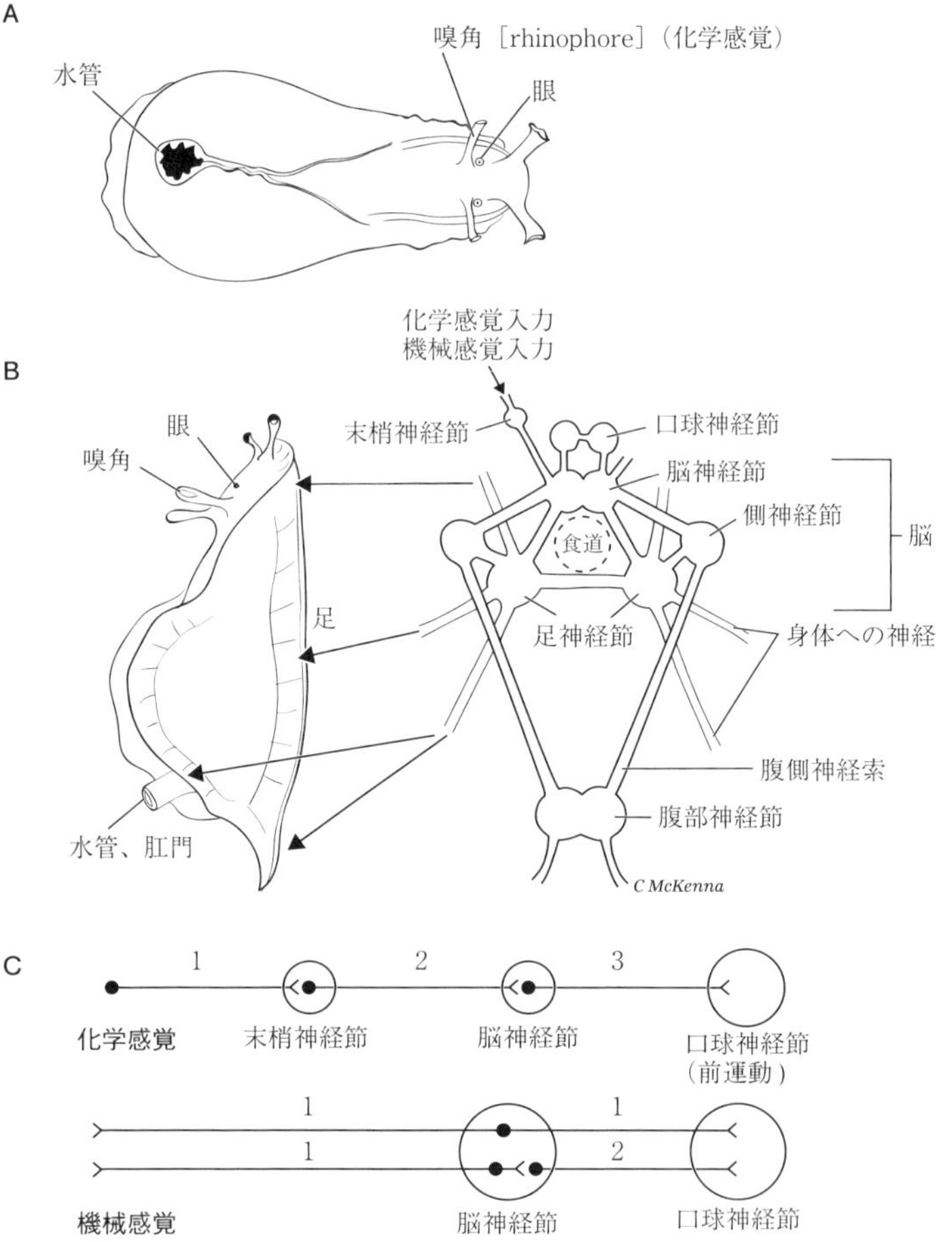

図9・5　腹足類の神経系。A. アメフラシ［*Aplysia*］、背面図。B. アメフラシの神経系の背面図（右）と、身体全体の側面図（左）。C. 化学感覚経路と機械感覚経路（Baxter and Byrne, 2006 の図1より）。

これまでに研究されてきた巻貝類やナメクジ・ウミウシ類は、感覚意識の重要な尺度のうち、ほとんどの基準を満たさない（表9・2の「腹足類」の列を参照）。まず複雑性という基準だ。脳のニューロン数は一万個を下回り（表9・1）、主要な神経節（脳神経節）では一千個以下しかない[29]。感覚も機械受容、化学受容、光受容に限られている[30]。眼は小さく、表9・2に載せた研究で使われた種をはじめとして、ほとんどの腹足類では光感受性で「イメージを形成する」視覚のためのものではない[31]。総じてこれらの感覚は本書で意識に結びつけてきた「遠距離感覚」ではなく、意識をもたない初期の左右相称動物にあったと思われる感覚（第4章を参照）にすぎない。腹足類の感覚経路の連鎖はたったひとつから三つのニューロン数しかなく（図9・5C）、脊椎動物や節足動物の感覚経路より小さな「階層」となっている。

とはいえ腹足類には、意識に関連する特性の一部が確かにある（決まって、単純な神経回路のなかの基盤的なかたちとしてではあるが）。神経節内の触覚ニューロンはきれいな体部位局在的配置をしていることが明らかとなっている[32]。しかしこれは経路の最初のニューロンでしかなく、高次段階での体部位局在性は調べられていない。化学感覚入力と機械感覚入力は脳の神経節で収束し（図9・5B）、学習（記憶）は脳の神経節のうちのふたつ、脳神経節と口球神経節と結びついている。顕著な刺激に対する選択的注意のメカニズムと覚醒ニューロンが、摂餌回路と遊泳回路において突きとめられている（表9・2）。

ここでの判断としては、おそらく腹足類には外受容的な感覚意識はない。というのもニューロンは少なく、感覚も少なく、神経回路は単純で、脳神経節は比較的小さく、感覚階層は小さいためだ。腹足類が適合する意識の基準の一部（条件づけ記憶、刺激への注意、覚醒）が、腹足類の示す情感的行動（表9・1）、つまり報酬／罰刺激からのオペラント学習に関与している点は興味深い。このことは、情感意識が外受容的な感覚意識なしで（あるいはその前に）進化が始まる可能性を示唆している。

次に頭足類について考えよう。頭足類では、腹足類に見られる基盤的な軟体動物の神経系が大きく拡張している。

頭足類

現生の頭足類には、鞘形類《しょうけい》すなわちタコ、イカ、コウイカ（図9・6）と、それより離れた関係にあるオウムガイ［*Nautilus*］（図9・1）がいる。鞘形類の行動は複雑で、高い記憶力、行動の柔軟性、認知、道具を使ったり罠をしかけたりするような洞察力がある。脳の回路や機能についての詳細はあまり知られておらず分析しづらいが、これまでにわかっている特性から感覚意識の存在が示唆される（表9・2の「頭足類」の列を参照）。頭足類の脳（図9・6を参照）は無脊椎動物で最大である。体サイズで換算すると、コウイカやタコの脳は爬虫類、鳥類、哺乳類の範囲の大きさに収まる（図9・4を参照）。タコはもっとも詳しく研究された頭足類であり、中枢神経系には三億個以上のニューロンがある。その三分の二は活動的で敏感な腕の中にあり、脳内には約五〇〇〇万個のニューロンしかない（表9・2の基準1を参照）。それでも約五〇〇〇万個というのは膨大な数であり、多くの魚類やすべての両生類の神経系全体の数より多いので（表9・2）、これら頭足類は「複雑性」という基準に適合する。(33)

頭足類の遠距離感覚は脊椎動物と同じように多様である。イカ、タコ、コウイカの眼は大きく、カメラ型で、精細なイメージを形成し、独立に進化したにもかかわらず脊椎動物の眼と似ている。(34)頭部に嗅覚器や平衡器があり、味覚受容器や多くの機械受容器が腕の吸盤にある。身体側面にある側線は（魚類のように）水の振動を感知するだけでなく、「聴いて」もいるかもしれない。すべての感覚は脳に投射するので、多ニューロン性の感覚経路が存在するはずだが、まだ始めから終わりまで体系的に追跡されてはいない。しかし視覚経路は脳内の3次ニューロンあるいは4次ニューロン以上まで追跡されている（図9・6D、表9・2の基準2）。また**触覚**経路も、3段階あるいは4段階まであるようだ。(35)

同型性という基準についてはどうだろうか。頭足類に意識があるのかどうかを決める本当の難点は、感覚経路に部位局在性がある証拠が欠けていることだ。脳内の機械感覚の体部位局在性が明らかにないことが問題となる。これまでずっと探し求められてきたが、見つかっていないのだ。また見つからないのは、頭足類一般の、具体的にはタコの、特殊な腕と関連づけられてきた。(36)タコの八本の腕はどんな方向にも動かすことができるが、ひとつの中枢、すなわち脳から

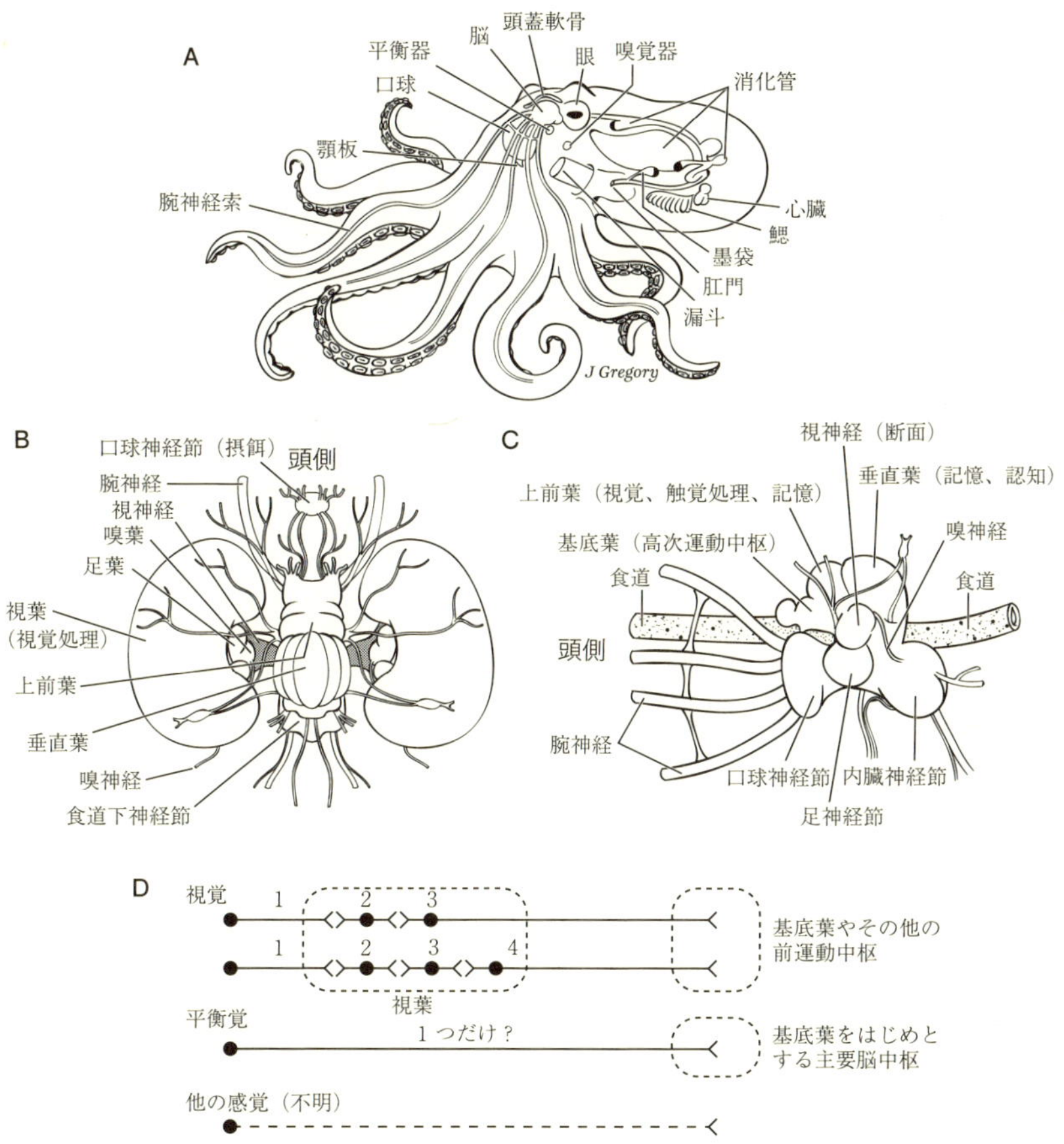

図 9・6　頭足類の神経系。A. タコ、脳の位置を示す。B. タコの脳の背面図。C. タコの脳の側面図。D. 感覚経路の一部。脳、特に感覚経路についての詳細は、Shigeno and Ragsdale（2015, p. 1299 と図 10）を参照。

だけでそのような動きを計算、制御、調整することは難しいようだ。そのため腕は脳とは半独立的であり、腕はそれぞれ独自の神経索、複雑な反射、神経処理中枢、コード化された動作パターン、行動プログラムまで備えている[37]。そのため、脳のかわりに腕で感覚情報が最後まで処理されるのでタコの脳には体部位局在性は存在しないのだと主張されてきた。同時に、タコの脳は腕の感覚情報を統一せず、心的統一性を欠くので意識をもてないことになるだろう。端的に言えば、同型性という基準を満たさないので、「統一性」という意識の基準も満たさない。

頭足類の腕の半独立性や驚異的な行動は認めるが、だから頭足類の脳に統一的で中心的な意識をもてないのだとは信じられない。以下の四点から反論しよう。第一に、体部位局在性を見つけられなかった研究は脳の**運動**部分から記録されており[38]、脳の**感覚**処理領域からのさらなる神経活動記録が必要である。第二に、頭足類の頭部と胴部の嗅覚、平衡覚、側線の機械感覚について、部位局在的な組織化はこれまで調べられていない。第三に、頭足類の眼の視覚経路では、視覚階層でこれまでに調べられた最高次段階である、脳内の第3段階あるいは第4段階に至るまですべて網膜部位局在性がある[39]。すでに強調したように、網膜部位局在的な視覚地図の存在は、感覚意識があるという考えを支持する。

第四に、頭足類の腕はかつて考えられていたほど独立ではない。腕はその感覚情報を脳に送り[40]、それによって脳はすべての腕を共通の目標に向けて動くよう指示できる。これを見事に実証したのはタマー・ガットニックらであり、タコが視覚を使って腕を動かし、透明な壁でできた迷路から、見えている餌をつかみ取ることを示した（そして視覚はもっぱら、タコの脳で処理される[41]）。うまく餌を取るために、タコの脳には状況に関する「触覚と視覚」の統一的な心象があるはずだ。したがってこの実験から、タコの脳に心的統一性がある可能性への反論は退けられる。

それでもなお、視覚以外の感覚では同型的な地図形成の肯定的証拠を欠いている以上、頭足類に意識があるとは考えづらい。さらなる研究が必要だ。そして今のところ、昆虫の脳が小さすぎて意識をもつとは考えられないのと同じように、頭足類が意識をもつと考えることの障害となっている。

とはいえ頭足類は感覚意識の残り四つの基準を満たす（表9・2の基準4〜7）。頭足類の視覚経路や平衡覚経路の

（低次）段階では大規模な双方向的クロストークがある[42]。それぞれの感覚経路は脳の高次部分、すなわち垂直葉、前葉、足葉と呼ばれる領域（図9・6B、C）で収束する（基準5）。垂直葉は意識の統一性が生じる場の候補として最有力であり、脳損傷実験から感覚記憶の関与が示唆されている（基準6）。選択的注意という基準に話を移すと、どの脳領域かはわかっていないが頭足類は学習した対象に注目し集中する能力があることは有名だ。

総合すると、同型的組織化についての疑問や、頭足類の脳に関する知見に大きな空白があるものの、ひとつひとつの基準を分析すると頭足類は外受容意識をもつ候補として有力だということがわかった。鞘形類には網膜部位局在性という重要な目印がある。頭足類は初めから、つまりカンブリア紀後期に最初に現れたときから意識をもっていたのだろうか。それはわからない。今日のオウムガイ（図9・1参照）は暗く見通しの悪い深海に棲み、眼にレンズがなく視力が弱いからだ[43]。そのためオウムガイには視覚意識がないと思われるが、それが原始状態なのか、そうではなく二次的喪失であり、祖先の頭足類はかつて明るい場所に棲み、良好な視覚を備えていたのかはわからない。一方で、イカ、コウイカ、タコの共通祖先（最初の鞘形類）は確かに高性能な眼を備えていたが、生存時期は二億七六〇〇万年前であり、四億九〇〇〇万年前という最初のカンブリア紀の頭足類の時代よりもずっと後である[44]。したがって、せいぜい言えるのは、もし頭足類に意識があるのなら四億九〇〇〇万年前から二億七六〇〇万年前のどこかで進化したということだ。

頭足類は、意識を進化させた他の動物群（脊椎動物と、おそらくは節足動物）とどう比較できるだろうか。三つの動物群すべてにおいて、多様な遠距離感覚がひととおりよく発達し、高い認知能力や運動性、活動的な生活様式がある。どれも一貫して動物の意識に関与しているであろう形質である。興味深いことに頭足類では、脊椎動物と節足動物の両方の重要な長所、つまり第4章末尾で確認した長所が組み合わさっている。脊椎動物（魚類）のように、頭足類は流線型の身体で素早く泳ぐ（イカを考えれば一番わかりやすく、ジェット推進で動く）[45]。節足動物のように、餌をはじめとする物体を操作することができる多くの肢を備えている。二重の長所に加え、意識をともなっていた可能性のある大きな脳を備えていたのなら、頭足類は魚類や節足動物を打ち負かし、世界中の海を支配したはずではないのか。しかしそうはならなかった。事実、頭足類は潜伏やカモフラージュをしなければならず、魚類やハクジラによく食べられている(46)。頭足類が勝てなかったのは、以下の理由が挙げられるかもしれない。なおも魚類のほうがうまく泳げたから（頭足類は**後ろ向き**にジェット推進する）。魚類が独自のすぐれた操作構造（顎）を進化させたから。魚類が鱗や骨という、頭足類よりすぐれた防具を備えていたから（初期の頭足類の貝殻は重くて制限が多かったし、現生の鞘形類は防具をもたず無防備だ）。頭足類の大きな腕は、操作性のために柔らかく防具なしのままでなければならず、捕食者にとって魅力的な肉塊だったから。頭足類の寿命は短く、死ぬまでに十分学習することができなかったから。しかし本当の理由は推測しかできない。

結論

線形動物や扁形動物といった「下等な」無脊椎動物では、情感意識についても外受容意識についても証拠が少ない（表9・1、表9・2）。腹足類の巻貝類やナメクジ・ウミウシ類でも、外受容意識、内受容意識ともに不十分な証拠しかない。おそらく情感意識の証拠のほうが多いが、意識が想定できるような脳の複雑性を欠いている。他に脳を備えた無脊椎動物のクレードも、大部分はこの複雑性のレベル以下であり、おそらく意識はない。図9・1で「D」または「G」と表記された多くが、そういったクレードだろう。

節足動物と、軟体動物のうちの頭足類は、無脊椎動物のなかで意識をもつ有力な候補として残されている。カンブリア紀にいた最初の「原初の」節足動物を含め、ほとんどすべての節足動物の脳は大ざっぱに言って同じくらい複雑であり、情感意識の基準（表9・1）と、多層段階での網膜部位局在性をはじめとする感覚意識の基準（表9・2）のほぼすべてに適合する。とはいえ、「おそらく意識をもっている」としか判断できない。主な問題は、節足動物の脳が小さすぎ、感覚意識が生じるためにはニューロンが少なすぎるという点だ。頭足類は大きな脳を備え、視覚以外の同型性

（重大問題ではあるが）のほかは外受容意識の基準のすべてを満たし、情感意識の基準のうち検証されたいくつかの基準については適合する。しかし頭足類の情報は比較的少ないため、「おそらく」というより、意識をもっている「可能性がある」と言わなければならない。

もし将来的に、すべての脊椎動物とともに節足動物と頭足類に意識があると証明されたとしたら、動物界における意識の進化について何が言えるだろうか。節足動物と脊椎動物は、遠距離感覚、認知、移動運動をめぐるカンブリア紀初期の激しい「軍拡競争」を通じて、意識を進化させたのだろう（第4章）。頭足類は、もう少し後になって意識を進化させた。三つの動物群の場合すべてにおいて、意識は以下のような適応的利点をもたらす。つまり、①（外受容的な感覚意識では）世界を心的に再構成することで、意識をもつ動物はイメージによる行動の指示を受けられる、②（情感意識では）どの行動の動作を取るか避《さ》けるかについて、手がかりについて学習した感情に基づいて判断できる。

とはいえ長い目で見れば、意識は無脊椎動物の動物群よりも脊椎動物の役に立ったようだ。少なくとも、脊椎動物は地球上で最大級の動物と最大級の脳を擁し、多くの複雑な行動を見せるという意味ではそうだろう。どの無脊椎動物にしても、大きな脳を備える鳥類や哺乳類で認められるように、記憶により大幅に増強された意識への躍進（第6章）や、自意識や他者についての「心の理論」の獲得があったことを主張するのは難しい。脊椎動物の意識がもつこうした優位性に後から寄与したのは、はじめは心的でもなんでもなかった優位性であった。はじめから、脊椎動物にはすぐれた移動運動や遊泳のメカニズムが備わっていた。すぐに非常に強い顎も進化した。そして内骨格は（節足動物とは違い）脱皮する必要がなく、そのため大きな体サイズへと進化できた。将来の研究によって、タコやイカには確かに哺乳類のようなレベルの意識があることがわかり、こうした考えの一部は否定されるかもしれない。しかし現時点で、本書では保守的なアプローチを取った。節足動物と頭足類には、もっとも基本的な現象的意識しかないという証拠を示したが、それでもいくつかの留保がつく。

本章では表9・1と表9・2にまとめた客観的な基準を使い、無脊椎動物に意識がある可能性を、節足動物と頭足類で提起した。もしその一方あるいは両方に意識があることが証明されたとすれば、意識がこれまで信じられてきたよりも地球上で広範囲におよんでおり、多様な神経基盤から生じ、数回にわたって独立に進化したという主張が補強されることになるだろう。

第10章　神経生物学的自然主義——知の統合

本書では、多くの観点から意識の「謎」を分析してきた。そしていよいよ、神経生物学的自然主義という本書の理論を改良し、要約できるようになった。脳と心の関係を科学的にもっとも確からしく説明する理論だ。この理論は拡張して無数の要素や一般化した総合的主張に分けられようが、ここでは三つの主張に集約しよう（表10・1）。

主張1　感覚意識は既知の神経生物学的原理によって説明できる

神経生物学的自然主義では、意識は一般的に受け入れられている既知の科学法則と整合的であり、新しい「根源的な」、量子レベルの、あるいは「神秘的な」性質は意識を説明するのに不要だとされる（第2章）。どんな動物種のものでも、いかに多様だとしても、感覚意識はいくつかの本質的特性に起因する。そしてこれらの特性は、感覚意識が自然界の他の事物とははっきりと区別されるような組み合わせになっている。表2・1で示した一般的な生物学的特性と特殊な神経生物学的特性から、以下のように要約できるだろう。感覚意識は**複雑な神経階層**を備えた**生きている**脳の**創発的特質**である。(1)

表10・1　神経生物学的自然主義の三つの主張

主張1：	感覚意識は既知の神経生物学的原理によって説明できる。
主張2：	感覚意識は太古からあり、動物界の広範囲におよんでおり、多様な神経構造から生じうる。
主張3：	存在論的主観性、神経存在論的還元不可能性、「ハード・プロブレム」といった哲学的問題は、神経生物学的事象と適応的な神経進化上の事象の不可分な結束によって説明できる。

生きている

存在論的主観性の根源は生命の起源それ自体に遡る。すでに指摘したように、生命と意識の両方が自然における動物個体の身体化された特性であり、そのためこれらの存在は、存在論的に個々の生命に特有である（第2章）。感覚意識は個々の生命の創発的で**身体化**された特性であるので、意識は個々の生命がもつ存在論的に主観的な特性だということにもなる。エヴァン・トンプソンは、生命の創発と意識の創発のあいだにある連続性をこう表現した。

私がこれまで主張してきたように、ハード・プロブレムの標準的な形式化は、「心的なもの」対「物理的なもの」というデカルト的な枠組みに埋め込まれており、生命や生物という概念を中心に据えたアプローチのためには、この枠組みを放棄しなければならない。このアプローチを採用しても説明のギャップがなくなるわけではないが、確かに別の特質を帯びることになる。中心的問題はもはや、主観主義的な意識概念が客観主義的な身体概念から導出できるかという不自然な問題ではなくなる。むしろ、生物はすでに客観主義的な自然観を免れた内面性を備えているという観点のもと、生物から生き生きとした主観性が創発することを理解するためのものとなる。デカルト流のハード・プロブレムなどではなく、この創発という問題こそ取り組まねばならないのである。(2)

この見方によれば、存在論的主観性の根源は進化をずっと遡り、無生物的物質から最初に生命が創発したときにまで至る。したがって細菌のような神経系がまったくない生物であっても、個々の生命に存在論的に特有な創発的特性があることになる。

とはいえ生命や、第2章で挙げた一般的な生物学的特性だけでは、意識を説明することはできない。単細胞の細菌は身体化され生きているが、意識をもたない。したがって他の特性も加わる必要がある。

創発的

意識が生命や生きているシステムの創発的特性であるのとちょうど同じように、意識は神経の相互作用の創発的特性でもある。眼の網膜細胞一個だけが何かを「視る」ことはない。聴覚野のニューロンひとつが何かを「聴く」こともない。意識をともなう感覚経験、つまり意識経験の生成とは創発的プロセスであり、それには特定のパターンに配置されて相互作用をする多くの神経細胞に加えて、記憶系や網様体賦活系といった他の非感覚性の領域からの入力を受けることが必要だ。

しかし創発さえも意識を説明しきれない。すべての生命システムは、意識があろうとなかろうと、創発的な特性にあふれている。消化は消化系から創発し、循環は循環系から創発するが、こうした非神経的なシステムは意識をともなわない。アリ塚をつくるアリのコロニーは、システムあるいは「社会」であり、個々のアリに塚をつくる意図はないのに、集団行動をとって創発的に塚をつくる(3)。しかしこれは、意識システムをともなわない創発である。皮肉にも、個々のアリは意識をもっているかもしれないのに(第9章を参照)、アリの社会、すなわち個々のアリの集合体は意識をもたない。なぜだろうか。

なぜアリのコロニーは、まるで意識をもつ脳のように「知的な」創発的特性を生みだすのに、意識をともなわないのかという理由は明白だ。それは、コロニーを構成するアリの中にある個々の神経系がより合わさり、単一のものとして機能的、構造的に統一されることがないからだ。意識に必要な、システム全体で身体化された神経状態を生みだせないので、アリのコロニーは「赤の状態」[赤さというクオリアを感じている状態]あるいはその他の状態をとることができない。これが、複雑な創発があるだけでは意識の（必要条件であるが）十分条件とはならない理由だ。

神経

本書での意識の神経的特性とは伝達を行うニューロンの連鎖やネットワークを指し、これらは短い反射弓としてずっと昔に進化した。神経反射は本来それ自体では意識をともなわないが、意識を可能にする神経基盤にとって本質的な要素である（表2・1）。その理由は多岐にわたる。ニューロンは細胞や他の器官系とは違い、多種の感覚刺激を厳密かつ素早く処理し、次々とニューロンが付け加わって複雑な連鎖や回路をつくり、さらなるデータ処理ができる。したがってニューロンは唯一、感覚意識の創発を可能にする。しかし、ニューロンと単純な反射は「意識への王道」であった。ただしそれらは本来それ自体で意識を生じさせはしない。したがって他のもの、つまり複雑性を向上させることに関する何かが、意識を生むための「欠けた要素」に違いない。

神経階層と特殊な神経生物学的特性

第2章（表2・1）と本書全体で示した特殊な神経生物学的特性も必要だ。精緻な神経階層を進化させた統一的な脳だけが独特な神経間相互作用を生みだし、それが意識をともなわない反射から主観的な現象的意識へと移行する目印となるだろう。多種多様な感覚のモード性［modality 各感覚モードに固有な性質、単にモダリティと訳されることもある］と受容体に基づく多感覚性の階層もまた不可欠だろう（視覚・聴覚・嗅覚・触覚、表9・2の基準2）。階層には、心的統一性のために双方向的な相互連絡や振動的結びつきが、また遠距離感覚のために心的イメージを可能にする同型的表象が必要だ。脊椎のない脊索動物が備える、意識をともなわない小さな脳から、小さく単純な感覚階層（第3章）、さらにはどんな脊椎動物にもある、大きく複雑な神経階層を備え意識をともなった脳（図5・9〜5・12、6・4）までに見られた大きな構造的違いは、右記の全必要条件を見事に例証している。

明らかになった証拠に基づき、感覚意識を可能にする神経構造的特性を集めると、次の言明として整理できる。すなわち意識は、多くの特殊化した感覚のモード性で分かれた、ニューロンの連鎖内や連鎖間における独特な神経相互作用に起因する。各連鎖には通常4段階か5段階の段階数が必要であり、また経路は階層的に組織化された、各モード性に特有な経路として配置される。そしてこれらの各経路は統一化によって「神経地図」を形成し、現実の世界をシミュレートするか、あるいは情感的回路に接続し、最終的に情報処理や行動の維持に役立てられる。こうした階層は図6・4、6・5、7・1、9・3Dで端的に示してある。注意を向けるためのメカニズムや覚醒のメカニズムも創発するはずであり、また記憶中枢の寄与もあるはずだ（第6章）。

主張1は次のように言いかえられる。存在論的主観性は、生命、創発、そして独特で複雑な神経階層という要素を組み合わせれば、未知の謎めいた原理に一切訴えることなく説明できる。(4)

主張2　感覚意識は太古からあり、動物界の広範囲におよんでおり、多様な神経構造から生じうる

感覚意識は太古からある

図10・1は、再構成された意識の歴史における、重要な出来事の年代を示している。意識をもたない太古の生物から、原意識のある動物、そして高次の意識を備えた動物まで、意識は進化的に連続している——この時系列はそう強調する。本書の主張では、外受容意識は五億二〇〇〇万年以上前から始まった。それはカンブリア爆発のあいだに始まった動物の捕食への反応として、初期の脊椎動物と節足動物のそれぞれが向上した遠距離感覚を進化させたときであり、そうした出来事で生じた新しい感覚刺激を脳が処理していたときである（第4章）。急速に向上しつつあった視覚が、もっとも重要だった（第5章）。また最初の脊椎動物において、あるいはそれよりもっと以前の遠い昔に、情感的な意識が進

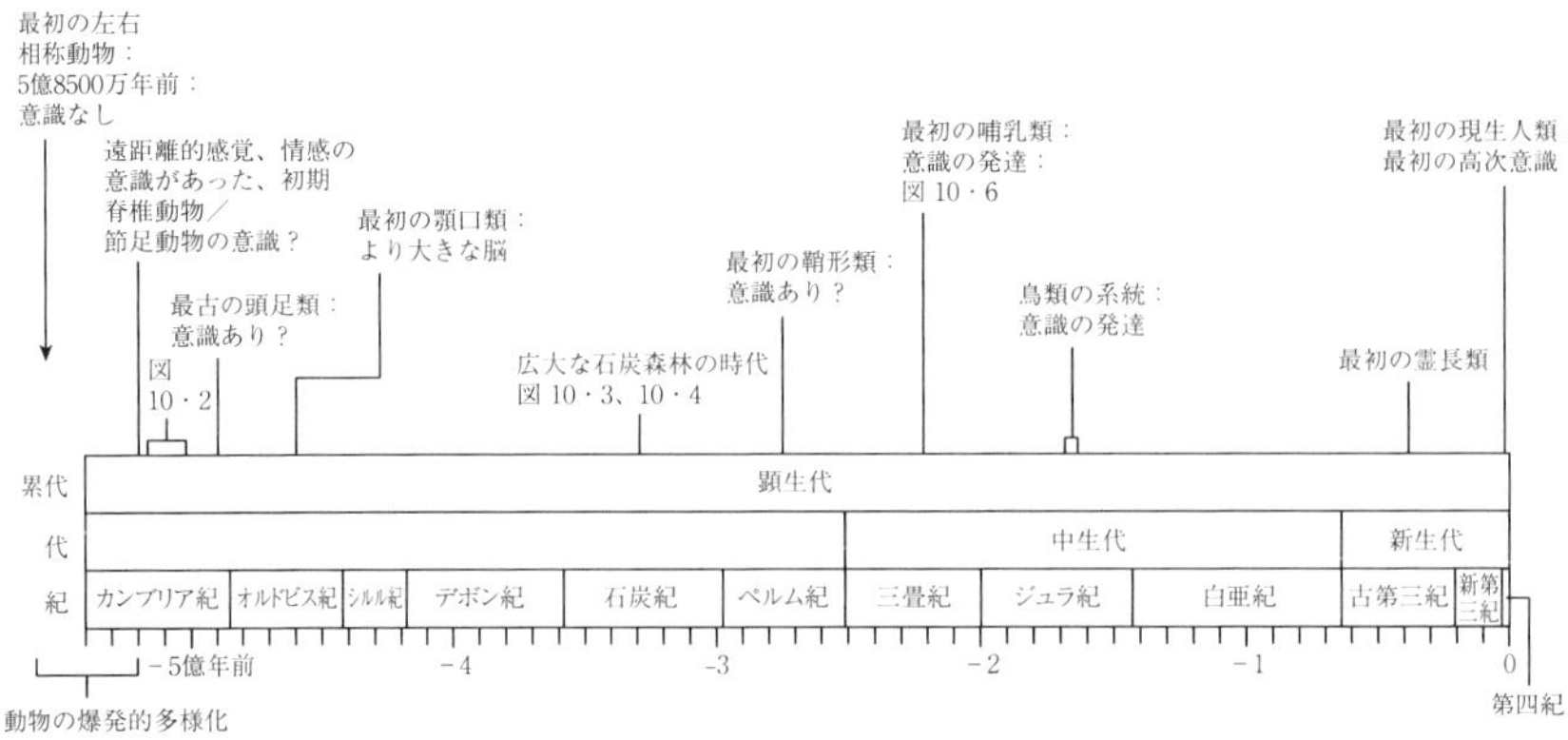

図 10・1　意識の歴史における主要な出来事を示す時系列。

化した確かな証拠を見いだした（表8・3〜8・6）。線形動物や扁形動物が情感的行動を示す証拠が少ないという事実は（表9・1）、約五億八五〇〇万年前の祖先的な蠕虫様左右相称動物は情感意識も外受容意識ももっていなかったことを示している（第9章）[5]。図10・2ではカンブリア紀での出来事が重要だったことを強調するために、第4章のカンブリア紀の動物を使いながら、今度は意識をもっていたと考えられる動物すべてに目印をつけてある。つまり図10・2では意識をもっていた脊椎動物と、「おそらくは意識をもっていた」節足動物を灰色で描いた。

次に、カンブリア爆発直後へと図10・1の時系列を下っていこう。四億九〇〇〇万年前、最古の頭足類が化石記録に現れる。第9章で結論づけたように、もし頭足類に意識が存在するのなら、最初の頭足類がいた年代と、イカやタコの最後の共通祖先（最初の鞘形類、二億七六〇〇万年前）がいた年代のあいだに意識が現れただろう[6]。

脊椎動物の意識は、その長い存在期間の最初の半分ほど、つまり五億二〇〇〇万年前から二億二〇〇〇万年前までは、おそらく質的には発達しなかった（第6章を参照）。ただし約四億六〇〇〇万年前に最初の顎をもつ脊椎動物が現れたとき、脳サイズと、おそらくは認知も向上した。石炭紀の光景を描いた二枚の図からは、この中間期のまんなか、三億三〇〇〇万年前に生きていた、意識をもっていた脊椎動物がわかる（図10・3、10・4）。重ねて言うが、これらの図では意識をもっていた脊椎動物、おそらくは意識をもって

図 10・2　カンブリア紀の海（5 億 2000 万年前から 5 億 500 万年前）の動物。図 4・3Ⓑに基づく。意識をもつ（脊椎動物、Q）、またはおそらく意識をもつ（節足動物）とみなされる動物を灰色で示した。意識をもたない動物（他の無脊椎動物）は灰色になっていない。節足動物が意識をもつかはそれほど確かではなく、おそらくとしか言えないため、それぞれの識別文字にアスタリスク* で印をつけた［ハイコウエラも同様］。A. カイメン、*Vauxia*。B*. 節足動物に関係のあるアノマロカリス類、*Amplectobelua*。C. Narcomedusidae 科のクラゲ。D. 有櫛動物のテマリクラゲ、*Maotianoascus*。E*. 脊椎動物に近いハイコウエラ。F. カイメン、Archaecyatha 類。G. 腕足動物、*Lingulella*。H. カイメン、*Chancelloria*。I*. 節足動物の三葉虫、*Ogygopsis*。J. 鰓曳動物、*Ottoia*。K. 軟体動物に近縁な、hyolothid。L*. 節足動物、*Habelia*。M*. 節足動物、*Branchiocaris*。N. 腕足動物、*Diraphora*。O. 半索動物、*Spartobranchus*。P. 環形動物の多毛類、*Maotianchaeta*。Q. 脊椎動物、ハイコウイクチス。R*. 節足動物、*Sideneyia*。S. 砂底中の、さまざまな蠕虫の移動痕。T*. 節足動物の三葉虫、*Naraoia*。U. イソギンチャク、*Archisaccophyllia*。V. 葉足動物、*Microdictyon*。

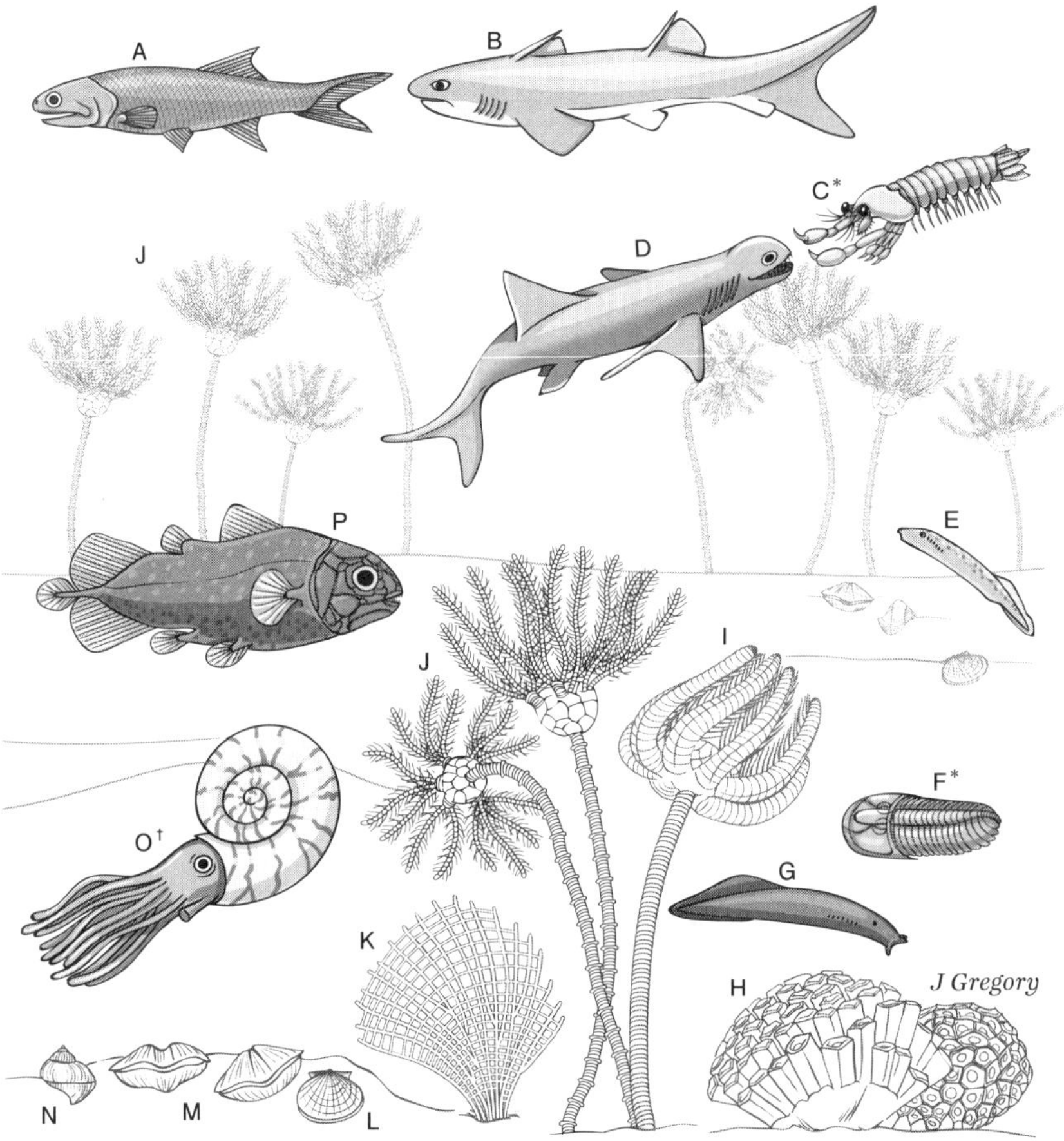

図 10・3　石炭紀の海棲動物（3 億 3000 万年前）。後に石炭となる広大な森林があった時代。灰色は意識をもっていた動物（脊椎動物）を示し、おそらくは意識をもっていた（アスタリスク * を付した節足動物）、意識をもっていた可能性がある（ダガー † を付した頭足類）と見られる動物も示してある。A. 条鰭魚類、*Kalops*。B. サメ、*Ctenacanthus*。C*. シャコ、*Tyrannophontes*。D. サメ、*Cobelodus*。E. ヤツメウナギ、*Mayomyzon*。F*. プロエトゥス目［Proetid］の三葉虫。G. ヌタウナギ、*Myxinikela*。H. サンゴ、*Acrocyathus*。I. 棘皮動物のウミユリ、*Agaricocrinus*。J. 棘皮動物のウミユリ、*Actinocrinus*。K. 外肛動物のコロニー。L. 軟体動物の二枚貝、*Aviculopecten*。M. 腕足類。N. 軟体動物の巻貝、*Pleurotomaria*。O†. 軟体動物頭足類のアンモナイト、*Anthracoceras*。P. 肉鰭類のシーラカンス、*Hadronector*。

図10・4　石炭紀の陸上動物（3億3000万年前）。後に石炭となる広大な森林があった時代。灰色やアスタリスク*は、前の2枚の図と同じように、それぞれ意識をもっていた動物や、おそらくは意識をもっていた動物。A. フウインボク属［*Sigillaria*］の樹木。B. ヒカゲノカズラ綱の樹木、*Bothrodendron*。C. ヒカゲノカズラ綱のリンボク、*Lepidodendron*。D. 木生シダ、*Psaronius*。E. トクサの近縁種、*Sphenophyllum*。F. トクサの近縁種、*Calamites*。G. 両生類の分椎類。H. シダ、*Mariopterus*。I*. クモの近縁種、*Eophrynus*。J. 川岸に打ち上げられた肉鰭類、*Strepsodus*。K*. 巨大なヤスデ、*Arthropleura*。L*. ウミサソリ目、*Hibbertopterus*。M. 初期の羊膜類、*Paleothyris*。N. 初期の単弓類（哺乳類型爬虫類）、*Eothyris*。O. 淡水サメ、*Xenacanthus*。

いた節足動物、そして意識をもっていた可能性のある頭足類を灰色で示してある。

時系列を二億二〇〇〇万年前まで下ると、脊椎動物の感覚意識は最初の哺乳類で発達し、心象を学習、記憶することでより多くの情報量を得て、心的イメージをより確かに解釈できるようになった（第6章の第二段階）。図10・5、10・6からはその時代の動物について、意識を備えていたものもいなかったものもわかる。哺乳類は小さく、かなり目立たないが、右のようなより発達した意識を備えていた（図10・6）。少し後になって、鳥類に至る恐竜の系統でも同様の発達が起こった（一億七〇〇〇万年前から一億六五〇〇万年前、図6・8G）。対照的に、こうした二次的な発達を遂げた節足動物はほとんど、あるいはまったくいなかった。ただしハチやシロアリの脳の記憶領域（つまりキノコ体、第9章で言及）が拡張していることに注意しよう。おそらく意識の情感的側面も、最初の哺乳類や鳥類でより複雑になっただろう[7]。たとえば、哺乳類や鳥類しか負の行動的対比を示すことはない（表8・3）。これは、学習した報酬の供給が不意に止まったときの退行的行動のことであり、ゆえに「失望」を表しているかもしれない。

最後に、自意識や言語、他の個体にも心があるという認識などが、哺乳類の霊長類の系統で発達した。おそらく最初の現生人類が約二〇万年前に進化したときだ（図10・1）[8]。

感覚意識は広範囲におよぶ

本書の大部分は、感覚意識の基準を定めて、それを脊椎動物と無脊椎動物の各クレードに体系的に当てはめ、どの動物が感覚意識をもつのかを判定することにあてられている（表8・3〜8・6、9・1、9・2、2・1）。表9・1、9・2では、本書で明らかとなった新たな知見を用いて肉づけし、第2章よりも詳細に基準を提示していることに注意しよう。具体的には、もともとの基準（表2・1）はほとんどが複雑な神経の階層構造に関連していたが、さまざまな感覚が脳内でどう収束するか、記憶の役割とは何か、情感意識の行動的基準にはどんなものが考えられるかといった新たな知見が基準に加えられた。

図10・5　三畳紀の海棲動物（2億2000万年前）。爬虫類の時代。前の3枚の図と同様、灰色、アスタリスク*、ダガー†は、それぞれ意識をもっていた動物、おそらく意識をもっていた動物、意識をもっていた可能性がある動物。A*. 小エビ、*Schimperella*。B. 爬虫類の魚竜、*Mixosaurus*。C. サメ、*Hybodus*。D†. 頭足類の直錐形アンモナイト。E†. 頭足類の曲錐型アンモナイト類、*Ticinites*。F. 海藻、*Codium*。G. 軟体動物腹足類の巻貝、*Wannerospira*。H. さまざまなサンゴ。I. さまざまな軟体動物の巻貝。J. 軟体動物腹足類の巻貝、*Palaeonarica*。K. 棘皮動物のヒトデ。L. 軟体動物の二枚貝、*Enteropleura*。M. 現生のガーに近縁な条鰭魚類、*Kyphosichthys*。N. 条鰭硬骨魚類、*Pholidophorus*。

図10・6　三畳紀の陸上動物（2億2000万年前）。爬虫類の時代。前の4枚の図と同様に、灰色とアスタリスク* は、それぞれ意識をもっていた動物とおそらく意識をもっていた動物。A. イチョウの樹木。B. 裸子植物の樹木、*Glossopteris*。C. 翼竜（翼をもつ爬虫類）、*Caviramus*。D. 初期の恐竜、*Plateosaurus*。E. ソテツの樹木、*Leptocyas*。F. C球果植物（マツ類）の樹木、*Voltzia*。G. 後期の哺乳類型爬虫類、*Placerias*。H*. ハチの近縁種（Xylidae科）。I. シダ種子類、*Dicrodium*。J. 初期の恐竜、*Coelophysis*。K*. 甲虫、*Carabus*。L. 初期の哺乳類、ハドロコディウム。近くに巣や卵もある。M. 爬虫類の槽歯類、*Ornithosuchus*。N. 初期のカメ、*Odontochelis*。

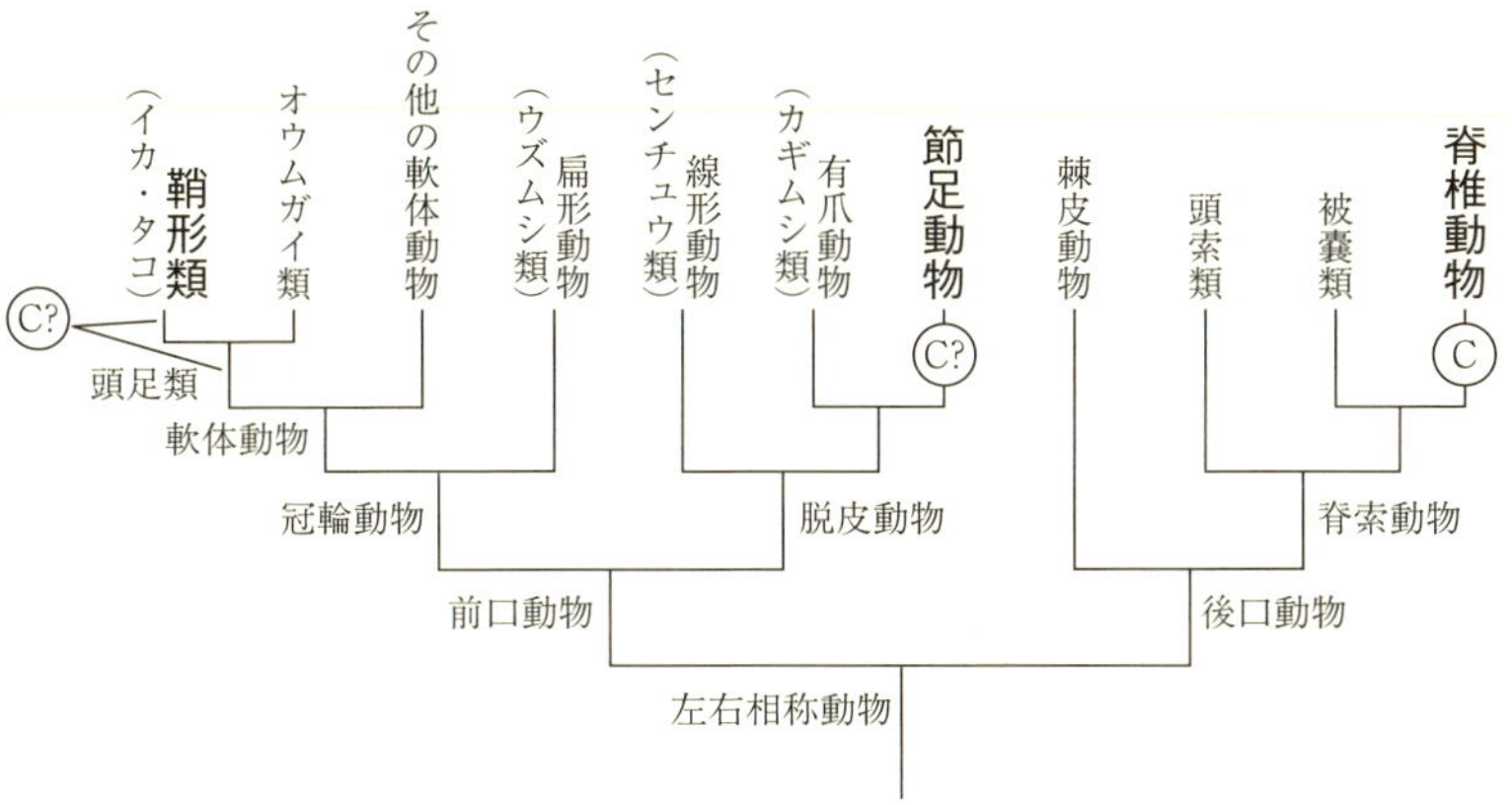

図10・7　意識をもつ証拠を示す動物の系統関係。「C」は意識をもつ［conscious］クレードを、「C?」はおそらく意識をもつ、または意識をもっている可能性があるクレードを示す。左にある「C?」とそこから伸びる線は、最初の頭足類か最初の鞘形類のどちらかで意識が生じたが、腹足類や二枚貝類といった他の軟体動物には生じなかったことを意味している（第9章）。図4・2から要約。

そして、意識がこれまで考えられていたよりも広範囲におよんでいることがわかった。これまで、すべての脊椎動物に三つすべての基盤的側面で意識があると考えた研究者はほとんどいなかった（図8・1）。つまり本書の基準によれば、最初の脊椎動物には①外受容意識、②情感意識、そしておそらく③内受容意識があった（ただし、苦しみが持続する痛みはなかった）が、ナメクジウオなど脊椎のない脊索動物や、他の無脊椎動物のほとんどは意識をもたない。節足動物と頭足類は、双方とも不確実な点があるものの、意識の基準の多くを満たす（第9章）。これら前口動物の両クレードが、脊椎動物と同様に意識をもつと証明されれば、遠縁の三つのクレードの動物で、独立に意識が生じたことになる（図10・7）。すなわち、最初の脊椎動物、最初の節足動物、軟体動物における初期あるいは後期の頭足類である。収斂進化によって、後口動物、冠輪動物、脱皮動物という左右相称動物の三大グループのそれぞれで一回ずつ、合計三回、意識が生じたのかもしれない。

図10・2から図10・6では、意識をもっていた動物種を地球史のさまざまな時点で示している。その時点に存在していた動物を無作為に偏りなく選んだわけでは決してないが、それでも意識が時代とともに広まっていったことがわかる。つまり、意

識をもっていた脊椎動物がカンブリア紀の後、次第に数を増やして多様になった様子や、意識を備えた動物がだんだん放散し、海や陸のさまざまな環境に進出していった様子がわかる。過去五億年にわたる、意識をもっていた（脊椎動物の）種や、意識をもっていた可能性のある（節足動物と頭足類の）種の多さには、実に目を見張る。脊椎動物は特に優位に立っていたように思える。これはおそらく、より向上した移動運動によるものであり（第4章、第9章）、脊椎動物は意識状態をもつことによって、より大きな成功を収めたのだろう。さらに、決して意識が進化しなかった無脊椎動物も多く、地球の生態系でありふれていた存在だったことも描かれている。二枚貝、サンゴ、ウミユリ、コケムシなどの、ほとんど動かず鎧や殻で覆われた動物だ。最後に、海棲動物より陸生動物のほうが意識をもっていた動物の割合が常に高いことも図からわかる。

以上の図は、二億二〇〇〇万年前の爬虫類の時代で終わっている。意識をもつ動物群が広範囲ですでに誕生し、生態学的役割を確立させていた時代だ。しかし最後まで続けるために、現代の光景を言葉で記述することにしよう。現代の動物なら馴染みがあるので、図がなくても読者は想像力を使って現代と古代を比較できるだろう。図10・6の、三畳紀の陸上に相当する現代の光景から始めよう。意識をもつ動物にあふれた、現在の南アフリカの草原を想像するといい。哺乳類と鳥類はいまや、かつての爬虫類のニッチ［生態学的地位］のほとんどを占めている。図10・6の飛翔爬虫類、すなわち翼竜（動物C）は多数の鳥類に置き換わり、首の長い恐竜（D）はキリンに、有毛爬虫類（G）はカバに、ダチョウ型恐竜（J）は本物のダチョウに、ワニに似た槽歯類という爬虫類（M）は本物のワニに、最初期の哺乳類（L）は多数の小型齧歯類やトガリネズミ類に、今日では置き換わっている。カメ（N）はまだ残っているし、昆虫類（H、K）は現代とさして変わらない。三畳紀と現代の違いには人類の存在もあろうから、クン人あるいはサン人（いわゆる「ブッシュマン」）の一団がいる草原の光景を想像しよう。彼らは、最初期の現生人類の遺伝的形質や文化的形質を有している。(9)

現在の浅瀬の海もまた、図10・5で示した三畳紀の海と比較できる。意識をもたない種の軟体動物（G、I、J、L）

はいまだ豊富に存在し（ハマグリ類、イガイ類、多くの腹足類）、意識をもたないサンゴ、棘皮動物（ヒトデ、ウニ）、蠕虫類は現代でも海底に生息している。現代の海で意識をもっている可能性のある無脊椎動物には、エビなどの海棲の節足動物や、タコ・イカ・コウイカといった頭足類がいる。意識をもつ脊椎動物は、海でも繁栄を遂げた。（Cのようなサメは今でも重要な肉食性の捕食者である。また、より進化した硬骨魚類（つまり真骨魚類）は現代では三畳紀よりも豊富かつ多様になり、海での優占的な脊椎動物となっている（タラ、イワシ、マグロ、ウナギ、サンゴ礁の魚たち、カマスなどを考えてほしい）。ウミガメやウミヘビは現在でも生き残っているが、三畳紀の光景にいた魚類型爬虫類（B）はクジラ類（イルカやクジラ）に置き換わった。イルカは高レベルの意識を備え、類人猿に見られるような自意識もあると考えられている。(10) 他の海棲哺乳類にはアシカやその近縁群などがおり、海棲鳥類にはペンギン類がいる。現在の海には脊椎動物、節足動物、頭足類が数多く生息しているので、海での意識は三畳紀から健在であり、むしろ広まってさえいる。

感覚意識は多様だ

意識は広範囲の動物におよんでいるだけでなく、さまざまな神経構造から生じるという点で**多様**であるということもわかった。たとえば哺乳類の発達した意識は、鳥類のものとはかなり異なった大脳外套の構造に依拠している（図6・9）。こうした多様性のさらに顕著な例がほかにもある。魚類や両生類では、非嗅覚性の感覚の外受容意識は哺乳類や鳥類における神経基盤（大脳皮質や、それに相当する背側外套）とは異なる神経基盤（視蓋）に基づいているのだ（第6章）。

視蓋意識と皮質視床意識

こうした多様性について、本書の主張に反対する専門家も多い。彼らはただひとつの、皮質視床系に意識を帰しているためだ。つまり意識には哺乳類の大脳皮質（あるいは鳥類においてそれに相同な背側外套）が必要であると多くの研究者が主張しており、魚類や両生類の視蓋から意識が生じることには同意しないだろう。彼らの推理の一部は、ヒトやその他の高等霊長類が大脳皮質に損傷を受けると、感覚意識の決定的な側面が失われてしまうという観察に基づいている。たとえば、皮質視覚野が破壊されるような損傷を脳に受けると、ヒトは視覚的気づきを失う（「皮質盲」になる）。したがって、ヒトには意識をともなう視蓋による視覚はないことがわかる。このことから、意識の「皮質中心論者」の結論としては、皮質や精緻化した背側外套のないヤツメウナギなどの動物には、視蓋の視覚系に基づいた意識をともなった視覚は存在しえないということになる。(11)

とはいえこれまで議論を展開してきたように、ヤツメウナギなど系統の根幹から生じた脊椎動物には、イメージ形成眼、精細な視覚、視覚の部位局在的な地図形成、視蓋における他のすべての遠距離感覚がある。そのためヤツメウナギには発達した外套がなくても、地図で表された心的イメージがある（第6章）。本書では、ヒトやその他の哺乳類から魚類の状態を間接的に推理するよりも、魚類そのものを探求した。本書の見解では、刺激にあふれた環境と綿密な相互作用をすることから魚類の感覚は精緻であり、外套はすべての感覚意識に**必要**なのではなく、むしろ感覚意識には**不要**であることがわかる。(12)

しかしこの見解は、視覚や他の感覚刺激の**意識をともなわない知覚**［nonconscious perception］という反論に直面する。皮質視床説という対抗仮説の支持者は次のように指摘し、この反論を突きつける。すなわち、ヒトの感覚階層は、表2・1や表9・2にある本書の意識の基準をすべて満たしているが、大脳皮質の段階という最高次段階が関与しない場合、意識をともなった知識なしで、ほぼサブリミナルに［意識下で］刺激を受容することができる。こうした意識をともなわない知覚について霊長類で実験的に示された例としては、盲視、マスキング下のサブリミナル知覚、注意の瞬き、両眼視野闘争、潜在認知、無注意性前意識、ミスマッチ陰性電位、反応抑制、意識をともなわないエラー検出、葛藤解決などがある。(13)こうした意識をともなわない知覚の変化形を一部使いながら、皮質視床説の支持者は、魚類や両生類の感覚系は機能的ではあるが、いかなる意識もともなわないと推理する。

この反論の問題点は、ヒトやサルで検出されたような意識をともなわない知覚は非常に弱く不完全なので、事実上の無注意の部類でしかなく、こうした知覚に頼る魚は自然のなかで生き残れるほど危険を感知できないことだ。こうした意識をともなわない知覚は、常に哺乳類の意識と一緒に研究されているので、前者を後者と分離させられず、また退行的な意識とも区別できない。対照的に、ヤツメウナギやその他の無羊膜類の外受容意識は、そういったものではない。魚類は、生存に必要な精細な感覚的区別をつけることができるほど、高レベルに刺激を処理する。意識をともなわず低レベルな感覚的弁別に依存していると実験室内で示された人間は誰であれ、ほとんど「感覚をもたない」のであり、仮に放置されれば生存することはできないだろう。(14)

次に、本書の見解は**無意識的階層**［unconscious hierarchy］という批判的反論にも直面する。「同型的表象の、複雑な神経階層」があることが感覚意識の基盤的特性だという本書の主張に関して（表2・1）、そのような階層が何らかの無意識的な感覚で存在すれば、この主張は間違っていることになると批判者は論じるかもしれない。しかし本書では**すべての同型的な感覚階層に意識があると主張しているわけではない**。ヒトにおいても、平衡覚や一部の内受容的感覚、固有受容性感覚には無意識的な側面がある。(15)

これをもっともうまく説明できるのは固有受容性感覚だ。固有受容は、筋肉、腱、関節包の伸長を感知することで、自分の身体の動きをモニターする。固有受容には、小脳への同型的投射がある無意識系と、大脳皮質へと同型的に投射する意識系の両方がある。皮質意識系に問題はなく、すべての意識をともなう感覚系と同じ神経構造がある（表5・3）。しかし（おそらくは意識系より古い）小脳の固有受容系は同型的なのに無意識的なのはなぜなのか。答えはある。理論的考察から次のことが示唆されるのだ。自身の動きに起因する変化を固有受容性感覚として感知するよりも、外界はさらに危険で、予測できず、多様であり、意識の回路は外界のモニターに専念することがきわめて重要である。(16) 体内の変化にも同様の推理が当てはまる。ホルモンやその他の自律的な恒常性メカニズムで変化があらかじめ安全で小幅に保たれているのだ。

なぜ複雑な脳領域のすべてが意識を生むわけではないのか、特になぜ固有受容性の小脳が意識を生まないのかについて、トノーニとコッホは別の理由を提唱している。[17] たくさんある小脳の神経モジュールは、（意識のある）大脳皮質の神経モジュールよりも互いに独立して働いており、相互作用が少ないのであまり統合されておらず、意識もともなわない。組織化され、統合された相互作用の数が鍵なのだ。

最後に、大脳皮質は情感意識に必要であり、情感意識を担っていると主張して、対抗する研究者は反論してくるだろう。本書では第7章、第8章で、基盤的情感は皮質性ではなく皮質下性であり、哺乳類だけでなくすべての脊椎動物に存在する脳領域に起因する証拠を示し（表8・4、8・5）、この反論を退けた。また反射のレベルを十分に超えた、もっともらしい行動的基準を集めて整理し、適用して、どの脊椎動物に情感意識があるのか判断できた（表8・2）。そしてどの脊椎動物も、大脳皮質があろうがなかろうが、これらの基準に適合する（表8・3）。

もっとも重要なのは、皮質下性の情感と選択的注意が原意識の目印であることを認識し、強調することだ。動物が脳内で世界の「原始的な」心的イメージを経験するかどうかを知るのは容易ではないが、[18] 魚であっても刺激に注意を払ったり誘発性をもった嗜好性を示したりすることを調べるのは簡単だ。

脳内の多様性

意識システムには豊かな多様性があるという本書の主張について議論を続けよう。脊椎動物の脳ひとつひとつにも、脳内に神経構造的な多様性が存在している。その好例は、あらゆる脊椎動物で、嗅覚以外の感覚すべての意識経路が視床を中継する様子として見られる（第5章、第6章、図5・9〜5・12、6・4）。ここで多様性は、視床なしで投射する嗅覚と、視床に直接投射する他の感覚の、二種類の異なった経路として現れている。実際には、嗅覚経路には視床を経る分枝もあるが、重要性は二の次であり、嗅覚意識はそれに依存していない。[19] 主要な嗅覚経路では、ガンマ振動によって情報が送られる。このガンマ振動は、視覚、聴覚、平衡覚、触覚といった哺乳類の他の感覚を、これらの感覚の意識的知覚と結びつける視床皮質振動とよく似ているが、これらとは独立に生じる。[20] 哺乳類では、嗅覚知覚はその後、前頭前野の広い領域にわたって他の感覚知覚と結びつけられるのだろう。しかし重要なのは、そのときまで両者はガンマ振動によって結びついた別々の投射系だということであり、①嗅覚意識と②他の感覚意識で別々に進化したかのようだ。繰り返して言えば、これらふたつの投射系は多様性を示している。

それに加えて、外受容意識、内受容意識、情感意識の三種類の意識としても多様性が存在する。以下に第7章、第8章を要約し、これらの種類のあいだにあるもっとも重要な違いを挙げよう。まず対極的なふたつ、外受容意識と情感意識を比較する。違いのひとつは、外受容意識が背側外套や視蓋に起因するのに対し、情感意識は皮質下の辺縁核に起因することだ。外受容意識と情感意識は、同型的地図形成の程度も異なっている。つまり外受容意識は同型性が高く、情感意識は低い。三つめの内受容意識は、外受容意識（同型性）と情感意識（辺縁系への入力がより多く、クオリアの誘発性がより高い）の両方と特性を共有することで、多様性を高めている。

図10・8では、三種類の意識と、各種類の意識を担う脳領域をより詳細に比較している。この図から、外受容器や内受容器からの感覚入力（左下の二本の太い矢印）が脳に至り（まんなかのふたつの大きな四角）、どのように外受容意識、内受容意識、情感意識（上の三つの囲み）をもたらすのかわかる。脳を模式的に描いているが、物理的位置に沿うようにも配置してある。**背側**部分（左側の、外套と視蓋）は感覚入力、特に同型的に地図で表され、外界や体内についての意識をともなう心的イメージ（上の囲いの中にある「外受容イメージ」と「内受容イメージ、内受容的感情」）をもたらす入力の処理のほとんどを行う。図の右側にある脳の**腹側**部分、特に脳幹深部の辺縁核は感覚入力をもとに好悪の情感といった感情を生む。脳の**前後**軸では、感覚処理が頭側に向かうにつれてより複雑になり、その頂点（最前部）で意識が創発するので重要である。矢印で示してあるように、「外受容器からの遠距離感覚」は視床と大脳皮質、または視蓋へと重点的に投射し、外受容イメージをもたらす。また遠距離感覚は辺縁核にも投射し、情感を引き起こす。「内受容器からの身体感覚」は辺縁核により多く投射し、基盤的な情感を生む。哺乳類では、この入力は大脳の島や前帯状野［an-

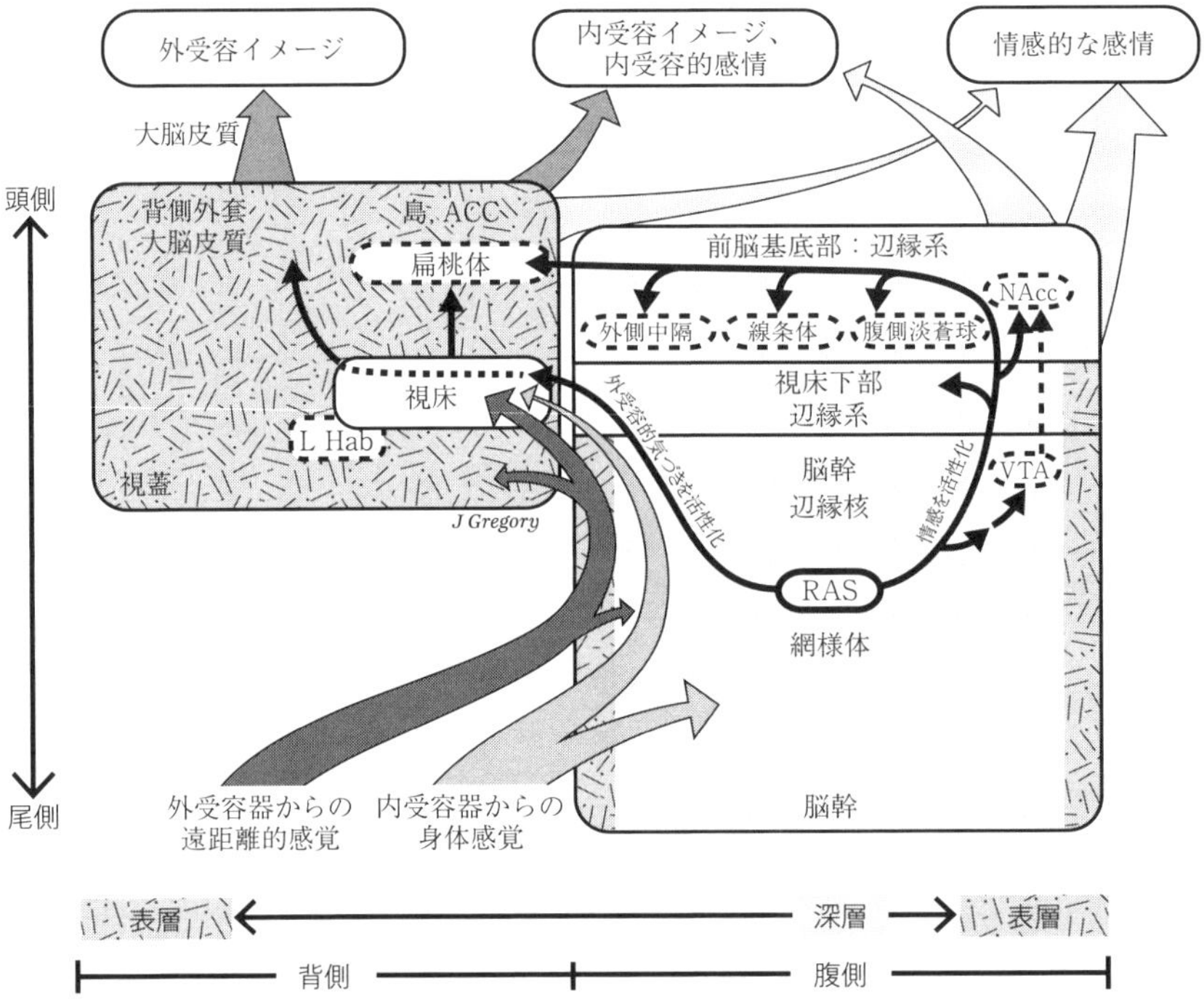

中脳辺縁報酬系［mesolimbic reward system］
ACC：前帯状野［anterior cingulate cortex］
L Hab：左側手綱核［left habenula］
NAcc：側坐核［nucleus accumbens］
RAS：網様体賦活系［reticular activating system］
VTA：腹側被蓋野［ventral tegmental area］

図 10・8　脊椎動物における、外受容意識、内受容意識、情感意識という 3 種類の原意識の関係性。詳細な解説は本文を参照。

terior cingulate cortex（ACC）］にも達し、これらの両方がイメージを生成し、情感を調整する。辺縁核では、網様体賦活系［RAS］が内受容入力と外受容入力の両方を受け取り、情感的気づきと外受容的気づきの両方を活性化（覚醒）させる。また辺縁核への感覚入力は、中脳辺縁報酬系も活性化させうる。中脳辺縁報酬系の各部は、図中では破線の長円形で示してある。辺縁系の構造の詳細については、表8・5、8・6を参照してほしい。図の下側では、辺縁系構造の一部の略字のリストがある。図の上部では、濃い色の二本の矢印は同型的に組織化されたイメージを、薄い色の三本の矢印は情感を表している。

ここまでの、多様性という論点について要約しよう。すべての感覚意識を説明するような、単一の創発プロセスが存在するというよりは（これはほとんどの論者が主張するところだが）、多くの「創発」が主観性に寄与し、適切な進化の文脈に照らしたとき、そのそれぞれを説明することができると見られる。

多様性のなかにある共通性

非常に高い多様性が存在することから、次の疑問が生じる。種内と種間の両方で考えたとき、感覚意識すべての共通要素は何なのかという疑問だ。だが非常に広い意味で言うのでなければ、あらゆる脊椎動物で三種類の感覚意識（外受容的、情感的、内受容的）すべてを説明できるような**単一**の神経ネットワークを見つけることはほぼ不可能だとわかる。哺乳類では、①大脳皮質の外受容的感覚領域と内受容的感覚領域、②情感のための皮質下性と皮質性の辺縁系構造のあいだにある膨大な相互作用と連絡というかたちで共通性が存在していることはよく知られている。[21] しかしこれが当てはまるのは哺乳類だけであり、大脳皮質が存在しない魚類や両生類の脳では、こうした特有の連絡は存在しそうにない。

一方で、嗅覚から辺縁系への連絡は、あらゆる脊椎動物で詳しく報告されており、記憶に関連した海馬から辺縁系への連絡も魚類と四足動物で知られている。[22] これらは正真正銘、外受容と情感の共通性である。さらに、脊椎動物全体に存在し外受容意識と情感意識の両方と結びついている構造が他にもあることもわかる。網様体賦活系（図10・8）、特にその背外側被蓋核［laterodorsal tegmental nucleus（ＬＤＮ）］である（表８・５）。背外側被蓋核は後脳と間脳の連絡部近くに位置し、ポジティブ、ネガティブ双方の情動の強さを調整する。[23] 背外側被蓋核は、ヤツメウナギを含めて、これまでに調べられたすべての脊椎動物に存在する。[24] 網様体賦活系は外受容的覚醒にも関与していることから（第６章）、網様体賦活系の背外側被蓋核は脊椎動物全体で共通して、外受容意識と情感意識を結びつけていることになる。[25]

さらなる共通性が遺伝子に存在し、**無脊椎動物**と脊椎動物のさまざまな意識を結びつけるかもしれない。もっとも有力なのは、情動意識の神経修飾物質の関連分子を普遍的にコードする遺伝子だ（第８章）。たとえばドーパミン関連遺伝子である。ドーパミンは多くの動物門に存在し（軟体動物、節足動物、脊椎動物など、表８・４）、報酬、欲求的驚き［appetitive surprise］、動機づけに関連する神経伝達物質だ。[26]

最後に、階層という共通性がある。本書での意識の分析によって、「トップダウンとボトムアップ」で双方向的に相互作用をする神経階層が広範囲におよび、驚くほど多方面にわたっていることがわかった（図６・５）。五億二〇〇〇万年以上前に進化した、単一で基盤的な神経の生物設計［bioplan］をもとに、脊椎動物の脳は目を見張るほど多様なクオリアを生みだせる。それは美しい夕焼けのイメージからバラの香り、砂糖の美味しさから針で刺した痛みにまでおよぶ。節足動物や頭足類での相似階層も同じことをしているかもしれない。多様なクオリアはすべて、複雑な神経階層に関する同じ原理に基づき、それに関わる多様なニューロンの構造や神経伝達物質、特有の神経連絡の違いから生じる多様な主観的経験とともにつくられる。これは紛れもなく、意識のもっとも驚異的な特性のひとつだ。

意識の連続性、高次意識

個々の脳内で、また動物種や脳構造によって、さらに脳の複雑性の程度の違いで、原意識の多様性があることがわかった。しかし、第１章で述べたことを再び強調したい。本書でそう主張しているのは、感覚的原意識、もっとも基盤的な意識、「（何であれ）～であるとはこのようなことだ、という何か」、進化の初期段階の意識に関してだけである。意識のすべての側面、特に「高次意識」が魚類に存在すること、または魚類、両生類、爬虫類、哺乳類、鳥類、そしてヒトで複雑性が同程度にあることを主張しているのではない。むしろ本書の立場は、基盤的な感覚意識はすべての脊椎動物に存在する一方で、より複雑な脳に高次の意識（たとえば、第6章の第二段階で述べた、記憶によって増強された意識）が付け加わることで意識の進化的発達も起こったとするものだ。つまり、この連続性のどこにも「神秘的な」要素が加えられることなく、むしろすべては脳の複雑性における自然主義的な変化に基づいており、それが知性の向上、特に自己への気づき［self-awareness］の向上をもたらしたと主張しているのである。

本書で検討した原意識とは対照的に、成熟した**自己への気づき**には他の多くの特性が加わり、含まれている。たとえばメタ気づき［meta-awareness］（気づきがあるという気づき）、自己についての思考、思考についての思考、鏡に映る個体を自分だと認識する能力、心の理論、言語的自己報告、その他の関連概念だ[27]。ここに適用される自己の階層モデルがいくつか提唱されている。たとえばダマシオは、自己には三つの段階があり脳の複雑性の向上とともに進化的に発達したのだが、そのうちもっとも基盤的な段階は「原自己」である、と主張している[28]。ダマシオによれば原自己は、時間ごとの知覚といった生物の現在の状態を記録するが、意識をともなわないとされる（そのような知覚は原意識が担うとする本書の見解とは対照的だ）。次にダマシオは、高次段階に「中核自己」を仮定する。これは意識をともなった、原自己の二次的気づきを意味する。最後の最高次段階は「自伝的自己」である。自伝的自己も意識をともなうが、それに加えて自伝的記憶や未来の予測も行う。自伝的自己はヒト、大型類人猿、イルカに存在する。ダマシオの自己のどの段階にも、正確には原意識や「〜であるとはこのようなことだ、という何か」にちょうど相当するものはないが、これまで議論してきた原意識の進化的段階を**超えて**、数百万年以上にわたる進化で「自伝的自己」が認識される最高段階まで自己と自己への気づきの複雑性が向上するのに十分な機会が生じた、という点が重要だ。

記憶の研究者であるエンデル・タルヴィングはダマシオとは別に、記憶において重要な役割を担う自己と意識のモデルを提唱してきた。タルヴィングの主張でも、自己と意識はダマシオのように三階層に配置されるが、これらは利用する記憶機能の種類によって区別される。最低次段階はアノエティックな［anoetic］（知ることなしの）意識であり、「知覚的に記録し、内的に表象を行い、内的・外的両方で環境の各側面に行動的に反応できる」最小限の動物に生じる。(29) この段階は原意識に相当すると思われる。アノエティックな意識は**手続き記憶**によって支えられる。これはもっとも単純な記憶機能であり、認知的、知覚的、運動的スキルを獲得し、保持し、引き出す能力だけが必要だ。タルヴィングによれば、次に進化した意識の階層段階は、ノエティックな［noetic］（知ることの）意識である。ノエティックな意識のある動物は世界についての知識などの**意味記憶**をもつ。動物は意味記憶のおかげで、過去に経験はしたが、まさにその時その場にあるわけではない対象や出来事に気づき、はたらきかけることができる。(30) 多くのヒト以外の種、特に哺乳類や鳥類が意味記憶系を発達させ、それゆえこうした動物にノエティックな意識があるとタルヴィングは信じている。このノエティックな段階は、本書では記憶によって増強された第二段階に大まかに適合する。これは最初の哺乳類や鳥類が到達した段階だ。

タルヴィングの階層の最高次段階はオートノエティックな［autonoetic］（自己を知ることの）意識である。これはヒトしか獲得していないと彼は信じている。この段階はダマシオの自伝的自己にほぼぴったり対応する。オートノエティックな意識の進化の鍵は**エピソード記憶**の発達である。これはごく最近に進化し、もっとも遅れて発達する、発展的な記憶機能である。タルヴィングの考えは、エピソード記憶の進化を本書より遅い段階に帰している点で、本書の見解とは違うことに注意しよう。というのも新しい証拠から、多くの羊膜類や一部の魚類が具体的な経験を記憶していることがわかっているからだ。(31) とはいえ、エピソード記憶はヒトでもっとも高度に発達していることは、ほぼ疑いようもない。オートノエティックな意識によって「心的時間旅行」が可能となり、オートノエティックな気づきを通して以前の経験を追経験できる。タルヴィングの主張によれば、過去を心に描き、人生の特定のエピソードを心的に追経験する能力によって、アイデンティティ、自己、自己への気づきが創発する。ヒトにこうしたものを認められるが、大型類人猿、イルカ、［大型インコの］ヨウム、ゾウにもあるかもしれない。(32)

結論としては、詳細までダマシオやタルヴィングに同意できるわけではないが、自己への気づきが次第に発達し、基盤的な感覚的、身体的気づきや（本書の主題である）原意識を超えたということについては同意できる。原意識の進化的起源に関する本書のモデルは、高次意識、自己への気づき、知性が原意識に基づいて後から進化したことと両立する。

主張3　存在論的主観性、神経存在論的還元不可能性、「ハード・プロブレム」といった哲学的問題は、神経生物学的事象と適応的な神経進化上の事象の不可分な結束によって説明できる

本書の研究から、脊椎動物の感覚意識の還元不可能で存在論的に主観的な側面、および「ハード・プロブレム」の起源は五億二〇〇〇万年以上前の決定的な進化的分岐で生じたことが判明した。それは反射が、参照される統一的で質的な主観的経験へと進化し、心的因果を生むようになったときである。主張3の考えは、存在論的主観性を理解するためには、神経生物学的、神経進化的、哲学的観点を統合しなければならず、実際にこれらの観点は不可分であるというものだ。第1章で提起したように、これらの観点を統合すること、つまり「象について思案する四人の盲人」という観点は、意識のハード・プロブレムに答える鍵となる。

しかし、ハード・プロブレムへの取り組みに進化を利用しようとするのなら、まずできるだけ厳密に、意識が真に適応的な現象であり、意識をもつ生物に進化的生存価があることを立証しなければならない。これが次節の論点だ。

意識とその神経存在論的な主観性の特性は適応的である

謎めいた意識の四つの主観的特性、つまり統一性、参照性、心的因果、クオリア（表1・1）は、自然選択に起因する適応として容易に理解できる。心的統一性が適応的でなければならない理由は、現実世界についてのバラバラな心的

地図から行動を選ぶことは役には立たず、時間の無駄となるだろうからだ。追ってくる捕食者について、すべての感覚情報を総合し、統一することに失敗すれば、致命的な事態を迎えるだろう。同様に、情感的な感情が統一されなければ、危険が迫ったときにためらいが生じ、死に至るだろう。意識の**参照性**が適応的であるのは、生存のためにはニューロンの無意味な内部活動ではなく、外界や脳外の身体に対処しなければならないためだ。心的**因果**が適応的であるのは、それによって意識のある動物は、単に受動的なだけではなく積極的に外界と相互作用できるためだ。**クオリア**が適応的なのは、ある刺激や質感を他の刺激や質感と区別する、つまりある波長と別の波長の電磁波をそれぞれ青と赤として区別するからだ。動物にとって、たとえば無防備なグッピーにとって、捕食性の青いサギ（鷺）と真っ赤なウソ（鷽）との区別［原著では「青いサギ blue heron」と、「注意を逸らそうとするもの」を意味する「赤いニシン（燻製ニシン）red herring」とが対比されている］が命に関わらなかったとしたら、そのような区別が進化することはなかっただろう。クオリアの区別は視覚だけでなく、すべての感覚で同様に役に立つ。たとえば警告の鳴き声を求愛の鳴き声と区別し、新鮮な餌と腐った餌を味で区別するなどだ。感覚的クオリアが適応的であるのには、他の理由もある。つまりシミュレーションとして、感覚的クオリアがあれば表象する現実の対象がすぐ先の未来でどのように動くのか予測でき、それゆえ攻撃者を避けて餌を捕まえる役に立つ（第6章）。そして**情感的**クオリアが適応的なのは、ポジティブな情感とネガティブな情感をもつことで生物はどれが向かうべき有益な刺激でどれが避けるべき有害な刺激であるかを察知できるからだ。

しかし本書の主張が全体として妥当であるなら、意識そのものが深いレベルで適応的であることがもっと根本から示されなければならない。本書では、ウィリアム・ジェームズ、ジェラルド・エーデルマンなどに依拠しながら[33]、快、不快、表象的な心的イメージ、選択的注意が役に立ち、生存の助けになることを論じてきた。しかしまだ不十分だ。次の反論に答えなければならない。すなわち意識は、向上した認知、高い学習能力や知性、大きな脳による高度な情報処理といった、それ自体が適応的な他の何らかの脳機能の、無駄で役に立たない副産物（随伴現象［epiphenomenon］）にすぎないという反論だ。[34] 第2章では、意識は副産物だという考えに対するニコルズとグランサムの反証を取り上げた。彼らが言うには、意識は役立たずであるにはすぎるほど、コストが高く複雑な神経構造に依拠している。[35] ここにマーク・ブラッドレーの主張も付け加えよう。[36] 彼の指摘によれば、特定の経験（クオリア）は、特定の刺激（捕食者の感知など）、特定の脳構造や神経活動（扁桃体の活性化など）[37]、特定の反応（逃避）に対し、因果役割のない偶然的な副産物としては**強すぎるほどの相関**がある。

一見すると、ブラッドレーは「相関が因果を含意する」ことを主張しているように見える。これは有名な論理的誤謬だが[38]、実際には強い相関や完全な相関によって、因果があることは確からしくなる。こう考えてみよう。もし、意識が役立たない副産物だという別の見解が正しかったとすれば、意識にかかる自然選択は緩和され、相関は次第に弱まっていくだろう。動物の生存にとって、特定の**この**クオリア［正確には単数形の quale］が特定の**この**刺激と関連づけられる必要はなくなるだろう。危険に対して快感や誘引性をともなって反応したり、有益で必要な餌に恐怖を覚えて逃げたりすることが頻繁にあってもよくなるだろう。しかし、そうはならない。

もし意識が適応的でないなら、ヒトやその他の脊椎動物の集団の構成個体、つまり自然下で通常の寿命がある健康な構成個体は、以下の三つの意識の特性のうち少なくともひとつを欠いているはずだ。すなわち、①注意（顕著な刺激に特に注意を払うことがない）、②情感（有害刺激に比べて有益な刺激に嗜好性を示すことがない）、③感覚的同型性（感覚の神経経路が同型的に地図で表されていない）である。そのような個体は知られていないし、少なくとも単独では決して生存できないだろう。

感覚意識の適応的重要性をさらに証明するように、自然選択は過去五億年以上にわたり感覚意識を維持し、脊椎動物の主観的イメージと情感とを、少なくとも生存に必要な程度、現実に即して適合させてきた。他の場所ですでに指摘したように、「気の狂った、常に幻覚を見ている、または感覚的知覚がゆがみ、不適切な感情的反応を起こす動物は、『血で血を洗う』状態にある自然では即座に死んでしまう」[39]。したがって主観性は「正確」で現実に基づくように維持された。

とはいえ、意識を進化させなかった動物も多いので、意識は普遍的に有益な適応というわけではない。意識はきわめて複雑なので、意識を維持するエネルギーコストは高くなり、低コストの生存方法をとる大部分の無脊椎動物で意識が進化することは決してなかった（第4章を参照）。たとえば図10・2、10・3、10・5で示したような、硬い殻で守られた二枚貝やその他の不動性の無脊椎動物が挙げられる。

意識はこれまで、かつて意識があった動物のクレードで適応価を失って消失したことはあるのだろうか。知られている限り、感覚意識を成体で失った脊椎動物のクレードは存在しない。つまり、魚類、両生類、羊膜類の既知のクレードには、多感覚的な遠距離感覚を失ったものや、二枚貝や鉤虫のように不動性になったものはいないのだ。脊椎動物のクレードが遠距離感覚のどれかを失った場合、他の感覚をより鋭敏にして補う。たとえば盲目のドウクツギョ（洞窟魚）やホライモリは、遭遇対象を検出するために、それぞれ感受性の高い側線系を備えている。[40] しかし最初期の摂餌段階にあるゼブラフィッシュの幼生やカエルのオタマジャクシなど、非常に単純な脳しかない脊椎動物の若い幼生が意識をもつかどうか、誰が判断できるだろうか。おそらくこういった幼生は反射を使っており、意識は後から発達するのだろう。

また、もし節足動物に意識があると考えられるなら、意識の喪失について面白い例が思い浮かぶ。たくさんの多足類（ムカデ、ヤスデの動物群）が二次的に眼や頭や比較的小さな脳を退化させているので、[41] 一部は視覚イメージや視覚意識を失っているかもしれない。しかし最たる例は、フクロムシ類というフジツボに近縁な動物群だ。[42] フクロムシ類はカニの腹部内臓に寄生する。フクロムシ類の生活環には複数の生活段階があるが、そのほとんどで蠕虫のような姿か枝分かれした根の束のような姿をしており、神経系はまったくない。最終的な生活段階ではただの巨大な卵嚢となり、意識をもつ可能性は皆無だ。このため生息場所が保護され、餌が入手しやすく、運動性が低く、単純で安定した「刺激のない」感覚環境にある寄生によって、意識が失われることもあると示唆される。[43]

意識は客観的に「経験」されることが不可能であるように進化した——自－・他－存在論的還元不可能性

意識が適応的であると立証したので、いまや本腰を入れて主観性という問題の「解決」に取りかかることができる。そこで、独特な哲学的観点からアプローチして議論を進めよう。これまで本書では、意識の一般的な生物学的特性と特殊な神経生物学的特性を考えてきた（表2・1、9・1、9・2）。これらはポジティブな特性である。しかし、存在論的主観性を十分に理解するためには、意識の科学的還元を阻むふたつのネガティブな特性を取り挙げなければならない。ゴードン・G・グロブスは次のように議論の場を整えている。

> 心的事象は神経事象と厳密に言っても同一であるという存在論的主張は、残念ながら主観的［subjective（S）］観測者と客観的［objective（O）］観測者という両者の観点を混同している。「心的事象」という語は、心的事象を直接的に知ることによって（推論なしで）直に心的事象が与えられたSの観点を暗に意味しており、一方で「神経事象」という語は、おそらくはSの脳であるところのOの観点を暗に意味している。したがってOはSの心的事象を直接的に知ることはできない。というのも心的事象はSにとって私秘的なものだからだ。たとえば、OはSの痛みを経験することはできない。Sにとっては、直接的に知ることによる神経事象は存在しない。つまり、S自身の心的事象が物理的に身体化されていることは、ファイグルの空想上の「自己脳視装置」を使ってOの方法でSが自身の脳を観察しない限り、Sによって直接的に知られることはない。心的事象には神経の身体化についての情報は何も含まれていない。たとえばSの痛みには、物理的対象の典型的な特質はなく、Sは痛みを見たり触ったりできない。また、少しでもニューロン的であると思われるような、痛みに関するものもない。……いかなる意味の脳であっても、いかなる方法であったとしても、自身の構造をコードしたり表象したりするようには思われない（神経系は、自身の構造に向いた感覚装置をもたない[44]）。

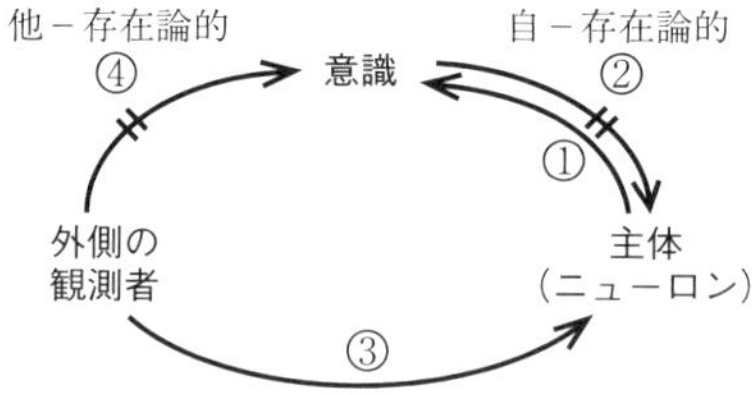

図 10・9　意識の自 - 存在論的還元不可能性と他 - 存在論的還元不可能性という問題。①主体は自身の意識経験へのアクセスがある。②自 - 存在論的還元不可能性。主体は自身の客観的ニューロンへのアクセスを欠く。③観測者は主体の物質的なニューロンへのアクセスがある。④他 - 存在論的還元不可能性。観測者は主体の経験へのアクセスを欠く。

この主観と客観の分離は、**自 - 存在論的**［auto-ontological］還元不可能性と**他 - 存在論的**［allo-ontological］還元不可能性という考えで表現できる（図10・9）[45]。自 - 存在論的還元不可能性は、主体が自身のニューロンの働きを経験することができないことを意味し、他 - 存在論的還元不可能性は、外側の観測者が主体の経験にアクセスすることができないことを意味する。

まず自 - 存在論的還元不可能性について考えよう。この難問は、感覚意識を生む神経プロセスが、脳ではなくほかの何かについての感情状態をすべて参照するという事実に起因する。この還元不可能性が、ある感情状態にある脳**であること**と、その感情状態にある脳を**観測する**または調べることのあいだにギャップをつくる[46]。

神経科学者や医者は、生きた脳を大まかに「観測」するためにいくつもの走査機器を使う。しかしそういった神経イメージングでは、自 - 存在論的還元不可能的ギャップに迫ることは決してできない。それは**自己脳視装置**［autocerebroscope］という空想上の機械によって示されるとおりだ。これは、自分の頭蓋を貫いてプローブを挿入し、それによって自分自身の脳におけるニューロンの発火を観察、測定する装置である。

さしあたって、これはもちろん（医者が使うレントゲン装置から類推して思いついた）サイエンス・フィクションに留まるはずだ。しかしこの装置の助けを借りて、音楽を聴くという経験や自身の思考、情動、欲求といった他の直接的経験を内観で知りながら、私は自身の大脳皮質神経の電流の様子を詳細に調べることができる[47]。

しかし経験を生みだす活動のさなかにある自分のニューロンを観測している場合でさえ、活動中のニューロンを「感じる」ことはできない。そのため観測によっては自身の経験は説明されない。言いかえれば、自己脳視装置を使っても自分は単に自己の三人称的観測者になるにすぎず、その観点には利点はあれども限界がある。

実際には、脳とその意識は経験を生みだすニューロンを主観的に経験できないということの事実は、どのように進化したのかという観点で考えれば謎でもなんでもなくなる。つまり生存できるかどうかは、外界と身体を参照する神経ネットワークに依存する。外界や身体では各種の危険が生じ、意識はそうした危険から個体を守るのに役に立つ。こうしたネットワークでは、自身のニューロンの発火を詳細に意識上で知覚するなどという労力の浪費は許されない。ニューロンはすでに、他の恒常性メカニズム（たとえば、体液が恒常的にニューロンを潤し保全するように維持する生理的メカニズム）によって守られているので、無駄が多くなるだろう。スポーツチームのマネージャーは、選手の仕事を倍にするためではなく、競技に専念させるためにいるのだ[48]。

他‐存在論的還元不可能性は自‐存在論的還元不可能性の反対だ。主体が経験を生みだす自身の脳への客観的アクセスを欠くのとちょうど同じように、外部の観測者は、主体が感じるようなこうした経験へのアクセスを欠いている（図10・9の④を参照）。主体にだけそのアクセスがあるのだ。要するに、外部の視点から脳は観測できるが経験できない一方で、内部から経験は観測できるが、脳がその経験をどのように構成するのかは観測できない。

進化史の理解と神経生物学的原理が自‐・他‐存在論的還元不可能性のジレンマを解決するのにどう役立つのか、以下に示そう。基盤的な感覚的反応性は反射的かつ生得的であり、意識のない初期左右相称動物にある特徴だった。反射は客観的な方法で十分に記述できる。しかし脊椎動物の進化において、五億二〇〇〇万年前よりも以前に脳の複雑性が向上し、反射的反応から心的イメージや心的状態へと最初に切り替わったとき、**主観性が現れたために突如として二種類の還元不可能性も生みだされた**。つまり意識が特定の仕方で進化したことで脳と心の区別が生じ、歴史的な出来事として完全に自然の生物学的枠組みのなかで起こった。こうした還元不可能性という哲学的難点を解決するためには、進化的観点と神経生物学的観点を持ち込む必要があり、両者の観点は互いに有用である。

もし皮質視床仮説の支持者が考えているように、原意識が実際には最初の哺乳類や鳥類で生まれたとしても、基本的な考えとして同じことがハード・プロブレムという問題の解決に適用できる。

一般的な生物学的特性から特殊な神経生物学的特性への移行——ギャップを橋渡しする

特殊な神経生物学的特性が一般的な生物学的特性や反射（表2・1、9・2）に加えられて意識への移行が生じたとはいっても、生命の基盤的な一般的特性は保存されていた。そして、こうした一般的な生物学的特性から特殊な神経生物学的特性の基盤や方向性がつくられ、特殊な神経生物学的特性は一般的な生物学的特性と統合された。ついに一般的な生物学的特性と特殊な神経生物学的特性を使って、意識についての神経存在論的な主観的特性（NSFC、表1・1）という四つのややこしい特性を説明できる。以下では、NSFCのそれぞれについて、また一般的な生物学的特性、反射的特性、そして特殊な神経生物学的特性（以下、一般‐反射‐特殊特性）が各NSFCの主観的側面へとどのように結びついているかについて考えよう。

参照性への移行

一般‐反射‐特殊特性を通した発達から、どのように参照性、つまり体表（かゆみ、皮膚の痛み）、体内（空腹痛）、外界（視覚、聴覚）への脳活動の参照性が説明されるのだろうか。本書の著者のひとりのファインバーグは二〇一二年の論文で[49]、参照性には非常に多くの一般‐反射‐特殊特性が寄与しているので、参照性はこの文脈でのNSFCでもっとも代表的であり、もっとも参考になる特性だとみなした。まず一般的な特性についてファインバーグは、参照性は**生きているプロセス**であり、**身体化**された生物の**システムの特性**だとした。参照性の**身体化**という特性は、参照性が体内のクオリアと身体の外側からのクオリアを区別するという事実に見られる。重要なのは、参照性には**階層的組織化**という一般的な特性も必要であり、階層的組織化が精緻になって**複雑な神経階層**や、この神経階層に関係する大規模な**神経相互作用**、**注意メカニズム**などの特性が生じることだ（表2・1）。参照性に寄与する多くの一般－反射－特殊特性には、注目すべき特性が他にもある。まず**反射**は、その入力や出力は自動的かつ意識をともなわずに外界と関係している、あるいは外界を参照している（三一〜三二頁を参照）。次に**同型的地図形成**は、意識が参照すべき対象をシミュレートする。そして**自－存在論的還元不可能性**は**適応**だという点から、自身のニューロンの発火を無駄に参照することなくエネルギー浪費が避けられる（二四三頁を参照）。

したがって参照性は、一般的な生物学的特性と特殊な神経生物学的特性の両方に基づいた、多次元的プロセスである。たとえ非常に反射的なものでも、すべての神経段階が参照性の起源に決定的である。しかし感覚意識に必要な神経構造は、特殊な神経生物学的特性が一般的な生物学的特性に加えられるまで現れない。神経階層の複雑性が連続的に増加したことによって、滑らかに移行し、途切れることはなかった。

結論としては、参照性は存在論的に主観的で還元不可能なプロセスであるが、同時に、脳と経験の「ギャップ」を生む「神秘的」な、あるいは「根源的」な物理的性質を必要とせずに科学的説明ができる。刺激への参照性は、自然的特性の独特な**配置**と**相互作用**に由来する。

心的統一性への移行

心的統一性の神経生物学的基盤は、参照性と同様に、一般－反射－特殊特性によって多層的かつ多決定的となっている（表2・1）。心的統一性が依拠する一般的な生物学的特性の例を挙げよう。心的統一性は生命と同様に**プロセス**であり、意識が**物理的**に統一される単一の場は脳内に存在しないので、空間中に位置づけられるような物質的なものではない（第2章、三七頁）。また統一性は参照性と同様に、**身体化された階層システム**の特性であり、そこから**複雑な神経階層**という特殊な神経生物学的特性への進化的移行が滑らかに起こったことは決定的である。第2章では、だんだん感覚的知覚が統一されていく入れ子状の階層として意識をもつ脳が働くこと（落下するリンゴの各部分の組み立て、三六～三七頁）、また、高次の脳段階が低次段階に対し下方性の拘束という統一的支配を行うこと（たとえば単眼的視覚、図1・2）を示しながら神経階層を説明した。

心的統一性に寄与する多くの一般‐反射‐特殊特性のうち、ふたつの特性が特に大きく寄与している。まず二三七～二三八頁で議論したように、感覚地図や感情が断片化されていると役に立たず致死的なので、統一性は非常に適応的である。そして注意される事物はほぼ統一的な経験に存在し、注意されない事物はそこに存在しないため、統一性は注意という特殊な神経生物学的特性と強く結びついている（第2章の「注意」の節を参照）。

最後に、心的統一性は自‐・他‐存在論的に還元不可能である。意識をもつ主体（つまり「自」）は身体化された体系的な神経階層プロセスを入れ子的で統一されたものとして経験するが、客観的観測者（つまり「他」）の知るところでは、それは統一的ではなく、分散的で「ギャップ」がある。自‐・他‐存在論的還元不可能性は実在するが、生物学的に説明できる、という前節の結論を思い出そう。

心的因果への移行

成熟した心的因果によって、意識をもつ動物は複雑な目標指向的行動を通して世界を変化させる。成熟した心的因果には、表2・1の一般‐反射‐特殊特性のすべてが関与している。繰り返しになるが、これらの特性は最終的に複雑な神経構造となって、多様な刺激を処理して文脈に応じたさまざまな行動を組み立てる。とはいえ、因果の根源は非常に原始的だ。因果的動作は反射的、あるいは「前反射的」でさえありうる。というのも水、空気、土を動かす（その中で動く）どのような動物も、周囲に影響を及ぼすからだ。たとえば神経系がまったくないカイメンも、水を吸い上げる。したがって、因果は進化が最初に始まったNSFCだったのかもしれない。

真の心的因果に寄与する多くの一般‐反射‐特殊特性のなかでも、身体化あるいは身体化されたシステムは特に重要だ。ファインバーグが二〇一二年の論文で述べたように、因果効果は自分自身の脳システムに存在し、そこから行為の指令が下される[50]。自己組織化という一般的な特性も、因果にとって重要である。すなわちマイアが説得的に主張したように、すべての生物には、この自己組織化という特性のなかにプログラムされた目標指向性プロセスがあり[51]、心的因果は非常に目標指向的である。最後に、行為や運動プログラムの各側面は学習されなければならず、記憶という特性は重要である。

クオリアへの移行

四つのNSFCはすべて互いに関連しているが、クオリアを他のものから解きほぐし、単独で分析することがもっとも難しい。これはクオリアが統一性（すべてのクオリアはひとつの全体へと統一される）や参照性（クオリアは脳の外部に投射される）と非常に密接に関係しているためだ。とはいえ、すでに本書ではクオリアの特徴を詳しく説明したので、ひとつの現象として分析することができる。第2章と、第5章から第8章では、システムの階層と適応的進化という一般的な特性からクオリアがどのように生じるのかについて扱った。手短に言えばクオリアは、特有の多因子的な神経生物学的基盤と、高次と低次の神経階層の段階内や段階間の再帰的な相互作用に起因する。他のNSFCと同様に、鍵となるのは単純な神経構造から複雑な神経構造への途切れのない移行である。

一般‐反射‐特殊特性のうち、クオリアにとって特に重要だと思われる特性には、多感覚的な同型的地図（外受容的クオリアを構成する）をはじめ、受容器から高次の複雑な感覚階層にある側面がすべて含まれる。クオリアは広範囲の感覚刺激や誘発性を区別するのに役立ち、この区別は生存に必要である。つまりクオリアの進化的適応は核心的特性である（二三八頁を参照）。またクオリアは自‐・他‐存在論的還元不可能性とも密接に関係している。つまりすべてのクオリアは脳で経験され、身体化された脳の外部からは客観的に到達できない。もし自‐・他‐存在論的還元不可能性に関する本書の科学的説明が正しいのなら（二四三頁を参照）、クオリアは科学の範疇に入ることになる。

本節を要約すると、四つのＮＳＦＣのそれぞれで一般的な生命の生物学的特性と反射を意識の特殊な神経生物学的特性へと滑らかに結びつけ、自然的神経プロセスと存在論的主観性のあいだにある説明のギャップの多くを哲学的に橋渡ししたが、一方で意識は生物学という科学領域にしっかりと根づいている。これこそ、意識研究のなかで多くの人々が長年にわたって探し求めてきたものだろう。つまり主観性と説明可能で扱いやすい生命プロセスとのあいだに途切れのない連続性があるということだ。

「経験の特質」――魔術を信じるか

意識という難問に対する本書の自然主義的な答えについて、別の角度からも考えてみよう。本書の哲学、神経生物学、進化の統合的アプローチは、ハード・プロブレムの最大の難問のひとつ、**経験の特質**を解決することができる。神経生物学的自然主義に懐疑的な者は次のように主張するかもしれない。たとえ「いつ」「どのように」「なぜ」意識が進化したのかが突き止められたとしても、なぜ「赤」はまさしく赤として感じられるように感じられるのか、本書の理論は本当に説明しているのだろうか。なぜ痛みは「痛い」のだろうか。それは魔術ではないのか。科学的説明の範疇を超えているのではないか。「根源的」あるいは「根本的に創発的」な現象では本当にないのか。チャーマーズは経験の特質という問題について、このように述べた。

なぜ個々の経験には特有の本性があるのだろうか。私が目を開けて仕事場を見回したとき、なぜ私は**この**ような経験をするのだろうか。もっと根本的なレベルでは、なぜ赤は**あの**ようにではなく、**この**ように見えるのだろうか。赤いものを見ているとき、実際には青いものを見ているときのような色経験をしているのかもしれないということは、想像可能だと思われる。なぜその経験は、他でもない、ひとつのありようであるのか。その点で言えば、なぜ私たちはトランペットの音といったまったく違った何らかの感じではなく、私たちが感じるような赤らしさのある感じを経験するのだろうか[52]。

神経生物学、神経進化、神経哲学の領域を組み合わせる本書の統合的アプローチは、一見すると回答不可能なこの問題に答えなければならない。もし「なぜ赤は『痛く』ではなく『赤く』主観的に感じられるのか」と聞かれたら、どう答えるだろうか。第一に、色の処理と痛みの処理は神経生物学的にかなり異なっていることがわかっているので、同じように感じるはずがないと主張できるだろう（神経生物学的回答）。第二に、傷害への反応には色への反応とは異なる強い適応価があるので、赤と痛みのあいだの区別が進化したとも言えるだろう（神経進化的回答）。第三に、問いの「なぜ主観的に」という部分に答えるには、クオリアや感情は存在論的に主観的であると言えるだろう。主体には観測者とは異なる観点がある。したがって、いかなる客観的特性も決して主観的質感と完全に置き換わることも、これに還元されることも、あるいはこれを完全に説明することもないのだから（神経哲学的回答）。これらの三つの説明はどれも正しいが、**単一**の説明ではいずれも十分で**はない**ことに注意しよう。ちょうど、盲人ひとりでは象を理解できないのと同じだ。解決の鍵は、神経生物学、神経進化、神経哲学の領域の結束にある。そして三つの意識の領域はすべて、初期カンブリア紀のほぼ同じ時期に、調和しながら生じたのである。

結論

よく知られているように、フランシス・クリックはかつてこう断言した。

驚くべき仮説とは「あなた」、つまりあなたの喜びや悲しみ、あなたの記憶や野心、あなたが感じる自分のアイデンティティや自由意志は、実際には莫大な数の神経細胞とそれらに関わる分子の挙動にすぎない、というものだ。

ルイス・キャロルの『不思議の国のアリス』でアリスが「あなたたちなんて、ただのトランプの束じゃない」と言ったように、こう表現できるかもしれない。あなたなんてただのニューロンの塊だ。(53)

クリックは正しかったのだろうか。「正しくもあり、正しくもなかった」と答えよう。クリックの主張の意図は、意識のある脳には生物学一般に見られる以外の「根源的な」ものを見いだすことはできないということであり、それには同意する。しかし「ただのニューロンの塊」であるというのはどうだろうか。これはやはり、私たちの見立てでは還元主義的な響きが強すぎる。意識を自然現象のなかでもっとも複雑で独特な現象にしている、脳の多くの創発的特性や主観性が単純化されすぎている。そしてこうした独特な特性があるからこそ、経験と脳のあいだの深いギャップが生じているのである。

しかし、生物の物理化学的特性と意識のあいだにある「説明のギャップ」をすべて完全に埋めることはできるのだろうか。一方で本書は、自‐・他‐存在論的還元不可能性という原理とともに、一般的な生物学的特性や特殊な神経生物学的特性のリストを提唱し、確かに脳と主観的経験のあいだの説明のギャップを埋めている。こうした考え方によって、意識の本性と起源を継ぎ目なく再構成できる。この「場合」は、本質的な面すべてでギャップは「埋まって」いると考えることができる。

他方で同じ理由の多くから、一人称的な主観的経験と三人称的な客観的知識のあいだの「存在論的ギャップ」については、同じようには埋められないことになる。すでに説明したたくさんの理由から、客観と主観の区別は真に存在論的な障壁となる。身体化され、私秘的で、自‐・他‐存在論的に還元不可能な特有の経験が脳によって生みだされるため、いかなる説明であってもその存在論的主観性を消去できない。だが本書では、脳がどのように経験を生みだすのか説明してきた。したがって神経生物学的自然主義という本書の理論は、通常の生物科学と整合的に存在論的ギャップを橋渡しし、自然化していることになる。つまりギャップは埋められるわけではないが、いまや「橋渡し」できているといえる。

最後に、次のように結論づける。「意識の謎」への単一のアプローチに注目する理論とは対照的に、原意識についての十分で完全な説明にはさまざまな観点の**結束**が必要である。そこには必ず神経生物学、進化、哲学的主張が含まれ、それぞれが「ハード・プロブレム」に対し重要な回答を与えるのに貢献する。おそらく、これまで誰もこの問題を解決できなかった理由のひとつは、五億年以上前に何が起こったのかということをはじめとして、三つの観点すべてが必要だからなのだ。

原注

第1章

（1）Nagel（1974）. p. 436. 動物の意識について、またそれに対して提起された多くの説についての概説は、以下のスタンフォード哲学百科事典の項目を参照。http://plato.stanford.edu/entries/consciousness-animal/.

（2）Nagel（1974）.

（3）Revonsuo（2006）. p. 37. 原意識についてのさらなる解説についてはAllen and Bekoff（2010）. Edelman（1989）. Revonsuo（2010）を参照。

（4）アクセス意識とは、言語による報告や推論などにアクセス可能な意識のことである。Block（1995, 2009）はアクセス意識を基盤的な現象的意識から区別することの重要性を強調した。Boly and Seth（2002）も参照。

（5）Griffin（2001）. chap. 1を参照。

（6）Charmers（1995）. p. 201. チャーマーズは意識の「ハード・プロブレム」に「〜であるとはこのようなことだ、という何か」という問題、知覚における主観的な「感情［感じ］」、心的イメージ、情動を含めた点に注意。Globus（1973）はハード・プロブレムについて、どのように脳が意識を生みだすのかに関わっているので、A・ショーペンハウアー（Schopenhauer, 1813）にならって「世界の結節点［world knot, Weltknoten］」と呼んでいる。

（7）Levine（1983）. Block（2009）も参照。要するに、意識の「ハード・プロブレム」は説明のギャップの問題である。

（8）『ジャイナ教と仏教 Jainism and Buddism』ウダーナ［『自説経』、パーリ仏典経蔵小部第三経］68 - 69。説話「群盲象を評す」。http://www.cs.princeton.edu/~rywang/berkeley/258/parable.html.

（9）アントニオ・ダマシオは近著（Damasio, 2010, p. 16）で、彼独自のアプローチを提唱している。そのひとつめの方法は「私たちそれぞれがもつ、個人的、私的、固有の個々の心に対する、直接的な目撃者の観点」あるいは「内省的、一人称的観察」だ。ふたつめは行動の観点であり、三つめは脳の観点、四つめは進化の観点だ。こうしたアプローチは、本書のアプローチとはいくぶん違っている。ダマシオは本書よりも自己に注目しているが、原意識に真の意味での自己があるのかは不確かだ（Edelman, 1992, 1998, Seth, Baars, and Edelman, 2005, pp. 131-132）。またダマシオが言う神経の進化は、**ヒト**の脳に重心を置いている。ダマシオのひとつめの観点は、本書で着目する哲学的問題と関係はしているものの、サールが提起したような「一人称的存在論」や「存在論的主観性」、ネーゲルの「〜であるとはこのようなことだ、という何か」といった、やっかいな哲学的問題と同じというわけではない。これらは、自己内省や一人称的観察とは関係がないからだ。本書の目標は、原意識の問題を解決することであって、自己を解明することではない。第10章では、本書のさまざまなアプローチをどのように統合してハード・プロブレムを解決するのか説明するため、神経生物学的自然主義を提案しよう。

（10）存在論の入門としてhttps://en.wikipedia.org/wiki/Ontologyを参照。

（11）Searle（1997）. p. 212. Nagel（1974）も同様の議論をしている。つまり、主観性はもともと「単一の視点」と結びついており、意識についてのどんな客観的理論もこの視点を必然的に捨てざるをえないので、主観性はその本性についていかなる客観的説明にも還元することはできないとしている。Nagel（1989）も参照。

(12) Feinberg (2012), Feinberg and Mallatt (2016a). これらの初期の著作では、NSFCを「意識についての神経存在論的に還元不可能な特性」[neuroontologically irreducible features of consciousness (NOIF)] としている。

(13) 投影性の定義についてはSherrington (1947) を参照。

(14) 意識における感覚の参照性についてのさらなる議論は、Feinberg (1997, 2009, 2012), Velmans (2000, 2009) を参照。

(15) Sellars (1963, 1965). Meehl (1966) も参照。心的統一性の議論については、Baars (1988, 2002), Bayne (2010), Bayne and Charmers (2003), Cleeremans (2003), Feinberng (2009, 2011, 2012), Metzinger (2003), Teller (1992) を参照。

(16) Feinberg (2001). Descartes (1649) の推論では、心や魂は「単一の」視点に由来する統一的な実体であるが、すべての感覚器は「対に」なっているので、単一である松果体がおそらく大脳の両半球をまとめ、意識を統合しているのではないか、とされている。現在では、松果体の機能はもっと地味なものであり、そこからのホルモン放出（つまりメラトニン、Mescher, 2013）によって身体が夜間の活動の準備をすることが知られている。

(17) Click and Koch (2013), p. 119. Click (1995) も参照。クオリアの哲学についてはChurchland (1985), Churchland and Churchland (1981), Dennett (1998, 1991), Edelman (1989), Flanagan (1992), Jackson (1982) を参照。Kirk (1994), Metzinger (2003), Revonsuo (2006, 2010), Tye (2000) も参照。

(18) 最初の引用はKim (1998), p. 29より。ふたつめの引用はRevonsuo (2010), p. 298より。

(19) 心的因果についてのさらなる議論はDardis (2008), Davidson (1980), Heil and Mele (1993), Kim (1995), Jackson (1982), Popper and Eccles (1977), Walter and Heckmann (2003) に見られる。

(20) 各種の還元については、Ruse (2005) に説明がある。

(21) Searle (1992), p. 113.

(22) Searle (2002).

(23) 実際のところ、てんかんについては本当はそれほど理解されていないかもしれない。というのもこれまで考えられていた以上に、脳の糖類代謝プロセスに関係しているかもしれないからだ (Sada et al., 2015)。とはいえ科学者には、てんかんが還元的アプローチによって解決できる自信がある。

(24) 各種の創発理論の違いについては、Bedau (1997), Chalmers (2006), Searle (1992) を参照。生物学、科学、哲学における創発の役割についての議論の詳細は、Beckermann, Flohr, and Kim (1990), Clayton and Davies (2006), Mayr (2004) を参照。

(25) Sperry (1977), p. 119.

(26) Schlödinger (1967), p. 154. 意識はラディカル［根本的］な創発プロセスであり、絶対的に還元不可能であると、スペリー、シュレーディンガーなどが述べる一方で、従来の科学的説明で還元不可能なだけだと主張する者もいる。すなわち、意識は自然現象として完全に説明されるが、量子力学、磁場、細胞内微小管、単一ニューロンなどの効果に対する理解が不十分であると主張している。Hameroff and Penrose (2014), Penrose (1994), Sevush (2006) を参照。これに対する批評は、Smith (2006, 2009), Llinás (2001), p. 209を参照。

(27) Chalmers (2010), p. 17からの引用。

(28) ここで進化理論の基本について説明しよう。チャールズ・ダーウィン (Darwin, 1859) は一九世紀に、次のような論理に基づいて**自然選択**を説明することにより、生物学という科学に革命をもたらした。①どの生物も、子孫がみな生き残ることができるわけではない。②子孫はその形質に多様性がある。③有利な形質を有する子孫ほど、生存する可能性が高く、その形質は次世代の子孫へと受け継がれる。このようにして、生物はその環境に適応していき、環境世界が変わっても生物種は生存しうる。神経系もこのようにして、動物において最初に出現したときから進化してきた。

自然選択は進化の主要なメカニズムではあるが、それだけが進化に影響を及ぼす要素というわけではない。他の要素としては、突然変異や遺伝的浮動、さらにはニッチ構築や発生バイアスといった最近になって発見されたプロセスなどがある。進化の現代の考え方についての導入論文として Laland et al.（2014）を参照。

（29） たとえば Butler（2000, 2008a）, Cabanac, Cabanac, and Parent（2009）, Casimir（2009）, Damasio（2010）, Denton（2006）, Fabbro et al.（2015）, Griffin（2001）, Jonkisz（2015）, Lindahl（1997）, Llinás（2001）, MacLean（1975）, Merker（2005）, Nichols and Grantham（2000）, Packard and Delafield-Butt（2014）, Panksepp（1998）, Tsou（2013）を参照。

（30） これは以前の論文から始めたことだが（Feinberg and Mallatt, 2013）、本書でさらに詳述する。

（31） こうした著作として Allen and Fortin（2013）, Binder, Hirokawa, and Windhorst（2009）, Erwin and Valentine（2013）, Holland（2014）, Lacalli（2015）, Lamb（2013）, Mather and Kuba（2013）, Murakami and Kuratani（2008）, Nilsson（2013）, O'Connell and Hofmann（2011）, Parker（2009）, Rowe, Macrini, and Luo（2011）, Šestak et al.（2013）, Šestak and Domazet-Lošo（2015）, Strausfeld（2013）, Trestman（2013）, Vopalensky et al.（2012）などが本書で扱われる。

（32） Boly et al.（2013）, Butler（2008a）. 高次の思考の理論については Block（2009）で議論されている。

（33） 認知と意識がおおまかに相関しているということについては、Block（2009）がヒトの赤ちゃんの考察に基づいて主張している。ヒトの幼児に意識があることについてのさらなる根拠は、Kouider et al.（2003）を参照。

（34） ヒト以外の動物に意識があるのかの探求については、Butler（2008a）, Edelman and Seth（2009）, Griffin（2001）を参照。どの動物に意識があるのかを判断する基準の多様性については、Seth, Baars, and Edelman（2005）で確認できる。Edelman, Baars, and Seth（2005）も参照。すべての鳥類と哺乳類に意識があるという推論については、Århem et al.（2008）, Boly et al.（2013）, Butler and Cotterill（2006）, Butler et al.（2005）, Edelman et al.（2011）を参照。ヒトにしか意識がないといまだに主張している研究者については、Carruthers（2003）, Dennett（1995）, LeDoux（2012）を参照。

（35） Searle（1992）, p. 1.

（36） Feinberg（2012）, Feinberg and Mallatt（2016a）. 他の多くの科学者も、意識が自然的プロセスだけによって創発すると述べている。Damasio（2010）, p. 15, Edelman（1992）, Griggin（2001）, chap. 1, Llinás（2001）を参照。

第2章

（1） この考えはシステム理論に由来しており、進化的階層では、のちに発達する高次段階は初期の低次段階に付け加えられるとされる。さらなる議論は Buss（1987）, Salthe（1985）, Bertalanffy（1974）を参照。意識の一般的な生物学的特性や特殊な神経生物学的特性として示されている各段階についての考えは以前に Feinberg and Mallatt（2016a）で提起したが、ここで改良されている。

（2） Mayr（1982）, p. 53. これは、マイアが途方に暮れ、立ち往生しているということではない。のちの著書で、彼は生命の特質に関して自分なりのリストをまとめている。「複雑性をもつことによって、生物学的システムは生殖、代謝、複製、適応、成長、階層的組織化といった豊かな能力に恵まれている。このようなものは、無生物界には存在しない」（Mayr, 2004, p. 29）。

（3）Luisi（1998）.

（4）Schopf and Kudryavtsev（2012）.

（5）Knoll et al.（2006）は最古の真核細胞の化石は一八億年前のものと推定している。Spang et al.（2015）の推定によれば、真核生物にもっとも近縁な姉妹群は、ロキアーキオータと呼ばれる複雑な形態をもつアーキアのクレードであるようだ。

（6）Lane and Martin（2010）が、共生するエネルギー供給源としてのミトコンドリアの進化について議論している。

（7）Tompson（2007）, p. 225. ここでは、内側と外側、主観と客観の本当の境界は脳表面ではなく体表面であるという、彼の中心的主張が述べられている。

（8）Mayr（1982）, p. 74.「具象化［reification］」とは、抽象物をあたかも具体的、物質的なもののように扱うこと。

（9）James（1904）, p. 478.

（10）Camazine et al.（2003）, p. 8.

（11）Mitchell（2009）.

（12）Salthe（1985）, Simon（1962, 1973）.

（13）Feinberg and Mallatt（2016a）. Buss（1987）, pp. 183-188 も、この傾向性を特筆している。Ellis（2006, p. 82）も、「最高次段階において、各種の創発は、物理的・社会的環境での相互作用における適応的選択によって特徴づけられる。これらの物理的環境や社会的環境が、システムの境界条件である」と、同様の理由を説明している。これはエルンスト・マイアの主張とも類似している。それによれば、選択は遺伝子という低次段階に働くのではなく、遺伝子発現による表現型という高次段階に働く（Mayr, 2004, chap. 8）。

（14）Kim（1992）, Salthe（1985）, Simon（1962, 1973）.

（15）Kim（1992）, pp. 121-122.

（16）Knoll et al.（2006）.

（17）Butler and Hodos（2005）.

（18）Nomura et al.（2014）.

（19）Ahl and Allen（1996）, Allen and Starr（1982）, Campbell（1974）, Salthe（1985）, Simon（1962, 1973）.

（20）Pattee（1970）, p. 119.

（21）目的律についてはMonod（1971）を参照。Feinberg（2012）, Mayr（1982, 2004）も参照。熱力学に基づく目的律、創発、拘束の議論はDeacon（2011）を参照。エルンスト・マイアの主張によれば、プログラムされた目標指向性のプロセスは、目的律によって説明される（Mayr, 2004, pp. 53-59）。本書とは違ってマイアは目的律と適応を同一視することには抵抗し、目的律的プロセスはプログラムされた運動をともない、一方で適応は静的で運動をともなわないとした。とはいえマイアも、目的律と適応は両方とも目標指向的であり、相互に関係していることを認めている。

（22）Nichols and Grantham（2008）, p. 648.

（23）Baxter and Byrne（2006）, Dickenson（2006）, Grillner et al.（2005）, https://en.wikipedia.org/wiki/Central_pattern_generator.

（24）Simon（1962）, p. 468.

（25）Mitchell（2009）.

（26）Tononi（2004, 2008）, Tononi and Koch（2008, 2015）.

（27）Jabr（2012）, Kandel et al.（2012）, Strausfeld（2013）, Underwood（2015）, Zeisel et al.（2015）.

（28）無脊椎動物のニューロンは脊椎動物とは少し違っており、樹状突起はシグナルを受け取るだけでなく送ることもあるし、軸索はシグナルを送ると同時に受け取ることもある（Matheson, 2002）。

（29） Sommer（2013）.

（30） Brodal（2010）, Mescher（2013）, Zeisel et al.（2015）.

（31） Ahl and Allen（1996）, Allen and Star（1982）, Feinberg（2000, 2001, 2011, 2012）, Feinberg and Mallatt（2016a）, Pattee（1970）, Salthe（1985）.

（32） Barlow（1995）, Fried, McDonald, and Wilson（1997）, Gross（2002, 2008）, Gross, Bender, and Rocha-Miranda（1969）, Gross, Rocha-Miranda, and Bender（1972）, Kreiman, Koch, and Fried（2000）, Quiroga et al.（2005, 2008）.

（33） Quiroga et al.（2005, 2008）.

（34） Beckers and Zeki（1995）, Engel et al.（1999）, Engel, Fries, and Singer（2001）, Engel and Singer（2001）, Roskies（1999）, Singer（2001）, Uhlhaas et al.（2009）, von der Malsburg（1995）, Zeki and Marini（1998）.

（35） Dennett（1991）, Feinberg（2012）.

（36） Kaas（1997）, Kandel et al.（2012）.

（37） Gottfried（2010）, Kandel et al.（2012）, Edelman（1989）.

（38） Damasio（2000, 2010）, Edelman（1989）など。

（39） Sherrington（1947）, p. 325.

（40） Edelman（1992）, p. 112.

（41） Damasio（2000, 2010）. 心的イメージのさらなる議論についてはFeinberg（2009, 2011）, Feinberg and Mallatt（2013）を参照。Llinás（2001, chap. 5）も感覚イメージとその重要性について、原意識の進化に関する［感覚よりもむしろ］運動に基づいた理論のなかで述べている。

（42） Feinberg（2009, 2011）.

（43） Crick and Koch（2003）.

（44） James（1890）, pp. 403-404.

（45） 注意に関する現代の文献への入門としてTsuchiya and van Boxtel（2013）を参照。

（46） Block（2012）, Tononi and Koch（2008）, pp. 241-242.

（47） この論争についての詳細はTsuchiya and van Boxtel（2013）の概説を参照。意識と注意に密接な関係がある、あるいは同一のものだとすら主張する研究にはBaars（1988）, Baars, Franklin, and Ramsoy（2013）, Chica et al.（2010）, Cohen et al.（2012）, De Brigard and Prinz（2010）, Mole（2008）などがある。一方で、意識と注意が無関係だと主張する研究にはBoly et al.（2013）, Dehaene and Naccache（2001）, Dehaene and Changeux（2005, 2011）, Kouider and DeHaene（2007）, Tallon-Baudry（2011）, Tononi and Koch（2008）, van Boxtel, Tuchiya, and Koch（2010）などがある。現在の論争はヒト、大脳皮質、認知的なトップダウン型の注意に集中しすぎており、魚や昆虫のような遠縁の動物にどれほど適用できるのかを知ることは難しい。しかしこれらの動物は大脳皮質がなくても、確かに刺激に注意を向けている。とはいえ注意と意識に何らかの相関を認める限り、この議論が本書の考えに影響することはない。

（48） van Boxtel, Tsuchiya, and Koch（2010）, Chica et al.（2010）, Talsma et al.（2010）.

（49） Chica et al.（2010）, p. 1205.

（50） Denton（2006）, p. 105.

第3章

（1） 脊索動物とその基本的な神経解剖学のさらなる情報については、一般解剖学や神経生物学についての数多くの教科書が役立つ。たとえばBrodal（2010）, Butler and Hodos（2005）, Kandel et al.（2012）,

Kardong (2012), Marieb, Wilhelm, and Mallatt (2014) を参照。

(2) Ruppert, Fox, and Barnes (2004).

(3) Holland (2015), p. 2.

(4) さらなる情報のための一般的な神経生物学の教科書には Brodal (2010), Hall, Kamilar, and Kirk (2012), Kandel (2012) などがある。

(5) 被嚢類の解剖学・生物学のすぐれた概説として Burighel and Cloney (1997), Kardong (2012), Ruppert, Fox, and Barnes (2004) を参照。

(6) Berrill (1955), Grastang (1928), Romer (1970). Cameron, Garey, and Swalla (2000), Lowe et al. (2015), Stach et al. (2008), Wada (1998) も参照。**幼形成熟**は Gould (1977) で定義されている。

(7) オタマボヤなどの被嚢類が高度に特殊化していることの証拠についての総説は Holland (2014) を参照。Niimura (2009) も参照。

(8) Delsuc et al. (2006, 2008).

(9) 被嚢類の脳に関する主要な研究は Burighel and Cloney (1997), Glober and Fritzsch (2009), Lacalli and Holland (1998), Mackie and Burighel (2005).

(10) Lacalli and Holland (1998).

(11) 被嚢類の各群で別々の脳領域が退化した理由としては、以下のことが考えられる。ホヤ類の成体は摂餌はするが移動しないので、脳のうち摂餌と体内機能を制御する部位だけ保持している。その部位とは、中脳と前側後脳（図3・4Aの灰色部分）だ。ホヤ類の幼生は遊泳するが餌を摂らないので、ほとんどの後脳や、単純でイメージを形成しない眼や平衡器官（図3・4Bの「眼点」や「平衡器」）など、移動運動と感覚を司る脳の部位がある。しかし摂餌のための脳領域（灰色の「神経節」）は原基のようで未発達である。前脳、中脳、後脳が一貫性なく存在していることについてのさらなる例は、図3・4C～Eで示されている。

(12) 頭索類の解剖学・生物学のすぐれた概説として Kardong (2012), Ruppert (1997), Ruppert, Fox, and Barnes (2004) を参照。

(13) Delsuc et al. (2008), Holland (2014), Holland et al. (2013), Lowe et al. (2015), Mallatt (2009), Mallatt and Holland (2013), Northcutt (2005), Putnam et al. (2008).

(14) ナメクジウオの成体の脳の大きさについては Butler and Hodos (2005), Ruppert (1997) を参照。

(15) Lacalli (2008, 2013, 2015), Lacalli and Kelly (2003), Lacally and Stach (2015), Vopalensky et al. (2012), Wicht and Lacalli (2005), Wicht et al. (2013) をはじめとして、ナメクジウオの幼生の脳の解剖学的構造と進化的解釈については、ラカーリらによる多くの論文がある。

(16) Vopalensky et al. (2012), Lacalli (2013).

(17) ナメクジウオに終脳がないという主張については Media (2009), Wicht et al. (2013) を参照。しかしサーストン・ラカーリは次のように述べている。「ナメクジウオの中枢神経系と脊椎動物の脳を対応させるために私が描いた図は、すべて若い幼生の時期に基づいており、終脳背側（つまり松果体の前方）に対応すべき領域の神経細胞はほとんど分化していません。しかし後期幼生の時期には、この領域は大きく拡張し、分化します。リンダ〔L・Z・ホランド〕……は、遺伝子発現と構造に基づいてナメクジウオに終脳がないと結論づけていますが、そのデータのすべては胚と初期幼生に基づいています。本当のところ、後になって何が起こるかは、何もわかっていないのです」（私信、二〇一五年五月六日）。言いかえれば、成長したナメクジウオには終脳があるかもしれないが、まだよく精査されていない。

(18) Wicht et al. (2013).

(19) Castro et al. (2006), Mazet and Shimeld (2002).

（20）発生生物学者のアリエル・パーニとクリストファー・ロウらは、これらの同定のうちの一部について、ナメクジウオの脳は脊椎動物の脳とはそう簡単に比べられないと異議を唱えた（Pani et al. 2012）。彼らが強調したのは、脊椎動物の脳を前脳、中脳、後脳の三つの領域へと構造を領域化する遺伝子［の発現］について、ナメクジウオの胚の脳がその一部を欠いている点だ。このことから、ナメクジウオの脳は被嚢類よりも退化し、二次的に特殊化していると彼らは結論づけた。しかし、リンダ・ホランドらによる詳細な分析によって、ナメクジウオは他の多くの脳領域化遺伝子を発現しており、脊椎動物とまったく同じように脳を三つの領域に分けるランドマークは十分に明らかであることがわかった。これらのランドマークとは、中脳後脳境界（ＭＨＢ）、視床内境界（ＺＬＩ）と呼ばれる間脳の中ほどの目印、前脳の前方境界である前方神経境界（ＡＮＲ）だ（図3・5参照）。脊椎動物の視床内境界は、前脳の視床下部を、視床と呼ばれるもう一方の主要な領域と分けている。したがってナメクジウオの脳にも視床、少なくともその原基がある可能性がある。

右記のことは、ナメクジウオに中脳があるかという意見の相違にも関係している。Pani et al.（2012）と Suzuki et al.（2015a, p. 259）はないと言っているが、ラカーリとホランドはあると言っている（Holland 2014, p. 344, Holland et al. 2013）。もっと具体的には、ナメクジウオには明確な中脳があるのか、「視床下部と中脳」の組み合わせなのか、中脳はまったくなく、前脊椎動物で新たに間脳後部から進化したのか、遺伝子マーカーからどれが確からしいのかが議論の的になっている。本書では、解剖学的なランドマーク（図3・5B）から、ナメクジウオには真の中脳があるというラカーリとホランドの解釈に賛同する。つまり、脊椎動物と同じように、ナメクジウオの脳の松果体（前脳背側にある層板細胞）と後脳のあいだの領域が中脳であるはずだ。

（21）Lacalli（2008, 2015）, Wicht and Lacalli（2005）.

（22）Nieuwenhuys, Veening, and Van Domburg（1987）, Nieuwenhuys（1996）も参照。

（23）Lacalli（2008, 2015）, Lacalli and Stach（2015）.

（24）ナメクジウオの幼生がどのようにして、プランクトンが豊富な海水の中に沈んで摂餌するのかについての論文として、Webb（1969）を参照。

（25）運動制御のための脊椎動物の間脳運動領域と、ナメクジウオの幼生において漏斗器官の後方にある神経網との類似性の詳細についてはCandiani et al.（2002）, Canteras et al.（2011）, Ménard and Grillner（2008）, Vopalensky et al.（2012）, Yáñez et al.（2009）を参照。

（26）ラカーリの考えは入念に練られており、独創的に展開されているが、ナメクジウオ幼生の脳を土台として脊椎動物の脳が進化したという見解にはふたつ反論が考えられる。第一に、幼生の脳が単純だからといって、ただちにそれが原始的であり、前脊椎動物の脳を反映しているとは限らない。前脊椎動物の脳は単純ではあったかもしれないが、ナメクジウオ幼生の脳とは違っていたかもしれない。一八六〇年から一九五〇年まで、多くの進化生物学者が「個体発生が系統発生を繰り返す」と考えていた。つまり発生中の胚や幼生が構造を生む順番が、進化史上でそれらが付け加えられていった順番と同じだということだ（いわゆる「生物発生原則」）。これは一部の例では事実であるが、胚が祖先と似ていないような場合が数多くあるので、研究者がしばしば間違いを起こしていたことが証明された。胚の形質そのものも進化、変化し、原始的状態から多様化しうる。しかしラカーリは、幼生がすなわち原始的なのではないというこの反論に対し、位置と神経連絡の類似性からナメクジウオの構造は脊椎動物の脳の各構造と相同であり、ナメクジウオには生存のための本質的な脳構造だけがあるのだと慎重に主張している。本質的な構造と言うからには、当然、脊索動物と脊椎動物の歴史の最初期から存在していたはずであり、したがって原始的であるはずだ。個体発生が系統発生を繰り返すという考えの歴史と無効性について論じた良書にGould（1977）がある。

第二の反論は、ナメクジウオの脳は、おそらく自由遊泳性だった祖先から、砂の中という、暗く、保護されており、認知的に負荷が少なく脳を退化させるような生息場所に潜って棲むようになったときに、二次的に単純化したという主張だ（たとえばConway Morris and Caron, 2012を参照）。もしこのようにして二次的に単純化したのであれば、ナメクジウオの脳から脊索動物の脳の起源についての情報は得られないのかもしれない。この反論には次のように答えられるだろう。すでに述べたように、この反論を支持するPani et al.（2012）の根拠、つまりナメクジウオが脳発生に重要な遺伝子を欠いているとする根拠は、ナメクジウオは脳の三つの部分すべてを領域化するのに十分な遺伝子を発現していることから、さらに反論された（Holland et al. 2013）。それに加え、マーティン・シェスタクとトミスラヴ・ドマゼット＝ロショ（Šestak and Domazet-Lošo, 2015）は近年、ナメクジウオのゲノム全体を調べた。その結果は込み入って複雑ではあるものの、そこから、ナメクジウオには脊椎動物の前脳、中脳、後脳で発現する遺伝子の多くがあるということがわかった。したがって、ナメクジウオの脳で大規模な遺伝子の消失と二次的な単純化が起こったというのはもっともらしくない。

ナメクジウオ幼生の脳が原始的ではないという主張に対するラカーリの回答については、Lacalli（2008, 2015）, Wicht and Lacalli（2005）を参照。

（27）Lacalli（2015）.

第4章

（1）カンブリア紀、カンブリア爆発、それまでの地球史についてはErwin and Valentine（2013）が重要な論文や参考文献を挙げており、多くの情報が得られるだろう。

（2）生命の歴史での重要な出来事の年表は、ウィキペディアの「History of Earth［地球史］」のページhttps://en.wikipedia.org/wiki/History_of_Earthを参照。

（3）ダーウィンのジレンマについてはConway Morris（2006）, Gould（1989）を参照。

（4）現生の動物門の記述としてはErwin and Valentine（2013）, Ruppert, Fox, and Barnes（2004）を参照。動物門間の相互関係についてはPhilippe et al.（2011）, Northcutt（2012a）を参照。

（5）解剖学的構造、機能的形質、遺伝子に基づいて、動物の関係性を復元する方法についてはWägele and Bartolomaeus（2014）を参照。

（6）これらのカンブリア紀やエディアカラ紀の化石の産地はErwin and Valentine（2013）, chaps. 1 and 5で記述されている。

（7）六億三五〇〇万年前の、ウィップルボール状のカイメンの詳細はMaloof et al.（2011）を参照。約六億年前の、エディアカラ紀のものとそれらしいカイメンについては、Yin et al.（2015）を参照。五億八〇〇〇万年前のエディアカラ紀の、三角錐状のカイメンらしき化石についてはSperling, Peterson, and Laflamme（2011）を参照。

（8）エディアカラ紀における微生物層の重要性についての詳細はカイメンの生物学や、他のすべての無脊椎動物の生物学の網羅的記述としてRuppert, Fox, and Barnes（2004）を参照。

Gingras et al.（2011）を参照。

（9）Pecoits et al.（2012）が、最初期の蠕虫の移動痕が単純な行動によるものであることを報告している。

（10）　後口動物、前口動物、冠輪動物、脱皮動物について、またそれらの下位区分と動物門については Valentine（2013）, Philippe et al.（2011）, Ruppert, Fox, and Barnes（2004）を参照。

（11）　カンブリア紀の化石動物のさらなる情報については Conway Morris（1998）, Conway Morris and Caron（2012）, Chen（2012）, Erwin and Valentine（2013）, Gould（1989）を参照。

（12）　アノマロカリス類については Paterson et al.（2011）, Van Roy, Dale, and Briggs（2015）を参照。古虫動物については、Gracia-Belllido et al.（2014）を参照。

（13）　Erwin and Valentine（2013）が、蠕虫様祖先が複雑だったのか単純だったのかの論争について論じている。Holland et al.（2013）も参照。

（14）　Northcutt（2012a）.

（15）　どのように地球の大気中に酸素がもたらされたかについては膨大な文献があるが、その入門として Planavsky（2014）を参照。Erwin and Valentine（2013）, Knoll and Sperling（2014）, Sperling et al.（2013, 2015）も参照。

（16）　カンブリア爆発と生態系の維持における底砂の生物撹拌と捕食の重要性についての詳細は Meysman, Middelburg, and Heip（2006）を参照。カンブリア紀の移動痕と巣穴の複雑性が増したことについては Erwin and Valentine（2013）, chap. 5 を参照。

　捕食が中核をなしたと考えられてはいるものの、他の要素もカンブリア爆発に寄与した。左右相称動物の複雑な身体を構築することができるような発生経路や遺伝子経路の進化、海洋の化学活性の変化、エディアカラ紀間やそれ以前における氷河作用（いわゆる「スノーボール・アース」）などだ。Erwin and Valentine（2013）を参照。

（17）　Plotnick, Dornbos, and Chen（2010）.

（18）　脊椎動物と無脊椎動物の感覚についての記述は Kardong（2012）, Ruppert, Fox, and Barnes（2004）, Shubin（2008）, chaps. 8–10 を参照。

（19）　複雑な神経系や脳が「コストの高い組織」であり、選択されなければ進化せず退化するという理論の詳細は Aiello and Wheeler（1995）, Kotrschal et al.（2013）を参照。多くの動物門の無脊椎動物が活動的にならず、感覚系を向上させなかったことについて、またその基本的な生物学と生存戦略については Rupport, Fox, and Barnes（2004）を参照。

（20）　Rupport, Fox, and Barnes（2004）が節足動物の特徴について、また Kardon（2012）が脊椎動物の特徴について記載している。Trestman（2013）はカンブリア紀における節足動物と脊椎動物それぞれの優位性について議論している。

（21）　Bambach, Bush, and Erwin（2007）.

（22）　節足動物が葉足動物から進化したという考えや、フキシャンフィアについてのさらなる情報として Erwin and Valentine（2013）を参照。Cong et al.（2014）, Vannier et al.（2014）, Van Roy, Daley, and Briggs（2015）も参照。

（23）　Shu et al.（2010）.

（24）　Mallatt（1982）.

（25）　魚類とナメクジウオの移動運動と感覚についてのさらなる情報として Kardong（2012）を参照。

（26）　ゲノム重複は最初期の脊椎動物では起こったが、他の無脊椎動物のクレードでは起こらなかった［のちに、独立にゲノム重複した無脊椎動物の系統は存在する］。Dehal and Boore（2005）, Holland（2013）, Kuraku, Meyer, and Kuratani（2009）, Putnam et al.（2008）を参照。ここでゲノム重複の進化的重要性についてもう少し説明しよう。新しくできた多くの遺伝子コピーは、本来の遺伝子が本来の機能を保持することで、突然変異によって新しい適応的機能を獲得できる。新しい機能によって、脊椎動物の身体の複雑性が増した。このことについてはhttps://en.wikipedia.org/wiki/Gene_duplicationで述べられている。このようなゲノム重複は、無脊椎動物のなかで最大の身体と脳がある軟体動物でも起こらず、脊椎動物に特有の出来事だったことを強調したい（Albertin et al., 2015）。

（27）　節足動物は今でも脊椎動物より個体数、種数が多い。しかし脊椎動物が最大級の体サイズとひときわ最大の脳サイズを得るに至ったことは、脊椎動物の成功を物語っている。海棲脊椎動物の体サイズ平均はカンブリア紀から大きく増加している一方で、海棲節足動物の体サイズ平均は増加していないか、むしろ減少しているらしい（Haim et al., 2015の特に図1を参照）。

第5章

（1）　この「脊椎動物の脳」の節と表5・1にあるほとんどの情報はBrodal（2010）, Butler and Hodos（2005）, Kardong（2012）, Marieb, Wilhelm, and Mallatt（2014）で見つかる。

（2）　魚類が水中で襲い来る捕食者などの対象を察知するための、側線管と電気感覚についてのさらなる情報はBaker, Modrell, and Gillis（2013）, https://en.wikipedia.org/wiki/Lateral_line, https://en.wikipedia.org/wiki/Electroreception, Shubin（2008）, chap. 5を参照。

（3）　Butler and Hodos（2005）, pp. 192, 244.

（4）　Nieuwenhuys（1996）.

（5）　Lacalli（2013）, Vopalensky et al.（2012）.

（6）　Wicht and Lacalli（2005）.

（7）　Wicht and Lacalli（2005）. Niimura（2009）も参照。被嚢類やナメクジウオで化学受容細胞や嗅覚細胞の可能性のあるものについてはAbitua et al.（2015）, Satoh（2005）を参照。

（8）　Šestak et al.（2013）, Niimura（2009）, Satoh（2005）.

（9）　Parker（2003）, Trestman（2013）.

（10）　動物の眼がどのように進化したのかについてはNilsson（2009, 2013）, Lamb（2013）, Llinás（2001）, chap. 5, https://en.wikipedia.org/wiki/Evolution_of_the_eyeを参照。

（11）　Nilsson（2013）.

（12）　Plotnick, Dornbos, and Chen（2010）. ほかにも、嗅覚が先であると主張する者としてルシア・ジェイコブス（Jacobs, 2012）は環境空間の嗅覚地図が先につくられたと言っており、またジェームズ・コール（Kohl, 2013）のモデルでは化学物質の相互作用が適応進化の主要な原動力だとされている。

（13）　Erwin and Valentine（2013）.

（14）　Jacobs（2012）.

（15）　視覚が嗅覚より先に進化したという物的根拠として、以下の三点の文献を挙げよう。ナメクジウオと脊椎動物の眼の相同性についてVopalensky et al.（2012）を参照。視覚に関する遺伝子の初期進化についてŠestak et al.（2013）を参照。眼を備えた前脊椎動物の化石についてMallattt and Chen（2003）を参照。ナメクジウオには嗅覚受容体様の遺伝子を発現するニューロンがあるが、吻部の上皮に広く分散しており、嗅覚器のように密集しているわけではない（Satoh, 2005）。

（16）　神経堤とプラコードについてよく記述されたものとしてGreen, Simoes-Costa, and Bronner（2015）, Hall（2008）, Patthey, Schlosser, and Shimeld（2014）, Schlosser（2014）, Sommer（2013）を参照。Gans and Northcutt（1983）は脊椎動物頭部の進化における神経堤とプラコードの重要性について述べた古典的な論文である。

(17) 神経堤とプラコードが、最初期の脊椎動物かその直前直後で生じ、それが文字どおり革命的だったということは、より確からしいことがわかってきている。この数十年間、科学者は高度化し続ける実験技術を用いながら、被嚢類やナメクジウオで相同な細胞を探してきたが、その成果は芳しくない。特に外胚葉細胞や色素細胞のなかから、多くの候補が提唱されているが、すべて議論のさなかにある（Abitua et al. 2012, Green, Simoes-Costa, and Bronner, 2015, Ivashkin and Admeyko, 2013）。少なくとも明らかなのは、原索動物［被嚢類とナメクジウオの総称］には神経堤やプラコードの細胞源として非常に単純な原基しかなく、またそれらの遺伝子経路の一部しかないようだ。Šestak et al.（2013）の主張によれば、被嚢類はプラコードに関連した遺伝子をより多く発現しているので、プラコードは神経堤より先に進化したらしい。しかし原索動物は神経堤やプラコードに由来する構造を欠く（たとえば、レンズに相当するものや、背根神経節がない）という点が、この主張に対する障害となる。

　最後にAbitua et al.（2015）は被嚢類における嗅プラコードの確かな相同物を見つけるために、遺伝子を使った同定を行った。しかしその相同物［当該論文中で原プラコード外胚葉 proto-placodal ectoderm（ＰＰＥ）と呼ばれている細胞群］は未発達であり、そのニューロンは、（まだ被嚢類にあると証明されていない）嗅覚に関与しているというよりも、明らかに生殖ホルモンを分泌している。このニューロンは嗅覚性であるかもしれないが、脊椎動物の嗅覚ニューロンとは異なる点がいくつかあり、従来の匂い受容体は被嚢類のゲノムからは見つかっていない。この原始的なプラコードの相同物を見つけたことは偉業ではあるが、脊椎動物と被嚢類のあいだにある深い溝を強調してもいる。

(18) https://en.wikipedia.org/wiki/Lateral_line.

(19) Abitua et al.（2015）.

(20) Lacalli（2008）.

(21) Butler（2000）, Butler（2006）も参照。

(22) Chen et al.（1995）, Chen, Huang, and Li（1999）, Hou, Ramsköld, and Bergström（1991）, Mallatt and Chen（2003）.

(23) Chen, Huang, and Li（1999）, Mallatt and Chen（2003）.

(24) ハイコウエラの眼はヤツメウナギの幼生の眼の大きさに近い（図４・６Ｄ）。ヤツメウナギの幼生の退化的な眼は3分の1㎜ほどの大きさで、イメージを形成せず「無方向性の、あるいは広い方向性のある光受容器」だと言われている（Suzuki et al. 2015b）。これはおそらく、この蠕虫のような姿をした幼生が川底の濁った水の中に潜り、生息しているためだ。ハイコウエラは蠕虫のような姿でもなく、底に潜っていたわけでもないが、ハイコウエラが発見された頁岩層（化石化した泥）から、視界の悪い、濁った泥のような水の中に生息していたことが示唆される。しかしこれは単なる推論にすぎず、ハイコウエラの眼が小さいことは謎に包まれている。ヤツメウナギの幼生の眼のように、方向性のある光受容器であり、二次的に退化していたのかもしれない。

(25) Lee et al.（2011）, Ma et al.（2012）.

(26) Shu et al.（2010）とConway Morris and Caron（2012）は、ユンナノゾーン類は脊椎動物の近縁ではないと主張している。こういった研究者は、ユンナノゾーン類の眼、脳、脊索の存在を疑問視している。彼らの解釈によれば、ユンナノゾーン類は脊索動物ではなく根幹的な後口動物である。とはいえ私たちはChen and Mallatt（2003）の判断に賛同する。つまり化石ユンナノゾーン類は脊椎動物と近縁であり、体節の筋繊維（筋節のことだが、鰓は身体の外側の硬いクチクラの分節にすぎないと考えた）や脊索に沿って脊柱の脊椎らしき分節が見られる（図５・８Ｂの「原脊椎動物」）。

(27) ハイコウイクチスやメタスプリッギナやその近縁種など、最初期の化石脊椎動物の重要論文としてShu et al.（1999, 2003）を参照。Conway Morris and Caron（2014）も参照。

(28) Conway and Caron（2014）.

(29) Shu et al.（2003）.

(30) 図5・9から図5・12で描かれている哺乳類の感覚経路はBrodal（2010）, Butler and Hodos（2005）, Kandel et al.（2012）といった、さまざまな神経解剖学の教科書で記述されている。

(31) 嗅覚が明らかに視床に頼っていないことは、特に注目するべきだ。というのも視床は、経路の最高次終着点である大脳へと向かう他のすべての種類の感覚の「出入り口」であり、組織化の中枢であるからだ。なぜ嗅覚系だけが視床に頼らなくてもよいのかは面白い疑問だ。ジェイ・ゴットフリードは、視床を利用する他のすべての感覚が現れるより前に嗅覚経路が進化したからだと提唱している（Gottfried 2006. Shepherd, 2007も参照）。嗅覚先行的なゴットフリードの見解を本書の視覚先行的な考え方に合わせて読みかえれば、嗅覚は視覚の後すぐ、半ば独立的に精緻化したのであり、後から起こった聴覚の進化や聴覚の向上など他の感覚が視覚の設計図に影響されたほどには、嗅覚はその影響を受けなかったということになるだろう。あるいは嗅覚が視床を必要としないのは、他の脳部位が嗅覚においては視床のような機能を果たしているということかもしれない。この部位は、表5・3にあるように、大脳そのものの嗅皮質だろう。嗅覚経路の独特な特徴は、長らく神経科学者の興味を惹いてきたが、第6章（一二六〜一二八頁）と、特に第10章（二三〇〜二三一頁）で再び議論することになるだろう。

(32) Damasio（2010）, pp. 79–80 and chap. 6, Maier et al.（2008）, Panagiotaropoulos et al.（2012）, Pollen（2011）, van Gaal and Lamme（2012）, Watanabe et al.（2011）.

(33) Nevin et al.（2010）が魚類の視蓋で起こる複雑な神経処理について記述している。魚類の視蓋に至る聴覚・側線経路は、半円堤［torus semicircularis］と呼ばれ、経路の第4神経段階を占める中脳の一領域で中継される（Northmore, 2011）。

第6章

(1) Feinberg and Mallatt（2016b）, Feinberg and Mallatt（2013）を最近出版した。本章を執筆していたときFabbro et al.（2015）もすべての脊椎動物に意識があることを主張する論文として出版された。対照的に、脊椎動物の意識は哺乳類と鳥類にしか存在しないとする研究者にはBaars, Franklin, and Ramsoy（2013）, Boly et al.（2013）, Butler（2008a）, Di Perri et al.（2014）, Edelman, Gally, and Baars（2011）, Min（2010）, Ribary（2005）, Rose et al.（2014）, Seth, Baars, and Edelman（2005）, van Gaal and Lamme（2012）などがいる。

本章と第5章で構築された本書の意識理論は、「一階表象理論」（Metha and Mashour, 2013）という区分にぴったり当てはまる。こうした理論では、主観が直接的に利用できるような、世界や身体の感覚表象が意識を構成するとされる。とはいえ、意識には大脳皮質が必要だとしている点で、メータとマシュアの一階表象理論それ自体は、本書の理論とはまったく違っている。

(2) Kardon（2012）とSchubin（2008）が、カンブリア紀以降の脊椎動物の歴史に関するよい参考文献を挙げている。

(3) Janvier（1996, 2008）, Maisey（1996）, Sansom et al.（2010）.

(4) ヌタウナギとヤツメウナギの生態についてのさらなる情報はHardisty（1979）, Jorgensen et al.（1998）, Zintzen et al.（2011）を参照。

(5) Gelman et al.（2007）, Ronan and Northcutt（1987）.

(6) 脊椎動物の顎の起源の詳細はMallatt（1996, 2008）を参照。Ku-

ratani（2012）も参照。

（7） 太古の顎をもつ魚類や四足動物の情報については Janvier（1996）, Maisey（1996）, Kardong（2012）を参照。四足動物の歴史と現生両生類の詳細は Anderson et al.（2008）, Panton, Smithson, and Clack（1999）を参照。

（8） Mallatt（1997）, Northcutt（1996）. ヌタウナギの感覚と脳の情報は Jorgensen et al.（1998）を参照。

（9） 最初の脊椎動物にあった感覚や脳の形質について、ヤツメウナギがヌタウナギよりも多くを保持しており、また顎口類とほぼ同じ神経と脳の構造があるとする研究については Butler and Hodos（2005）, Collin（2009）, Glover and Fritzsch（2009）, Kardong（2012）, Nieuwenhuys and Nicholson（1998）, Wicht（1996）を参照。

（10） ヤツメウナギの脳が顎口類の脳と比べそれほど発達していないことについては、単純な外套について Northcutt（2002）を、ミエリンがないことについて Bullock, Moore, and Fields（1984）を、単純な臓性神経系について Glover and Fritzsch（2009）を参照。

（11） ヤツメウナギの神経系について調べた研究には Cinelli et al.（2013）, Grillner, Robertson, and Stephenson-Jones（2013）, Lopes and Kampff（2015）, Murakami and Kuratani（2008）, Nieuwenhuys and Nicholson（1998）, Northcutt（1996）, Northcutt and Wicht（1997）, Ocaña et al.（2015）, Repérant et al.（2009）, Robertson et al.（2014）, Rovainen（1979）などがある。

（12） 感覚階層、心的イメージ、意識における部位局在的な地図形成の重要性については Damasio（2000）, Edelman（1989）, Jbabdi, Sotiropoulos, and Behrens（2013）, Kaas（1997）, Risi and Stanley（2014）, Singer（2001）, Tinsley（2008）, Ursino, Magosso, and Cuppini（2009）を参照。

（13） 神経伝達の振動的パターンの詳細は Boly et al.（2013）, Bullock（2002）, Bürck et al.（2010）, Calabrò et al.（2015）, Cardin et al.（2009）, Dehaene and Changeux（2011）, Feinberg（2012）, Feldman（2013）, Goddard et al.（2012）, Kim et al.（2015）, Krauzlis, Lovejoy, and Zénon（2013）, Llinás（2001）, chap. 6, Magosso（2010）, Melloni et al.（2007）, Miller and Buschman（2013）, Mori et al.（2013）, Orpwood（2013）, Schiff（2008）, Schomburg et al.（2014）, Singer（2001）, Sridharan, Boahen, and Knudsen（2011）, Uhlhaas et al.（2009）, Ursino, Magosso, and Cuppini（2009）, van Gaal and Lamme（2012）, p. 9, Zmigrod and Hommel（2013）を参照。この振動の役割について、より懐疑的な見解としては Mazaheri and Van Diepen（2014）, Nunez and Srinivasan（2010）, Tononi and Koch（2008, 2015）を参照。

意識での振動的伝達の役割についてゲオルク・ノルトフ（Northoff, 2013a, 2013b, 2016）の複雑な理論がある。彼が強調するのは脳の中核と大脳におけるニューロンの複雑なネットワークであり、その振動的な相互伝達によって脳に固有な脳波活動が生じる。これが静止状態の活動だ。そして彼のモデルによれば、外的な感覚入力がこの基線の活動を調節、調整し、多くの周波数区分（たとえば、アルファ波、ベータ波、シータ波、デルタ波）にある複雑な脳波信号にする。この信号化は各感覚刺激によって変化し、脳の各位置と、各周波数区分の相対的タイミングの両方の点で、各刺激に特有な信号を生む。刺激の痕跡が残るこの「時空間構造」は、感覚意識と結びついている、あるいはこれによって感覚意識が生じるとノルトフは主張する。外的刺激は「刺激に基づく信号化」において神経活動に直接的に信号化され、さらに重要なことに、連続的な刺激間の**時差**もまた信号化される。この「時差に基づく信号化」は、単純な反射と単純な意識をともなわないネットワークによる狭義の刺激に基づく信号化を超えた、意識の鍵となる特性だと彼は信じている。刺激が時空間的な構造と時差に基づく信号化へと翻訳されるというノルトフの考えは、いつの日か、本当に意識に相関した神経活動だと証明されるかもしれない。しかし、これらの性質にはさらなる説明が必要であり、表2・1や表9・2にある、本書での意識の普遍的基準に加えるには時期尚早だと思われる。

(14) 「統一的情景」という名称については https://en.wikipedia.org/wiki/Gerald_Edelman を参照。

(15) 視蓋についての基本文献として Butler and Hodos (2005), Feinberg and Meister (2015), Guirado and Davila (2009), Northmore (2011), Pérez-Pérez et al. (2003), Saidel (2009), Wullimann and Vernier (2009b) を参照。

(16) Northmore (2011).

(17) Feinberg and Mallatt (2016b). 多感覚的な視蓋の地図形成については Guirado and Davila (2009), Knudsen (2011), Manger (2009), Saidel (2009), Saitoh, Ménard, and Grillner (2007), Stein and Meredith (1993) によって記述されている。

(18) ヤツメウナギの視蓋についての情報源には De Arriba and Pombal (2007), Iwahori, Kawawaki, and Baba (1998), Jones, Grillner, and Robertson (2009), Kardamakis et al. (2015), Nieuwenhuys and Nicholson (1998), Pombal, Marín, and González (2001), Repérant et al. (2009), Robertson et al. (2006), Sarvestani et al. (2013) などがある。

(19) 感覚的役割および顕著性決定における視蓋の役割については Ben-Tov et al. (2015), Del Bene et al. (2010), Dudkin and Gruberg (2009), Graham and Northmore (2007), Gruberg et al. (2006), Gutfreund (2012), Nevin et al. (2010), Preuss et al. (2014), Schuelert and Dicke (2005), Temizer et al. (2015) を参照。

(20) 視蓋の運動機能についての詳細は Cohen and Castro-Alamancos (2010), Dutta and Gutfreund (2014), Northmore (2011) を参照。

(21) 選択的注意および峡と視蓋の相互作用における視蓋の役割については Dutta and Gutfreund (2014), Gruberg et al. (2006), Knudsen (2011), Northmore (2011) を参照。

(22) 視蓋が深い分析より瞬発的な選択のためのものだということについては Cohen and Castro-Alamancos (2010), Kaas (1997), Krauzlis, Lovejoy, and Zénon (2013), Northmore (2011), Sridharan, Schwarz, and Knudsen (2014) を参照。

(23) なぜ視蓋が視覚以外の感覚の入力を受け取るのかについての見解として Bürck et al. (2010), Kaas (1997), Quinn et al. (2014) を参照。

(24) Kaas (1997), p. 110.

(25) Dicke and Roth (2009), p. 1456, 強調を追加。

(26) Wullimann and Vernier (2009a), p. 1325.

(27) Damasio (2010, pp. 88-91) も脊椎動物の視蓋が意識に関与していると考えているが、上丘、とりわけヒトの上丘しか考慮していない。彼の主張によれば、ヒトの上丘には大まかな心的イメージがあり、それによって盲視現象（本書の第10章を参照）と、大脳皮質を欠いた水頭症の新生児に何らかの視覚能力がある理由を説明できるかもしれない。対照的に本書の見解では、哺乳類の上丘は二次的に単純化した視蓋であり、本来の意識上の役割のすべて、あるいはほとんどを失っている（この喪失については、本章の「進化の第二段階——哺乳類と鳥類での意識の躍進」を参照）。Strehler (1991) と Merker (2005, 2007) はダマシオよりもさらに踏み込んで、大脳皮質ではなく上丘こそが、哺乳類における意識の主要な場であると主張している。

(28) Goddard et al. (2012), Knudsen (2011), Marín et al. (2007), Sridharan, Boahen, and Knudsen (2011), Sridharan, Schwarz, and

Knudsen（2014）.

（29） Caudill et al.（2010）, Northmore and Gallagher（2003）.

（30） De Arriba and Pombal（2007）, Pombal, Marín, and González（2001）, Robertson et al.（2006）.

（31） Wullimann and Vernier（2009b）.

（32） Demski（2013）, Hofmann and Northcutt（2012）, Repérant et al.（2009）, Wullimann and Vernier（2009b）.

（33） Hofmann and Northcutt（2012）, Northcutt and Wicht（1997）, Wullimann and Vernier（2009b）.

（34） Wilczynski（2009）, p. 1304.

（35） Mueller（2012）, Northmore（2011）, Wullimann and Vernier（2009b）. 少数の例外として、それぞれの感覚のために分離した外套領域をもつ魚類がいることについて、Demski（2013）および Prechtl et al.（1998）を参照。

（36） Brodal（2010）, Eisthen（1997）, Green et al.（2013）, Li et al.（2010）, Northcutt and Puzdrowski（1988）, Shepherd（2007）, Wullimann and Vernier（2009b）.

（37） De Arriba and Pombal（2007）, Saidel（2009）.

（38） Ocaña et al.（2015）, Lopes and Kampff（2015）.

（39） 外套を切除された魚がほとんどふだんどおりに行動することについては Northmore（2011）を参照。無羊膜類および羊膜類の外套の記憶機能については Bingman, Salas, and Rodriquez（2009）, Broglio et al.（2005）, Fuss, Bleckmann, and Schluessel（2014）, Nadel et al.（2012）を参照。

（40） Butler and Hodos（2005）, Northcutt and Wicht（1997）.

（41） ジェラルド・エーデルマンは Edelman（1989, 1992）, Edelman, Gally, and Baars（2011）で記憶の役割について議論している。Baars et al.（2013）, Nadel et al.（2012）も参照。対象の認識における学習と訓練の基盤的機能については Jordan and Mitchell（2015）, LeCun, Bengio, and Hinton（2015）を参照。

（42） 海馬の機能と神経連絡の詳細は Allen and Fortin（2013）, Bingman, Salas, and Rodriguez（2009）, Brodal（2010）, Butler and Hodos（2005）, Northcutt and Ronan（1992）, Rolls（2012）を参照。

（43） Fuss, Bleckmann, and Schluessel（2014）, O'Connell and Hofmann（2011）, Schluessel and Bleckmann（2005）.

（44） Watanabe, Hirano, and Murakami（2008）.

（45） 脳内の嗅覚と記憶の構造の解剖学的関係性については Brodal（2010）, Butler and Hodos（2005, chap. 29 and 30）を参照。嗅覚が深層の記憶を呼び起こすことについては https://www.psychologytoday.com/blog/brain-babble/201501/smells-ring-bells-how-smell-triggers-memories-and-emotions を参照。

（46） 覚醒全般が選択的注意とどのように関係するのかについての詳細は Schiff（2008）を参照。覚醒や意識レベルが意識の基盤的な側面だと考えられていることについての詳細は Northoff（2013a）を参照。網様体賦活系（ＲＡＳ）と前脳基底部、およびその神経修飾物質であるノルエピネフリンとアセチルコリンについての情報は Butler and Hodos（2005）, Calabrò et al.（2015）, Fuller et al.（2011）, Herculano-Houzel et al.（1999）, Kim et al.（2015）, Lee and Dan（2012）, Manger（2009）を参照。Robertson et al.（2007）はヤツメウナギの網様体賦活系と前脳基底部について議論している。

（47） Manger（2009）, Schiff（2008）.

（48） ノルエピネフリンとアセチルコリンの役割についての情報は Lee and Dan（2012）を参照。

（49） Lacalli（2008）, Vopalensky et al.（2012）, Wicht and Lacalli（2005）.

（50） Holland and Yu（2002）.

（51） Candiani et al.（2012）.

（52）私たちの最初の研究（Feinberg and Mallatt, 2013）では、意識に関連する遺伝子を見つけたが、これらの遺伝子は部位局在的組織化とは関連していなかった。部位局在性における *Eph/ephrin* 遺伝子の重要性に気づいたのは Feinberg and Mallatt（2016b）でのことだった。*Eph/ephrin* 遺伝子の研究としては Cramer and Gabriele（2014），Knöll and Drescher（2002），North et al.（2010），Triplett and Feldheim（2012）がある。Bosne（2010）は *Eph/ephrin* 遺伝子の脳内の発現をナメクジウオが明らかに欠いていることを報告している。

（53）予測は、意識、認知、学習、報酬についての多くの現代のモデルの中核をなしている。脳は世界の表象を構築し、それをもとに次に起こることを予測する。そして意思決定を左右し、行動上の動作を選択するために、継続的にこの予測を更新する、という考え方だ。これについての文献の例として Llinás（2001），Gershman et al.（2015），Schultz（2015），Seth（2013）を参照。またこれは、意識のあるシステムは統合された新奇な情報についての差異検出装置であるという考え（Jonkisz, 2015, Mudrik, Faivre, and Koch, 2014）とも関連している。

予測について、最初の魚類やヤツメウナギ、また他の無羊膜類が、ヒトがするように遠い未来を予測したり、想像したりしていると主張したいわけではない。ここで言う心的予測とは、泳いでいる獲物や向かってくる捕食者が、次の瞬間にどこにいるのか、といったことを（大まかに）推定できるだけでいい。過去の経験に基づく記憶も、そのような短期的な予測を行う役に立つだろう。

予測装置としての意識について、本書の概念は感覚中心的だが、Llinás（2001）の概念は運動中心的だ。彼の主張によれば、意識はそれをもつ個体が次に行う動きと、その動きの結果を予測するために進化したのであり、それによってその個体は外的世界と円滑に相互作用することができる。彼の概念は感覚的な部分があるため、完全に運動に基づいているわけではない。つまり彼が言うには、外的な感覚入力が外的世界の簡易的シミュレーションを行うために使われるのであり、この簡易的シミュレーションによって運動作用についての素早く能率的な意思決定が可能となる（前掲書の第5章と第10章を参照）。対照的に、本書では感覚入力をより強調し、簡易的でない高度で詳細なシミュレーションと予測を行うとする。

（54）意識の主な適応的役割は、行動上の動作を選び、指示するものだという、この段落での主な考え方について、他の人々も賛同している。おそらく Jonkisz（2015）は誰よりもこの点を強調するだろう。Damasio（2010, pp. 61-62, 284）はこの考えを拡張し、より高度で詳細な心的イメージによって、より正確な反応行動が可能になるとしている。そして詳細になるほど、個体は複雑な環境下で多種多様な反応のなかから、そのひとつを選択することができる。Denton（2006, p. 5）と Keller（2014）もこの考えを表明しており、後者はこれについて、「生物が選択可能な反応のなかからひとつを選択しなければならない状況下において、行動を指示するための、意識をともなった情報処理の進化的機能」であると言っている。

（55）単弓類と竜弓類の詳細は Kardong（2012），pp. 109-127を参照。McLoughlin（1980）は単弓類についてのおもしろい入門書だ。Sidor et al.（2013），Whiteside et al.（2011）は、爬虫類の時代である三畳紀において、なぜ竜弓類が単弓類を打ち負かしたのかについて探求している。

（56）最初の哺乳類が起源した推定年代については Bi et al.（2014）を、最初の鳥類については Lee, Cau, et al.（2014）を参照。

（57）爬虫類に対する鳥類や哺乳類の脳の大きさについては Alonso et al.（2004），Balanoff et al.（2013），Benton（2014），Jerison（2009），Northcutt（2002, 2012b），Rowe, Macrini, and Luo（2011）を参照。

(58) Århem et al. (2008), Boly et al. (2013), Butler (2008a), Butler and Cotterill (2006), Butler et al. (2005), Edelman and Seth (2009), Edelman, Gally, and Baars (2011).

(59) 三億五〇〇〇万年前の時代の最初の羊膜類については Benton and Donoghue (2007) を参照。

(60) 現生の両生類と爬虫類の脳の大きさについては Northcutt (2002) を参照。両生類と爬虫類の脳と行動の複雑性の比較については Århem et al. (2008)、Burghardt (2013) を参照。

(61) Butler (2008a), Århem et al. (2008).

(62) Gerkema et al. (2013), p. 3.

(63) Clarke and Pörtner (2010), Grigg, Beard, and Augee (2004), Hopson (2012), Kardong (2012), pp. 117, 123, Nespolo et al. (2011), Newman, Mezentseva, and Badyaev (2013).

(64) 最初の哺乳類が、夜行性のためにそれほど視覚に頼っておらず、嗅覚と触覚に頼っていたという根拠については Rowe, Macrini, and Luo (2011) を参照。Aboitiz (1992), Aboitiz and Montiel (2007), Bowmaker (1998), Gerkema et al. (2013), Hall, Kamilar, and Kirk (2012), Jacobs (2012) および名著の Walls (1942) も参照。

(65) Kaas (2011).

(66) Benton and Donoghue (2007), Bi et al. (2014), Luo et al. (2011).

(67) Lee, Cau et al. (2014), Zelenitsky et al. (2011).

(68) 背側外套の大きな記憶保存能力については Nadel et al. (2012) を参照。

(69) 哺乳類の嗅覚記憶については Aboitiz and Montiel (2007), Jacobs (2012) を参照。鳥類の視覚記憶ついては Rattenborg and Martinez-Gonzalez (2011), p. 242 を参照。

(70) Damasio (2010), chap. 6, Haladjian and Montemayer (2014).

(71) Krauzlis, Lovejoy, and Zénon (2013).

(72) Seth, Baars, and Edelman (2005), p. 122, Tulving (1985, 1987, 2002a, 2002b).

(73) Balanoff et al. (2013), Benton (2014), Kielan-Jaworowska (2013), Kielan-Jaworowska et al. (2013), Lee, Cau et al. (2014). Bonaparte (2012), Gill et al. (2014), Hall, Kamilar, and Kirk (2012), Heesy and Hall (2010), Ruta et al. (2013) も参照。最後に Maynard (2013) の Godefroit et al. (2013) に対するコメントを参照。

(74) Balanoff et al. (2013), Lee, Cau et al. (2014).

(75) Gershman et al. (2015) が強調するには、神経計算の**速さ**は常に考慮されなければならず、また計算上のコストと、神経計算の速さの結果として改善される意思決定の質の期待値についても同様である。計算時間が長くかかるような遅く複雑なシステムは多くの環境でハンディキャップとなり、生存に十分な速さの意思決定を下すことができない。当該論文の図2を参照。

(76) 収斂進化の詳細は https://en.wikipedia.org/wiki/Convergent_evolution を参照。

(77) 哺乳類の外套については Kaas (2011), Kandel et al. (2012) を参照。鳥類の外套については Cunningham et al. (2013), Kalman (2009), Keary et al. (2010), Müller and Leppelsack (1985), Wild, Kubke, and Peña (2008) を参照。

(78) Butler (2008a), Edelman, Baars, and Seth (2005), Pepperberg (2009).

(79) 鳥類の高外套あるいはヴルスト［Wulst］についての総説論文として Wild (2009) を参照。

(80) Karten (2013) と、そこで引用されている彼のそれ以前の論文、また Dugas-Ford, Rowell, and Ragsdale (2012), Shanahan et al. (2013), Butler, Reiner, and Karten (2011) を参照。Jarvis et al. (2013) は特に有益な情報が多い。

（81）爬虫類の外套の機能と神経上の相同性についての現代的な文献として Dugas-Ford, Rowell, and Ragsdale（2012）, Fournier et al.（2015）, Nomura et al.（2013, 2015）, Northcutt（2012b）を参照。

（82）現生の両生類、ハイギョ、爬虫類の外套についての情報は Butler and Hodos（2005）, Butler, Reiner, and Karten（2011）をもとにした。

（83）右の注81にある引用文献が、爬虫類の外套についてどれほど知られていないかをを示している。Binder et al.（2009）も参照。

（84）Butler and Hodos（2005）, Demski（2013）, Hofmann and Northcutt（2012）, Huesa et al.（2009）, Quintana-Urzainqui et al.（2012）, Wullimann and Vernier（2009b）, Yopak（2012）.

（85）Maisey（1996）.

（86）Northcutt（2002）.

（87）Braun（1996）, von During and Andres（1998）.

（88）本書の理論がビョルン・マーカー（Merker 2005, 2007）の先駆的な研究に負うところが大きいことを、ここで明記すべきだろう。本書の理論のように、彼の理論ではすべての脊椎動物に外受容的な感覚意識があるとされる。さらに現実をシミュレートするための部位局在的に地図で表された（同型的）イメージに重点が置かれ、この意識をともなったシミュレーションは視蓋が構築するとされる。しかし本書と違い、意識は自分の身体の動きによって生じた撹乱的感覚のすべてを遮断するために進化したのであり（「自己運動によって生じる情報の流れをどう処理するかという問題への包括的な解決法として、意識が生まれた」［Merker（2005）からの引用］）、視蓋／上丘がヒトや哺乳類での意識の主要中枢であるとしている。

第7章

（1）Balcombe（2009）. 感性の辞書的な定義は、感覚や感情を経験できる能力であるが、本書では「感情」面を強調する。

（2）Barrett et al.（2007）, Casimir（2009）, Damasio and Carvalho（2013）, Kittilsen（2013）, Kobayashi（2012）, Mendl, Paul, and Chittka（2011）, Nargeot and Simmers（2011, 2012）, Ohira（2010）, Wilson-Mendenhall, Barrett, and Barsalou（2013）.

（3）Duncan and Barrett（2007）, Gallese（2013）, Kittilsen（2013）, Northoff（2012a）, p. 12, Solms（2013a）.

（4）LeDoux（2012）, Anderson and Adolphs（2014）, Berlin（2013）, Millot et al.（2014）.

（5）Anderson and Adolphs（2014）, Berridge and Winkielman（2003）, Broom（2001）, Critchley and Harrison（2013）, Damasio（2010）, chap. 5, Denton et al.（2009）, Feinstein（2013）, Guillory and Bujarski（2014）, Plutchik（2001）, Rolls（2014, 2015）, Seth（2013）. http://en.wikipedia.org/wiki/Somatic_marker_hypothesis も参照。

（6）本節での文献の多くは表7・1の末尾に示してある。一般的な入門書として Hall（2011）を参照。

（7）Rolls（2014）.

（8）Almeida, Roizenblatt, and Tufik（2004）, Damasio, Damasio, and Tranel（2012）, Farb, Segal, and Anderson（2013）, Mouton and Holstege（2000）, Saper（2002）, Treede et al.（1999）, Veinante, Yalcin, and Barrot（2013）.

（9）Mancini et al.（2012）.

（10）Craig（2003a, 2003c, 2008）.

（11）Giordano（2005）.

（12）哺乳類とその他の脊椎動物における内受容、痛覚経路についての文献は表7・2で引用してある。

(13) Saper (2002).

(14) Humphries, Gurney, and Prescott (2007), p. 1632, Mouton and Holstege (2000), Veinante, Yalcin, and Barrot (2013).

(15) 前帯状野と眼窩内側前頭前野において内受容の同型性が最終的に失われることについてはCraig (2010), Farb, Segal, and Anderson (2013), Treede et al. (1999) が報告している。

(16) Butler and Hodos (2005), p. 553.

(17) Ibid., pp. 190–194.

(18) すべての脊椎動物に見られる三叉神経の経路と三叉神経脊髄路核についてButler and Hodos (2005), Butler (2009b) を、ヒトについてDaSilva et al. (2002) を、トカゲについてDesfilis, Font, and García-Verdugo (1998) を、真骨魚類のティラピアについてXue et al. (2006a) を、真骨魚類のコイについてXue et al. (2006b) を、サメについてAnadón et al. (2000) を、ヤツメウナギについてKoyama et al. (1987) を参照。

(19) 脊椎動物のさまざまな動物群における孤束核と網様体についてはNieuwenhuys, ten Donkelaar, and Nicholson (1998) を参照。さまざまな脊椎動物の腕傍核についてはMueller, Vernier, and Wullimann (2004), Barreiro-Iglesias, Anadón, and Rodicio (2010), Neary (1995), Wild, Arends, and Ziegler (1990) を参照。

(20) Nieuwenhuys (1996).

(21) Plutchik (2001), Feinstein (2013).

(22) 「内的環境［内部環境 internal milieu］」という用語は生理学者のクロード・ベルナールに由来し、身体の内部と、それを安定的に保つこと（恒常性の維持）を指す。http://en. wikipedia.org/wiki/Milieu_interieur を参照。

(23) James (1884), Lange (1885). Critchley and Harrison (2013), Damasio, Everitt, and Bishop (1996), Damasio (2010), Norman, Berntson, and Cacioppo (2014), Seth (2013) も参照。

(24) Cannon (1927). Anderson and Adolphs (2014), Denton (2006), p. 112, Quigley and Barrett (2014) も参照。神経科学者であり哲学者のゲオルク・ノルトフ (Northoff, 2012a) は主にヒトの研究をもとに証拠を吟味し、外受容的・内受容的入力は一緒に脳へと達し、情感を生むため互いにバランスをとっていると結論づけた。またこれを「相関的コード化」と呼び、「翻訳的コード化」（生理的変化からの翻訳の後でのみ生じる感覚）というジェームズ－ランゲ的概念と対置した。したがって、ノルトフは見解2の、情動的感覚における外受容のより直接的な役割を支持している。

(25) Critchley and Harrison (2013), pp. 632–634, Damasio et al. (2012).

(26) この問題を議論し、証拠を提示しながら両方の見解が適切であるとして本書の見解に同意する研究としてAnderson and Adolphs (2014), Dalgleish, Dunn, and Mobbs (2009), Fotopoulou (2013), Montoya and Schandry (1994), Waraczynski (2009) を参照。

(27) Craig (2010). Craig (2003c) も参照。

(28) 「肉体の私［material me］」という用語は、本来はSherrington (1900) に由来する。

(29) http://en.wikipedia.org/wiki/Somatic_marker_hypothesis を参照。

(30) Butler, Reiner, and Karten (2011).

(31) Benton and Donoghue (2007).

(32) Damasio, Damasio, and Tranel (2012), Feinstein (2013).

(33) Guillory and Bujarski (2014).

(34) Vierck et al. (2013).

(35) この皮質投射によって、同様に一次体性感覚野が痛覚の情感を生むと主張する、より古く古典的な考えにあった誤りのいくつかが修正された (Craig, 2010, p. 564 を参照)。Mancini et al. (2012) も参照。
（36）　Benton and Donoghue（2007）.
（37）　Denton（2006）, Denton et al.（2009）.
（38）　Denton et al.（2009）, pp. 503–504.
（39）　Ibid., p. 502.
（40）　Denton（2006）, p. 114.
（41）　Panksepp（1998, 2005, 2011, 2013）ほか彼の多くの出版物を参照。パンクセップは情感について本書よりもいくぶん運動に基づいた見解をとり、感情は感覚入力と同程度に運動によっても生じると主張している（Panksepp, 2005, p. 39 および Northoff, 2012a, p. 12 の議論を参照）。対照的に本書では、情感が行動を引き起こし、このふたつが関係していることは確かに認めるが、情感は感覚意識に属するという、感覚中心的な見解をとっている。
（42）　Panksepp（2013）, pp. 63–64.
（43）　Watt（2005）.
（44）　行動主義についてのパンクセップの見解は Panksepp（2011）を参照。Griffin（2001）も行動主義に反対する主張をしている。パンクセップが情感意識の起源の年代を五億六〇〇〇万年前から五億二〇〇〇万年前に定めた論文は Fabbro et al.（2015）である。
（45）　Packard and Delafield-Butt（2014）.
（46）　Solms and Panksepp（2012）, Solms（2013a）.
（47）　この見解は Barrett et al.（2007）, Berlin（2013）, Critchley and Harrison（2013）, Gallese（2013）, Rolls（2014, 2015）, Seth（2013）, Turnbull（2013）で議論されている。
（48）　Panksepp（1998）.
（49）　Solms and Panksepp（2012）, Huston and Borbely（1973）による。
（50）　Turnbull（2013）.
（51）　Denton et al.（2009）.
（52）　Merker（2007）, Damasio（2010, pp. 85–88）. この証拠とソルムスの考えを支持する多くの著者の論文は *Neuropsychoanalysis 15*(1)（2013）で見つかる。特に Fotopoulou（2013）, Friston（2013）, Gallese（2013）, Kessler（2013）, Tsakiris（2013）, Turnbull（2013）を参照。Kittelsen（2013）, Vargas, López, and Portavella（2009）も参照。
（53）　Merker（2007）, p. 79.
（54）　哺乳類の大脳皮質が、皮質下で生みだされた原始情動を二次的に調整する二次的な役割しかないことを示す追加の根拠として Berridge and Kringelbach（2013）, Dalgleish, Dunn, and Mobbs（2009）, Damasio, Damasio, and Tranel（2012）, Quirk and Beer（2006）を参照。
（55）　Cabanac（1996）, Cabanac, Cabanac, and Parent（2009）.
（56）　情感の適応価について同様の説明をするものとして Damasio and Carvalho（2013）, Gallese（2013）, Giske et al.（2013）、Ohira（2010）を参照。Schultz（2015, pp. 857–859）は同様に、報酬機能がどれほど生存的成功や繁殖的成功を向上させるかを強調している。
（57）　Cabanac（1996）.
（58）　Cabanac, Cabanac, and Parent（2009）.
（59）　ルドゥーの扁桃体に関する研究の概説として LeDoux（2007）を参照。動物が真の意識をともなう感覚や情動をもっていることを彼が疑っていることについては LeDoux（2012, 2014）を参照。
（60）　LeDoux（2014）, p. 2873.
（61）　LeDoux（2012）, p. 656.
（62）　Eriksson et al.（2012）.
（63）　意識の情感的側面より外受容的側面を中心に据えた研究については第6章で紹介した何十もの研究を参照。Crick and Koch（2003）, Dehaene et al.（2014）, Tononi and Koch（2008, 2015）も参照。

第8章

（1） 痛覚が原型的であり、代表的情動であると考えられていることについての典拠には Casimir（2009）, Key（2014）, Levine（1983）, Watt（2005）などがある。

（2） 痛みの定義の詳細は http://www.iasp-pain.org/Taxonomy を参照。

（3） Committee on Recognition and Alleviation of Pain in Laboratory Animals, National Research Council（2009）を参照。

（4） Sherrington（1906）.

（5） Rolls（2000）, Winkielman, Berridge, and Wilbarger（2005）を参照。

（6） Ruppert, Fox, and Barnes（2004）.

（7） Craig（2003a, 2003b）, Vierck et al.（2013）.

（8） Sivarao et al.（2007）.

（9） Grau, Barstow, and Joynes（1998）, Sherrington（1906）.

（10） Berridge and Winkielman（2003）, Woods（1964）.

（11） Rose and Woodbury（2008）, Rose et al.（2014）.

（12） Matthies and Franklin（1992）.

（13） オペラント条件づけの定義については Brembs（2003a, 2003b）, Perry, Barron, and Cheng（2013）, https://en.wikipedia.org/wiki/Operant_conditioning を参照。

（14） Vierck and Charles（2006）は、痛みの研究は単純な反射の実験ではなく、オペラント実験を用いるべきだと主張している。Cloninger and Gilligan（1987）, p. 466 も参照。

（15） Rolls（2014）.

（16） Perry, Barron, and Cheng（2013）, table 1.

（17） Martin, Kim, and Eisenach（2006）.

（18） Colpaert et al.（1980）, Danbury et al.（2000）.

（19） Braithwaite（2014）, Rose et al.（2014）, Sneddon（2011）.

（20） 本書で除外した情感の基準について記述した文献は、表8・1の末尾で示してある。

（21） 本書で採用した基準を支持する文献は、表8・2の末尾に一覧化してある。

（22） Vierck and Charles（2006）, p. 181.

（23） Mogil（2009）, Walters（1994）.

（24） Anderson and Adolphs（2014）, Cloninger and Gilligan（1987）, Kittilsen（2013）.

（25） このアプローチには、いくつかの結論を引き出すために証拠の不在に頼っているという潜在的問題があることは私たちもわかっている。つまり、「下等な」動物も結局これらの行動的基準を満たすことが、さらなる研究によって発見されるかもしれない。この問題への本書の対処法は、できる限り多くの研究を見つけて取り入れ、現在は本書で「ない」としている行動のいくつかを後日「ある」と変えるかもしれないことを許容する、というものだ。この問題は http://plato.stanford.edu/entries/consciousness-animal/ でも指摘されている（6・4節を参照）。

（26） Ruppert, Fox, and Barnes（2004）.

（27） 行動的対比の定義は Papini（2002）から。

（28） 表8・4、表8・5の構造が辺縁系構造であることは Nieuwenhuys（1996）, Heimer and Van Hoesen（2006）を参照。羊膜類や無羊膜類でこれらの構造を情感に結びつけた研究者としては O'Connell and Hofmann（2011）, Panksepp（1998）, Watt（2005）を参照。Damasio（2010）も参照。

（29） Feinstein（2013）, Goodson and Kingsbury（2013）, Kender et al.（2008）, O'Connell and Hofmann（2011）.

（30） O'Connell and Hofmann（2011）.

（31）Solms (2013a, 2013b), Panksepp (1998, 2011), Damasio, Damasio, and Tranel (2012), Denton et al. (2009).

（32）大脳皮質は情動を調整するのであって、生みだすのではないという主張についてはBerridge and Kringelbach (2013), Dalgleish, Dunn, and Mobbs (2009), Damasio, Damasio, and Tranel (2012), Solms and Panksepp (2012)を参照。

（33）脊椎動物の情感的構造の進化が漸進的だったことを検証するには、別の方法もあるかもしれない。表8・4と表8・5にある辺縁系構造のすべてが情感に寄与し、ポジティブな情感を特定のひとつの構造に、ネガティブな情感を別の構造に割り当てることは研究者にとって困難であり続けてきた。しかしBerridge and Kringelbach (2013)は、ラットの脳で快、戦慄［dread］、恐怖［fear］が生じる「快楽的ホットスポット群［hedonic hotspots］」を発見した。これらのホットスポット群には、快と戦慄を司る側坐核と腹側外套、恐怖と報酬を司る扁桃体がある（これらの構造の機能の詳細はHeimer and Van Hoesen, 2006, Nelson, Lau, and Jarco, 2014, Janek and Tye, 2015を参照）。また特に重要なのは、ネガティブな報酬のコード化を司る手綱核と、腹側被蓋野（あるいは間脳後結節［posterior tuberculum］）であり、そのニューロンが報酬に関与するドーパミンを放出する（Barron, Søvik, and Cornish, 2010, Hikosaka, 2010, Kobayashi, 2012, Lammel et al., 2012, Nargeot and Simmers, 2011, Rolls, 2014, Schultz, 2015）。特に重要なこれら五つの「要石［keystone］」構造のうち、四足動物は五つすべてをもつが、ヤツメウナギやサメには確かなものがふたつ（腹側被蓋野と手綱核）と「多分あるもの」がふたつ（扁桃体と腹側外套）しかない。つまり重要な情感的構造が、魚類から四足動物でだんだん増えたことが示唆される。

（34）社会行動ネットワーク、つまり本書の適応行動ネットワークを提唱し、発展させている研究としてはNewman (1999), O'Connell and Hofmann (2011), Goodson and Kingsbury (2013)を参照。

（35）O'Connell and Hofmann (2011).

（36）本書のようにPackard and Delefield-Butt (2014)も中核的情感が前脊椎動物やごく最初の脊椎動物で進化したと結論づけている。

（37）Almeida, Roizenblatt, and Tufik (2004), McHaffie, Kao, and Stein (1989).

（38）Saidel (2009), Northmore (2011)で引用されている研究を参照。

（39）Rose et al. (2014), Rose (2002)を参照。Key (2014)も参照。

（40）Snow, Plenderleith, and Wright (1993)が、軟骨魚類にC繊維がないことを報告している。

（41）Sneddon (2002)が、真骨魚類にC繊維が少ししかないことを記録している。

（42）Rose et al. (2014), p. 112.

（43）Guo et al. (2003).

（44）Rose et al. (2014).

（45）Sneddon, Braithwaite, and Gentle (2003), Reilly et al. (2008).

（46）Rose et al. (2014), Bolles and Faneslow (1980)も参照。

（47）Crook and Walters (2014).

（48）Casimir (2009), Key (2014), Levine (1983), Watt (2005).

（49）Damasio (2010), p. 27.

（50）Candiani et al. (2012), Reaume and Sokolowski (2011).

（51）Packard and Delafield-Butt (2014), Shen (2015).

（52）Cabanac (1996), Ohira (2010), Gallese (2013), Giske et al. (2013), Packard and Delafield-Butt (2014), http://en.wikipedia.org/wiki/Somatic_marker_hypothesis.

（53）Solms and Panksepp (2012).

（54）Schultz (2015), pp. 853-860.

（55） パンクセップ、ソルムス、デントンより。第7章も参照。

第9章

（1） 本章の引用文献の多くは付録で一覧化してあるが、その他については巻末注のこの部分で言及する。

（2） Griffin（2001）, chap. 1, http://www.animal-ethics.org/what-beings-are-conscious/.

（3） Ruppert, Fox, and Barnes（2004）, Wägele and Bartolomaeus（2014）を参照。

（4） Ruppert, Fox, and Barnes（2004）, chap. 12, 16–21.

（5） 無脊椎動物の侵害受容器と侵害受容の文献についてはElwood（2011）を参照。ただし本書の見解は彼よりも無脊椎動物の痛覚に懐疑的だ。

（6） Brodal（2010）, Saidel（2009）.

（7） Chittka and Niven（2009）, Farris（2012）, Giurfa（2013）, Perry, Barron, and Cheng（2013）, Strausfeld（2013）. これらの情報源の多くもまた、昆虫の脳が小さいことと、それによって認知能力が限られていることを認めている。

（8） 図9・4はWullimann and Vernier（2009a）の脊椎動物の図に基づきChittka and Niven（2009）, Eberhard and Wcislo（2011）およびマーティン・ハイゼンベルク（ショウジョウバエについての私信）から得られた節足動物の数値を加えてある。コウイカとタコの数値はPackard（1972）から。

（9） この点ではPlotnick, Dornbos, and Chen（2010）, Sherrington（1947）, Trestman（2013）に同意できる。

（10） 昆虫と節足動物の感覚についてはStrausfeld（2013）できわめて詳細にまとめられている。節足動物の高解像度の視覚についての詳細はNilsson（2013）と論文中の文献を参照。

（11） Land and Fernald（1992）, Nilsson（2013）.

（12） Strausfeld（2013）, Newland et al.（2000）, Walters et al.（2001）.

（13） Seelig and Jayaraman（2013）.

（14） 中心複合体についての詳細はStrausfeld（2013）, chap. 7を参照。新たな情報によれば、中心複合体は内部コンパスのように、視覚的目印に向かって身体を向けるためのものでもある。Seelig and Jayaraman（2015）を参照。

（15） 節足動物の網膜部位局在性に関して、甲殻類と鋏角類カブトガニについてHarzsch（2002, p. 14）を、甲殻類についてStrausfeld（2009）を、ムカデについてSombke and Harsch（2015）を、昆虫についてSelig and Jayaraman（2013）を参照。

（16） Chittka and Niven（2009）.

（17） Ibid. 昆虫の脳でさまざまな感覚が収束する場所を見つけた研究についてはStrausfeld（2013）, pp. 211, 679を参照。

（18） Giurfa（2013）, Tang and Juusola（2010）.

（19） Chittka and Niven（2009）, Chittka and Skorupski（2011）を参照。

（20） Strausfeld（2013）, p. 291.

（21） Chittka and Niven（2009）, p. 2006.

（22） Fauria, Colborn, and Collett（2000）.

（23） Giurfa et al.（2001）, Gould and Gould（1986）はハチについてさらなる研究を行い、心的イメージについて同様の結果を得た。

（24） Strausfeld（2013）.

（25） Cong et al.（2014）, Ma et al.（2012, 2014）, Ortega-Hernandez（2015）.

（26） カンブリア紀以来の節足動物の進化についてはEdgecombe（2010）, Davis, Baldauf, and Mayhew（2010）を参照。

（27） 節足動物の脱皮についてはhttp://evolution.berkeley.edu/evolibrary/article/0_0_0/mantisshrimp_05を参照。

(28)　腹足類で非常によく研究されている行動の記載についてはBrembs (2003a, 2003b), Hirayama and Gillette (2012), Hirayama et al. (2012), Jing and Gillette (2000), Noboa and Gillette (2013) を参照。
(29)　巻貝類やナメクジ・ウミウシ類の脳神経節の詳細はhttp://neuronbank.org/wiki/index.php/Aplysia_cerebral_gangliaを参照。
(30)　Baxter and Byrne (2006). http://neuronbank.org/wiki/index.php/Aplysia _cerebral_gangliaも参照。
(31)　腹足類の眼についての詳細はNilsson (2013), Ruppert, Fox, and Barnes (2004), Sweeney, Haddock, and Johnsen (2007) を参照。
(32)　Walters et al. (2004), Xin, Weiss, and Kupfermann (1995).
(33)　頭足類の複雑な行動についての総説としてMather (2008, 2012), Mather and Kuba (2013) を参照。Montgomery (2015) も参照。タコの脳と神経系が驚くほど複雑なことについて、ゲノムからの遺伝学的証拠としてAlbertin et al. (2015) を参照。
(34)　頭足類の眼、および脊椎動物の眼との比較についてNilsson (2013), Ruppert, Fox, and Barnes (2004), Sweeney, Haddock, and Johnsen (2007) を参照。
(35)　頭足類の視覚経路についてYoung (1974), Shigeno and Ragsdale (2015), Williamson and Chrachri (2004) を参照。触覚経路についてGrasso (2014), Shigeno and Ragsdale (2015) を参照。他の感覚については、表9・2の引用文献を参照。頭足類の脳についての他のすぐれた研究としてYoung (1971), Wollesen, Loesel, and Wanninger (2009) によるものがある。
(36)　Godfrey-Smith (2013), Grasso (2014), Hochner (2012, 2013), Zullo et al. (2009).
(37)　頭足類の腕の神経系についての詳細な記載としてGrasso (2014) を参照。
(38)　Zullo and Hochner (2011), Zullo et al. (2009). 脳の非運動性部分の体部位局在性を調べた唯一の研究はBudelmann and Young (1985) である。
(39)　Young (1974).
(40)　Grasso (2014), p. 111.
(41)　Gutnick et al. (2011).
(42)　双方向的なクロストークを示した図についてWilliamson and Chrachri (2004) を参照。
(43)　http://en.wikipedia.org/wiki/Nautilusを参照。
(44)　Kröger, Vinther, and Fuchs (2011). この論文から、化石記録によって定められた、頭足類とその下位群が最初に現れた年代がわかる。
(45)　Packard (1972) は、頭足類を魚類と比較し、これらふたつの動物群の驚くべき類似性について記述した古典的な論文だ。またこの論文はふたつの動物群の適応的に有利な点、不利な点、進化的成功についても比較している。
(46)　Mather and Kuba (2013).

第10章

(1)　神経生物学的自然主義におけるこれらの特性はFeinberg (2012) で導入された。Feinberg and Mallatt (2016a) も参照。
(2)　Thompson (2007), p. 236.
(3)　社会性昆虫によるアリ塚の構築やその他の土木技術における創発的特性については、Bilchev and Parmee (1995) を参照。
(4)　Jonkisz (2015) も、本質的要素を同定することで意識を説明する研究をしている。しかし、「動作における個物化された情報」という彼の要素には神経系は必要ではなく、完全に反射によって動作する動物や、さらには細菌など、動作を行うすべての生きているシステムに当てはまる。本書の見解では、意識には複雑な神経階層における神経要素も必要である。

（5）とはいえ腹足類は、神経系が祖先的蠕虫の神経系よりもわずかに複雑であるだけのようだが、外受容意識がなくても情感の行動的証拠を示すことを思い出そう（第9章）。引用文献は二九〇頁、付録において表9・1の見出しの下に一覧化されている。

（6）Kröger, Vinther, and Fuchs（2011）.

（7）Panksepp（1998, 2011）が提唱した七つの基本情動（探索、怒り、性欲、恐怖、世話、悲しみ、遊び）の多くはここで完成したのだろうが、それ以外の基本情動には最初の羊膜類にまで完成が遡るものもあるだろう。

（8）Eriksson et al.（2012）. ヒトの意識における躍進についての議論は、LeDoux（2012）, pp. 665–666 を参照。

（9）Gurdasani et al.（2015）.

（10）Fabbro et al.（2015）, table 1.

（11）皮質意識の支持者による数多くの研究については第6章から第8章を参照。Key（2014）, Tononi and Koch（2008）も参照。大脳皮質の傷害によって視覚意識を失った人に関して言えば、そのような人は意識をともなう視覚がなくても何らかの視覚能力を保持しうる。この状態は盲視と呼ばれる。強制的に推測させられれば、彼らは偶然以上の正確性で対象物を検知、定位、区別できる。盲視に対する解釈のひとつは、破損を逃れた視蓋／上丘によって生じるというものだ。http://kin450-neurophysiology.wikispaces.com/Blindsight. Alexander and Cowey（2010）. Cowey（2010）, Overgaard（2012）を参照。

（12）ルドゥアン・ブシャリらは、魚類が発達した行動をするためには社会的刺激と環境的刺激の両方から微細なシグナルを多く知覚することが必要だと示した。Abbott（2015）, Bshary and Grutter（2006）を参照。

（13）こうした現象の定義と解説として Baars（2002）, Baars, Franklin, and Ramsoy（2013）, Brogaard（2011）, Ciaramelli et al.（2010）, Kiefer et al.（2011）, Kouider and Dehaene（2007）, Näätänen et al.（2007）, Overgaard（2012）, Panagiotaropoulos et al.（2012）, van Gaal and Lamme（2012）を参照。

（14）この点、つまり意識をともなわない知覚が生存に不十分であることについては、http://plato.stanford.edu/entries/consciousness-animal/（p. 23）の項目でも主張されている。この記事では意識の多様性も認識されている（6・6節）。

（15）Kandel et al.（2012）, Johnson et al.（2007）. これらの情報源では、本書で紹介した固有受容性感覚の情報すべてが記述されている。

（16）Merker（2005）.

（17）Tononi and Koch（2015）, p. 10. Baars, Franklin, and Ramsoy（2013）, pp. 6, 8, 20 も参照。

（18）Butler（2008a）, p. 442.

（19）Gottfried（2010）, Mori et al.（2013）. しかし、視床の中継がやはり嗅覚知覚に関係している可能性については Courtiol and Wilson（2014）を参照。

（20）嗅覚経路におけるガンマ振動については Mori et al.（2013）を参照。

（21）Barrett et al.（2007）, Craig（2010）, p. 568, Heimer and Van Hoesen（2006）, LeDoux（2012）.

（22）嗅覚から辺縁系への接続については Butler and Hodos（2005）, Heimer and Van Hoesen（2006）を参照。海馬から辺縁系への接続については O'Connell and Hoffman（2011）を参照。他の外受容から情感への接続について明らかとなったこととして Shang et al.（2015）が上丘から峡核を通って扁桃核へと至る経路を発見した。このことから、視界にある脅威の対象は恐怖という情感を誘導する。しかしこの接続はマウスでしか見つかっていないが、もし魚類にも存在していたとしたら興味深い。

(23) Brudzynski (2007, 2014), Lammel et al. (2012).

(24) あらゆる脊椎動物の背外側被蓋核についてはRodríguez-Moldes et al. (2002) を参照。ヤツメウナギの背外側被蓋核については、Ryczko et al. (2013) を参照。

(25) さらに、外受容意識と情感意識で共通した特徴にはガンマ振動の関与もあるかもしれない。つまり情感もまた、振動に起因するかもしれない。たとえば、ラットでの恐怖や安心の情動記憶中に、扁桃体、海馬、前頭前野でガンマ波（とシータ波）の同時的発生が記録されている (Bocchio and Capogna, 2014, Stujenske et al., 2014)。また Marco-Pallares, Münte, and Rodríguez-Fornells (2015, p. 1) はこう述べている。ヒトやラットにおいて、（ポジティブな情感として）「予期しない報酬であっても妥当な報酬であっても、その結果の後にベータ、ガンマ活動（25～35Hz）が上昇するということが、最近の数々の研究から明らかとなった」。すべての種類の情感で常に振動があるかどうか、またそれが本当に外受容意識に関連したガンマ振動と類似しているのかを突き止めるためには、さらなる研究が必要である。特に哺乳類以外の脊椎動物の研究が必要だ。

(26) ドーパミン関連遺伝子についてはBarron, Søvik, and Cornish (2010), Perry and Barron (2013), Waddel (2013) を参照。ドーパミンの機能についてはRutledge et al. (2015), Schultz (2015) を参照。

(27) 意識における自己についてのさらなる議論としてBekoff and Sherman (2004), Gazzaniga (1997), Griffin (2001), Keenan, Gallup, and Falk (2003), Keenan et al. (2005), Revonsuo (2010), Seth (2013) を参照。

(28) Damasio (2000).

(29) Tulving (1985), p. 3.

(30) Tulving (1985, 2002a, 2002b).

(31) Allen and Fortin (2013). トカゲについてForster et al. (2005) も参照。

(32) Damasio (2010), p. 27, Fabbro et al. (2015), table 1, Pepperberg (2009), Plotnik, De Waal, and Reiss (2006).

(33) James (1879), Damasio (2010), Denton (2006), Edelman (1992), Griffin (2001), chap. 1.

(34) Block (1995), Bradley (2011), Jackson (1982), Lindahl (1997), Nichols and Grantham (2000), Robinson (2007), Tsou (2013).

(35) Nichols and Grantham (2000).

(36) Bradley (2011).

(37) この相関は、特定の脳領域への損傷が特定の知覚を阻害するという事実に、つまり「特定の精神病理［specific psychopathology］」に非常によく現れている。Nichols and Grantham (2000), pp. 650–652. Lycan (2009) も参照。

(38) http://en.wikipedia.org/wiki/Correlation_does_not_imply_causation を参照。

(39) Feinberg and Mallatt (2016a). 生存のためには、心的イメージは現実をうまくシミュレートしなければならないという考えの詳細についてはEdwards (2014) を参照。Damasio (2010, p. 76) も心的イメージが現実を反映していると主張している。これに関連した、なぜ意識が適応的で環境を反映するのかについて、情報に基礎をおいた主張としてTononi and Koch (2015), p. 10 を参照。

(40) ドウクツギョの鋭敏な非視覚性感覚についてはSchlegel et al. (2009) を参照。

(41) Ruppert, Fox, and Barnes (2004). ムカデの脳の網膜部位局在性

についてはSombke and Harzsch（2015）を参照。

（42） フクロムシの生物学と生活環の記載についてはRuppert, Fox, and Barnes（2004）, p. 685を参照。

（43） 適応としての意識という論点から離れる前に、生存を助けるために意識は成熟しきっていなければならないのかについて考えたい。これは部分的意識という論点だ。意識はカンブリア爆発の一部として、脊椎動物と、おそらくは節足動物で比較的急速に進化したと本書では結論づけた。しかしこれは地球史における地質学な言い回しとして急速なだけであって、それでも数百万年ほどかかっただろう。意識はゆっくり進化したので、その中間の動物には「部分的に意識があった」ことになるかもしれない。ちょっと考えただけでは、部分的意識という考えは、「半分妊娠」するのと同じで、馬鹿げているように思える。しかしよく考えてみると、それは存在しているといえる。人の一生はどれも、意識をもたないはずの受精卵一個から始まり、生まれたときはすでに意識をもっているので、そのあいだには部分的に意識がある状態があるはずだ。したがって、もし部分的意識がありうるとすれば、意識がまだ完全にあったわけではない前脊椎動物の成体では、どのようなかたちをしていたのだろうか。そういった動物の経験はただぼんやりとしていたのか、あるいは存在したりしなかったりと明滅していたのだろうか。本書での案は、移行的な動物はほとんど常に意識をともなわず「反射的」だったが、生存のために一定の刺激に注意することが重要となるたびに、一時的に意識をもつようになったというものだ。覚醒に基づき、感情状態と心的感覚イメージの両方が脳の注意メカニズムによって引き起こされ、制御される。その後、前脊椎動物の系統が活動的になって頻繁に危険にさらされるようになるにつれ、（保護された休眠状態、あるいは睡眠のような状態を除いて）意識は次第に継続的になった。最初は意識は必要なときだけ適応的利益をもたらし、必要でないときは休止状態になった。部分的意識の可能性の詳細についてはhttp://plato.stanford.edu/entries/consciousness-animal/の4・7節を参照。

（44） Globus（1973）, p. 1129.

（45） Feinberg（2012）.

（46） ゲオルク・ノルトフは、脳が自身の神経状態を参照できないことを「自身の脳の自己認識制限［autoepistemic limitation］」と呼んだ（Northoff and Musholt, 2006, Northoff, 2012b）。彼はこのアクセス不可能性を、脳の神経コードに本来備わる何らかの制限に帰した（彼の定義によると「神経コード」とは脳に固有の脳波活動が、意識のあるクオリアを生むために、受け取った感覚刺激と相互作用する方式のことである）。対照的に本書では、そのようなアクセス可能性は適応価をもたず、エネルギーの無駄であったために進化しなかったとするに留めている。要するに、自－存在論的還元不可能性について、ノルトフは能動的でメカニズム的な理由を提唱している一方で、本書では受動的で進化的な理由を与えている。

（47） Feigl（1967）, p. 14. 仮に自己脳視装置を現実に作ろうとしたときの最初の試作機としては、苦痛なく脳へと挿入されるような、しなやかに曲がる網状の電気記録装置といったものになるだろう。だが、それでも自－存在論的還元不可能性の問題を解決することはないだろう。というのも、神経発火が客観的に観測されようが、主観的に経験されることはないままだからだ。Kim and Lee（2015）を参照。

（48） Merker（2005, pp. 94, 99）も同じ指摘をしている。

（49） Feinberg（2012）, p. 27.

（50） Ibid., p. 29.

（51） Mayr（2004）, chap. 3.

（52） Chalmers（1996）, p. 5.

（53） Crick（1995）, p. 3.

訳者あとがき

本書は、Todd E. Feinberg and Jon M. Mallatt (2016) *The Ancient Origins of Consciousness: How the Brain Created Experience*. Cambridge, MA: MIT Press の全訳である。

私たちの意識とは何なのか、どのようにして生まれたのか。これは長い歴史のなかで人類が取り組んできた一大テーマだ。そして現代でも多くの人々の関心を惹きながらも、いまだに解明されてはいない。本書が取り組むのは、意識のなかでも原初の意識、その進化的起源の解明である。この原初的意識は、本書では主に「感覚意識」と呼ばれている。さまざまな感覚を知覚し、その心的イメージ（あるいは表象、クオリア）を構築することが、原初的意識の進化の核心だったと著者らは考えているからだ。そしてカンブリア爆発で、脊椎動物の祖先がカメラ眼を獲得して外的世界の視覚イメージを構築したことが感覚意識の進化の鍵だったと著者らは主張する。

著者のうち、ファインバーグの専門は意識科学、特に自我の精神医学であり、マラットの専門は分子系統学および形態学、特に脊椎動物の解剖学である（著者略歴については、奥付を参照されたい）。

意識の進化については、これまで数多くの著作が出版されている。しかしそのほとんどが自我や理性といった高次の意識に注目しており、本書で扱われるような原初的意識を論じたものはごくわずかである。本書は哲学的アプローチ、神経生物学的アプローチ、進化的アプローチの三つを組み合わせ、各分野の知見を総動員することで、それぞれのアプローチの欠点を補い合い、原初的意識の進化について統一的な説明を試みる。これが可能になったのは、近年の神経科学や認知科学の発展だけでなく、澄江動物群の発見をはじめとする古生物学の進展、分子生物学的な技術を使って生物の発生過程を比較し、進化を明らかにする進化発生学の勃興に負うところが大きい。本書は、九〇〇を超える引用文献からも明らかなように、これらすべての知見を余すことなく取り入れている。意識科学を専門とし、哲学的な議論にも長けたファインバーグと、形態学を専門とし、古生物学にも造詣が深いマラットの組み合わせの妙だろう。著者らは、こうした自分たちの探求方針を「神経生物学的自然主義」と呼んでいる。

外的世界に関する感覚だけでなく、情感もまた原初的意識の重要な一側面である。本書ではこの情感意識についても、動物行動学的な知見を援用しつつ論じる。さらには、私たち脊椎動物の意識だけでなく、昆虫類や頭足類（イカやタコ）の系統でも独立して意識が進化した可能性にまで議論がおよぶ。このように本書では、意識の多様な側面を明らかにするとともに、さまざまな系統の動物を比較することで、より一般的な意識の理論の構築が試みられている。

あえて本書の難点を挙げるとすれば、ひとつは哲学的な議論がいささか不足している点だろうか。結局のところ、なぜクオリアをはじめとする意識の特性が生じたのか。思考実験として、意識やクオリアをもたない人間が想定可能なことは有名だ（チャーマーズの哲学的ゾンビ）。もしクオリアや心的因果の存在を措定せずに、神経現象、心理現象、行動を説明することができるとすれば、意識は単なる随伴現象にすぎないことになり、科学的説明にわざわざ意識をもちだす必要がなくなってしまう（動物心理学で「モーガンの公準」と呼ばれる指針、より一般的には「オッカムの剃刀」として知られている）。こうした疑念に対し著者らは、意識には適応的機能があるとして反論する。確かに意識に適応的機能を認め、意識の存在なしには脳の進化が説明できないのなら、モーガンの公準やオッカムの剃刀を切り抜けることができるのかもしれない。ダニエル・デネットも同様に、『心はどこにあるのか』（ちくま学芸文庫、二〇一六年）などの著書で心や意識の適応的機能について論じている。しかしこのような主張に、「そうだったのさ、というお話［just so story]」、あるいは適応万能論の匂いを嗅ぎ取る向きもおられるだろう。適応に訴える説明の是非に関しては、第2章の「目的律と適応」の節で軽く触れられてはいるが、十分とは言えそうにない。このあたりについては生物学の哲学の分野でさかんに議論されてきたので、著者らはもう少しこのあたりについて掘り下げるべきだったのかもしれない（興味のある方は、キム・ステレルニー＆ポール・E・グリフィス『セックス・アンド・デス』（春秋社、二〇〇九年）、エリオット・ソーバー『進化論の射程』（春秋社、二〇〇九年）をはじめとする、生物学の哲学の各文献を参照いただきたい）。たとえば次のように考えられるかもしれない。「意識に適応的機能がある」という主張は、最善の説明への推論（アブダクション）による仮説、あるいは「説明されるべき課題［explanatory agenda］」である。そうであれば、主張をすんなり受け入れるのではなく、現時点でどの程度うまく説明できているのか検討する余地が残るし、より十全な説明を与えるために今後とも多方面から検証しなければならない。

また、同型的な（視覚での網膜部位局在性のように、神経階層間でニューロン配置の対応を保った）感覚表象が心的イメージとなり、意識を生みだすという主張がほとんど批判的検討なく展開されていることに不満を覚える読者もおられるだろう。第6章の注1で著者らがみずから言及しているように、著者らの見解は哲学的には「意識の表象理論」、特に「一階表象理論［first-order representational theory］」と呼ばれる立場として位置づけることができる。しかし本書では、この理論についての哲学的な議論はほぼない。

表象とは「（知覚の）対象を（脳内で）表現すること、あるいは表現したもの」であり、意識の表象理論とは、この表象の観点から意識を自然科学的に説明しようとする理論である。意識の表象理論は大きく分けて一階表象理論と高階表象理論［higher-order representational theory］があり、それぞれ一階表象と高階表象に訴えて意識を説明しようとする。一階表象とは外的世界（および身体）の知覚によって直接もたらされる表象である。一階表象についての表象を二階表象、二階表象についての表象を三階表象などという。高階表象とは、こうした一階表象より高階の表象であり、端的には心的状態についての表象といえる。本書では感覚表象が（直接的に）意識を生みだすとしているので、一階表象理論に区分されることになる。しかし意識の表象理論の是非については、現在でも哲学的議論のさなかにある。導入的文献として、鈴木貴之『ぼくらが原子の集まりなら、なぜ痛みや悲しみを感じるのだろう』（勁草書房、二〇一五年）、太田紘史「意識の表象理論」『哲学論叢』（第三四号、一〇二一～一一三頁、二〇〇七年）などを参照されたい。

以上のような難点も確かにあるが、「意識のない状態から感覚意識が進化したその瞬間に、いわゆる意識のハード・プロブレムもまた生じた」という本書の主張は、まさに「コロンブスの卵」的な、斬新な発想だ。確かに私たちは原子の集まりにすぎないが、私たちの脳はとてつもなく複雑な構造をしている。そして脳は、進化の産物である。つまり進化のどこかで、原子の集まりである脳が主観的な意識を生むようになったはずだ。その瞬間に何が起こったのかを解明することこそが、意識のハード・プロブレムを解決する鍵となるのかもしれない。心の哲学における議論では、実際の進化史として心がどのように進化したのかという側面が無視されがちなように思える。本書で紹介されているさまざまな知見が、こうした不足を補ってくれるだろう。このような本書の特色から、哲学を主な専門とする方々にとっても、本書が資するところは大きいと訳者は信じている。

翻訳の際、もっとも悩んだのはタイトルだった。原題の“The Ancient Origins of Consciousness”には、「意識の起源は（これまで考えられていたよりも）太古に生じ、また複数の起源があった」という著者らの主張が込められている。副題についても、原題を直訳すれば「脳はどのように経験を生みだしたか」となる。しかし邦題としての語感や訴求力を鑑みつつ検討を重ねた結果、最終的に『意識の進化的起源―カンブリア爆発で心は生まれた』とした。

本書は哲学、生物学、心理学をはじめ広範な学問領域を扱っているため、分野間で定訳が違う用語にもしばしば直面した。全体で訳語を統一することを意識しながらも、文脈によって訳し分けたものもある。また、（特に哲学用語について）理系の読者にもわかりやすいよう配慮し、あえて異訳、意訳したものもある。読者諸氏のご寛恕を請う。

翻訳書で訳者個人の事情を書き連ねるのは憚られる思いもあるが、ここで手短に謝辞を記したい。

翻訳にあたっては、生物学の哲学を専門とされている田中泉吏博士（慶應義塾大学）と定期的に検討会を行い、微に入り細にわたって訳文をチェックしていただきました。また後述する編集者の鈴木クニエさんも紹介いただきました。田中ゼミの関裕人さんにも検討会に参加していただき、コメントを頂戴しました。森元良太博士（北海道医療大学）からも、特に哲学や心理学の観点からさまざまなアドバイスをいただきました。ほかにも、宮本教生博士（海洋研究開発機構）、村上安則博士（愛媛大学）、吉田善哉さん（ミネソタ大学）、和田洋博士（筑波大学）に原稿をご覧いただき、コメントを頂戴しました（五十音順）。みなさまに深く感謝いたします。

本書の編集を担当してくださった、勁草書房の鈴木クニエさんには大変お世話になりました。本書をなるべく早く日本語で紹介したい一心で、急ピッチでの作業になってしまいました。ご迷惑おかけしました。

最後に、妻の舞には日常生活で大いにお世話になっているばかりでなく、原稿のチェックまでしてもらいました。本当にありがとう。

以上のほか、本書は多くの方々のご協力のもとにできあがった。感謝しきりである。さらには著者のおふたりにも訳者の質問に丁寧に答えていただき、原著の不備をいくつか修正できた。しかし訳者の思い込みや不見識による誤訳はまだ残されていることだろう。お気づきの点は、訳者までご一報いただければ幸甚である。

本書の邦訳によって、これまであまり顧みられることのなかった原初的意識の進化について多くの人々の関心が向けられるようになることを切に願い、訳者あとがきを締めくくりたい。

二〇一七年初夏　ストックホルムにて

鈴木大地

6．記憶領域

節足動物

85. Farris（2005）、昆虫について。
86. Giurfa（2013）、昆虫について
87. Perry, Barron, and Cheng（2013）、ハチについて。
88. Strausfeld（2013）、すべての節足動物について。

腹足類

89. Brembs（2003b）、アメフラシについて。
90. Brembs（2003a）、モノアラガイとアメフラシについて。
91. Hirayama et al.（2012）、ウミフクロウについて。
92. Nargeot and Simmers（2011）、アメフラシについて。
93. Nargeot and Simmers（2012）、アメフラシについて。

頭足類

94. Graindorge et al.（2006）、コウイカについて。
95. Hochner（2013）、タコについて。
96. Shomrat et al.（2011, 2015）、タコとコウイカについて。

7．選択的注意のメカニズム

節足動物

97. 視覚標的：Giurfa（2013）、ショウジョウバエについて。
98. 視覚標的：van Swinderen and Andretic（2011）、ショウジョウバエについて。
99. 視覚標的：van Swinderen and Greenspan（2003）、ショウジョウバエについて。
100. 色差：Giurfa（2013）、ハチについて。
101. 色差：Spaethe et al.（2006）、ハチについて。
102. 振動的結びつけ：van Swinderen and Greenspan（2003）、ショウジョウバエについて。
103. 振動的結びつけ：Tang and Juusola（2010）、ショウジョウバエについて。

腹足類

104. 顕著な刺激に対する注意：Hirayama et al.（2012）、ウミフクロウについて。
105. 覚醒：Hirayama et al.（2012）、ウミフクロウについて。
106. 覚醒：Jing and Gillette（2000）、ウミフクロウについて。

頭足類

107. Fiorito and Scotto（1992）、タコについて。
108. Gutnick et al.（2011）、タコについて。
109. Mather and Kuba（2013）、頭足類について。

54. 聴覚の周波数部位局在性：Strausfeld（2013）、昆虫について。
55. 機械感覚の体部位局在性：Schmidt, Van Ekeris, and Ache（1992）、エビについて。
56. 機械感覚の体部位局在性：Schmidt and Ache（1996）、エビについて。
57. 機械感覚の体部位局在性：Strausfeld（2013）、昆虫について。
58. 機械感覚の体部位局在性：Newland et al.（2000）、バッタについて。

腹足類

59. 機械感覚の体部位局在性：Xin et al.（1995）、アメフラシについて。
60. 機械感覚の体部位局在性：Walters et al.（2004）、アメフラシについて。

頭足類

61. 視覚：Young（1974）（Messenger, 1979 も参照）。
62. 機械感覚の体部位局在性なし：Godfrey-Smith（2013）、タコについて。
63. 機械感覚の体部位局在性なし：Grasso（2014）、タコについて。
64. 機械感覚の体部位局在性なし：Hochner（2012）、タコについて。
65. 機械感覚の体部位局在性なし：Hochner（2013）、タコについて。
66. 機械感覚の体部位局在性なし：Zullo et al.（2009）、タコについて。
67. 機械感覚の体部位局在性なし：Zullo and Hochner（2011）、タコについて。

4．双方向的な相互作用

節足動物

68. 少ない：Chittka and Niven（2009）、昆虫について。
69. 神経連絡の記載：Giurfa（2013）、ショウジョウバエとハチについて。
70. 神経連絡の記載：Strausfeld（2013）、昆虫について。

腹足類

71. Baxter and Byrne（2006）、図 1、アメフラシについて。
72. Hirayama et al.（2012）、ウミフクロウについて。

頭足類

73. 平衡覚・視覚回路：Williamson and Chrachri（2004）、頭足類について。

5．多感覚的収束、統一的意識の場の候補

節足動物

74. キノコ体やその他の前大脳領域：Farris（2005）、昆虫について。
75. キノコ体やその他の前大脳領域：Giurfa（2013）、昆虫について。
76. キノコ体やその他の前大脳領域：Strausfeld（2013）の第 6 章と第 7 章、さまざまな節足動物について。
77. 前大脳の腹外側葉：Anton et al.（2011）、ガについて。
78. 前大脳の腹外側葉：Nebeling（2000）、コオロギについて。
79. 前大脳の腹外側葉：Ostrowski and Stumpner（2010）、コオロギについて。
80. 反対意見：Chittka and Niven（2009）、昆虫について。

腹足類

81. Baxter and Byrne（2006）の図 1、アメフラシについて。

頭足類

82. Graindorge et al.（2006）、コウイカについて。
83. Hochner（2013）、タコについて。
84. Williamson and Chrachri（2004）、頭足類について。

17. 嗅覚（直接経路で 2 次、関節経路で 4 次）：Strausfeld（2013）、昆虫について。
18. 味覚（直接経路で 2 次、関節経路で 4 次）：Giurfa（2013）、ハチについて。
19. 聴覚（レベル数は不明）：Kamikouchi（2013）、ショウジョウバエについて。
20. 聴覚（レベル数は不明）：Strausfeld（2013）、昆虫について。
21. 平衡覚：Kamikouchi（2013）、ショウジョウバエについて。
22. 触覚－機械感覚、風覚：Strausfeld（2013）、昆虫について。
23. 触覚－機械感覚（および侵害受容）：Ohyama et al.（2015）、ショウジョウバエの幼生について。

腹足類

24. 化学感覚：Baxter and Byrne（2006）の図 1、アメフラシについて。
25. 化学感覚：Bicker et al.（1982）、ウミフクロウについて。
26. 化学感覚：Wertz et al.（2006）、アメフラシについて。
27. 化学感覚：Yafremava and Gillette（2011）、ウミフクロウについて。
28. 機械感覚：Baxter and Byrne（2006）の図 1、アメフラシについて。
29. 機械感覚：Bicker et al.（1982）、ウミフクロウについて。
30. 機械感覚：Hirayama et al.（2012）、ウミフクロウについて。
31. 機械感覚：Yafremava and Gillette（2011）、ウミフクロウについて。
32. 機械感覚：Walters et al.（2004）、アメフラシについて。
33. 非視覚性光受容：Noboa and Gillette（2013）、ウミフクロウについて。
34. 非視覚性光受容：Zhukov and Tuchina（2008）、モノアラガイについて。
35. 非視覚性光受容。だがレンズのある少数の腹足類について、Nilsson（2013）を参照。
36. 非視覚性光受容。だがレンズのある少数の腹足類について、Ruppert et al.（2004）を参照。

頭足類

37. 視覚：Young（1974）は 3 次または 4 次レベルとして記載、Shigeno and Ragsdale（2015）の図 10 はさらにあると記載。
38. 視覚：Williamson and Chrachri（2004）、頭足類について。
39. 嗅覚：Mobley et al.（2008）、イカについて（Messenger, 1979 も参照）。
40. 味覚：Grasso（2014）、タコについて。
41. 味覚：Mather（2012）, p. 120、頭足類について。
42. 聴覚：Mather（2012）, p. 120、頭足類について。
43. 平衡覚 Williamson and Chrachri（2004）、頭足類について（Messenger, 1979 も参照）。
44. 機械感覚：Grasso（2014）、Mather（2012）、タコについて。
45. 機械感覚：Shigeno and Ragsdale（2015）の図 10。

3．同型性

節足動物

46. 視覚の網膜部位局在性：Seelig and Jayaraman（2013）、昆虫、ショウジョウバエについて。
47. 視覚の網膜部位局在性：Harzsch（2002）、エビ・カニなどの甲殻類、鋏角類のカブトガニ（p. 14）について。
48. 視覚の網膜部位局在性：Strausfeld（2009）、甲殻類の軟甲綱（エビ、カニなど）について。
49. 視覚の網膜部位局在性：Sombke and Harzsch（2015）、ムカデについて。
50. 嗅覚の香型性：Jacobson and Friedrich（2013）、ショウジョウバエについて。
51. 嗅覚の香型性：Strausfeld（2013）、昆虫について。
52. 味覚：Newland et al.（2000）、バッタについて。
53. 味覚：Wolf（2008）、クモについて。

3．欲求不満／対比

38. Pain（2009）、ショウジョウバエについて。

4．鎮痛剤の自己供給

39. Balaban and Maksimova（1993）、交配のための脳中枢をはじめとした、*Helix*（カタツムリ）の脳内への電極刺激について。しかしこれらの領域が本当に快中枢と呼べるかは不明。

40. Søvik and Barron（2013）、ショウジョウバエについて。

4．薬剤への接近、条件性場所選好

41. Mori（1999）は線形動物の *C. elegans* がアルコールに誘引されることを発見したが、広範な揮発性物質にも誘引されるため、アルコールによる誘引が特有のものであるか、またそれが報酬を表しているのかは不明。

42. Kusayama and Watanabe（2000）、プラナリア類について。

43. Pagán et al.（2013）、プラナリア類について。

44. Raffa et al.（2013）、プラナリア類について。

45. Søvik and Barron（2013）、プラナリア類と節足動物について。

46. Shohat-Ophir et al.（2012）、ショウジョウバエについて。

47. Huston et al.（2013）、ショウジョウバエについて。

48. Huber et al.（2011）、ザリガニについて。

49. Huber（2005）、ザリガニについて。

表９・２　感覚（外受容）意識：前口動物での証拠

1．複雑性

1．Adan（2005）に引用された、アバディーン大学のピーター・フレイザー、カニとエビについて。

2．Chittka and Niven（2009）、ショウジョウバエ、ハチ、ヒトについて。

3．アリ、ゴキブリ、アメフラシ、タコの神経系、ゼブラフィッシュ、カエル、ラット、ヒトについて http://en.wikipedia.org/wiki/List_of_animals_by_number_of_neurons を参照。

4．アメフラシについて http://neuronbank.org/wiki/index.php/Aplysia_cerebral_ganglia を参照。

5．Lillvis et al.（2012）、腹足類について。

6．Hochner et al.（2006）、タコの神経系について。

7．Zullo and Hochner（2011）、タコについて。

8．Hochner（2012）、タコの脳について。

9．ヨーロッパトノサマガエル［*Rana esculenta*］の脳について http://www.neurocomputing.org/Amphibian.aspx を参照。

2．階層、レベル

節足動物

10. 視覚：Seelig and Jayaraman（2013）、昆虫、ショウジョウバエについて。

11. 視覚：Strausfeld（2013）、昆虫について。

12. 嗅覚（直接経路で２次、関節経路で４次）：Farris（2005）、昆虫について。

13. 嗅覚（直接経路で２次、関節経路で４次）：Giurfa（2013）、昆虫について。

14. 嗅覚（直接経路で２次、関節経路で４次）：Jacobson and Friedrich（2013）、ショウジョウバエについて。

15. 嗅覚（直接経路で２次、関節経路で４次）：Liu et al.（1999）、ショウジョウバエについて。

16. 嗅覚（直接経路で２次、関節経路で４次）：Perry, Barron, and Cheng（2013）、ハチについて。

4．Lillvis et al.（2012）、腹足類について。
5．アメフラシについて http://neuronbank.org/wiki/index.php/Aplysia_cerebral_ganglia を参照。
6．腹足類について http://en.wikipedia.org/wiki/List_of_animals_by_number_of_neurons を参照。
7．Zullo and Hochner（2011）、タコを参照。
8．Hochner（2012）、頭足類について。
9．Chittka and Niven（2009）、昆虫について。
10. Giurfa（2013）、昆虫について。
11. カニ、エビについて http://www.theguardian.com/world/2005/feb/08/research.highereducation を参照。

1．オペラント条件づけ

12. Perry, Barron, and Cheng（2013）、すべての無脊椎動物の記載について。
13. Qin and Wheeler（2007）は *C. elegans* での存在を示唆。
14. Zhang et al.（2005）は *C. elegans* での存在を示唆するが、有毒の餌は条件刺激として極度に強すぎる。つまり、毒に対する忌避は非常に重要なので、生得的反射としてあらかじめ組み込まれているのかもしれない。
15. Perry, Barron, and Cheng（2013）は *C. elegans* での存在を否定。
16. Brembs（2003b）、アメフラシについて。
17. Nargeot and Simmers（2011）、アメフラシについて。
18. Nargeot and Simmers（2012）、アメフラシについて。
19. Brembs（2003a）、モノアラガイ、アメフラシ、ショウジョウバエについて。
20. Papini and Bitterman（1991）、タコについて。
21. Packard and Delafield-Butt（2014）、タコについて。
22. Crancher et al.（1972）、タコについて。
23. Gutnick et al.（2011）、タコについて。
24. Andrews et al.（2013）、コウイカについて。
25. Cartron et al.（2013）、コウイカについて。
26. Kisch and Erber（1999）、ミツバチについて。
27. Kawai et al.（2004）、コウイカについて。
28. Tomina and Takahata（2010）、エビについて。Abramson and Feinman（1990）、カニについて。
29. Jackson and Wilcox（1998）、ハエトリグモ、試行錯誤による捕食戦略の学習について。

2．行動的トレード・オフ

30. Gillette et al.（2000）、ウミフクロウ（捕食性ウミウシ）について。
31. Hirayama et al.（2012）、ウミフクロウについて。
32. Herberholz and Marquart（2012）、捕食性ウミウシ、ザリガニ、霊長類のトレード・オフについて。
33. Anderson and Mather（2007）、タコについて。
34. Mather and Kuba（2013）、タコについて。
35. Stevenson and Schildberger（2013）、フタホシコオロギ［*Gryllus bimaculatus*］について。
36. Elwood and Appel（2009）、Appel and Elwood（2009）、カニについて。
37. Jackson and Wilcox（1993）、ハエトリグモ、餌にたどり着くために遠回りし、短期の見込みと長期の見込みを交換していることについて。

21. O'Connell and Hofmann（2011)、真骨魚類、両生類、爬虫類、鳥類、哺乳類の視床下部副内側部について。
22. Forlano and Bass（2011)、真骨魚類とすべての顎口類について。真骨魚類における視床下部副内側部の相同物については、本論文の表1を参照。
23. Borszcz（2006)、脅威と痛みに対する反応における役割、ラットについて。
24. Lee, H., et al.（2014)、マウスの性行動と攻撃行動における役割について。

4．中脳水道周囲灰白質

25. Freamat and Sower（2013)、ウミヤツメについて。
26. ステン・グリルナー、2014年7月30日、私信、ヨーロッパカワヤツメについて。
27. Forlano and Bass（2011)、真骨魚類とすべての顎口類について。
28. Kittelberger et al.（2006)、ガマアンコウと哺乳類について。
29. Brahic and Kelley（2003)、*Xenopus*（カエル）について。
30. Ten Donkelaar and de Boer-van Huizen（1987)、ヤモリ（トカゲ）について。
31. Kingsbury et al.（2011)、フィンチについて。
32. Quintino-dos-Santos et al.（2014)、ラットとヒトについて。

5．外套下部（拡張）扁桃体

33. 扁桃体はヤツメウナギに存在するかもしれないが（Watanabe et al., 2008)、外套下部の領域かどうかは不明。
34. 扁桃体は軟骨魚類に存在するかもしれないが（Vargas et al., 2012、Northcutt, 1995)、外套下部の領域かどうかは不明。
35. O'Connell and Hofmann（2011)、硬骨魚類と四足動物について。
36. Maximino et al.（2013)、硬骨魚類について。
37. Wulliman and Vernier（2009b), p. 1424、硬骨魚類と四足動物について。
38. González and Moreno（2009)、四足動物について。
39. Moreno and González（2007)、サンショウウオについて。
40. LeDoux（2007)、哺乳類について。
41. Heimer and Van Hoesen（2006)、ヒトについて。

6．外側中隔、中隔核

42. Butler and Hodos（2005)、すべての脊椎動物について。
43. Freamat and Sower（2013)、ウミヤツメの外側中隔について。
44. Robertson et al.（2007)、ヨーロッパカワヤツメとウミヤツメについて。
45. Northcutt（1995)、すべての顎口類について。
46. Endepols et al.（2005)、カエルについて。
47. Lanuza and Martinez-Garcia（2009)、すべての四足動物について。
48. Trent and Menard（2013)、ラットについて。
49. Singewald et al.（2010)、ラットにについて。

表9・1　情感意識：前口動物でポジティブな情感やネガティブな情感を示す行動的証拠

脳のニューロン数

1. Schrödel et al.（2013)、*C. elegans* について p. 1016 の数値から計算。
2. Agata et al.（1998)、プラナリア類（扁形動物）について。
3. Bailly et al.（2013)、扁形動物について。

前野について。
78. Kirsch et al.（2008）、それぞれ背外側皮質野と尾外側巣外套と呼ばれる、鳥類の前帯状野と前頭前野について。
79. Berridge and Kringelbach（2013）、哺乳類（また、その機能）について。
80. Craig（2010）、哺乳類の島について。
81. Uylings et al.（2003）、ラットに前頭前野があること。
82. Heimer and Van Hoesen（2006）、ヒトの辺縁葉について。
83. Barrett et al.（2007）、ヒトについて。

表 8・6　生存に必要な行動を指令する、適応行動ネットワーク（あるいは「社会行動ネットワーク」）；こうした適応行動を動機づけ、報酬を与える中脳辺縁報酬系と接続している

1．視索前野とバソトシンニューロン

1．Minakata（2010）、多くの左右相称動物のバソトシン／オキシトシンニューロンとゴナドトロピン放出ホルモン［gonadotrophin-releasing hormone（GnRH）］について。
2．Wicht and Lacalli（2005）の特に pp. 145-147、ナメクジウオの脳での視索前野の候補の位置。
3．Roch et al.（2014）、ナメクジウオ脳胞の GnRH ニューロンについて。被嚢類については Abitua et al.（2015）を参照。
4．Kubokawa et al.（2010）、ナメクジウオの漏斗器官にある、脳室近傍のバソトシンニューロンについて。
5．Tobet et al.（1996）、ウミヤツメ視索前野の GnRH ニューロンについて。
6．Kavanaugh et al.（2008）、ウミヤツメ前視床下部・視索前野の GnRH ニューロンについて。
7．Sherwood and Lovejoy（1993）、軟骨魚類（サメ・エイ）の視索前野の GnRH ニューロンについて。
8．Forlano and Bass（2011）、真骨魚類とすべての顎口類について。真骨魚類における視索前野と室傍核の相同物については、本論文の表 1 を参照。
9．O'Connell and Hofmann（2011）、真骨魚類、両生類。爬虫類、鳥類、哺乳類の視索前野について。
10. Balment et al.（2006）、魚類と哺乳類でのバソトシンの働きについて。
11. Goodson and Bass（2000）、ガマアンコウでの性機能について。
12. Lee and Brown（2007）、マウスの視索前核の機能について。

2．前視床下部

13. Wicht and Lacalli（2005）の特に pp. 145-147、ナメクジウオの単純な視床下部について。
14. Freamat and Sower（2013）、ウミヤツメ、前視床下部について。
15. Kavanaugh et al.（2008）、ウミヤツメ前視床下部や視索前野の GnRH ニューロンについて。
16. Forlano et al.（2000）は板鰓類の前視床下部について報告しているが、視索前野の一部にすぎないかもしれない。
17. O'Connell and Hofmann（2011）、真骨魚類、両生類、爬虫類、鳥類、哺乳類の前視床下部について。
18. Forlano and Bass（2011）、真骨魚類とすべての顎口類について。真骨魚類における前視床下部の相同物については、本論文の表 1 を参照。

3．視床下部副内側部

19. Wicht and Lacalli（2005）の特に pp. 145-147、ナメクジウオの単純な視床下部について。
20. Freamat and Sower（2013）、ウミヤツメに視床下部副内側部がある可能性について。

実証)。

46. Maximino et al.(2013)、ヤツメウナギに扁桃体がある可能性について(だが、未実証)。
47. 軟骨魚類について確かなことは言えないが、A核と呼ばれている扁桃体の候補がある。Vargas et al.(2012)、Northcutt(1995)を参照。
48. Butler and Hodos(2005)、硬骨魚類と四足動物について。
49. Wulliman and Vernier(2009b), p. 1424、硬骨魚類と四足動物について。
50. González and Moreno(2009)、四足動物について。
51. Moreno and González(2007)、サンショウウオ(イモリ)について。
52. LeDoux(2007)、哺乳類について。
53. Roozendaal(2009)、哺乳類について。Janek and Tye(2015)も参照。
54. Namburi et al.(2015)、マウスの報酬学習と回避学習について。

7. 海馬

55. Bingman et al.(2009)、骨をもつすべての脊椎動物[の海馬]と、ヤツメウナギにおける[その存在の]可能性について。
56. Watanabe et al.(2008)、ヤツメウナギにおける、海馬を規定する発生遺伝子、*Lhx1/5*と*Lhx2/9*について。
57. Fuss et al.(2014)、サメの海馬について(脳切除による機能的証拠)。
58. Schluessel and Bleckmann(2005)、アカエイについて(脳切除による機能的証拠)。
59. O'Connell and Hofmann(2011)、硬骨魚類、両生類、爬虫類、鳥類、哺乳類について。
60. Demski(2013)、真骨魚類の海馬(と扁桃体)について。
61. Portavella et al.(2002)、キンギョについて。
62. Muzio et al.(1994)、ヒキガエルについて。
63. López et al.(2003)、カメについて。
64. Allen and Fortin(2013)、鳥類と哺乳類について。

8. 手綱核

65. 手綱核や松果体といった構造の遠い前駆体が含まれている可能性のある、ナメクジウオの前脳構造について、Wicht and Lacalli(2005)の特にpp. 145-147を参照。
66. Butler(2009a)、すべての脊椎動物について。
67. Hikosaka(2010)、すべての脊椎動物、機能について。
68. Rodrıíguez-Moldes et al.(2002)、ヤツメウナギ、板鰓類、すべての魚類について。
69. Stephenson-Jones et al.(2012)、ヨーロッパカワヤツメについて。
70. Giuliani et al.(2002)、板鰓類のサメについて。
71. Okamoto et al.(2012)、ゼブラフィッシュについて。
72. Kalueff et al.(2014)、ゼブラフィッシュについて。
73. Yang et al.(2014)、ラット、手綱核の機能について。

9. 新皮質部分

74. Medina(2009)、すべての脊椎動物に、哺乳類において新皮質を形成する背側外套がある。Murakami and Kuratani(2008)、ヤツメウナギについて。しかし魚類や両生類において、背側外套はたいてい小さく、哺乳類にあるような領域区分は明確には存在しない。
75. Butler et al.(2011)、爬虫類と鳥類に島がある可能性について。
76. Butler and Cotterill(2006)、それぞれ背外側皮質野[dorsolateral corticoid area]と尾外側巣外套[nidopallium caudolaterale]と呼ばれる、鳥類の前帯状野と前頭前野について。
77. Veit et al.(2014)、それぞれ背外側皮質野と尾外側巣外套と呼ばれる、鳥類の前帯状野と前頭

14. Petersen et al.（2013）、ガマアンコウ（真骨魚類）について。
15. Chakraborty and Burmeister（2010）、トゥンガラガエルについて。

2．側坐核

16. O'Connell and Hofmann（2011）、は真骨魚類において、腹側終脳背側部［dorsal ventral telencephalon］または Vd と呼ばれる構造として、相当物があるかもしれないと主張する。
17. O'Connell and Hofmann（2011）、すべての四足動物について。
18. Hoke et al.（2007）、トゥンガラガエルについて。
19. Guirado et al.（1999）、トカゲについて。
20. Earp and Maney（2012）、スズメについて。
21. Berridge and Kringelbach（2013）、快や戦慄を生じる機能について、ラットやその他の哺乳類。

3．腹側外套

22. 淡蒼球構造の遠い前駆体が含まれている可能性のあるナメクジウオの前脳構造について、Wicht and Lacalli（2005）の特に pp. 145–147 を参照。
23. Ericsson et al.（2013）のヤツメウナギには線条体に淡蒼球部分があるので、腹側淡蒼球があるかもしれない。
24. Quintana-Urzainqui et al.（2012）、軟骨魚類には線条体に淡蒼球部分があるので、腹側淡蒼球があるかもしれない。
25. O'Connell and Hofmann（2011）は真骨魚類における不確かさを議論している。
26. Ganz et al.（2012）、ゼブラフィッシュについて、真骨魚類には線条体に淡蒼球部分があるので、腹側淡蒼球があるかもしれない。
27. O'Connell and Hofmann（2011）、両生類、爬虫類、鳥類、哺乳類について。
28. Sánchez-Camacho et al.（2006）、カエルについて。
29. Berridge and Kringelbach（2013）、ラットについて。

4．背外側被蓋核

30. Wicht and Lacalli（2005）、ナメクジウオの網様体について。
31. Rodríguez-Moldes et al.（2002）、脊椎動物のすべての動物群の背外側核について。
32. Pombal et al.（2001）、ヤツメウナギについて。
33. Ryczko et al.（2013）、この神経核を含めた、ヤツメウナギの中脳運動領域について。
34. Mueller et al.（2004）、ゼブラフィッシュについて。
35. Brudzynski（2014）、哺乳類、ポジティブな情動やネガティブな情動について。
36. Brudzynski（2007）、哺乳類、報酬について。
37. Lammel et al.（2012）、マウス、報酬について。

5．線条体

38. 線条体の遠い前駆体が含まれている可能性のある、ナメクジウオの前脳構造について、Wicht and Lacalli（2005）の特に pp. 145–147 を参照。
39. Grillner et al.（2013）、すべての脊椎動物の線条体について。
40. Ericsson et al.（2013）、すべての脊椎動物の線条体について。
41. Robertson et al.（2012）、ヨーロッパカワヤツメについて。
42. Quintana-Urzainqui（2012）、サメについて。
43. O'Connell and Hofmann（2011）、両生類、爬虫類、鳥類、哺乳類について。

6．外套性扁桃体

44. Watanabe et al.（2008）、ヤツメウナギに扁桃体がある可能性について（だが、未実証）。
45. Martínez-de-la-Torre et al.（2011）、ヤツメウナギに扁桃体がある可能性について（だが、未

61. Butler and Hodos（2005）、硬骨魚類と四足動物について。
62. Wulliman and Vernier（2009b), p. 1424、硬骨魚類と四足動物について。
63. Hurtado-Parrado（2010）、真骨魚類について。
64. González and Moreno（2009）、四足動物について。
65. Moreno and González（2007）、サンショウウオについて。
66. LeDoux（2007）、哺乳類について。

7．中脳水道周囲灰白質

67. Freamat and Sower（2013）、ヤツメウナギについて。
68. Forlano and Bass（2011）、真骨魚類とすべての顎口類について。
69. Kittelberger et al.（2006）、ガマアンコウと哺乳類について。
70. Brahic and Kelley（2003）、*Xenopus*（カエル）について。
71. Ten Donkelaar and de Boer-van Huizen（1987）、ヤモリ［*Gekko*］について。
72. Kingsbury et al.（2011）、フィンチについて。
73. Quintino-dos-Santos et al.（2014）、ラットとヒトについて。

8．外側中隔、中隔核

74. Butler and Hodos（2005）、すべての脊椎動物について。
75. Freamat and Sower（2013）、ヤツメウナギの外側中隔について。
76. Robertson et al.（2007）、ヨーロッパカワヤツメ、ウミヤツメについて。
77. Northcutt（1995）、すべての顎口類について。
78. Endepols et al.（2005）、カエルについて。
79. Lanuza and Martinez-Garcia（2009）、すべての四足動物について。
80. Trent and Menard（2013）、ラットについて。
81. Singewald et al.（2010）、ラットについて。

表8・5　ポジティブな情感やネガティブな情感の比較神経解剖学：中脳辺縁報酬系（MRS）、あるいは中脳辺縁系のドーパミン（報酬／忌避）系、哺乳類での機能のリスト

1．腹側被蓋野

1．Carrera et al.（2012）、*Scyliorhinus*（板鰓類のサメ）の腹側被蓋野について。
2．O'Connell and Hofmann（2011）、すべての四足動物の腹側被蓋野、また両生類と硬骨魚類において間脳後結節［posterior tuberculum］と呼ばれる相当物について。
3．Domínguez et al.（2010）、ヤモリとカメの腹側被蓋野について。
4．Hara et al.（2007）、キンカチョウの腹側被蓋野について。
5．Kender et al.（2008）、ラットについて。
6．Schifirnet et al.（2014）、ラットについて。
7．Lammel et al.（2012）、マウスについて。

1A

8．腹側被蓋野の遠い前駆体が含まれている可能性のある、ナメクジウオの間脳的構造について、Wicht and Lacalli（2005）を参照。
9．Rink and Wullimann（2001）、魚類の間脳後結節について。
10. Ryczko et al.（2013）、ウミヤツメの間脳後結節について。
11. Pombal et al.（1997）、ヨーロッパカワヤツメの間脳後結節について。
12. Ferreiro-Galve et al.（2008）、板鰓類の腹側被蓋野と間脳後結節について。
13. Goodson and Kingsbury（2013）、真骨魚類における腹側被蓋野の相当物について。

31. Gentle et al.（2001）、ニワトリについて。
32. Schmalbruch（1986）、ラットについて。
33. Guo et al.（2003）、ヒトについて。
34. Hall（2011）、ヒトについて。

3．オピオイド受容体

35. Raffa et al.（2013）、扁形動物プラナリア［*Planaria*］について。
36. Guo et al.（2013）、ホタテについて。
37. Sha et al.（2013）、タコについて。
38. *C. elegans* とショウジョウバエにオピオイド受容体がないこと、またザリガニやその他のほとんどの無脊椎動物では不明なことについて、Søvik and Barron（2013）を参照。
39. Nordström et al.（2008）の図 1、頭索類について。しかし McClendon et al.（2010）は頭索類で見つけることができなかった。
40. McClendon et al.（2010）、ヤツメウナギに 2 種類、すべての顎口類に 4 種類の受容体があることについて。
41. Dreborg et al.（2008）、真骨魚類、カエル、イモリ、哺乳類について。
42. Sundström et al.（2010）、真骨魚類、カエル、鳥類、哺乳類について。
43. Machin（1999）、両生類について。

4．自律神経系（交感神経系、副交感神経系）

44. Kardong（2012）, pp. 644-645、すべての脊椎動物について。
45. Häming et al.（2011）、ヤツメウナギでは不完全。
46. Glover and Fritzsch（2009）、ヤツメウナギでは不完全。
47. Nilsson（2011）、サメについて。

5．脊髄網様体路、脊髄中脳路、三叉神経視床路（侵害受容など）

48. Holland and Yu（2002）はナメクジウオにおいて、体表から脳の網様体領域へと至る体性感覚経路を示した。これが脊椎動物の脊髄網様体路と完全に同じものかは知られていない。後者は神経堤に由来するニューロンによるものだが、ナメクジウオは神経堤を欠く。
49. Butler and Hodos（2005）, p. 553､すべての脊椎動物は脊髄網様体路と三叉神経脊髄路核をもつ。
50. Butler（2009b）, p. 1419、脊髄網様体路、脊髄中脳路、三叉神経視床路が脊椎動物にわたって存在していることについて。
51. Nieuwenhuys et al.（1998）、ヤツメウナギとその他の脊椎動物の三叉神経視床路について。
52. Nieuwenhuys and Nicholson（1998）, pp. 425-426、ヤツメウナギの（脊髄中脳路を含めた）脊髄網様体路について。
53. Koyama et al.（1987）、ヤツメウナギの三叉神経脊髄路核について。
54. Anadón et al.（2000）、サメの三叉神経脊髄路核について。
55. Puzdrowski（1988）、キンギョの三叉神経脊髄路核について。
56. DaSilva et al.（2002）、ヒトの三叉神経脊髄路核について。

6．扁桃核

57. Watanabe et al.（2008）、ヤツメウナギに扁桃体がある可能性について（だが、未実証）。
58. Martínez-de-la-Torre et al.（2011）、ヤツメウナギに扁桃体がある可能性について（だが、未実証）。
59. Maximino et al.（2013）、ヤツメウナギに扁桃体がある可能性について（だが、未実証）。
60. 軟骨魚類について確かなことは言えないが、A 核［Nucleus A］と呼ばれている扁桃体の候補がある。Vargas et al.（2012）、Northcutt（1995）を参照。

66. Huston et al.（2013）、ラット、その他の脊椎動物、ハエについて。
67. Wang et al.（2012）、サルについて。

表 8・4　ポジティブな情感やネガティブな情感の比較神経解剖学：報酬、侵害受容、恐怖的反応の特性

1．ドーパミンニューロン

1．Barron et al.（2010）、線形動物、扁形動物、腹足類アメフラシ、哺乳類など、すべての左右相称動物について。
2．Mersha et al.（2013）、線形動物 *C. elegans* について。
3．Waddell（2013）、ショウジョウバエ［*Drosophila*］について。
4．Moret et al.（2004）、ナメクジウオについて。
5．Candiani et al.（2005）、ナメクジウオについて。
6．Candiani et al.（2012）、ナメクジウオについて。
7．Wullimann（2014）、脊椎動物のあらゆる動物群について。
8．Pierre et al.（1997）、ヤツメウナギについて。
9．Robertson et al.（2012）、ヤツメウナギについて。
10. O'Connell and Hofmann（2011）、すべての硬骨魚類と四足動物について。
11. Berridge and Kringelbach（2013）、ラットについて。

2．侵害受容繊維

12. Smith and Lewin（2009）、左右相称動物における侵害受容器の分布について：脱皮動物の一部（線形動物 *C. elegans* とショウジョウバエ）、冠輪動物の一部（ヒル［*Hirudo*］、アメフラシ）。
13. Elwood（2011）、左右相称動物全体の侵害受容器について。
14. Carr and Zachariou（2014）、線形動物について。
15. Im and Galko（2012）、ショウジョウバエの侵害受容器について。
16. Crook et al.（2013）、*Loligo*（ヤリイカ）について。
17. Wicht and Lacalli（2005）、ナメクジウオについて。ナメクジウオには多くの受容器があり、その一部は侵害受容器であるかもしれないが（未実証）、神経堤から生じるものはないので脊椎動物の侵害受容器と相同ではないはずだということに注意。
18. Matthews and Wickelgren（1978）、ウミヤツメ［*Petromyzon*］について。
19. Rovainen and Yan（1985）、アメリカヤツメ［*Ichthyomyzon*］について。
20. Snow et al.（1993）、アカエイ、シャベルノーズレイ（ガンギエイの一種）、カマストガリザメについて。
21. Sneddon（2004）、板鰓類について。
22. Braithwaite（2014）, p. 329、軟骨魚類について。
23. Rose et al.（2014）、すべての魚類について。
24. Roques et al.（2010）、コイについて。
25. Sneddon（2002）、マスについて。
26. Hamamoto and Simone（2003）、*Rana*（カエル）について。
27. Stevens（2011）、両生類について。
28. Machin（1999）、両生類について。
29. Hisajima et al.（2002）、*Agkistrodon*（ヘビ）について。
30. Liang and Terashima（1993）、マムシ類について。

32. Cabanac（1995)、ヒトについて。

C．欲求不満／対比

33. Vindas et al.（2014)、マスについて。
34. Papini（2002）は、対比的抑圧は哺乳類にしかないと主張する。
35. Shibasaki and Ishida（2012)、イモリに欲求不満が存在しないことについて。
36. Forster et al.（2005)、トカゲにおいて2度目の闘争で攻撃性が高まるので、欲求不満が存在する？
37. Azrin et al.（1966)、ハトの欲求不満について。
38. 鳥類で「対比」を示すのは困難だったが、Freidin et al.（2009）はムクドリにおいてこれを示したようだ。
39. Papini and Dudley（1997)、ラットやその他の哺乳類の欲求不満と対比について。

D．自己供給

40. Balaban and Maksimova（1993)、性行動のための脳領域をはじめとした、*Helix*（カタツムリ）の脳への電極刺激について。快中枢と呼べるかは不明。
41. Campbell（1968)、真骨魚類、弱い電気ショックによる報酬について。
42. Campbell（1972)、真骨魚類とクロコダイルについて、弱いショックによる報酬。
43. Delius and Pellander（1982)、ハトにおける報酬的脳刺激について。
44. Danbury et al.（2000)、ニワトリ、鎮痛剤について。
45. Weissman（1976)、ラット、鎮痛剤について。
46. Martin et al.（2006)、ラット、鎮痛剤について。
47. Colpaert et al.（1980)、ラット、鎮痛剤について。
48. Solinas et al.（2006)、ラット、コカイン報酬について。
49. Martin, Kim, and Eisenach（2006)、ラット、オピオイドの供給について。

E．薬剤への接近、条件性場所選好

50. Mori（1999）は線形動物の *C. elegans* がアルコールに誘引されることを発見したが、広範な揮発性物質にも誘引されるため、アルコールによる誘引が特有のものであるか、またそれが報酬を表しているのかは不明。
51. Kusayama and Watanabe（2000)、プラナリア類について。
52. Pagán et al.（2013)、プラナリア類について。
53. Raffa et al.（2013)、プラナリア類について。
54. Søvik and Barron（2013）の表2、プラナリア類（と節足動物）について。
55. Lett and Grant（1989)、キンギョについて。
56. Ninkovic and Bally-Cuif（2006)、ゼブラフィッシュについて。
57. Webb et al.（2009)、ゼブラフィッシュについて。
58. Mathur et al.（2011)、ゼブラフィッシュについて。
59. Klee et al.（2011)、ゼブラフィッシュについて。
60. Kily et al.（2008)、ゼブラフィッシュについて。
61. Kalueff et al.（2014)、ゼブラフィッシュについて。
62. Presley et al.（2010)、カエルについて。
63. Farrell and Wilczynski（2006)、アノール類のトカゲについて、積極的に動いて遭遇した報酬に対する条件性場所選考あり、薬剤報酬に対してはなし。
64. Levens and Akins（2001)、ウズラ［*Coturnix*］について。
65. Rutten et al.（2011)、ラットについて。

付録　表中の引用文献

表8・3　ポジティブな情感やネガティブな情感の種横断的な行動的証拠の分布

A．オペラント学習

無脊椎動物に関する広範な報告については Perry, Barron, and Cheng（2013）を参照。

1．Qin and Wheeler（2007）は *C. elegans* での存在を示唆。

2．Zhang et al.（2005）は *C. elegans* での存在を示唆するが、有毒の餌は条件刺激として極度に強すぎる。つまり毒に対する忌避は非常に重要なので、生得的反射としてあらかじめ組み込まれているのかもしれない。

3．Perry, Barron, and Cheng（2013）は *C. elegans* での存在を否定。

4．Brembs（2003b）、アメフラシ［*Aplysia*］について。

5．Nargeot and Simmers（2011）、アメフラシについて。

6．Nargeot and Simmers（2012）、アメフラシについて。

7．Kandel（2009）、アメフラシについて。

8．Brembs（2003a）、モノアラガイ［*Lymnaea*］とアメフラシについて。

9．Casimir（2009）、頭索類（ナメクジウオ）で学習行動が知られていないことについて。

10．Mesquita（2011）、コイについて。

11．Kuba et al.（2010）、アカエイについて。

12．Flood et al.（1976）、さまざまな真骨魚類について。

13．Chandroo et al.（2004）、真骨魚類に関する古い文献について。

14．Millot et al.（2014）、タイについて。

15．Papini et al.（1995）、ヒキガエル［*Bufo*］について。

16．Schmajuk et al.（1980）、ヒキガエルについて。

17．Burghardt（2013）、両生類について。

18．Weiss and Wilson（2003）、リクガメについて。

19．Burghardt（2013）、爬虫類について。

20．http://en.wikipedia.org/wiki/Operant_conditioning、鳥類、ラット、イヌについて。

B．行動的トレード・オフ

21．Gillette et al.（2000）、ウミフクロウ［*Pleurobranchaea*］（捕食性ウミウシ）について。

22．Hirayama et al.（2012）、ウミフクロウについて。

23．Herberholz and Marquart（2012）捕食性ウミウシ、ザリガニ、霊長類におけるトレード・オフについて。

24．Dunlop et al.（2006）、マス、キンギョについて。

25．Millsopp and Laming（2008）、キンギョについて。

26．Daneri et al.（2011）、ヒキガエルについて。

27．Bennett et al.（2013）、ヒョウガエル［*Lithobates*］のオタマジャクシについて。

28．Gabor and Jaeger（1995）、サンショウウオの *Plethodon* について。

29．Balasko and Cabanac（1998）、イグアナとすべての羊膜類ついて。

30．Pilastro et al.（2002）、イワスズメ［*Petronia*］について。

31．Cabanac and Johnson（1983）、ラットについて。

niloticus). *Journal of Comparative Neurology, 495*(3), 279-298.

Xue, H. G., Yang, C. Y., Ito, H., Yamamoto, N., & Ozawa, H. (2006b). Primary and secondary sensory trigeminal projections in a cyprinid teleost, carp (*Cyprinus carpio*). *Journal of Comparative Neurology, 499*(4), 626-644.

Yafremava, L. S., & Gillette, R. (2011). Putative lateral inhibition in sensory processing for directional turns. *Journal of Neurophysiology, 105*(6), 2885-2890.

Yáñez, J., Busch, J., Anadón, R., & Meissl, H. (2009). Pineal projections in the zebrafish (*Danio rerio*): Overlap with retinal and cerebellar projections. *Neuroscience, 164*(4), 1712-1720.

Yang, L. M., Yu, L., Jin, H. J., & Zhao, H. (2014). Substance P receptor antagonist in lateral habenula improves rat depression-like behavior. *Brain Research Bulletin, 100*, 22-28.

Yang, P. F., Chen, D. Y., Hu, J. W., Chen, J. H., & Yen, C. T. (2011). Functional tracing of medial nociceptive pathways using activity-dependent manganese-enhanced MRI. *Pain, 152*(1), 194-203.

Yin, Z., Zhu, M., Davidson, E. H., Bottjer, D. J., Zhao, F., & Tafforeau, P. (2015). Sponge grade body fossil with cellular resolution dating 60 Myr before the Cambrian. *Proceedings of the National Academy of Sciences of the United States of America, 112*(12), E1453-E1460.

Yopak, K. E. (2012). Neuroecology of cartilaginous fishes: The functional implications of brain scaling. *Journal of Fish Biology, 80*(5), 1968-2023.

Young, J. Z. (1971). *The anatomy of the nervous system of Octopus vulgaris*. Oxford: Clarendon Press.

Young, J. Z. (1974). The central nervous system of Loligo. I. The optic lobe. *Philosophical Transactions of the Royal Society of London, Series B, Biological Sciences, 267*(885), 263-302.

Zeisel, A., Muñoz-Manchado, A. B., Codeluppi, S., Lönnerberg, P., La Manno, G., Juréus, A., ... Linnarsson, S. (2015). Cell types in the mouse cortex and hippocampus revealed by single-cell RNA-seq. *Science, 347*(6226), 1138-1142.

Zeki, S., & Marini, L. (1998). Three cortical stages of colour processing in the human brain. *Brain, 121*, 1669-1685.

Zelenitsky, D. K., Therrien, F., Ridgely, R. C., McGee, A. R., & Witmer, L. M. (2011). Evolution of olfaction in non-avian theropod dinosaurs and birds. *Proceedings of the Royal Society of London, Series B, Biological Sciences, 278*(1725), 3625-3634.

Zhang, Y., Lu, H., & Bargmann, C. I. (2005). Pathogenic bacteria induce aversive olfactory learning in *Caenorhabditis elegans*. *Nature, 438*(7065), 179-184.

Zhukov, V. V., & Tuchina, O. P. (2008). Structure of visual pathways in the nervous system of freshwater pulmonate molluscs. *Journal of Evolutionary Biochemistry and Physiology, 44*(3), 341-353.

Zintzen, V., Roberts, C. D., Anderson, M. J., Stewart, A. L., Struthers, C. D., & Harvey, E. S. (2011). Hagfish predatory behaviour and slime defence mechanism. *Scientific Reports, 1*.

Zmigrod, S., & Hommel, B. (2013). Feature integration across multimodal perception and action: A review. *Multisensory Research, 26*(1-2), 143-157.

Zullo, L., & Hochner, B. (2011). A new perspective on the organization of an invertebrate brain. *Communicative & Integrative Biology, 4*(1), 26-29.

Zullo, L., Sumbre, G., Agnisola, C., Flash, T., & Hochner, B. (2009). Nonsomatotopic organization of the higher motor centers in octopus. *Current Biology, 19*(19), 1632-1636.

Wicht, H. (1996). The brains of lampreys and hagfishes: Characteristics, characters, and comparisons. *Brain, Behavior and Evolution, 48*(5), 248–261.

Wicht, H., & Lacalli, T. C. (2005). The nervous system of amphioxus: Structure, development, and evolutionary significance. *Canadian Journal of Zoology, 83*, 122–150.

Wicht, H., Laedtke, E., Korf, H.-W., & Schomerus, C. (2013). Spatial and temporal expression patterns of Bmal delineate a circadian clock in the nervous system of *Branchiostoma lanceolatum*. *Journal of Comparative Neurology, 518*, 1837–1846.

Wilczynski, W. (2009). Evolution of the brain in amphibians. In M. D. Binder, N. Hirokawa, & U. Windhorst (Eds.), *Encyclopedia of neurosciences* (pp. 1301–1305). Berlin: Springer.

Wild, J. M. (2009). Evolution of the Wulst. In M. D. Binder, N. Hirokawa, & U. Windhorst (Eds.), *Encyclopedia of neurosciences* (pp. 1475–1478). Berlin: Springer.

Wild, J. M., Arends, J. J., & Ziegler, H. P. (1990). Projections of the parabrachial nucleus in the pigeon (*Columbia livia*). *Journal of Comparative Neurology, 293*(4), 499–523.

Wild, J. M., Kubke, M. F., & Peña, J. L. (2008). A pathway for predation in the brain of the barn owl (*Tyto alba*): Projections of the gracile nucleus to the "claw area" of the rostral wulst via the dorsal thalamus. *Journal of Comparative Neurology, 509*(2), 156–166.

Williamson, R., & Chrachri, A. (2004). Cephalopod neural networks. *Neuro-Signals, 13*(1–2), 87–98.

Wilson-Mendenhall, C. D., Barrett, L. F., & Barsalou, L. W. (2013). Neural evidence that human emotions share core affective properties. *Psychological Science, 24*(6), 947–956.

Winkielman, P., Berridge, K. C., & Wilbarger, J. L. (2005). Emotion and consciousness. In P. Winkielman (Ed.), *Emotion, behavior, and conscious experience: Once more without feeling* (pp. 335–362). New York: Guilford Press.

Wolf, H. (2008). The pectine organs of the scorpion, Vaejovis spinigerus: Structure and (glomerular) central projections. *Arthropod Structure & Development, 37*(1), 67–80.

Wollesen, T., Loesel, R., & Wanninger, A. (2009). Pygmy squids and giant brains: Mapping the complex cephalopod CNS by phalloidin staining of vibratome sections and whole-mount preparations. *Journal of Neuroscience Methods, 179*(1), 63–67.

Woods, J. W. (1964). Behavior of chronic decerebrate rats. *Journal of Neurophysiology, 27*, 635–644.

Wullimann, M. F. (2014). Ancestry of basal ganglia circuits: New evidence in teleosts. *Journal of Comparative Neurology, 522*(9), 2013–2018.

Wullimann, M. F., & Vernier, P. (2009a). Evolution of the brain in fishes. In M. D. Binder, N. Hirokawa, & U. Windhorst (Eds.), *Encyclopedia of neurosciences* (pp. 1318–1326). Berlin: Springer.

Wullimann, M. F., & Vernier, P. (2009b). Evolution of the telencephalon in anamniotes. In M. D. Binder, N. Hirokawa, & U. Windhorst (Eds.), *Encyclopedia of neurosciences* (pp. 1423–1431). Berlin: Springer.

Xin, Y., Weiss, K. R., & Kupfermann, I. (1995). Distribution in the central nervous system of Aplysia of afferent fibers arising from cell bodies located in the periphery. *Journal of Comparative Neurology, 359*(4), 627–643.

Xue, H. G., Yamamoto, N., Yang, C. Y., Kerem, G., Yoshimoto, M., Sawai, N., ... Ozawa, H. (2006a). Projections of the sensory trigeminal nucleus in a percomorph teleost, tilapia (*Oreochromis*

Wägele, J. W., & Bartolomaeus, T. (Eds.). (2014). *Deep metazoan phylogeny: The backbone of the tree of life: New insights from analyses of molecules, morphology, and theory of data analysis.* Berlin: de Gruyter.

Walls, G. L. (1942). *The vertebrate eye and its adaptive radiation.* Bloomfield Hills, MI: Cranbrook Institute of Science.

Walter, S., & Heckmann, H.-D. (Eds.). (2003). *Physicalism and mental causation.* Exeter: Imprint Academic.

Walters, E. T. (1994). Injury-related behavior and neuronal plasticity: An evolutionary perspective on sensitization, hyperalgesia, and analgesia. *International Review of Neurobiology, 36*, 325–427.

Walters, E. T., Bodnarova, M., Billy, A. J., Dulin, M. F., Díaz-Ríos, M., Miller, M. W., & Moroz, L. L. (2004). Somatotopic organization and functional properties of mechanosensory neurons expressing sensorin-A mRNA in Aplysia californica. *Journal of Comparative Neurology, 471*(2), 219–240.

Walters, E. T., Illich, P., Weeks, J., & Lewin, M. (2001). Defensive responses of larval Manduca sexta and their sensitization by noxious stimuli in the laboratory and field. *Journal of Experimental Biology, 204*(3), 457–469.

Wang, J., Wu, X., Li, C., Wei, J., Jiang, H., Liu, C., ... Ma, Y. (2012). Effect of morphine on conditioned place preference in rhesus monkeys. *Addiction Biology, 17*(3), 539–546.

Waraczynski, M. (2009). Emotion. In M. D. Binder, N. Hirokawa, & U. Windhorst (Eds.), *Encyclopedia of neurosciences* (pp. 1088–1092). Berlin: Springer.

Watanabe, A., Hirano, S., & Murakami, Y. (2008). Development of the lamprey central nervous system, with reference to vertebrate evolution. *Zoological Science, 25*(10), 1020–1027.

Watanabe, M., Cheng, K., Murayama, Y., Ueno, K., Asamizuya, T., Tanaka, K., & Logothetis, N. (2011). Attention but not awareness modulates the BOLD signal in the human V1 during binocular suppression. *Science, 334*(6057), 829–831.

Watt, D. F. (2005). Panksepp's common sense view of affective neuroscience is not the common sense view in large areas of neuroscience. *Consciousness and Cognition, 14*(1), 81–88.

Webb, J. E. (1969). On the feeding and behavior of the larva of *Branchiostoma lanceolatum. Marine Biology, 3*, 58–72.

Webb, K. J., Norton, W. H., Trumbach, D., Meijer, A. H., Ninkovic, J., Topp, S., ... Bally-Cuif, L. (2009). Zebrafish reward mutants reveal novel transcripts mediating the behavioral effects of amphetamine. *Genome Biology, 10*(7), R81.

Weiss, E., & Wilson, S. (2003). The use of classical and operant conditioning in training Aldabra tortoises (*Geochelone gigantea*) for venipuncture and other husbandry issues. *Journal of Applied Animal Welfare Science, 6*(1), 33–38.

Weissman, A. (1976). The discriminability of aspirin in arthritic and nonarthritic rats. *Pharmacology, Biochemistry, and Behavior, 5*(5), 583–586.

Wertz, A., Rössler, W., Obermayer, M., & Bickmeyer, U. (2006). Functional neuroanatomy of the rhinophore of *Aplysia punctata. Frontiers in Zoology, 3*(6).

Whiteside, J. H., Grogan, D. S., Olsen, P. E., & Kent, D. V. (2011). Climatically driven biogeographic provinces of Late Triassic tropical Pangea. *Proceedings of the National Academy of Sciences of the United States of America, 108*(22), 8972–8977.

systems in early arthropods. *Nature communications, 5.*

Van Roy, P., Daley, A. C., & Briggs, D. E. (2015). Anomalocaridid trunk limb homology revealed by a giant filter-feeder with paired flaps. *Nature, 522*, 77–80.

van Swinderen, B., & Andretic, R. (2011). Dopamine in Drosophila: Setting arousal thresholds in a miniature brain. *Proceedings of the Royal Society of London, Series B, Biological Sciences,* rspb20102564.

van Swinderen, B., & Greenspan, R. J. (2003). Salience modulates 20–30 Hz brain activity in *Drosophila. Nature Neuroscience, 6*(6), 579–586.

Vargas, J. P., López, J. C., & Portavella, M. (2009). What are the functions of fish brain pallium? *Brain Research Bulletin, 79*(6), 436–440.

Vargas, J. P., López, J. C., & Portavella, M. (2012). Amygdala and emotional learning in vertebrates—a comparative perspective. *InTech.* doi:.10.5772/51552

Veinante, P., Yalcin, I., & Barrot, M. (2013). The amygdala between sensation and affect: A role in pain. *Journal of Molecular Psychiatry, 1*(1), 9.

Veit, L., Hartmann, K., & Nieder, A. (2014). Neuronal correlates of visual working memory in the corvid endbrain. *Journal of Neuroscience, 34*(23), 7778–7786.

Velmans, M. (Ed.). (2000). *Investigating phenomenal consciousness: New methodologies and maps* (Vol. 13). Amsterdam: John Benjamins.

Velmans, M. (2009). *Understanding consciousness.* London: Routledge.

Vierck, C. J., & Charles, J. (2006). Animal models of pain. *Wall and Melzack's textbook of pain, 5,* 175–185.

Vierck, C. J., Whitsel, B. L., Favorov, O. V., Brown, A. W., & Tommerdahl, M. (2013). Role of primary somatosensory cortex in the coding of pain. *Pain, 154*(3), 334–344.

Vindas, M. A., Johansen, I. B., Vela-Avitua, S., Nørstrud, K. S., Aalgaard, M., Braastad, B. O., ... Øverli, Ø. (2014). Frustrative reward omission increases aggressive behaviour of inferior fighters. *Proceedings of the Royal Society of London, Series B, Biological Sciences, 281*(1784), 1–8.

von Bertalanffy, L. (1974). *Perspectives on general system theory.* E. Taschdjian (Ed.). New York: George Braziller.

von der Malsburg, C. (1995). Binding in models of perception and brain function. *Current Opinion in Neurobiology, 5*(4), 520–526.

von Düring, M., & Andres, K. H. (1998). Skin sensory organs in the Atlantic hagfish *Myxine glutinosa.* In J. Jorgensen, J. Lomholt, R. Weber, & H. Malte (Eds.), *The biology of hagfishes* (pp. 499–511). Dordrecht: Springer Netherlands.

Vopalensky, P., Pergner, J., Liegertova, M., Benito-Gutierrez, E., Arendt, D., & Kozmik, Z. (2012). Molecular analysis of the amphioxus frontal eye unravels the evolutionary origin of the retina and pigment cells of the vertebrate eye. *Proceedings of the National Academy of Sciences of the United States of America, 109*(38), 15383–15388.

Wada, H. (1998). Evolutionary history of free-swimming and sessile lifestyles in urochordates as deduced from 18S rDNA molecular phylogeny. *Molecular Biology and Evolution, 15*(9), 1189–1194.

Waddell, S. (2013). Reinforcement signalling in *Drosophila*; dopamine does it all after all. *Current Opinion in Neurobiology, 23*(3), 324–329.

Academy of Sciences, 1124(1), 239-261.

Tononi, G., & Koch, C. (2015). Consciousness: Here, there, and everywhere? *Philosophical Transactions of the Royal Society of London, Series B, Biological Sciences, 370*(1668), 1-18.

Treede, R. D., Kenshalo, D. R., Gracely, R. H., & Jones, A. K. (1999). The cortical representation of pain. *Pain, 79*(2), 105-111.

Trent, N. L., & Menard, J. L. (2013). Lateral septal infusions of the neuropeptide Y Y2 receptor agonist, NPY 13-36 differentially affect different defensive behaviors in male, Long Evans rats. *Physiology & Behavior, 110*, 20-29.

Trestman, M. (2013). The Cambrian explosion and the origins of embodied cognition. *Biological Theory, 8*(1), 80-92.

Triplett, J. W., & Feldheim, D. A. (2012). Eph and ephrin signaling in the formation of topographic maps. In D. B. Nikolov (Ed.), *Seminars in cell and developmental biology* (Vol. 23, No. 1) (pp. 7-15). Waltham, MA: Academic Press.

Tsakiris, M. (2013). Self-specificity of the external body. *Neuro-psychoanalysis, 15*(1), 66-69.

Tsou, J. Y. (2013). Origins of the qualitative aspects of consciousness: Evolutionary answers to Chalmers' hard problem. In L. Swan (Ed.), *Origins of mind* (pp. 259-269). Dordrecht: Springer Netherlands.

Tsuchiya, N., & van Boxtel, J. (2013). Introduction to research topic: Attention and consciousness in different senses. *Frontiers in Psychology, 4*.

Tulving, E. (1985). Memory and consciousness. *Canadian Psychology, 26*(1), 1.

Tulving, E. (1987). Multiple memory systems and consciousness. *Human Neurobiology, 6*(2), 67-80.

Tulving, E. (2002a). Episodic memory: From mind to brain. *Annual Review of Psychology, 53*(1), 1-25.

Tulving, E. (2002b). Chronesthesia: Conscious awareness of subjective time. In D. T. Stuss & R. C. Knight (Eds.), *Principles of frontal lobe function* (pp. 311-325). Oxford: Oxford University Press.

Turnbull, O. H. (2013). Facing inconvenient truths. *Neuro-psychoanalysis, 15*(1), 69-72.

Tye, M. (2000). *Consciousness, color, and content.* Cambridge, MA: MIT Press.

Uhlhaas, P., Pipa, G., Lima, B., Melloni, L., Neuenschwander, S., Nikolić, D., & Singer, W. (2009). Neural synchrony in cortical networks: History, concept, and current status. *Frontiers in Integrative Neuroscience, 3*.

Underwood, E. (2015). The brain's identity crisis. *Science, 349*, 575-577.

Ursino, M., Magosso, E., & Cuppini, C. (2009). Recognition of abstract objects via neural oscillators: Interaction among topological organization, associative memory, and gamma band synchronization. *IEEE Transactions on Neural Networks, 20*(2), 316-335.

Uylings, H., Groenewegen, H. J., & Kolb, B. (2003). Do rats have a prefrontal cortex? *Behavioural Brain Research, 146*(1-2), 3-17.

van Boxtel, J. J., Tsuchiya, N., & Koch, C. (2010). Consciousness and attention: On sufficiency and necessity. *Frontiers in Psychology, 1*.

van Gaal, S., & Lamme, V. A. (2012). Unconscious high-level information processing implication for neurobiological theories of consciousness. *Neuroscientist, 18*(3), 287-301.

Vannier, J., Liu, J., Lerosey-Aubril, R., Vinther, J., & Daley, A. C. (2014). Sophisticated digestive

(1), 44-91.

Stujenske, J. M., Likhtik, E., Topiwala, M. A., & Gordon, J. A. (2014). Fear and safety engage competing patterns of theta-gamma coupling in the basolateral amygdala. *Neuron, 83*(4), 919-933.

Sundström, G., Dreborg, S., & Larhammar, D. (2010). Concomitant duplications of opioid peptide and receptor genes before the origin of jawed vertebrates. *PLoS One, 5*(5), e10512.

Suzuki, D. G., Murakami, Y., Escriva, H., & Wada, H. (2015a). A comparative examination of neural circuit and brain patterning between the lamprey and amphioxus reveals the evolutionary origin of the vertebrate visual center. *Journal of Comparative Neurology, 523*(2), 251-261.

Suzuki, D. G., Murakami, Y., Yamazaki, Y., & Wada, H. (2015b). Expression patterns of *Eph* genes in the "dual visual development" of the lamprey and their significance in the evolution of vision in vertebrates. *Evolution & Development, 17*(2), 139-147.

Sweeney, A. M., Haddock, S. H., & Johnsen, S. (2007). Comparative visual acuity of coleoid cephalopods. *Integrative and Comparative Biology, 47*(6), 808-814.

Tallon-Baudry, C. (2011). On the neural mechanisms subserving consciousness and attention. *Frontiers in Psychology, 2.*

Talsma, D., Senkowski, D., Soto-Faraco, S., & Woldorff, M. G. (2010). The multifaceted interplay between attention and multisensory integration. *Trends in Cognitive Sciences, 14*(9), 400-410.

Tang, S., & Juusola, M. (2010). Intrinsic activity in the fly brain gates visual information during behavioral choices. *PLoS One, 5*(12), e14455.

Teller, P. (1992). Subjectivity and knowing what it's like. In A. Berckermann, H. Flohr, & J. Kim (Eds.), *Emergence or reduction? Essays on the prospects of nonreductive physicalism* (pp. 180-200). Berlin: de Gruyter.

Temizer, I., Donovan, J. C., Baier, H., & Semmelhack, J. L. (2015). A visual pathway for looming-evoked escape in larval zebrafish. *Current Biology, 25*(14), 1823-1834.

ten Donkelaar, H. J., & de Boer-van Huizen, R. (1987). A possible pain control system in a non-mammalian vertebrate (a lizard, *Gekko gecko*). *Neuroscience Letters, 83*(1), 65-70.

Thompson, E. (2007). *Mind in life: Biology, phenomenology, and the sciences of mind.* Cambridge, MA: Harvard University Press.

Tinsley, C. J. (2008). Using topographic networks to build a representation of consciousness. *Biosystems, 92*(1), 29-41.

Tobet, S. A., Chickering, T. W., & Sower, S. A. (1996). Relationship of gonadotropin-releasing hormone (GnRH) neurons to the olfactory system in developing lamprey (*Petromyzon marinus*) . *Journal of Comparative Neurology, 376*(1), 97-111.

Todd, A. J. (2010). Neuronal circuitry for pain processing in the dorsal horn. *Nature Reviews: Neuroscience, 11*(12), 823-836.

Tomina, Y., & Takahata, M. (2010). A behavioral analysis of force-controlled operant tasks in American lobster. *Physiology & Behavior, 101*(1), 108-116.

Tononi, G. (2004). An information integration theory of consciousness. *BMC Neuroscience, 5*, 42-72.

Tononi, G. (2008). Consciousness as integrated information: A provisional manifesto. *Biological Bulletin, 215*(3), 216-242.

Tononi, G., & Koch, C. (2008). The neural correlates of consciousness. *Annals of the New York*

Evolution, 82(3), 153-165.

Spaethe, J., Tautz, J., & Chittka, L. (2006). Do honeybees detect colour targets using serial or parallel visual search? *Journal of Experimental Biology, 209*(6), 987-993.

Spang, A., Saw, J. H., Jørgensen, S. L., Zaremba-Niedzwiedzka, K., Martijn, J., Lind, A. E. ... Ettema, T. J. G. (2015). Complex archaea that bridge the gap between prokaryotes and eukaryotes. *Nataure, 521*, 173-179.

Sperling, E. A., Frieder, C. A., Raman, A. V., Girguis, P. R., Levin, L. A., & Knoll, A. H. (2013). Oxygen, ecology, and the Cambrian radiation of animals. *Proceedings of the National Academy of Sciences, 110*(33), 13446-13451.

Sperling, E. A., Wolock, C. J., Morgan, A. S., Gill, B. C., Kunzmann, M., Halverson, G. P., ... Johnston, D. T. (2015). Statistical analysis of iron geochemical data suggests limited late Proterozoic oxygenation. *Nature, 523*(7561), 451-454.

Sperling, E. A., Peterson, K. J., & Laflamme, M. (2011). Rangeomorphs, *Thectardis* (Porifera?) and dissolved organic carbon in the Ediacaran oceans. *Geobiology, 9*(1), 24-33.

Sperry, R. W. (1977). Forebrain commissurotomy and conscious awareness. *Journal of Medicine and Philosophy, 2*(2), 101-126.

Sridharan, D., Boahen, K., & Knudsen, E. I. (2011). Space coding by gamma oscillations in the barn owl optic tectum. *Journal of Neurophysiology, 105*(5), 2005-2017.

Sridharan, D., Schwarz, J. S., & Knudsen, E. I. (2014). Selective attention in birds. *Current Biology, 24*(11), R510-R513.

Stach, T., Winter, J., Bouquet, J. M., Chourrout, D., & Schnabel, R. (2008). Embryology of a planktonic tunicate reveals traces of sessility. *Proceedings of the National Academy of Sciences of the United States of America, 105*(20), 7229-7234.

Stein, B. E., & Meredith, M. A. (1993). *The merging of the senses.* Cambridge, MA: MIT Press.

Steinfartz, S., & Bulog, B. (2009). Non-visual sensory physiology and magnetic orientation in the Blind Cave Salamander, *Proteus anguinus* (and some other cave-dwelling urodele species). Review and new results on light-sensitivity and non-visual orientation in subterranean urodeles (Amphibia). *Animal Biology, 59*(3), 351-384.

Stephenson-Jones, M., Floros, O., Robertson, B., & Grillner, S. (2012). Evolutionary conservation of the habenular nuclei and their circuitry controlling the dopamine and 5-hydroxytryptophan (5-HT) systems. *Proceedings of the National Academy of Sciences of the United States of America, 109*(3), E164-E173.

Stevens, C. W. (2004). Opioid research in amphibians: An alternative pain model yielding insights on the evolution of opioid receptors. *Brain Research Reviews, 46*(2), 204-215.

Stevens, C. W. (2011). Analgesia in amphibians: Preclinical studies and clinical applications. *Veterinary Clinics of North America: Exotic Animal Practice, 14*(1), 33-44.

Stevenson, P. A., & Schildberger, K. (2013). Mechanisms of experience dependent control of aggression in crickets. *Current Opinion in Neurobiology, 23*(3), 318-323.

Strausfeld, N. J. (2009). Brain organization and the origin of insects: An assessment. *Proceedings of the Royal Society of London, Series B, Biological Sciences, 276*(1664), 1929-1937.

Strausfeld, N. J. (2013). *Arthropod brains: Evolution, functional elegance, and historical significance.* Cambridge, MA: Harvard University Press.

Strehler, B. L. (1991). Where is the self? A neuroanatomical theory of consciousness. *Synapse, 7*

24(1), 49–65.

Singer, W. (2001). Consciousness and the binding problem. *Annals of the New York Academy of Sciences, 929*(1), 123–146.

Singewald, G. M., Rjabokon, A., Singewald, N., & Ebner, K. (2010). The modulatory role of the lateral septum on neuroendocrine and behavioral stress responses. *Neuropsychopharmacology, 36*(4), 793–804.

Sivarao, D. V., Langdon, S., Bernard, C., & Lodge, N. (2007). Colorectal distension-induced pseudoaffective changes as indices of nociception in the anesthetized female rat: Morphine and strain effects on visceral sensitivity. *Journal of Pharmacological and Toxicological Methods, 56*(1), 43–50.

Smith, C. U. (2006). The "hard problem" and the quantum physicists. Part 1: The first generation. *Brain and Cognition, 61*(2), 181–188.

Smith, C. U. (2009). The "hard problem" and the quantum physicists. Part 2: Modern times. *Brain and Cognition, 71*(2), 54–63.

Smith, E. S. J., & Lewin, G. R. (2009). Nociceptors: A phylogenetic view. *Journal of Comparative Physiology, A, Neuroethology, Sensory, Neural, and Behavioral Physiology, 195*(12), 1089–1106.

Sneddon, L. U. (2002). Anatomical and electrophysiological analysis of the trigeminal nerve in a teleost fish, *Oncorhynchus mykiss*. *Neuroscience Letters, 319*(3), 167–171.

Sneddon, L. U. (2004). Evolution of nociception in vertebrates: Comparative analysis of lower vertebrates. *Brain Research Reviews, 46*(2), 123–130.

Sneddon, L. (2011). Pain perception in fish. *Journal of Consciousness Studies, 18*(9–10), 209–229.

Sneddon, L. U., Braithwaite, V. A., & Gentle, M. J. (2003). Do fishes have nociceptors? Evidence for the evolution of a vertebrate sensory system. *Proceedings of the Royal Society of London, Series B, Biological Sciences, 270*(1520), 1115–1121.

Snow, P. J., Plenderleith, M. B., & Wright, L. L. (1993). Quantitative study of primary sensory neurone populations of three species of elasmobranch fish. *Journal of Comparative Neurology, 334*(1), 97–103.

Solinas, M., Panlilio, L. V., Justinova, Z., Yasar, S., & Goldberg, S. R. (2006). Using drug-discrimination techniques to study the abuse-related effects of psychoactive drugs in rats. *Nature Protocols, 1*(3), 1194–1206.

Solms, M. (2013 a). The conscious id. *Neuro-psychoanalysis, 15*(1), 5–19.

Solms, M. (2013 b). Response to commentaries. *Neuro-psychoanalysis, 15*(1), 79–85.

Solms, M., & Panksepp, J. (2012). The "id" knows more than the "ego" admits: Neuropsychoanalytic and primal consciousness perspectives on the interface between affective and cognitive neuroscience. *Brain Sciences, 2*(2), 147–175.

Sombke, A., & Harzsch, S. (2015). Immunolocalization of histamine in the optic neuropils of *Scutigera coleoptrata* (Myriapoda, Chilopoda) reveals the basal organization of visual systems in the Mandibulata. *Neuroscience Letters, 594*, 111–116.

Sommer, L. (2013). Specification of neural crest- and placode-derived neurons. In J. Rubenstein & P. Rakic (Eds.), *Patterning and cell type specification in the developing CNS and PNS* (pp. 385–400). New York: Academic Press.

Søvik, E., & Barron, A. B. (2013). Invertebrate models in addiction research. *Brain, Behavior and*

Shen, H. (2015). Neuroscience: The hard science of oxytocin. *Nature, 522*(7557), 410-412.

Shepherd, G. M. (2007). Perspectives on olfactory processing, conscious perception, and orbitofrontal cortex. *Annals of the New York Academy of Sciences, 1121*(1), 87-101.

Shepherd, G. M. (2012). *Neurogastronomy*. New York: Columbia University Press.

Sherrington, C. S. (1900). Cutaneous sensations. *Textbook of Physiology, 2*, 920-1001.

Sherrington, C. S. (1906). *The integrative action of the nervous system*. Oxford: Oxford University Press.

Sherrington, C. S. (1947). *The integrative action of the nervous system* (with a new preface and full bibliography). New Haven, CT: Yale University Press.

Sherwood, N. M., & Lovejoy, D. A. (1993). Gonadotropin-releasing hormone in cartilaginous fishes: Structure, location, and transport. *Environmental Biology of Fishes, 38*(1-3), 197-208.

Shibasaki, M., & Ishida, M. (2012). Effects of overtraining on extinction in newts (*Cynops pyrrhogaster*). *Journal of Comparative Psychology, 126*(4), 368.

Shigeno, S., & Ragsdale, C. W. (2015). The gyri of the octopus vertical lobe have distinct neurochemical identities. *Journal of Comparative Neurology, 523*(9), 1297-1317.

Shohat-Ophir, G., Kaun, K. R., Azanchi, R., Mohammed, H., & Heberlein, U. (2012). Sexual deprivation increases ethanol intake in *Drosophila*. *Science, 335*(6074), 1351-1355.

Shomrat, T., Graindorge, N., Bellanger, C., Fiorito, G., Loewenstein, Y., & Hochner, B. (2011). Alternative sites of synaptic plasticity in two homologous "fan-out fan-in" learning and memory networks. *Current Biology, 21*(21), 1773-1782.

Shomrat, T., Turchetti-Maia, A. L., Stern-Mentch, N., Basil, J. A., & Hochner, B. (2015). The vertical lobe of cephalopods: An attractive brain structure for understanding the evolution of advanced learning and memory systems. *Journal of Comparative Physiology A, 201*(9), 947-956.

Shu, D. G., Conway Morris, S., Han, J., Zhang, Z. F., Yasui, K., Janvier, P., ... Liu, H.-Q. (2003). Head and backbone of the Early Cambrian vertebrate *Haikouichthys*. *Nature, 421*(6922), 526-529.

Shu, D. G., Conway Morris, S., Zhang, Z. F., & Han, J. (2010). The earliest history of the deuterostomes: The importance of the Chengjiang Fossil-Lagerstätte. *Proceedings of the Royal Society of London, Series B, Biological Sciences, 277*(1679), 165-174.

Shu, D. G., Luo, H. L., Conway Morris, S., Zhang, X. L., Hu, S. X., Chen, L., ... Chen, L.-Z. (1999). Lower Cambrian vertebrates from south China. *Nature, 402*(6757), 42-46.

Shubin, N. (2008). *Your inner fish: A journey into the 3.5-billion-year history of the human body*. New York: Vintage. [邦訳：ニール・シュービン著、垂水雄二訳『ヒトのなかの魚、魚のなかのヒト—最新科学が明らかにする人体進化35億年の旅』、早川書房、2008年]

Sidor, C. A., Vilhena, D. A., Angielczyk, K. D., Huttenlocker, A. K., Nesbitt, S. J., Peecook, B. R., ... Tsuji, L. A. (2013). Provincialization of terrestrial faunas following the end-Permian mass extinction. *Proceedings of the National Academy of Sciences of the United States of America, 110*(20), 8129-8133.

Simon, H. A. (1962). The architecture of complexity. *Proceedings of the American Philosophical Society, 106*(6), 467-482.

Simon, H. A. (1973). The organization of complex systems. In H. H. Pattee (Ed.), *Hierarchy theory: The challenge of complex systems* (pp. 1-27). New York: George Braziller.

Singer, W. (1999). Neuronal synchrony: A versatile code for the definition of relations? *Neuron, autobiographical sketches*. Cambridge: Cambridge University Press. ［邦訳：エルヴィン・シュレーディンガー著、岡小天、鎮目恭夫訳『生命とは何か―物理的にみた生細胞』、岩波文庫、2008 年］

Schuelert, N., & Dicke, U. (2005). Dynamic response properties of visual neurons and context-dependent surround effects on receptive fields in the tectum of the salamander *Plethodon shermani*. *Neuroscience, 134*(2), 617–632.

Schultz, W. (2015). Neuronal reward and decision signals: From theories to data. *Physiological Reviews, 95*(3), 853–951.

Searle, J. (1992). *The rediscovery of the mind*. Cambridge, MA: MIT Press. ［邦訳：ジョン・R・サール著、宮原勇訳『ディスカバー・マインド！―哲学の挑戦』、筑摩書房、2008 年］

Searle, J. (1997). *The mystery of consciousness*. New York: New York Review of Books. ［邦訳：ジョン・R・サール著、菅野盾樹監訳『意識の神秘―生物学的自然主義からの挑戦』、新曜社、2015 年］

Searle, J. R. (2002). Why I am not a property dualist. *Journal of Consciousness Studies, 9*(12), 57–64.

Seelig, J. D., & Jayaraman, V. (2013). Feature detection and orientation tuning in the *Drosophila* central complex. *Nature, 503*, 262–266.

Seelig, J. D., & Jayaraman, V. (2015). Neural dynamics for landmark orientation and angular path integration. *Nature, 521*(7551), 186–191.

Sellars, W. (1963). *Science, perception, and reality*. London: Routledge & Kegan Paul.

Sellars, W. (1965). The identity approach to the mind-body problem. *Review of Metaphysics, 18*(3), 430–451.

Šestak, M. S., Božičević, V., Bakarić, R., Dunjko, V., & Domazet-Lošo, T. (2013). Phylostratigraphic profiles reveal a deep evolutionary history of the vertebrate head sensory systems. *Frontiers in Zoology, 10*(1).

Šestak, M. S., & Domazet-Lošo, T. (2015). Phylostratigraphic profiles in zebrafish uncover chordate origins of the vertebrate brain. *Molecular Biology and Evolution, 32*(2), 299–312.

Seth, A. K. (2013). Interoceptive inference, emotion, and the embodied self. *Trends in Cognitive Sciences, 17*(11), 565–573.

Seth, A. K., Baars, B. J., & Edelman, D. B. (2005). Criteria for consciousness in humans and other mammals. *Consciousness and Cognition, 14*(1), 119–139.

Sevush, S. (2006). Single-neuron theory of consciousness. *Journal of Theoretical Biology, 238*(3), 704–725.

Sewards, T. V., & Sewards, M. A. (2002). The medial pain system: Neural representations of the motivational aspect of pain. *Brain Research Bulletin, 59*(3), 163–180.

Sha, A., Sun, H., & Wang, Y. (2013). Immunohistochemical observations of methionine-enkephalin and delta opioid receptor in the digestive system of *Octopus ocellatus*. *Tissue & Cell, 45*(1), 83–87.

Shanahan, M., Bingman, V. P., Shimizu, T., Wild, M., & Güntürkün, O. (2013). Large-scale network organization in the avian forebrain: A connectivity matrix and theoretical analysis. *Frontiers in Computational Neuroscience, 7*.

Shang, C., Liu, Z., Chen, Z., Shi, Y., Wang, Q., Liu, S., ... Cao, P. (2015). A parvalbumin-positive excitatory visual pathway to trigger fear responses in mice. *Science, 348*(6242), 1472–1477.

Saper, C. B. (2002). The central autonomic nervous system: Conscious visceral perception and autonomic pattern generation. *Annual Review of Neuroscience, 25*(1), 433–469.

Sarvestani, I. K., Kozlov, A., Harischandra, N., Grillner, S., & Ekeberg, Ö. (2013). A computational model of visually guided locomotion in lamprey. *Biological Cybernetics, 107*(5), 497–512.

Satoh, G. (2005). Characterization of novel GPCR gene coding locus in amphioxus genome: Gene structure, expression, and phylogenetic analysis with implications for its involvement in chemoreception. *Genesis, 41*, 47–57.

Schiff, N. D. (2008). Central thalamic contributions to arousal regulation and neurological disorders of consciousness. *Annals of the New York Academy of Sciences, 1129*(1), 105–118.

Schifirneţ, E., Bowen, S. E., & Borszcz, G. S. (2014). Separating analgesia from reward within the ventral tegmental area. *Neuroscience, 263*, 72–87.

Schlegel, P. A., Steinfartz, S., & Bulog, B. (2009). Non-visual sensory physiology and magnetic orientation in the Blind Cave Salamander, *Proteus anguinus* (and some other cave-dwelling urodele species). Review and new results on light-sensitivity and non-visual orientation in subterranean urodeles (Amphibia). *Animal Biology, 59*(3), 351–384.

Schlosser, G. (2014). Development and evolution of vertebrate cranial placodes. *Developmental Biology, 389*, 1.

Schmajuk, N. A., Segura, E. T., & Reboreda, J. C. (1980). Appetitive conditioning and discriminatory learning in toads. *Behavioral and Neural Biology, 28*(4), 392–397.

Schmalbruch, H. (1986). Fiber composition of the rat sciatic nerve. *Anatomical Record, 215*(1), 71–81.

Schluessel, V., & Bleckmann, H. (2005). Spatial memory and orientation strategies in the elasmobranch *Potamotrygon motoro*. *Journal of Comparative Physiology, A, Neuroethology, Sensory, Neural, and Behavioral Physiology, 191*(8), 695–706.

Schmidt, M., & Ache, B. W. (1996). Processing of antennular input in the brain of the spiny lobster, *Panulirus argus*. I. Non-olfactory chemosensory and mechanosensory pathway of the lateral and median antennular neuropils. *Journal of Comparative Physiology, A, Neuroethology, Sensory, Neural, and Behavioral Physiology, 178*, 579–604.

Schmidt, M., Van Ekeris, L., & Ache, B. W. (1992). Antennular projections to the midbrain of the spiny lobster. I. Sensory innervation of the lateral and medial antennular neuropils. *Journal of Comparative Neurology, 318*(3), 277–290.

Schomburg, E. W., Fernández-Ruiz, A., Mizuseki, K., Berényi, A., Anastassiou, C. A., Koch, C., & Buzsáki, G. (2014). Theta phase segregation of input-specific gamma patterns in entorhinal-hippocampal networks. *Neuron, 84*(2), 470–485.

Schopenhauer, A. (1813). *On the fourfold root of the principle of sufficient reason*. London: G. Bell. [邦訳：ショーペンハウアー著、生松敬三訳「根拠律の四つの根について」、『ショーペンハウアー全集 1』白水社、1972 年]

Schopf, J. W., & Kudryavtsev, A. B. (2012). Biogenicity of Earth's earliest fossils: A resolution of the controversy. *Gondwana Research, 22*(3), 761–771.

Schrödel, T., Prevedel, R., Aumayr, K., Zimmer, M., & Vaziri, A. (2013). Brain-wide 3D imaging of neuronal activity in *Caenorhabditis elegans* with sculpted light. *Nature Methods, 10*(10), 1013–1020.

Schrödinger, E. (1967). *What is life? The physical aspects of living cell with mind and matter and*

Rose, J. D., & Woodbury, C. J. (2008). Animal models of nociception and pain. In P. M. Conn (Ed.), *Sourcebook of models for biomedical research* (pp. 333–339). New York: Humana Press.

Roskies, A. L. (1999). The binding problem. *Neuron, 24*(1), 7–9.

Rovainen, C. M. (1979). Neurobiology of lampreys. *Physiological Reviews, 59*(4), 1007–1077.

Rovainen, C. M., & Yan, Q. (1985). Sensory responses of dorsal cells in the lamprey brain. *Journal of Comparative Physiology, A, Neuroethology, Sensory, Neural, and Behavioral Physiology, 156*(2), 181–183.

Rowe, T. B., Macrini, T. E., & Luo, Z. X. (2011). Fossil evidence on origin of the mammalian brain. *Science, 332*(6032), 955–957.

Ruppert, E. E. (1997). Cephalochordata (Acrania). In F. W. Harrison & E. E. Ruppert (Eds.), *Microscopic anatomy of invertebrates, Hemichordata, Chaetognatha, and the invertebrate chordates* (Vol. 15, pp. 349–504). New York: Wiley-Liss.

Ruppert, E., Fox, R., & Barnes, R. (2004). *Invertebrate zoology, a functional evolutionary approach* (7th ed.). Belmont, CA: Thomson: Brooks/Cole.

Ruse, M. (2005). Reductionism. In T. Honderich (Ed.), *The Oxford companion to philosophy* (2nd ed.), p. 793. Oxford: Oxford University Press.

Ruta, M., Botha-Brink, J., Mitchell, S. A., & Benton, M. J. (2013). The radiation of cynodonts and the ground plan of mammalian morphological diversity. *Proceedings of the Royal Society B, Biological Sciences, 280*(1769), 20131865.

Rutledge, R. B., Skandali, N., Dayan, P., & Dolan, R. J. (2015). Dopaminergic modulation of decision making and subjective well-being. *Journal of Neuroscience, 35*(27), 9811–9822.

Rutten, K., Van Der Kam, E. L., De Vry, J., Bruckmann, W., & Tzschentke, T. M. (2011). The mGluR5 antagonist 2-methyl-6- (phenylethynyl) -pyridine (MPEP) potentiates conditioned place preference induced by various addictive and non-addictive drugs in rats. *Addiction Biology, 16*(1), 108–115.

Ryczko, D., Grätsch, S., Auclair, F., Dubé, C., Bergeron, S., Alpert, M. H., ... Dubuc, R. (2013). Forebrain dopamine neurons project down to a brainstem region controlling locomotion. *Proceedings of the National Academy of Sciences of the United States of America, 110*(34), E3235–E3242.

Sada, N., Lee, S., Katsu, T., Otsuki, T., & Inoue, T. (2015). Targeting LDH enzymes with a stiripentol analog to treat epilepsy. *Science, 347*(6228), 1362–1367.

Saidel, W. M. (2009). Evolution of the optic tectum in anamniotes. In M. D. Binder, N. Hirokawa, & U. Windhorst (Eds.), *Encyclopedia of neurosciences* (pp. 1380–1387). Berlin: Springer.

Saitoh, K., Ménard, A., & Grillner, S. (2007). Tectal control of locomotion, steering, and eye movements in lamprey. *Journal of Neurophysiology, 97*(4), 3093–3108.

Salthe, S. N. (1985). *Evolving hierarchical systems: Their structure and representation.* New York: Columbia University Press.

Sánchez-Camacho, C., López, J. M., & González, A. (2006). Basal forebrain cholinergic system of the anuran amphibian *Rana perezi*: Evidence for a shared organization pattern with amniotes. *Journal of Comparative Neurology, 494*(6), 961–975.

Sansom, R. S., Freedman, K. I. M., Gabbott, S. E., Aldridge, R. J., & Purnell, M. A. (2010). Taphonomy and affinity of an enigmatic Silurian vertebrate, *Jamoytius kerwoodi* White. *Palaeontology, 53*(6), 1393–1409.

Robertson, B., Huerta-Ocampo, I., Ericsson, J., Stephenson-Jones, M., Pérez-Fernández, J., Bolam, J. P., ... Grillner, S. (2012). The dopamine D2 receptor gene in lamprey, its expression in the striatum, and cellular effects of D2 receptor activation. *PLoS One, 7*(4), e35642.

Robertson, B., Kardamakis, A., Capantini, L., Pérez-Fernández, J., Suryanarayana, S. M., Wallen, P., ... Grillner, S. (2014). The lamprey blueprint of the mammalian nervous system. *Progress in Brain Research, 212*, 337–349.

Robertson, B., Saitoh, K., Ménard, A., & Grillner, S. (2006). Afferents of the lamprey optic tectum with special reference to the GABA input: Combined tracing and immunohistochemical study. *Journal of Comparative Neurology, 499*(1), 106–119.

Robinson, W. (2007). Evolution and epiphenomenalism. *Journal of Consciousness Studies, 14*(11), 27–42.

Roch, G. J., Tello, J. A., & Sherwood, N. M. (2014). At the transition from invertebrates to vertebrates, a novel GnRH-like peptide emerges in amphioxus. *Molecular Biology and Evolution, 31*(4), 765–778.

Rodríguez-Moldes, I., Molist, P., Adrio, F., Pombal, M. A., Yáñez, S. E. P., Mandado, M., ... Anadón, R. (2002). Organization of cholinergic systems in the brain of different fish groups: A comparative analysis. *Brain Research Bulletin, 57*(3), 331–334.

Rolls, E. T. (2000). On the brain and emotion. *Behavioral and Brain Sciences, 23*(02), 219–228.

Rolls, E. T. (2012). Multisensory neuronal convergence of taste, somatosensory, visual, olfactory, and auditory inputs. In B. E. Stein (Ed.), *New handbook of multisensory processes* (pp. 311–331). Cambridge, MA: MIT Press.

Rolls, E. T. (2014). Emotion and decision-making explained: Précis: Synopsis of book published by Oxford University Press 2014. *Cortex, 59*, 185–193.

Rolls, E. T. (2015). Limbic systems for emotion and for memory, but no single limbic system. *Cortex, 62*, 119–157.

Romer, A. S. (1970). *The vertebrate body* (4th ed.). Philadelphia: Saunders. [邦訳：アルフレッド・S・ローマー、トマス・S・パーソンズ著、平光厲司訳『脊椎動物のからだ―その比較解剖学』法政大学出版局、1983 年]

Ronan, M., & Northcutt, R. G. (1987). Primary projections of the lateral line nerves in adult lampreys. *Brain, Behavior and Evolution, 30*(1–2), 62–81.

Ronan, M., & Northcutt, R. G. (1998). The central nervous system of hagfishes. In J. Jorgensen, J. Lomholt, R. Weber, & H. Malte (Eds.), *The biology of hagfishes* (pp. 452–479). Dordrecht: Springer Netherlands.

Roozendaal, B. (2009). Emotional learning/memory. In M. D. Binder, N. Hirokawa, & U. Windhorst (Eds.), *Encyclopedia of neurosciences* (pp. 1095–1100). Berlin: Springer.

Roques, J. A., Abbink, W., Geurds, F., van de Vis, H., & Flik, G. (2010). Tailfin clipping, a painful procedure: Studies on *Nile tilapia* and common carp. *Physiology & Behavior, 101*(4), 533–540.

Rose, J. D. (2002). The neurobehavioral nature of fishes and the question of awareness and pain. *Reviews in Fisheries Science, 10*(1), 1–38.

Rose, J. D., Arlinghaus, R., Cooke, S. J., Diggles, B. K., Sawynok, W., Stevens, E. D., & Wynne, C. D. L. (2014). Can fish really feel pain? *Fish and Fisheries, 15*(1), 97–133.

Rose, J. D., & Flynn, F. W. (1993). Lordosis response components can be elicited in decerebrate rats by combined flank and cervix stimulation. *Physiology & Behavior, 54*(2), 357–361.

dríguez-Moldez, I. (2012). Contributions of developmental studies in the dogfish *Scyliorhinus canicula* to the brain anatomy of elasmobranchs: Insights on the basal ganglia. *Brain, Behavior and Evolution, 80*(2), 127–141.

Quintino-dos-Santos, J. W., Müller, C. J. T., Bernabé, C. S., Rosa, C. A., Tufik, S., & Schenberg, L. C. (2014). Evidence that the periaqueductal gray matter mediates the facilitation of panic-like reactions in neonatally-isolated adult rats. *PLoS One, 9*(3), e90726.

Quirk, G. J., & Beer, J. S. (2006). Prefrontal involvement in the regulation of emotion: Convergence of rat and human studies. *Current Opinion in Neurobiology, 16*(6), 723–727.

Quiroga, R. Q., Kreiman, G., Koch, C., & Fried, I. (2008). Sparse but not "grandmother-cell"coding in the medial temporal lobe. *Trends in Cognitive Sciences, 12*(3), 87–91.

Quiroga, R. Q., Reddy, L., Kreiman, G., Koch, C., & Fried, I. (2005). Invariant visual representation by single neurons in the human brain. *Nature, 435*(7045), 1102–1107.

Raffa, R. B., Baron, S., Bhandal, J. S., Brown, T., Song, K., Tallarida, C. S., & Rawls, S. M. (2013). Opioid receptor types involved in the development of nicotine physical dependence in an invertebrate (*Planaria*) model. *Pharmacology, Biochemistry, and Behavior, 112*, 9–14.

Rattenborg, N. C., & Martinez-Gonzalez, D. (2011). A bird-brain view of episodic memory. *Behavioural Brain Research, 222*(1), 236–245.

Reaume, C. J., & Sokolowski, M. B. (2011). Conservation of gene function in behaviour. *Philosophical Transactions of the Royal Society of London, Series B, Biological Sciences, 366*(1574), 2100–2110.

Reilly, S. C., Quinn, J. P., Cossins, A. R., & Sneddon, L. U. (2008). Behavioural analysis of a nociceptive event in fish: Comparisons between three species demonstrate specific responses. *Applied Animal Behaviour Science, 114*(1), 248–259.

Repérant, J., Ward, R., Médina, M., Kenigfest, N. B., Rio, J. P., Miceli, D., & Jay, B. (2009). Synaptic circuitry in the retinorecipient layers of the optic tectum of the lamprey (*Lampetra fluviatilis*): A combined hodological, GABA, and glutamate immunocytochemical study. *Brain Structure & Function, 213*(4–5), 395–422.

Revonsuo, A. (2006). *Inner presence: Consciousness as a biological phenomenon*. Cambridge, MA: MIT Press.

Revonsuo, A. (2010). *Consciousness: The science of subjectivity*. Hove: Psychology Press.

Ribary, U. (2005). Dynamics of thalamo-cortical network oscillations and human perception. *Progress in Brain Research, 150*, 127–142.

Rink, E., & Wullimann, M. F. (1998). Some forebrain connections of the gustatory system in the goldfish *Carassius auratus* visualized by separate DiI application to the hypothalamic inferior lobe and the torus lateralis. *Journal of Comparative Neurology, 394*(2), 152–170.

Rink, E., & Wullimann, M. F. (2001). The teleostean (zebrafish) dopaminergic system ascending to the subpallium (striatum) is located in the basal diencephalon (posterior tuberculum). *Brain Research, 889*(1), 316–330.

Risi, S., & Stanley, K. O. (2014). Guided self-organization in indirectly encoded and evolving topographic maps. In *Proceedings of the 2014 Conference on Genetic and Evolutionary Computation* (pp. 713–720). New York: ACM Press.

Robertson, B., Auclair, F., Ménard, A., Grillner, S., & Dubuc, R. (2007). GABA distribution in lamprey is phylogenetically conserved. *Journal of Comparative Neurology, 503*(1), 47–63.

mals. *Science, 346*(6209), 635-638.

Plotnick, R. E., Dornbos, S. Q., & Chen, J. (2010). Information landscapes and sensory ecology of the Cambrian Radiation. *Paleobiology, 36*, 303-317.

Plotnik, J. M., De Waal, F. B., & Reiss, D. (2006). Self-recognition in an Asian elephant. *Proceedings of the National Academy of Sciences of the United States of America, 103*(45), 17053-17057.

Plutchik, R. (2001). The nature of emotions. *American Scientist, 89*(4), 344-350.

Pollen, D. A. (2011). On the emergence of primary visual perception. *Cerebral Cortex, 21*(9), 1941-1953.

Pombal, M. A., Manira, A. E., & Grillner, S. (1997). Afferents of the lamprey striatum with special reference to the dopaminergic system: A combined tracing and immunohistochemical study. *Journal of Comparative Neurology, 386*(1), 71-91.

Pombal, M. A., Marín, O., & González, A. (2001). Distribution of choline acetyltransferase-immunoreactive structures in the lamprey brain. *Journal of Comparative Neurology, 431*(1), 105-126.

Popper, K. R., & Eccles, J. C. (1977). *The self and its brain.* New York: Springer.［邦訳：カール・R・ポパー、ジョン・C・エクルズ著、大村裕、沢田允茂、西脇与作訳『自我と脳』新思索社、2005 年］

Portavella, M., Vargas, J. P., Torres, B., & Salas, C. (2002). The effects of telencephalic pallial lesions on spatial, temporal, and emotional learning in goldfish. *Brain Research Bulletin, 57*(3), 397-399.

Prechtl, J. C., von der Emde, G., Wolfart, J., Karamürsel, S., Akoev, G. N., Andrianov, Y. N., & Bullock, T. H. (1998). Sensory processing in the pallium of a mormyrid fish. *Journal of Neuroscience, 18*(18), 7381-7393.

Presley, G. M., Lonergan, W., & Chu, J. (2010). Effects of amphetamine on conditioned place preference and locomotion in the male green tree frog, *Hyla cinerea. Brain, Behavior and Evolution, 75*(4), 262-270.

Preuss, S. J., Trivedi, C. A., vom Berg-Maurer, C. M., Ryu, S., & Bollmann, J. H. (2014). Classification of object size in retinotectal microcircuits. *Current Biology, 24*(20), 2376-2385.

Putnam, N. H., Butts, T., Ferrier, D. E. K., Furlong, R. F., Hellsten, U., Kawashima, T., ... Rokhsar, D. S. (2008). The amphioxus genome and the evolution of the chordate karyotype. *Nature, 453*, 1064-1071.

Puzdrowski, R. L. (1988). Afferent projections of the trigeminal nerve in the goldfish, *Carassius auratus. Journal of Morphology, 198*(2), 131-147.

Qin, J., & Wheeler, A. R. (2007). Maze exploration and learning in *C. elegans. Lab on a Chip, 7*(2), 186-192.

Quigley, K. S., & Barrett, L. F. (2014). Is there consistency and specificity of autonomic changes during emotional episodes? Guidance from the Conceptual Act Theory and psychophysiology. *Biological Psychology, 98*, 82-94.

Quinn, B. T., Carlson, C., Doyle, W., Cash, S. S., Devinsky, O., Spence, C., ... Thesen, T. (2014). Intracranial cortical responses during visual-tactile integration in humans. *Journal of Neuroscience, 34*(1), 171-181.

Quintana-Urzainqui, I., Sueiro, C., Carrera, I., Ferreiro-Galve, S., Santos-Durán, G., Mazan, S., ... Ro-

Parker, A. (2009). *In the blink of an eye: How vision sparked the big bang of evolution.* New York: Basic Books. [邦訳：アンドリュー・パーカー著、渡辺政隆、今西康子訳『眼の誕生―カンブリア紀大進化の謎を解く』草思社、2006 年]

Paterson, J. R., García-Bellido, D. C., Lee, M. S., Brock, G. A., Jago, J. B., & Edgecombe, G. D. (2011). Acute vision in the giant Cambrian predator *Anomalocaris* and the origin of compound eyes. *Nature, 480*(7376), 237–240.

Paton, R. L., Smithson, T. R., & Clack, J. A. (1999). An amniote-like skeleton from the early Carboniferous of Scotland. *Nature, 398*(6727), 508–513.

Pattee, H. H. (1970). The problem of biological hierarchy. In C. H. Waddington (Ed.), *Towards a theoretical biology* (Vol. 3, pp. 117–136). Chicago: Aldine.

Patthey, C., Schlosser, G., & Shimeld, S. M. (2014). The evolutionary history of vertebrate cranial placodes—I: Cell type evolution. *Developmental Biology, 389,* 82–97.

Pecoits, E., Konhauser, K. O., Aubet, N. R., Heaman, L. M., Veroslavsky, G., Stern, R. A., & Gingras, M. K. (2012). Bilaterian burrows and grazing behavior at >585 million years ago. *Science, 336*(6089), 1693–1696.

Penrose, R. (1994). *Shadows of the mind: A search for the missing science of consciousness.* Oxford: Oxford University Press. [邦訳：ロジャー・ペンローズ著、林一訳『心の影―意識をめぐる未知の科学を探る（1・2）』みすず書房、2016 年]

Pepperberg, I. (2009). *Alex and me.* New York: HarperCollins. [邦訳：アイリーン・M・ペパーバーグ著、佐柳信男訳『アレックスと私』幻冬舎、2010 年]

Pérez-Pérez, M. P., Luque, M. A., Herrero, L., Nunez-Abades, P. A., & Torres, B. (2003). Afferent connectivity to different functional zones of the optic tectum in goldfish. *Visual Neuroscience, 20*(04), 397–410.

Perry, C. J., & Barron, A. B. (2013). Neural mechanisms of reward in insects. *Annual Review of Entomology, 58,* 543–562.

Perry, C. J., Barron, A. B., & Cheng, K. (2013). Invertebrate learning and cognition: Relating phenomena to neural substrate. *Wiley Interdisciplinary Reviews: Cognitive Science, 4*(5), 561–582.

Petersen, C. L., Timothy, M., Kim, D. S., Bhandiwad, A. A., Mohr, R. A., Sisneros, J. A., & Forlano, P. M. (2013). Exposure to advertisement calls of reproductive competitors activates vocal-acoustic and catecholaminergic neurons in the plainfin midshipman fish, *Porichthys notatus. PLoS One, 8*(8), e70474.

Philippe, H., Brinkmann, H., Lavrov, D. V., Littlewood, D. T. J., Manuel, M., Wörheide, G., & Baurain, D. (2011). Resolving difficult phylogenetic questions: Why more sequences are not enough. *PLoS Biology, 9*(3), e1000602.

Pierre, J., Mahouche, M., Suderevskaya, E. I., Reperant, J., & Ward, R. (1997). Immunocytochemical localization of dopamine and its synthetic enzymes in the central nervous system of the lamprey *Lampetra fluviatilis. Journal of Comparative Neurology, 380*(1), 119–135.

Pilastro, A., Griggio, M., Biddau, L., & Mingozzi, T. (2002). Extrapair paternity as a cost of polygyny in the rock sparrow: Behavioural and genetic evidence of the 'trade-off' hypothesis. *Animal Behaviour, 63*(5), 967–974.

Planavsky, N. J., Reinhard, C. T., Wang, X., Thomson, D., McGoldrick, P., Rainbird, R. H., ... Lyons, T. W. (2014). Low Mid-Proterozoic atmospheric oxygen levels and the delayed rise of ani-

Developmental Neurobiology, 72(3), 386-394.

Orpwood, R. (2013). Qualia could arise from information processing in local cortical networks. *Frontiers in Psychology, 4.*

Ortega-Hernandez, J. (2015). Homology of head sclerites in Burgess Shale euarthropods. *Current Biology, 25*, 1-7.

Ostrowski, T. D., & Stumpner, A. (2010). Frequency processing at consecutive levels in the auditory system of bush crickets (Tettigoniidae). *Journal of Comparative Neurology, 518*(15), 3101-3116.

Overgaard, M. (2012). Blindsight: Recent and historical controversies on the blindness of blindsight. *Wiley Interdisciplinary Reviews: Cognitive Science, 3*(6), 607-614.

Packard, A. (1972). Cephalopods and fish: The limits of convergence. *Biological Reviews of the Cambridge Philosophical Society, 47*(2), 241-307.

Packard, A., & Delafield-Butt, J. T. (2014). Feelings as agents of selection: Putting Charles Darwin back into (extended neo-) Darwinism. *Biological Journal of the Linnean Society of London, 112*(2), 332-353.

Pagán, O. R., Deats, S., Baker, D., Montgomery, E., Wilk, G., Tenaglia, M., & Semon, J. (2013). Planarians require an intact brain to behaviorally react to cocaine, but not to react to nicotine. *Neuroscience, 246*, 265-270.

Pain, S. P. (2009). Signs of anger: Representation of agonistic behaviour in invertebrate cognition. *Biosemiotics, 2*(2), 181-191.

Panagiotaropoulos, T. I., Deco, G., Kapoor, V., & Logothetis, N. K. (2012). Neuronal discharges and gamma oscillations explicitly reflect visual consciousness in the lateral prefrontal cortex. *Neuron, 74*(5), 924-935.

Pani, A. M., Mullarkey, E. E., Aronowicz, J., Assimacopoulos, S., Grove, E. A., & Lowe, C. J. (2012). Ancient deuterostome origins of vertebrate brain signalling centres. *Nature, 483*, 289-294.

Panksepp, J. (1998). *Affective neuroscience: The foundations of human and animal emotions.* Oxford: Oxford University Press.

Panksepp, J. (2005). Affective consciousness: Core emotional feelings in animals and humans. *Consciousness and Cognition, 14*(1), 30-80.

Panksepp, J. (2011). Cross-species affective neuroscience decoding of the primal affective experiences of humans and related animals. *PLoS One, 6*(9), e21236.

Panksepp, J. (2013). Toward an understanding of the constitution of consciousness through the laws of affect. *Neuropsychoanalysis: An Interdisciplinary Journal for Psychoanalysis and the Neurosciences, 15*(1), 62-65.

Papini, M. R. (2002). Pattern and process in the evolution of learning. *Psychological Review, 109*(1), 186.

Papini, M. R., & Bitterman, M. E. (1991). Appetitive conditioning in *Octopus cyanea*. *Journal of Comparative Psychology, 105*(2), 107.

Papini, M. R., & Dudley, R. T. (1997). Consequences of surprising reward omissions. *Review of General Psychology, 1*(2), 175.

Papini, M. R., Muzio, R. N., & Segura, E. T. (1995). Instrumental learning in toads (*Bufo arenarum*): Reinforcer magnitude and the medial pallium. *Brain, Behavior and Evolution, 46*(2), 61-71.

109 (Suppl. 1), 10626-10633.

Northcutt, R. G. (2012b). Variation in reptilian brains and cognition. *Brain, Behavior, and Evolution, 82*(1), 45-54.

Northcutt, R. G., & Puzdrowski, R. L. (1988). Projections of the olfactory bulb and nervus terminalis in the silver lamprey. *Brain, Behavior and Evolution, 32*(2), 96-107.

Northcutt, R. G., & Ronan, M. (1992). Afferent and efferent connections of the bullfrog medial pallium. *Brain, Behavior and Evolution, 40*(1), 1-16.

Northcutt, R. G., & Wicht, H. (1997). Afferent and efferent connections of the lateral and medial pallia of the silver lamprey. *Brain, Behavior and Evolution, 49*(1), 1-19.

Northmore, D. (2011). The optic tectum. In A. Farrell (Ed.), *The encyclopedia of fish physiology: From genome to environment* (pp. 131-142). San Diego, CA: Academic Press.

Northmore, D. P., & Gallagher, S. P. (2003). Functional relationship between nucleus isthmi and tectum in teleosts: Synchrony but no topography. *Visual Neuroscience, 20*(03), 335-348.

Northoff, G. (2012a). From emotions to consciousness—a neuro-phenomenal and neuro-relational approach. *Frontiers in Psychology, 3.*

Northoff, G. (2012b). Autoepistemic limitation and the brain's neural code: Comment on "Neuroontology, neurobiological naturalism, and consciousness: A challenge to scientific reduction and a solution" by Todd E. Feinberg. *Physics of Life Reviews, 9*(1), 38-39.

Northoff, G. (2013a). What the brain's intrinsic activity can tell us about consciousness? A tri-dimensional view. *Neuroscience and Biobehavioral Reviews, 37*(4), 726-738.

Northoff, G. (2013b). *Consciousness: Vol. 2. Unlocking the brain.* Oxford: Oxford University Press.

Northoff, G. (2016). Slow cortical potentials and "inner time consciousness"—A neuro-phenomenal hypothesis about the "width of present." *International Journal of Psychophysiology, 103*, 174-184.

Northoff, G., & Musholt, K. (2006). How can Searle avoid property dualism? Epistemic-ontological inference and autoepistemic limitation. *Philosophical Psychology, 19*(5), 589-605.

Nunez, P. L., & Srinivasan, R. (2010). Scale and frequency chauvinism in brain dynamics: Too much emphasis on gamma band oscillations. *Brain Structure & Function, 215*(2), 67-71.

Ocaña, F. M., Suryanarayana, S. M., Saitoh, K., Kardamakis, A. A., Capantini, L., Robertson, B., & Grillner, S. (2015). The lamprey pallium provides a blueprint of the mammalian motor projections from cortex. *Current Biology, 25*(4), 413-423.

O'Connell, L. A., & Hofmann, H. A. (2011). The vertebrate mesolimbic reward system and social behavior network: A comparative synthesis. *Journal of Comparative Neurology, 519*(18), 3599-3639.

O'Connell, L. A., & Hofmann, H. A. (2012). Evolution of a vertebrate social decision-making network. *Science, 336*(6085), 1154-1157.

Ohira, H. (2010). The somatic marker revisited: Brain and body in emotional decision making. *Emotion Review, 2*, 245.

Ohyama, T., Schneider-Mizell, C., Fetter, R. D., Aleman, J. V., Franconville, R., Rivera-Alba, M., ... Zlatic, M. (2015). A multilevel multimodal circuit enhances action selection in *Drosophila*. *Nature, 520*, 633-639.

Okamoto, H., Agetsuma, M., & Aizawa, H. (2012). Genetic dissection of the zebrafish habenula, a possible switching board for selection of behavioral strategy to cope with fear and anxiety.

Nieuwenhuys, R. (1996). The greater limbic system, the emotional motor system, and the brain. *Progress in Brain Research, 107*, 551-580.

Nieuwenhuys, R., & Nicholson, C. (1998). Lampreys, petromyzontoidea. In R. Nieuwenhuys, H. J. ten Donkelaar, & C. Nicholson (Eds.), *The central nervous system of vertebrates* (Vol. 1, pp. 397-495). Heidelberg: Springer Berlin.

Nieuwenhuys, R., ten Donkelaar, H. J., & Nicholson, C. (1998). *The central nervous system of vertebrates*. New York: Springer.

Nieuwenhuys, R., Veening, J. G., & Van Domburg, P. (1987). Cores and paracores: Some new chemoarchitectural entities in the mammalian neuraxis. *Acta Morphologica Neerlando-Scandinavica, 26*, 131.

Niimura, Y. (2009). On the origin and evolution of vertebrate olfactory receptor genes: Comparative genome analysis among 23 chordate species. *Genome Biology and Evolution, 1*, 34-44.

Nilsson, D.-E. (2009). The evolution of eyes and visually guided behaviour. *Philosophical Transactions of the Royal Society of London, Series B, Biological Sciences, 364*(1531), 2833-2847.

Nilsson, D.-E. (2013). Eye evolution and its functional basis. *Visual Neuroscience, 30*(1-2), 5-20.

Nilsson, S. (2011). Comparative anatomy of the autonomic nervous system. *Autonomic Neuroscience, 165*(1), 3-9.

Ninkovic, J., & Bally-Cuif, L. (2006). The zebrafish as a model system for assessing the reinforcing properties of drugs of abuse. *Methods (San Diego, Calif.), 39*(3), 262-274.

Noboa, V., & Gillette, R. (2013). Selective prey avoidance learning in the predatory sea slug *Pleurobranchaea californica*. *Journal of Experimental Biology, 216*(17), 3231-3236.

Nomura, T., Kawaguchi, M., Ono, K., & Murakami, Y. (2013). Reptiles: A new model for brain evo-devo research. *Journal of Experimental Zoology, Part B, Molecular and Developmental Evolution, 320*(2), 57-73.

Nomura, T., Murakami, Y., Gotoh, H., & Ono, K. (2014). Reconstruction of ancestral brains: Exploring the evolutionary process of encephalization in amniotes. *Neuroscience Research, 86*, 25-36.

Nordström, K. J., Fredriksson, R., & Schiöth, H. B. (2008). The amphioxus (*Branchiostoma floridae*) genome contains a highly diversified set of G protein-coupled receptors. *BMC Evolutionary Biology, 8*(1), 9.

Norman, G. J., Berntson, G. G., & Cacioppo, J. T. (2014). Emotion, somatovisceral afference, and autonomic regulation. *Emotion Review, 6*(2), 113-123.

North, H. A., Karim, A., Jacquin, M. F., & Donoghue, M. J. (2010). EphA4 is necessary for spatially selective peripheral somatosensory topography. *Developmental Dynamics, 239*(2), 630-638.

Northcutt, R. G. (1995). The forebrain of gnathostomes: In search of a morphotype. *Brain, Behavior and Evolution, 46*(4-5), 304-318.

Northcutt, R. G. (1996). The agnathan ark: The origin of craniate brains. *Brain, Behavior and Evolution, 48*(5), 237-247.

Northcutt, R. G. (2002). Understanding vertebrate brain evolution. *Integrative and Comparative Biology, 42*(4), 743-756.

Northcutt, R. G. (2005). The new head revisited. *Journal of Experimental Zoology, 304B*, 274-297.

Northcutt, R. G. (2012a). Evolution of centralized nervous systems: Two schools of evolutionary thought. *Proceedings of the National Academy of Sciences of the United States of America, gy, 61*(1), 36–46.

Näätänen, R., Paavilainen, P., Rinne, T., & Alho, K. (2007). The mismatch negativity (MMN) in basic research of central auditory processing: A review. *Clinical Neurophysiology, 118*(12), 2544–2590.

Nadel, L., Hupbach, A., Gomez, R., & Newman-Smith, K. (2012). Memory formation, consolidation, and transformation. *Neuroscience and Biobehavioral Reviews, 36*(7), 1640–1645.

Nagel, T. (1974). What is it like to be a bat? *Philosophical Review, 83*(4), 435–450. [邦訳所収：トマス・ネーゲル著、永井均訳『コウモリであるとはどのようなことか』勁草書房、1989 年]

Nagel,T. (1989). *The view from nowhere.* New York: Oxford University Press. [邦訳：トマス・ネーゲル著、中村昇、鈴木保早、山田雅大、岡山敬二、齋藤宜之、新海太郎訳『どこでもないところからの眺め』春秋社、2009 年]

Namburi, P., Beyeler, A., Yorozu, S., Calhoo, G. G., Halbert, S. A., Wichmann, R., ... Tye, K. M. (2015). A circuit mechanism for differentiating positive and negative mechanisms. *Nature, 520*, 675–678.

Nargeot, R., & Simmers, J. (2011). Neural mechanisms of operant conditioning and learning-induced behavioral plasticity in *Aplysia. Cellular and Molecular Life Sciences, 68*(5), 803–816.

Nargeot, R., & Simmers, J. (2012). Functional organization and adaptability of a decision-making network in *Aplysia. Frontiers in Neuroscience, 6*(113).

Navratilova, E., Xie, J. Y., Okun, A., Qu, C., Eyde, N., Ci, S., ... Porreca, F. (2012). Pain relief produces negative reinforcement through activation of mesolimbic reward-valuation circuitry. *Proceedings of the National Academy of Sciences of the United States of America, 109*(50), 20709–20713.

Neary, T. J. (1995). Afferent projections to the hypothalamus in ranid frogs. *Brain, Behavior and Evolution, 46*(1), 1–13.

Nebeling, B. (2000). Morphology and physiology of auditory and vibratory ascending interneurones in bushcrickets. *Journal of Experimental Zoology, 286*(3), 219–230.

Nelson, E. E., Lau, J. Y., & Jarcho, J. M. (2014). Growing pains and pleasures: How emotional learning guides development. *Trends in Cognitive Sciences, 18*(2), 99–108.

Nespolo, R. F., Bacigalupe, L. D., Figueroa, C. C., Koteja, P., & Opazo, J. C. (2011). Using new tools to solve an old problem: The evolution of endothermy in vertebrates. *Trends in Ecology & Evolution, 26*(8), 414–423.

Nevin, L. M., Robles, E., Baier, H., & Scott, E. K. (2010). Focusing on optic tectum circuitry through the lens of genetics. *BMC Biology, 8*(1), 126.

Newland, P. L., Rogers, S. M., Gaaboub, I., & Matheson, T. (2000). Parallel somatotopic maps of gustatory and mechanosensory neurons in the central nervous system of an insect. *Journal of Comparative Neurology, 425*(1), 82–96.

Newman, S. A., Mezentseva, N. V., & Badyaev, A. V. (2013). Gene loss, thermogenesis, and the origin of birds. *Annals of the New York Academy of Sciences, 1289*(1), 36–47.

Newman, S. W. (1999). The medial extended amygdala in male reproductive behavior a node in the mammalian social behavior network. *Annals of the New York Academy of Sciences, 877*(1), 242–257.

Nichols, S., & Grantham, T. (2000). Adaptive complexity and phenomenal consciousness. *Philosophy of Science, 67*, 648–670.

Mogil, J. S. (2009). Animal models of pain: Progress and challenges. *Nature Reviews: Neuroscience, 10*(4), 283–294.

Mole, C. (2008). Attention and consciousness. *Journal of Consciousness Studies, 15*(4), 86–104.

Monod, J. (1971). *Chance and necessity: An essay on the natural philosophy of modern biology.* New York: Alfred A. Knopf. [邦訳：ジャック・モノー著、渡辺格、村上光彦訳『偶然と必然—現代生物学の思想的問いかけ』みすず書房、1972 年]

Montgomery, S. (2015). *The soul of an octopus: A surprising exploration into the world of consciousness.* New York: Atria Books.

Montoya, P., & Schandry, R. (1994). Emotional experience and heartbeat perception in patients with spinal cord injury and control subjects. *Journal of Psychophysiology, 8*, 289–296.

Moreno, N., & González, A. (2007). Regionalization of the telencephalon in urodele amphibians and its bearing on the identification of the amygdaloid complex. *Frontiers in Neuroanatomy, 1.*

Moret, F., Christiaen, L., Deyts, C., Blin, M., Joly, J. S., & Vernier, P. (2005). The dopamine-synthesizing cells in the swimming larva of the tunicate *Ciona intestinalis* are located only in the hypothalamus-related domain of the sensory vesicle. *European Journal of Neuroscience, 21*(11), 3043–3055.

Moret, F., Guilland, J. C., Coudouel, S., Rochette, L., & Vernier, P. (2004). Distribution of tyrosine hydroxylase, dopamine, and serotonin in the central nervous system of amphioxus (*Branchiostoma lanceolatum*): Implications for the evolution of catecholamine systems in vertebrates. *Journal of Comparative Neurology, 468*(1), 135–150.

Mori, I. (1999). Genetics of chemotaxis and thermotaxis in the nematode *Caenorhabditis elegans. Annual Review of Genetics, 33*(1), 399–422.

Mori, K., Manabe, H., Narikiyo, K., & Onisawa, N. (2013). Olfactory consciousness and gamma oscillation couplings across the olfactory bulb, olfactory cortex, and orbitofrontal cortex. *Frontiers in Psychology, 4.*

Moroz, L. L., Kocot, K. M., Citarella, M. R., Dosung, S., Norekian, T. P., Povolotskaya, I. S., ... Kohn, A. B. (2014). The ctenophore genome and the evolutionary origins of neural systems. *Nature, 510*(7503), 109–114.

Mouton, L. J., & Holstege, G. (2000). Segmental and laminar organization of the spinal neurons projecting to the periaqueductal gray (PAG) in the cat suggests the existence of at least five separate clusters of spino-PAG neurons. *Journal of Comparative Neurology, 428*(3), 389–410.

Mudrik, L., Faivre, N., & Koch, C. (2014). Information integration without awareness. *Trends in Cognitive Sciences, 18*(9), 488–496.

Mueller, T. (2012). What is the thalamus in zebrafish? *Frontiers in Neuroscience, 6.*

Mueller, T., Vernier, P., & Wullimann, M. F. (2004). The adult central nervous cholinergic system of a neurogenetic model animal, the zebrafish *Danio rerio. Brain Research, 1011*(2), 156–169.

Müller, C. M., & Leppelsack, H. J. (1985). Feature extraction and tonotopic organization in the avian auditory forebrain. *Experimental Brain Research, 59*(3), 587–599.

Murakami, Y., & Kuratani, S. (2008). Brain segmentation and trigeminal projections in the lamprey; with reference to vertebrate brain evolution. *Brain Research Bulletin, 75*(2), 218–224.

Muzio, R. N., Segura, E. T., & Papini, M. R. (1994). Learning under partial reinforcement in the toad (Bufo arenarum): Effects of lesions in the medial pallium. *Behavioral and Neural Biolo-*

method (p. 103-180). Minneapolis: University of Minnesota Press.

Mehta, N., & Mashour, G. A. (2013). General and specific consciousness: A first-order representationalist approach. *Frontiers in psychology, 4*.

Melloni, L., Molina, C., Pena, M., Torres, D., Singer, W., & Rodriguez, E. (2007). Synchronization of neural activity across cortical areas correlates with conscious perception. *Journal of Neuroscience, 27*(11), 2858-2865.

Ménard, A., & Grillner, S. (2008). Diencephalic locomotor region in the lamprey—afferents and efferent control. *Journal of Neurophysiology, 100*(3), 1343-1353.

Mendl, M., Paul, E. S., & Chittka, L. (2011). Animal behaviour: Emotion in invertebrates? *Current Biology, 21*(12), R463-R465.

Merker, B. (2005). The liabilities of mobility: A selection pressure for the transition to consciousness in animal evolution. *Consciousness and Cognition, 14*(1), 89-114.

Merker, B. (2007). Consciousness without a cerebral cortex: A challenge for neuroscience and medicine. *Behavioral and Brain Sciences, 30*(01), 63-81.

Mersha, M., Formisano, R., McDonald, R., Pandey, P., Tavernarakis, N., & Harbinder, S. (2013). GPA-14, a G α i subunit mediates dopaminergic behavioral plasticity in *C. elegans*. *Behavioral and Brain Functions, 9*(1), 16.

Mescher, A. L. (2013). *Junquiera's basic histology: Text and atlas* (13th ed.). New York: McGraw Hill. [邦訳：Anthony L. Mescher 著、坂井建雄、川上速人監訳『ジュンケイラ組織学（第 4 版）』丸善出版、2015 年]

Mesquita, F. D. O. (2011). *Coping styles and learning in fish: Developing behavioural tools for welfare-friendly aquaculture*. Doctoral dissertation, University of Glasgow.

Messenger, J. B. (1979). The nervous system of *Loligo*: IV. The peduncle and olfactory lobes. *Philosophical Transactions of the Royal Society of London, Series B, Biological Sciences, 285* (1008), 275-309.

Metzinger, T. (2003). *Being no one: The self-model theory of subjectivity*. Cambridge, MA: MIT Press.

Meysman, F. J., Middelburg, J. J., & Heip, C. H. (2006). Bioturbation: A fresh look at Darwin's last idea. *Trends in Ecology & Evolution, 21*(12), 688-695.

Miller, E. K., & Buschman, T. J. (2013). Cortical circuits for the control of attention. *Current Opinion in Neurobiology, 23*(2), 216-222.

Millot, S., Cerqueira, M., Castanheira, M. F., Øverli, Ø., Martins, C. I., & Oliveira, R. F. (2014). Use of conditioned place preference/avoidance tests to assess affective states in fish. *Applied Animal Behaviour Science, 154*, 104-111.

Millsopp, S., & Laming, P. (2008). Trade-offs between feeding and shock avoidance in goldfish (*Carassius auratus*). *Applied Animal Behaviour Science, 113*(1), 247-254.

Min, B. K. (2010). A thalamic reticular networking model of consciousness. *Theoretical Biology & Medical Modelling, 7*(10).

Minakata, H. (2010). Oxytocin/vasopressin and gonadotropin-releasing hormone from cephalopods to vertebrates. *Annals of the New York Academy of Sciences, 1200*(1), 3.

Mitchell, M. (2009). *Complexity: A guided tour*. Oxford: Oxford University Press.

Mobley, A. S., Michel, W. C., & Lucero, M. T. (2008). Odorant responsiveness of squid olfactory receptor neurons. *Anatomical Record, 291*(7), 763-774.

tion in rats following spinal nerve ligation. *Pain, 125*(3), 257–263.

Martínez-de-la-Torre, M., Pombal, M. A., & Puelles, L. (2011). Distal-less-like protein distribution in the larval lamprey forebrain. *Neuroscience, 178*, 270–284.

Mather, J. A. (2008). Cephalopod consciousness: Behavioural evidence. *Consciousness and Cognition, 17*(1), 37–48.

Mather, J. (2012). Cephalopod intelligence. In J. Vonk & T. K. Shackelford (Eds.), *The Oxford handbook of comparative evolutionary psychology* (pp. 118–128). Oxford: Oxford University Press.

Mather, J. A., & Kuba, M. J. (2013). The cephalopod specialties: Complex nervous system, learning, and cognition 1. *Canadian Journal of Zoology, 91*(6), 431–449.

Matheson, T. (2002). *Invertebrate nervous systems: Encyclopedia of life sciences* (pp. 1–5). London: Nature Publishing Group.

Mathur, P., Berberoglu, M. A., & Guo, S. (2011). Preference for ethanol in zebrafish following a single exposure. *Behavioural Brain Research, 217*(1), 128–133.

Matthews, G., & Wickelgren, W. O. (1978). Trigeminal sensory neurons of the sea lamprey. *Journal of Comparative Physiology, 123*(4), 329–333.

Matthies, B. K., & Franklin, K. B. (1992). Formalin pain is expressed in decerebrate rats but not attenuated by morphine. *Pain, 51*(2), 199–206.

Maximino, C., Lima, M. G., Oliveira, K. R. M., Batista, E. D. J. O., & Herculano, A. M. (2013). "Limbic associative" and "autonomic" amygdala in teleosts: A review of the evidence. *Journal of Chemical Neuroanatomy, 48*, 1–13.

Maynard, J. (2013). Archaeopteryx is a bird after all—just not the first. *iTech Post*, May 29. http://www.itechpost.com/articles/9940/20130529/archaeopteryx-bird-first.htm.

Mayr, E. (1982). *The growth of biological thought: Diversity, evolution, and inheritance*. Cambridge, MA: Harvard University Press.

Mayr, E. (2004). *What makes biology unique? Considerations on the autonomy of a scientific discipline*. Cambridge: Cambridge University Press.

Mazaheri, A., & Van Diepen, R. (2014). Gamma oscillations in a bind? *Cerebral Cortex*. doi:10.1093/cercor/bhu136.

Mazet, F., & Shimeld, S. M. (2002). The evolution of chordate neural segmentation. *Developmental Biology, 251*, 258–270.

McHaffie, J. G., Kao, C. Q., & Stein, B. E. (1989). Nociceptive neurons in rat superior colliculus: Response properties, topography, and functional implications. *Journal of Neurophysiology, 62*(2), 510–525.

McClendon, J., Lecaude, S., Dores, A. R., & Dores, R. M. (2010). Evolution of the opioid/ORL-1 receptor gene family. *Annals of the New York Academy of Sciences, 1200*(1), 85–94.

McLoughlin, J. C. (1980). *Synapsida: A new look into the origins of mammals*. New York: Viking Press.

Medina, L. (2009). Evolution and embryological development of the forebrain. In M. D. Binder, N. Hirokawa, & U. Windhorst (Eds.), *Encyclopedia of neurosciences* (pp. 1172–1192). Berlin: Springer.

Meehl, P. (1966). The complete autocerebroscopist: A thought experiment on Professor Feigl's mind/body identify thesis. In P. K. Feyerabend & G. Maxwell (Eds.), *Mind, matter, and*

1-7.

Machin, K. L. (1999). Amphibian pain and analgesia. *Journal of Zoo and Wildlife Medicine, 30*(1), 2-10.

Mackie, G. O., & Burighel, P. (2005). The nervous system in adult tunicates: Current research directions. *Canadian Journal of Zoology, 83*, 151-183.

MacLean, P. D. (1975). Sensory and perceptive factors in emotional functions of the triune brain. *Biological Foundations of Psychiatry, 1*, 177-198.

Magosso, E. (2010). Integrating information from vision and touch: A neural network modeling study. *Information Technology in Biomedicine. IEEE Transactions on, 14*(3), 598-612.

Maier, A., Wilke, M., Aura, C., Zhu, C., Frank, Q. Y., & Leopold, D. A. (2008). Divergence of fMRI and neural signals in V1 during perceptual suppression in the awake monkey. *Nature Neuroscience, 11*(10), 1193-1200.

Maisey, J. G. (1996). *Discovering fossil fishes*. New York: Holt. Mallatt, J. (1982). Pumping rates and particle retention efficiencies of the larval lamprey, an unusual suspension feeder. *Biological Bulletin, 163*(1), 197-210.

Mallatt, J. (1996). Ventilation and the origin of jawed vertebrates: A new mouth. *Zoological Journal of the Linnean Society, 117*(4), 329-404.

Mallatt, J. (1997). Hagfish do not resemble ancestral vertebrates. *Journal of Morphology, 232*, 293.

Mallatt, J. (2008). The origin of the vertebrate jaw: Neoclassical ideas versus newer, development-based ideas. *Zoological Science, 25*(10), 990-998.

Mallatt, J. (2009). Evolution and phylogeny of chordates. In M. D. Binder, N. Hirokawa, & U. Windhorst (Eds.), *Encyclopedia of neurosciences* (pp. 1201-1208). Berlin: Springer-Verlag.

Mallatt, J., & Chen, J. Y. (2003). Fossil sister group of craniates: Predicted and found. *Journal of Morphology, 258*(1), 1-31.

Mallatt, J., & Holland, N. D. (2013). *Pikaia gracilens* Walcott: Stem chordate, or already specialized in the Cambrian? *Journal of Experimental Zoology, 320B*, 247-271.

Maloof, A. C., Rose, C. V., Beach, R., Samuels, B. M., Calmet, C. C., Erwin, D. H., ... Simons, F. J. (2010). Possible animal-body fossils in pre-Marinoan limestones from South Australia. *Nature Geoscience, 3*(9), 653-659.

Mancini, F., Haggard, P., Iannetti, G. D., Longo, M. R., & Sereno, M. I. (2012). Fine-grained nociceptive maps in primary somatosensory cortex. *Journal of Neuroscience, 32*(48), 17155-17162.

Manger, P. R. (2009). Evolution of the reticular formation. In M. D. Binder, N. Hirokawa, & U. Windhorst (Eds.), *Encyclopedia of neurosciences* (pp. 1413-1416). Berlin: Springer.

Marco-Pallarés, J., Münte, T. F., & Rodríguez-Fornells, A. (2015). The role of high-frequency oscillatory activity in reward processing and learning. *Neuroscience and Biobehavioral Reviews, 49*, 1-7.

Marieb, E., Wilhelm, P., & Mallatt, J. (2014). *Human anatomy* (7th ed.). San Francisco, CA: Pearson.

Marín, G., Salas, C., Sentis, E., Rojas, X., Letelier, J. C., & Mpodozis, J. (2007). A cholinergic gating mechanism controlled by competitive interactions in the optic tectum of the pigeon. *Journal of Neuroscience, 27*(30), 8112-8121.

Martin, T. J., Kim, S. A., & Eisenach, J. C. (2006). Clonidine maintains intrathecal self-administra-

Lee, M. S., Cau, A., Naish, D., & Dyke, G. J. (2014). Sustained miniaturization and anatomical innovation in the dinosaurian ancestors of birds. *Science, 345*(6196), 562–566.

Lee, M. S., Jago, J. B., García-Bellido, D. C., Edgecombe, G. D., Gehling, J. G., & Paterson, J. R. (2011). Modern optics in exceptionally preserved eyes of Early Cambrian arthropods from Australia. *Nature, 474*(7353), 631–634.

Lee, S. H., & Dan, Y. (2012). Neuromodulation of brain states. Neuron, 76(1), 209-222. Lett, B. T., & Grant, V. L. (1989). The hedonic effects of amphetamine and pentobarbital in goldfish. *Pharmacology, Biochemistry, and Behavior, 32*(1), 355–356.

Lett, B. T., & Grant, V. L. (1989). The hedonic effects of amphetamine and pentobarbital in goldfish. *Pharmacology, Biochemistry, and Behavior, 32*(1), 355–356.

Levens, N., & Akins, C. K. (2001). Cocaine induces conditioned place preference and increases locomotor activity in male Japanese quail. *Pharmacology, Biochemistry, and Behavior, 68*(1), 71–80.

Levine, J. (1983). Materialism and qualia: The explanatory gap. *Pacific Philosophical Quarterly, 64*(4), 354-361.

Li, W., Lopez, L., Osher, J., Howard, J. D., Parrish, T. B., & Gottfried, J. A. (2010). Right orbitofrontal cortex mediates conscious olfactory perception. *Psychological Science, 21*(10), 1454-1463.

Liang, Y. F., & Terashima, S. I. (1993). Physiological properties and morphological characteristics of cutaneous and mucosal mechanical nociceptive neurons with A-δ peripheral axons in the trigeminal ganglia of crotaline snakes. *Journal of Comparative Neurology, 328*(1), 88–102.

Lillvis, J. L., Gunaratne, C. A., & Katz, P. S. (2012). Neurochemical and neuroanatomical identification of central pattern generator neuron homologues in Nudipleura molluscs. *PLoS One, 7*(2), e31737.

Lindahl, B. I. B. (1997). Consciousness and biological evolution. *Journal of Theoretical Biology, 187*(4), 613–629.

Liu, L., Wolf, R., Ernst, R., & Heisenberg, M. (1999). Context generalization in Drosophila visual learning requires the mushroom bodies. *Nature, 400*(6746), 753–756.

Llinás, R. R. (2001). *I of the vortex: From neurons to self.* Cambridge, MA: MIT Press.

Lopes, G., & Kampff, A. R. (2015). Cortical control: Learning from the lamprey. *Current Biology, 25*(5), R203–R205.

López, J. C., Vargas, J. P., Gómez, Y., & Salas, C. (2003). Spatial and non-spatial learning in turtles: The role of medial cortex. *Behavioural Brain Research, 143*(2), 109–120.

Lowe, C. J., Clarke, D. N., Medeiros, D. M., Rockhsar, D. S., & Gerhart, J. (2015). The deuterostome context of chordate origins. *Nature, 520*, 456–465.

Luisi, P. L. (1998). About various definitions of life. *Origins of Life and Evolution of the Biosphere, 28*(4–6), 613–622.

Luo, Z. X., Yuan, C. X., Meng, Q. J., & Ji, Q. (2011). A Jurassic eutherian mammal and divergence of marsupials and placentals. *Nature, 476*(7361), 442–445.

Lycan, W. G. (2009). Giving dualism its due. *Australasian Journal of Philosophy, 87*(4), 551–563.

Ma, X. Y., Hou, X. G., Edgecombe, G. D., & Strausfeld, N. J. (2012). Complex brain and optic lobes in an early Cambrian arthropod. *Nature, 490*, 258–261.

Ma, X., Cong, P., Hou, X., Edgecombe, G. D., & Strausfeld, N. J. (2014). An exceptionally preserved arthropod cardiovascular system from the early Cambrian. *Nature Communications, 5*(3560),

& Development, 14(1), 76-92.

Kusayama, T., & Watanabe, S. (2000). Reinforcing effects of methamphetamine in planarians. *Neuroreport, 11*(11), 2511-2513.

Lacalli, T. C. (2008). Basic features of the ancestral chordate brain: A protochordate perspective. *Brain Research Bulletin, 75*, 319-323.

Lacalli, T. C. (2013). Looking into eye evolution: Amphioxus points the way. *Pigment Cell & Melanoma Research, 26*, 162-164.

Lacalli, T. C. (2015). The origin of vertebrate neural organization. In A. Schmidt-Rhaesa, S. Harszch, & G. Purschke (Eds.), *Structure and evolution of invertebrate nervous systems*. Oxford: Oxford University Press.

Lacalli, T. C., & Holland, L. Z. (1998). The developing dorsal ganglion of the salp Thalia democratica, and the nature of the ancestral chordate brain. *Philosophical Transactions of the Royal Society of London, Series B, Biological Sciences, 353*, 1943-1967.

Lacalli, T. C., & Kelly, S. J. (2003). Sensory pathways in amphioxus larvae. II. Dorsal tracts and translumenal cells. *Acta Zoologica Stockholm, 84*, 1-13.

Lacalli, T. C., & Stach, T. (2015). Acrania (Cephalochordata). In A. Schmidt-Rhaesa, S. Harszch, & G. Purschke (Eds.), *Structure and evolution of invertebrate nervous systems*. Oxford: Oxford University Press.

Laland, K., Uller, T., Feldman, M., Sterelny, K., Müller, G. B., Moczek, A., ... Strassmann, J. E. (2014). Does evolutionary theory need a rethink? *Nature, 514*(7521), 161.

Lamb, T. D. (2013). Evolution of phototransduction, vertebrate photoreceptors, and retina. *Progress in Retinal and Eye Research, 36*, 52-119.

Lammel, S., Lim, B. K., Ran, C., Huang, K. W., Betley, M. J., Tye, K. M., ... Malenka, R. C. (2012). Input-specific control of reward and aversion in the ventral tegmental area. *Nature, 491* (7423), 212-217.

Land, M. F., & Fernald, R. D. (1992). The evolution of eyes. *Annual Review of Neuroscience, 15* (1), 1-29.

Lane, N., & Martin, W. (2010). The energetics of genome complexity. *Nature, 467*(7318), 929-934.

Lange, C. G. (1885). *The mechanism of the emotions. The emotions* (pp. 33-92). Baltimore, MD: Williams & Wilkins.

Lanuza, E., & Martinez-Garcia, F. (2009). Evolution of septal nuclei. In M. D. Binder, N. Hirokawa, & U. Windhorst (Eds.), *Encyclopedia of neurosciences* (pp. 1270-1278). Berlin: Springer.

LeCun, Y., Bengio, Y., & Hinton, G. (2015). Deep learning. *Nature, 521*(7553), 436-444.

LeDoux, J. (2007). The amygdala. Current Biology, 17(20), R868-R874. LeDoux, J. (2012). Rethinking the emotional brain. *Neuron, 73*(4), 653-676.

LeDoux, J. E. (2014). Coming to terms with fear. *Proceedings of the National Academy of Sciences of the United States of America, 111*(8), 2871-2878.

Lee, A. W., & Brown, R. E. (2007). Comparison of medial preoptic, amygdala, and nucleus accumbens lesions on parental behavior in California mice (*Peromyscus californicus*). *Physiology & Behavior, 92*(4), 617-628.

Lee, H., Kim, D. W., Remedios, R., Anthony, T. E., Chang, A., Madisen, L., ... Anderson, D. J. (2014) . Scalable control of mounting and attack by Esr1+ neurons in the ventromedial hypothalamus. *Nature, 509*(7502), 627-632.

ences, 361(1470), 1023–1038.

Knoll, A. H., & Sperling, E. A. (2014). Oxygen and animals in Earth history. *Proceedings of the National Academy of Sciences, 111*(11), 3907–3908.

Knöll, B., & Drescher, U. (2002). Ephrin-As as receptors in topographic projections. *Trends in Neurosciences, 25*(3), 145–149.

Knudsen, E. I. (2011). Control from below: The role of a midbrain network in spatial attention. *European Journal of Neuroscience, 33*(11), 1961–1972.

Kobayashi, S. (2012). Organization of neural systems for aversive information processing: Pain, error, and punishment. *Frontiers in Neuroscience, 6*(136).

Koch, C. (2004). *The quest for consciousness. A neurobiological approach.* Englewood, CO: Roberts. ［邦訳：クリストフ・コッホ著、土谷尚嗣、金井良太訳『意識の探求―神経科学からのアプローチ（上・下）』岩波書店、2006 年］

Kohl, J. V. (2013). Nutrient-dependent/pheromone-controlled adaptive evolution: A model. *Socioaffective Neuroscience & Psychology, 3,* 20553.

Kotrschal, A., Rogell, B., Bundsen, A., Svensson, B., Zajitschek, S., Brännström, I., ... Kolm, N. (2013). Artificial selection on relative brain size in the guppy reveals costs and benefits of evolving a larger brain. *Current Biology, 23*(2), 168–171.

Kouider, S., & Dehaene, S. (2007). Levels of processing during non-conscious perception: A critical review of visual masking. *Philosophical Transactions of the Royal Society of London, Series B: Biological Sciences, 362*(1481), 857–875.

Kouider, S., Stahlhut, C., Gelskov, S. V., Barbosa, L. S., Dutat, M., De Gardelle, V., ... Dehaene-Lambertz, G. (2013). A neural marker of perceptual consciousness in infants. *Science, 340*(6130), 376–380.

Koyama, H., Kishida, R., Goris, R. C., & Kusunoki, T. (1987). Organization of sensory and motor nuclei of the trigeminal nerve in lampreys. *Journal of Comparative Neurology, 264*(4), 437–448.

Krauzlis, R. J., Lovejoy, L. P., & Zénon, A. (2013). Superior colliculus and visual spatial attention. *Annual Review of Neuroscience, 36,* 165–182.

Kreiman, G., Koch, C., & Fried, I. (2000). Category-specific visual responses of single neurons in the human medial temporal lobe. *Nature Neuroscience, 3*(9), 946–953.

Kröger, B., Vinther, J., & Fuchs, D. (2011). Cephalopod origin and evolution: A congruent picture emerging from fossils, development, and molecules. *BioEssays, 33*(8), 602–613.

Kuba, M. J., Byrne, R. A., & Burghardt, G. M. (2010). A new method for studying problem solving and tool use in stingrays (*Potamotrygon castexi*). *Animal Cognition, 13*(3), 507–513.

Kuba, M. J., Byrne, R. A., Meisel, D. V., & Mather, J. A. (2006). When do octopuses play? Effects of repeated testing, object type, age, and food deprivation on object play in *Octopus vulgaris*. *Journal of Comparative Psychology, 120*(3), 184–190.

Kubokawa, K., Tando, Y., & Roy, S. (2010). Evolution of the reproductive endocrine system in chordates. *Integrative and Comparative Biology, 50*(1), 53–62.

Kuraku, S., Meyer, A., & Kuratani, S. (2009). Timing of genome duplications relative to the origin of the vertebrates: Did cyclostomes diverge before or after? *Molecular Biology and Evolution, 26*(1), 47–59.

Kuratani, S. (2012). Evolution of the vertebrate jaw from developmental perspectives. *Evolution*

Kessler, L. (2013). Conscious Id or unconscious Id or both: An attempt at "self"-help. *Neuro-psychoanalysis, 15*(1), 48–51.

Key, B. (2014). Fish do not feel pain and its implications for understanding phenomenal consciousness. *Biology & Philosophy, 30,* 149–165.

Kiefer, M., Ansorge, U., Haynes, J. D., Hamker, F., Mattler, U., Verleger, R., & Niedeggen, M. (2011). Neuro-cognitive mechanisms of conscious and unconscious visual perception: From a plethora of phenomena to general principles. *Advances in Cognitive Psychology, 7,* 55–67.

Kielan-Jaworowska, Z. (2013). *In pursuit of early mammals.* Bloomington: Indiana University Press.

Kielan-Jaworowska, Z., Cifelli, R. L., Cifelli, R., & Luo, Z. X. (2013). *Mammals from the age of dinosaurs: Origins, evolution, and structure.* New York: Columbia University Press.

Kily, L. J., Cowe, Y. C., Hussain, O., Patel, S., McElwaine, S., Cotter, F. E., & Brennan, C. H. (2008). Gene expression changes in a zebrafish model of drug dependency suggest conservation of neuro-adaptation pathways. *Journal of Experimental Biology, 211*(10), 1623–1634.

Kim, D. H., & Lee, Y. (2015). Bioelectronics: Injection and unfolding. *Nature Nanotechnology, 10*(7), 570–571.

Kim, J. (1992). "Downward causation" in emergentism and nonreductive physicalism. In A. Beckermann, H. Flohr, & J. Kim (Eds.), *Emergence or reduction? Essays on the prospects of nonreductive physicalism* (pp. 119–138). New York: de Gruyter.

Kim, J. (1995). The non-reductivist's troubles with mental causation. In J. Heil & A. Mele (Eds.), *Mental causation* (pp. 189–210). Oxford: Clarendon Press.

Kim, J. (1998). *Mind in a physical world: An essay on the mind-body problem and mental causation.* Cambridge, MA: MIT Press.［邦訳：ジェグォン・キム著、太田雅子訳『物理世界のなかの心—心身問題と心的因果』勁草書房、2006 年］

Kim, T., Thankachan, S., McKenna, J. T., McNally, J. M., Yang, C., Choi, J. H., ... McCarley, R. W. (2015). Cortically projecting basal forebrain parvalbumin neurons regulate cortical gamma band oscillations. *Proceedings of the National Academy of Sciences of the United States of America, 112*(11), 3535–3540.

Kingsbury, M. A., Kelly, A. M., Schrock, S. E., & Goodson, J. L. (2011). Mammal-like organization of the avian midbrain central gray and a reappraisal of the intercollicular nucleus. *PLoS One, 6*(6), e20720.

Kisch, J., & Erber, J. (1999). Operant conditioning of antennal movements in the honey bee. *Behavioural Brain Research, 99*(1), 93–102.

Kirk, R. (1994). *Raw feeling.* Cambridge, MA: MIT Press.

Kirsch, J. A., Güntürkün, O., & Rose, J. (2008). Insight without cortex: Lessons from the avian brain. *Consciousness and Cognition, 17*(2), 475–483.

Kittelberger, J. M., Land, B. R., & Bass, A. H. (2006). Midbrain periaqueductal gray and vocal patterning in a teleost fish. *Journal of Neurophysiology, 96*(1), 71–85.

Kittilsen, S. (2013). Functional aspects of emotions in fish. *Behavioural Processes, 100,* 153–159.

Klee, E. W., Ebbert, J. O., Schneider, H., Hurt, R. D., & Ekker, S. C. (2011). Zebrafish for the study of the biological effects of nicotine. *Nicotine & Tobacco Research, 13*(5), 301–312.

Knoll, A. H., Javaux, E. J., Hewitt, D., & Cohen, P. (2006). Eukaryotic organisms in Proterozoic oceans. *Philosophical Transactions of the Royal Society of London, Series B, Biological Sci-*

Jorgensen, J., Lomholt, J., Weber, R., & Malte, H. (Eds.). (1998). *The biology of hagfishes*. London: Chapman & Hall.

Kaas, J. H. (1997). Topographic maps are fundamental to sensory processing. *Brain Research Bulletin, 44*(2), 107-112.

Kaas, J. H. (2011). Neocortex in early mammals and its subsequent variations. *Annals of the New York Academy of Sciences, 1225*(1), 28-36.

Kalman, M. (2009). Evolution of the brain at reptile-bird transition. In M. D. Binder, N. Hirokawa, & U. Windhorst (Eds.), *Encyclopedia of neurosciences* (pp. 1305-1312). Berlin: Springer.

Kalueff, A. V., Stewart, A. M., & Gerlai, R. (2014). Zebrafish as an emerging model for studying complex brain disorders. *Trends in Pharmacological Sciences, 35*(2), 63-75.

Kamikouchi, A. (2013). Auditory neuroscience in fruit flies. *Neuroscience Research, 76*(3), 113-118.

Kandel, E. R. (2007). *In search of memory: The emergence of a new science of mind*. New York: W. W. Norton.

Kandel, E. R. (2009). The biology of memory: A forty-year perspective. *Journal of Neuroscience, 29*(41), 12748-12756.

Kandel, E. R., Schwartz, J. H., Jessell, T. M., Siegelbaum, S. A., & Hudspeth, A. J. (2012). *Principles of neural science* (5th ed.). New York: McGraw Hill.

Kardamakis, A. A., Saitoh, K., & Grillner, S. (2015). Tectal microcircuit generating visual selection commands on gaze-controlling neurons. *Proceedings of the National Academy of Sciences, 112*(15), E1956-E1965.

Kardong, K. (2012). *Vertebrates: Comparative anatomy, function, evolution* (6th ed.). Dubuque, IA: McGraw-Hill Higher Education.

Karten, H. J. (2013). Neocortical evolution: Neuronal circuits arise independently of lamination. *Current Biology, 23*(1), R12-R15.

Kavanaugh, S. I., Nozaki, M., & Sower, S. A. (2008). Origins of gonadotropin-releasing hormone (GnRH) in vertebrates: Identification of a novel GnRH in a basal vertebrate, the sea lamprey. *Endocrinology, 149*(8), 3860-3869.

Kawai, N., Kono, R., & Sugimoto, S. (2004). Avoidance learning in the crayfish (*Procambarus clarkii*) depends on the predatory imminence of the unconditioned stimulus: A behavior systems approach to learning in invertebrates. *Behavioural Brain Research, 150*(1), 229-237.

Keary, N., Voss, J., Lehmann, K., Bischof, H. J., & Löwel, S. (2010). Optical imaging of retinotopic maps in a small songbird, the zebra finch. *PLoS One, 5*(8), e11912.

Keenan, J. P., Gallup, G. C., & Falk, D. (2003). *The face in the mirror: The search for the origins of consciousness*. New York: HarperCollins. ［邦訳：ジュリアン・ポール・キーナン、ゴードン・ギャラップ・ジュニア、ディーン・フォーク著、山下篤子訳『うぬぼれる脳―「鏡のなかの顔」と自己意識』日本放送出版協会、2006年］

Keenan, J. P., Rubio, J., Racioppi, C., Johnson, A., & Barnacz, A. (2005). The right hemisphere and the dark side of consciousness. *Cortex, 41*(5), 695-704.

Keller, A. (2014). The evolutionary function of conscious information processing is revealed by its task-dependency in the olfactory system. *Frontiers in Psychology, 5*.

Kender, R. G., Harte, S. E., Munn, E. M., & Borszcz, G. S. (2008). Affective analgesia following muscarinic activation of the ventral tegmental area in rats. *Journal of Pain, 9*(7), 597-605.

est. http://blogs.scientificamerican.com/brainwaves/2012/05/16/know-your-neurons-classifying-the-many-types-of-cells-in-the-neuron-forest/.

Jackson, F. (1982). Epiphenomenal qualia. *Philosophical Quarterly, 32,* 127–136.

Jackson, R. R., & Wilcox, R. S. (1993). Observations in nature of detouring behaviour by *Portia fimbriata*, a web-invading aggressive mimic jumping spider from Queensland. *Journal of Zoology, 230*(1), 135–139.

Jackson, R. R., & Wilcox, R. S. (1998). Spider-eating spiders: Despite the small size of their brain, jumping spiders in the genus *Portia* outwit other spiders with hunting techniques that include trial and error. *American Scientist, 86,* 350–357.

Jacobs, L. F. (2012). From chemotaxis to the cognitive map: The function of olfaction. *Proceedings of the National Academy of Sciences of the United States of America, 109* (Suppl. 1), 10693–10700.

Jacobson, G. A., & Friedrich, R. W. (2013). Neural circuits: Random design of a higher-order olfactory projection. *Current Biology, 23*(10), R448–R451.

James, W. (1879). I.—Are we automata? *Mind, 13,* 1–22. James, W. (1884). What is an emotion? *Mind, 19,* 188–205.

James, W. (1890). *The principles of psychology*. New York: Holt. [邦訳、ただし抄訳：ジェームス著、松浦孝作訳『心理学の根本問題』三笠書房、1940 年]

James, W. (1904). Does consciousness exist? *Journal of Philosophy, Psychology, and Scientific Methods, 1*(18), 477–491.

Janek, P. H., & Tye, K. M. (2015). From circuits to behavior in the amygdala. *Nature, 517,* 284–292.

Janvier, P. (1996). *Early vertebrates* (Vol. 33). Oxford: Clarendon Press.

Janvier, P. (2008). Early jawless vertebrates and cyclostome origins. *Zoological Science, 25*(10), 1045–1056.

Jarvis, E. D., Yu, J., Rivas, M. V., Horita, H., Feenders, G., Whitney, O., ... Wada, K. (2013). Global view of the functional molecular organization of the avian cerebrum: Mirror images and functional columns. *Journal of Comparative Neurology, 521*(16), 3614–3665.

Jbabdi, S., Sotiropoulos, S. N., & Behrens, T. E. (2013). The topographic connectome. *Current Opinion in Neurobiology, 23*(2), 207–215.

Jerison, H. J. (2009). Evolution and brain-body allometry. In M. D. Binder, N. Hirokawa, & U. Windhorst (Eds.), *Encyclopedia of neurosciences* (pp. 1161–1165). Berlin: Springer-Verlag.

Jing, J., & Gillette, R. (2000). Escape swim network interneurons have diverse roles in behavioral switching and putative arousal in *Pleurobranchaea*. *Journal of Neurophysiology, 83*(3), 1346–1355.

Johnson, E. O., Babis, G. C., Soultanis, K. C., & Soucacos, P. N. (2007). Functional neuroanatomy of proprioception. *Journal of Surgical Orthopaedic Advances, 17*(3), 159–164.

Jones, M. R., Grillner, S., & Robertson, B. (2009). Selective projection patterns from subtypes of retinal ganglion cells to tectum and pretectum: Distribution and relation to behavior. *Journal of Comparative Neurology, 517*(3), 257–275.

Jonkisz, J. (2015). Consciousness: Individuated information in action. *Frontiers in psychology, 6.*

Jordan, M. I., & Mitchell, T. M. (2015). Machine learning: Trends, perspectives, and prospects. *Science, 349*(6245), 255–260.

underlying social behaviour in túngara frogs. *Proceedings of the Royal Society B: Biological Sciences, 274*(1610), 641–649.

Holland, L. Z. (2013). Evolution of new characters after whole genome duplications: Insights from amphioxus. *Seminars in Cell & Developmental Biology, 24*(2), 101–109.

Holland, L. Z. (2014). Genomics, evolution, and development of amphioxus and tunicates: The Goldilocks principle. *Journal of Experimental Zoology, Part B, 9999B*, 1–11.

Holland, L. Z., Carvalho, J. E., Escriva, H., Laudet, V., Schubert, M., Shimeld, S. M., & Yu, J.-K. (2013). Evolution of bilaterian central nervous systems: A single origin? *EvoDevo, 4*, 27.

Holland, N. D., Holland, L. Z., & Holland, P. W. H. (2015). Scenarios for the making of vertebrates. *Nature, 520*, 450–455.

Holland, N. D., & Yu, K.-Jr. (2002). Epidermal receptor development and sensory pathways in vitally stained amphioxus (*Branchiostoma floridae*). *Acta Zoologica, 83*(4), 309–319.

Holland, P. W. (2015). Did homeobox gene duplications contribute to the Cambrian explosion? *Zoological Letters, 1*(1).

Hopson, J. A. (2012). The role of foraging mode in the origin of therapsids: Implications for the origin of mammalian endothermy. *Fieldiana: Life and Earth Sciences, 5*, 126–148.

Hou, X. G., Ramsköld, L., & Bergström, J. (1991). Composition and preservation of the Chengjiang fauna—a Lower Cambrian soft-bodied biota. *Zoologica Scripta, 20*(4), 395–411.

Huber, R. (2005). Amines and motivated behaviors: A simpler systems approach to complex behavioral phenomena. *Journal of Comparative Physiology, A, Neuroethology, Sensory, Neural, and Behavioral Physiology, 191*(3), 231–239.

Huber, R., Panksepp, J. B., Nathaniel, T., Alcaro, A., & Panksepp, J. (2011). Drug-sensitive reward in crayfish: An invertebrate model system for the study of seeking, reward, addiction, and withdrawal. *Neuroscience and Biobehavioral Reviews, 35*(9), 1847–1853.

Huesa, G., Anadon, R., Folgueira, M., & Yanez, J. (2009). Evolution of the pallium in fishes. In M. D. Binder, N. Hirokawa, & U. Windhorst (Eds.), *Encyclopedia of neurosciences* (pp. 1400–1404). Berlin: Springer.

Humphries, M. D., Gurney, K., & Prescott, T. J. (2007). Is there a brainstem substrate for action selection? *Philosophical Transactions of the Royal Society of London, Series B, Biological Sciences, 362*(1485), 1627–1639.

Hurtado-Parrado, C. (2010). Mecanismos neuronales del aprendizaje en los peces teleósteos. *Universitas Psychologica, 9*(3), 663–678.

Huston, J. P., & Borbely, A. A. (1973). Operant conditioning in forebrain ablated rats by use of rewarding hypothalamic stimulation. *Brain Research, 50*(2), 467–472.

Huston, J. P., Silva, M. A., Topic, B., & Müller, C. P. (2013). What's conditioned in conditioned place preference? *Trends in Pharmacological Sciences, 34*(3), 162–166.

Im, S. H., & Galko, M. J. (2012). Pokes, sunburn, and hot sauce: *Drosophila* as an emerging model for the biology of nociception. *Developmental Dynamics, 241*(1), 16–26.

Ivashkin, E., & Adameyko, I. (2013). Progenitors of the protochordate ocellus as an evolutionary origin of the neural crest. *EvoDevo, 4*(1), 12.

Iwahori, N., Kawawaki, T., & Baba, J. (1998). Neuronal organization of the optic tectum in the river lamprey, *Lampetra japonica*: A Golgi study. *Journal für Hirnforschung, 39*(3), 409–424.

Jabr, F. (2012). Know your neurons: How to classify different types of neurons in the brain's for-

566–577.

Hameroff, S., & Penrose, R. (2014). Consciousness in the universe: A review of the "Orch OR" theory. *Physics of Life Reviews, 11*(1), 39–78.

Häming, D., Simoes-Costa, M., Uy, B., Valencia, J., Sauka-Spengler, T., & Bronner-Fraser, M. (2011). Expression of sympathetic nervous system genes in lamprey suggests their recruitment for specification of a new vertebrate feature. *PLoS One, 6*(10), e26543.

Hara, E., Kubikova, L., Hessler, N. A., & Jarvis, E. D. (2007). Role of the midbrain dopaminergic system in modulation of vocal brain activation by social context. *European Journal of Neuroscience, 25*(11), 3406–3416.

Hardisty, M. W. (1979). *Biology of the cyclostomes*. London: Chapman & Hall.

Harzsch, S. (2002). The phylogenetic significance of crustacean optic neuropils and chiasmata: A re-examination. *Journal of Comparative Neurology, 453*(1), 10–21.

Heesy, C. P., & Hall, M. I. (2010). The nocturnal bottleneck and the evolution of mammalian vision. *Brain, Behavior and Evolution, 75*(3), 195–203.

Heil, J., & Mele, A. (Eds.). (1993). *Mental causation*. Oxford: Clarendon Press.

Heim, N. A., Knope, M. L., Schaal, E. K., Wang, S. C., & Payne, J. L. (2015). Cope's rule in the evolution of marine animals. *Science, 347*(6224), 867–870.

Heimer, L., & Van Hoesen, G. W. (2006). The limbic lobe and its output channels: Implications for emotional functions and adaptive behavior. *Neuroscience and Biobehavioral Reviews, 30*(2), 126–147.

Herberholz, J., & Marquart, G. D. (2012). Decision making and behavioral choice during predator avoidance. *Frontiers in Neuroscience, 6*.

Herculano-Houzel, S., Munk, M. H., Neuenschwander, S., & Singer, W. (1999). Precisely synchronized oscillatory firing patterns require electroencephalographic activation. *Journal of Neuroscience, 19*(10), 3992–4010.

Hikosaka, O. (2010). The habenula: From stress evasion to value-based decision-making. *Nature Reviews: Neuroscience, 11*(7), 503–513.

Hirayama, K., Catanho, M., Brown, J. W., & Gillette, R. (2012). A core circuit module for cost/benefit decision. *Frontiers in Neuroscience, 6*.

Hirayama, K., & Gillette, R. (2012). A neuronal network switch for approach/avoidance toggled by appetitive state. *Current Biology, 22*(2), 118–123.

Hisajima, T., Kishida, R., Atobe, Y., Nakano, M., Goris, R. C., & Funakoshi, K. (2002). Distribution of myelinated and unmyelinated nerve fibers and their possible role in blood flow control in crotaline snake infrared receptor organs. *Journal of Comparative Neurology, 449*(4), 319–329.

Hochner, B. (2012). An embodied view of octopus neurobiology. *Current Biology, 22*(20), R887–R892.

Hochner, B. (2013). How nervous systems evolve in relation to their embodiment: What we can learn from octopuses and other molluscs. *Brain, Behavior and Evolution, 82*(1), 19–30.

Hochner, B., Shomrat, T., & Fiorito, G. (2006). The octopus: A model for a comparative analysis of the evolution of learning and memory mechanisms. *Biological Bulletin, 210*(3), 308–317.

Hofmann, M. H., & Northcutt, R. G. (2012). Forebrain organization in elasmobranchs. *Brain, Behavior, and Evolution, 80*(2), 142–151.

Hoke, K. L., Ryan, M. J., & Wilczynski, W. (2007). Integration of sensory and motor processing

Gross, C. G. (2002). Genealogy of the "grandmother cell." *Neuroscientist, 8*(5), 512–518.

Gross, C. G. (2008). Single neuron studies of inferior temporal cortex. *Neuropsychologia, 46*(3), 841–852.

Gross, C. G., Bender, D. B., & Rocha-Miranda, C. E. (1969). Visual receptive fields of neurons in inferotemporal cortex of the monkey. *Science, 166*(910), 1303–1306.

Gross, C. G., Rocha-Miranda, C. E., & Bender, D. B. (1972). Visual properties of neurons in inferotemporal cortex of the Macaque. *Journal of Neurophysiology, 35*(1), 96–111.

Gruberg, E., Dudkin, E., Wang, Y., Marín, G., Salas, C., Sentis, E., ... Udin, S. (2006). Influencing and interpreting visual input: The role of a visual feedback system. *Journal of Neuroscience, 26*(41), 10368–10371.

Guillory, S. A., & Bujarski, K. A. (2014). Exploring emotions using invasive methods: Review of 60 years of human intracranial electrophysiology. *Social Cognitive and Affective Neuroscience, 2014*. doi:10.1093/scan/nsu002.

Guirado, S., & Davila, J. C. (2009). Evolution of the optic tectum in amniotes. In M. D. Binder, N. Hirokawa, & U. Windhorst (Eds.), *Encyclopedia of neurosciences* (pp. 1375–1380). Berlin: Springer.

Guirado, S., Davila, J. C., Real, M. A., & Medina, L. (1999). Nucleus accumbens in the lizard *Psammodromus algirus*: Chemoarchitecture and cortical afferent connections. *Journal of Comparative Neurology, 405*(1), 15–31.

Guo, Y. C., Liao, K. K., Soong, B. W., Tsai, C. P., Niu, D. M., Lee, H. Y., & Lin, K. P. (2003). Congenital insensitivity to pain with anhidrosis in Taiwan: A morphometric and genetic study. *European Neurology, 51*(4), 206–214.

Guo, Y., Wang, L., Zhou, Z., Wang, M., Liu, R., Wang, L., ... Song, L. (2013). An opioid growth factor receptor (OGFR) for [Met 5]-enkephalin in *Chlamys farreri*. *Fish & Shellfish Immunology, 34*(5), 1228–1235.

Gurdasani, D., Carstensen, T., Tekola-Ayele, F., Pagani, L., Tachmazidou, I., Hatzikotoulas, K., ... Sandhu, M. S. (2015). The African Genome Variation Project shapes medical genetics in Africa. *Nature, 517*(7534), 327–332.

Gutfreund, Y. (2012). Stimulus-specific adaptation, habituation, and change detection in the gaze control system. *Biological Cybernetics, 106*(11–12), 657–668.

Gutnick, T., Byrne, R. A., Hochner, B., & Kuba, M. (2011). *Octopus vulgaris* uses visual information to determine the location of its arm. *Current Biology, 21*(6), 460–462.

Haladjian, H. H., & Montemayor, C. (2014). On the evolution of conscious attention. *Psychonomic Bulletin & Review, 22*(3), 595–613.

Hall, B. K. (2008). *The neural crest and neural crest cells in vertebrate development and evolution* (Vol. 11). New York: Springer Science & Business Media.

Hall, J. (2011). *Guyton and Hall textbook of medical physiology* (12th ed.). Philadelphia: Saunders. ［邦訳：アーサー・C・ガイトン、ジョン・E・ホール著、御手洗玄洋、間野忠明、小川徳雄、永坂鉄夫、伊藤嘉房、松井信夫訳『ガイトン生理学』エルゼビア・ジャパン、2010 年］

Hall, M. I., Kamilar, J. M., & Kirk, E. C. (2012). Eye shape and the nocturnal bottleneck of mammals. *Proceedings of the Royal Society B: Biological Sciences*, rspb20122258.

Hamamoto, D. T., & Simone, D. A. (2003). Characterization of cutaneous primary afferent fibers excited by acetic acid in a model of nociception in frogs. *Journal of Neurophysiology, 90*(2),

112.

Gottfried, J. (2006). Smell: Central nervous processing. *Advances in Otorhinolaryngology, 63* (R), 44-69.

Gottfried, J. A. (2010). Right orbitofrontal cortex mediates conscious olfactory perception. *Psychological Science, 21*(10), 1454-1463.

Gould, J. L., & Gould, C. G. (1986). Invertebrate intelligence. In R. J. Hoage & L. Goldman (Eds.), *Animal intelligence: Insights into the animal mind* (pp. 21-36). Washington, DC: Smithsonian.

Gould, S. J. (1977). *Ontogeny and phylogeny*. Cambridge, MA: Harvard University Press.［邦訳：スティーヴン・J・グールド著、仁木帝都、渡辺政隆訳『個体発生と系統発生―進化の観念史と発生学の最前線』工作舎、1987 年］

Gould, S. J. (1989). *Wonderful life: The Burgess Shale and the nature of history*. New York: W. W. Norton.［邦訳：スティーヴン・J・グールド著、渡辺政隆訳『ワンダフル・ライフ―バージェス頁岩と生物進化の物語』早川書房、1993 年］

Graham, B. J., & Northmore, D. P. (2007). A spiking neural network model of midbrain visuomotor mechanisms that avoids objects by estimating size and distance monocularly. *Neurocomputing, 70*(10), 1983-1987.

Graindorge, N., Alves, C., Darmaillacq, A. S., Chichery, R., Dickel, L., & Bellanger, C. (2006). Effects of dorsal and ventral vertical lobe electrolytic lesions on spatial learning and locomotor activity in *Sepia officinalis*. *Behavioral Neuroscience, 120*(5), 1151.

Grasso, F. W. (2014). The octopus with two brains: How are distributed and central representations integrated in the octopus central nervous system? In A. Darmaillacq, L. Dickel, & J. Mather (Eds.), *Cephalopod cognition* (pp. 94-122). Cambridge, MA: Cambridge University Press.

Grau, J. W., Barstow, D. G., & Joynes, R. L. (1998). Instrumental learning within the spinal cord: I. Behavioral properties. *Behavioral Neuroscience, 112*(6), 1366.

Grau, J. W., Crown, E. D., Ferguson, A. R., Washburn, S. N., Hook, M. A., & Miranda, R. C. (2006). Instrumental learning within the spinal cord: Underlying mechanisms and implications for recovery after injury. *Behavioral and Cognitive Neuroscience Reviews, 5*(4), 191-239.

Green, S. A., Simoes-Costa, M., & Bronner, M. E. (2015). Evolution of the vertebrates as viewed from the crest. *Nature, 520*, 474-482.

Green, W. W., Basilious, A., Dubuc, R., & Zielinski, B. S. (2013). The neuroanatomical organization of projection neurons associated with different olfactory bulb pathways in the sea lamprey, *Petromyzon marinus*. *PLoS One, 8*(7), e69525.

Griffin, D. R. (2001). *Animal minds: Beyond cognition to consciousness*. Chicago: Univer- sity of Chicago Press.［邦訳：ドナルド・R・グリフィン著、長野敬、宮木陽子訳『動物の心』青土社、1995 年］

Grigg, G. C., Beard, L. A., & Augee, M. L. (2004). The evolution of endothermy and its diversity in mammals and birds. *Physiological and Biochemical Zoology, 77*(6), 982-997.

Grillner, S., Hellgren, J., Menard, A., Saitoh, K., & Wikström, M. A. (2005). Mechanisms for selection of basic motor programs—roles for the striatum and pallidum. *Trends in Neurosciences, 28*(7), 364-370.

Grillner, S., Robertson, B., & Stephenson-Jones, M. (2013). The evolutionary origin of the vertebrate basal ganglia and its role in action selection. *Journal of Physiology, 591*(22), 5425-5431.

skin of the chicken leg. *Neuroscience, 106*(3), 643-652.

Gerkema, M. P., Davies, W. I., Foster, R. G., Menaker, M., & Hut, R. A. (2013). The nocturnal bottleneck and the evolution of activity patterns in mammals. *Proceedings of the Royal Society of London, Series B, Biological Sciences, 280*(1765), 1-11.

Gershman, S. J., Horvitz, E. J., & Tenenbaum, J. B. (2015). Computational rationality: A converging paradigm for intelligence in brains, minds, and machines. *Science, 349*(6245), 273-278.

Gill, P. G., Purnell, M. A., Crumpton, N., Brown, K. R., Gostling, N. J., Stampanoni, M., & Rayfield, E. J. (2014). Dietary specializations and diversity in feeding ecology of the earliest stem mammals. *Nature, 512*(7514), 303-305.

Gillette, R., Huang, R. C., Hatcher, N., & Moroz, L. L. (2000). Cost-benefit analysis potential in feeding behavior of a predatory snail by integration of hunger, taste, and pain. *Proceedings of the National Academy of Sciences of the United States of America, 97*(7), 3585-3590.

Gingras, M., Hagadorn, J. W., Seilacher, A., Lalonde, S. V., Pecoits, E., Petrash, D., & Konhauser, K. O. (2011). Possible evolution of mobile animals in association with microbial mats. *Nature Geoscience, 4*(6), 372-375.

Giordano, J. (2005). The neurobiology of nociceptive and anti-nociceptive systems. *Pain Physician, 8*(3), 277-290.

Giske, J., Eliassen, S., Fiksen, Ø., Jakobsen, P. J., Aksnes, D. L., Jørgensen, C., & Mangel, M. (2013). Effects of the emotion system on adaptive behavior. *American Naturalist, 182*(6), 689-703.

Giuliani, A., Minelli, D., Quaglia, A., & Villani, L. (2002). Telencephalo-habenulo-interpeduncular connections in the brain of the shark *Chiloscyllium arabicum*. *Brain Research, 926*(1), 186-190.

Giurfa, M. (2013). Cognition with few neurons: Higher-order learning in insects. *Trends in Neurosciences, 36*(5), 285-294.

Giurfa, M., Zhang, S., Jenett, A., Menzel, R., & Srinivasan, M. V. (2001). The concepts of "sameness" and "difference" in an insect. *Nature, 410*(6831), 930-933.

Globus, G. G. (1973). Unexpected symmetries in the "world knot." *Science, 180*, 1129-1136.

Glover, J. C., & Fritzsch, B. (2009). Brains of primitive chordates. In M. D. Binder, N. Hirokawa, & U. Windhorst (Eds.), *Encyclopedia of neurosciences* (pp. 439-448). Berlin: Springer-Verlag.

Goddard, C. A., Sridharan, D., Huguenard, J. R., & Knudsen, E. I. (2012). Gamma oscillations are generated locally in an attention-related midbrain network. *Neuron, 73*(3), 567-580.

Godefroit, P., Cau, A., Dong-Yu, H., Escuillié, F., Wenhao, W., & Dyke, G. (2013). A Jurassic avialan dinosaur from China resolves the early phylogenetic history of birds. *Nature, 498*(7454), 359-362.

Godfrey-Smith, P. (2013). Cephalopods and the evolution of the mind. *Pacific Conservation Biology, 19*, 4-9.

Gonzalez, A., & Moreno, N. (2009). Evolution of the amygdala, tetrapods. In M. D. Binder, N. Hirokawa, & U. Windhorst (Eds.), *Encyclopedia of neurosciences* (pp. 1282-1286). Berlin: Springer-Verlag.

Goodson, J. L., & Bass, A. H. (2000). Forebrain peptides modulate sexually polymorphic vocal circuitry. *Nature, 403*(6771), 769-772.

Goodson, J. L., & Kingsbury, M. A. (2013). What's in a name? Considerations of homologies and nomenclature for vertebrate social behavior networks. *Hormones and Behavior, 64*(1), 103-

bution of gonadotropin-releasing hormone-immunoreactive neurons in the stingray brain: Functional and evolutionary considerations. *General and Comparative Endocrinology, 118*(2), 226–248.

Forster, G. L., Watt, M. J., Korzan, W. J., Renner, K. J., & Summers, C. H. (2005). Opponent recognition in male green anoles, *Anolis carolinensis. Animal Behaviour, 69*(3), 733–740.

Fotopoulou, A. (2013). Beyond the reward principle: Consciousness as precision seeking. *Neuro-psychoanalysis, 15*(1), 33–38.

Fournier, J., Müller, C. M., & Laurent, G. (2015). Looking for the roots of cortical sensory computation in three-layered cortices. *Current Opinion in Neurobiology, 31*, 119–126.

Freamat, M., & Sower, S. A. (2013). Integrative neuro-endocrine pathways in the control of reproduction in lamprey: A brief review. *Frontiers in Endocrinology, 4*.

Fried, I., MacDonald, K. A., & Wilson, C. L. (1997). Single neuron activity in human hippocampus and amygdala during recognition of faces and objects. *Neuron, 18*(5), 753–765.

Freidin, E., Cuello, M. I., & Kacelnik, A. (2009). Successive negative contrast in a bird: Starlings' behaviour after unpredictable negative changes in food quality. *Animal Behaviour, 77*(4), 857–865.

Friston, K. (2013). Consciousness and hierarchical inference. *Neuro-psychoanalysis, 15*(1), 38–42.

Fuller, P., Sherman, D., Pedersen, N. P., Saper, C. B., & Lu, J. (2011). Reassessment of the structural basis of the ascending arousal system. *Journal of Comparative Neurology, 519*(5), 933–956.

Fuss, T., Bleckmann, H., & Schluessel, V. (2014). Place learning prior to and after telencephalon ablation in bamboo and coral cat sharks (*Chiloscyllium griseum* and *Atelomycterus marmoratus*). *Journal of Comparative Physiology, A, Neuroethology, Sensory, Neural, and Behavioral Physiology, 200*(1), 37–52.

Gabor, C. R., & Jaeger, R. G. (1995). Resource quality affects the agonistic behaviour of territorial salamanders. *Animal Behaviour, 49*(1), 71–79.

Gallese, V. (2013). Bodily self, affect, consciousness, and the cortex. *Neuro-psychoanalysis, 15*(1), 42–45.

Gans, C., & Northcutt, R. G. (1983). Neural crest and the origin of vertebrates: A new head. *Science, 220*(4594), 268–273.

Ganz, J., Kaslin, J., Freudenreich, D., Machate, A., Geffarth, M., & Brand, M. (2012). Subdivisions of the adult zebrafish subpallium by molecular marker analysis. *Journal of Comparative Neurology, 520*(3), 633–655.

García-Bellido, D. C., Lee, M. S., Edgecombe, G. D., Jago, J. B., Gehling, J. G., & Paterson, J. R. (2014). A new vetulicolian from Australia and its bearing on the chordate affinities of an enigmatic Cambrian group. *BMC Evolutionary Biology, 14*(1), 214.

Garstang, W. (1928). The morphology of the tunicata. *Quarterly Journal of Microscopical Science, 72*, 51–187.

Gazzaniga, M. S. (1997). Brain and conscious experience. *Advances in Neurology, 77*, 181–192.

Gelman, S., Ayali, A., Tytell, E. D., & Cohen, A. H. (2007). Larval lampreys possess a functional lateral line system. *Journal of Comparative Physiology, A, Neuroethology, Sensory, Neural, and Behavioral Physiology, 193*(2), 271–277.

Gentle, M. J., Tilston, V., & McKeegan, D. E. F. (2001). Mechanothermal nociceptors in the scaly lates of mushroom body elaboration in insects. *Brain, Behavior, and Evolution, 82*(1), 9-18.

Fauria, K., Colborn, M., & Collett, T. S. (2000). The binding of visual patterns in bumblebees. *Current Biology, 10*(15), 935-938.

Feigl, H. (1967). *The "mental" and the "physical."* Minneapolis: University of Minnesota Press. [邦訳：ハーバート・ファイグル著、伊藤笏康、荻野弘之訳『こころともの』勁草書房、1989 年]

Feinberg, E. H., & Meister, M. (2015). Orientation columns in the mouse superior colliculus. *Nature*. doi:.10.1038/ nature14103

Feinberg, T. E. (1997). The irreducible perspectives of consciousness. *Seminars in Neurology, 17* (2): 85-93.

Feinberg, T. E. (2000). The nested hierarchy of consciousness: A neurobiological solution to the problem of mental unity. *Neurocase, 6*(2), 75-81.

Feinberg, T. E. (2001). *Altered egos: How the brain creates the self.* Oxford: Oxford University Press. [邦訳：トッド・E・ファインバーグ著、吉田利子訳『自我が揺らぐとき—脳はいかにして自己を創りだすのか』岩波書店、2002 年]

Feinberg, T. E. (2009). *From axons to identity: Neurological explorations of the nature of the self.* New York: W. W. Norton.

Feinberg, T. E. (2011). The nested neural hierarchy and the self. *Consciousness and Cognition, 20,* 4-17.

Feinberg, T. E. (2012). Neuroontology, neurobiological naturalism, and consciousness: A challenge to scientific reduction and a solution. *Physics of Life Reviews, 9*(1), 13-34.

Feinberg, T. E., & Mallatt, J. (2013). The evolutionary and genetic origins of consciousness in the Cambrian Period over 500 million years ago. *Frontiers in Psychology, 4.*

Feinberg, T. E., & Mallatt, J. (2016a). Neurobiological naturalism. In R. R. Poznanski, J. Tuszynski, & T. E. Feinberg (Eds.), *Biophysics of consciousness: A foundational approach.* London: World Scientific.

Feinberg, T. E., & Mallatt, J. (2016b). The evolutionary origins of consciousness. In R. R. Poznanski, J. Tuszynski, & T. E. Feinberg (Eds.), *Biophysics of consciousness: A foundational approach.* London: World Scientific.

Feinstein, J. S. (2013). Lesion studies of human emotion and feeling. *Current Opinion in Neurobiology, 23*(3), 304-309.

Feldman, J. (2013). The neural binding problem(s). *Cognitive Neurodynamics, 7*(1), 1-11.

Ferreiro-Galve, S., Carrera, I., Candal, E., Villar-Cheda, B., Anadón, R., Mazan, S., & Rodríguez-Moldes, I. (2008). The segmental organization of the developing shark brain based on neurochemical markers, with special attention to the prosencephalon. *Brain Research Bulletin, 75* (2), 236-240.

Flanagan, O. (1992). *Consciousness reconsidered.* Cambridge, MA: MIT Press.

Fiorito, G., & Scotto, P. (1992). Observational learning in *Octopus vulgaris. Science, 256*(5056), 545-547.

Flood, N. C., Overmier, J. B., & Savage, G. E. (1976). Teleost telencephalon and learning: An interpretive review of data and hypotheses. *Physiology & Behavior, 16*(6), 783-798.

Forlano, P. M., & Bass, A. H. (2011). Neural and hormonal mechanisms of reproductive-related arousal in fishes. *Hormones and Behavior, 59*(5), 616-629.

Forlano, P. M., Maruska, K. P., Sower, S. A., King, J. A., & Tricas, T. C. (2000). Differential distri-

Edelman, G. M. (1998). Building a picture of the brain. *Daedalus, 127,* 37-69.

Edelman, G. M., Gally, J. A., & Baars, B. J. (2011). Biology of consciousness. *Frontiers in Psychology, 2.*

Edelman, D. B., Baars, B. J., & Seth, A. K. (2005). Identifying hallmarks of consciousness in non-mammalian species. *Consciousness and Cognition, 14*(1), 169-187.

Edelman, D. B., & Seth, A. K. (2009). Animal consciousness: A synthetic approach. *Trends in Neurosciences, 32*(9), 476-484.

Edgecombe, G. D. (2010). Arthropod phylogeny: An overview from the perspectives of morphology, molecular data and the fossil record. *Arthropod Structure & Development, 39*(2), 74-87.

Edwards, C. (2014). What's it like? The science of scientific analogies. *Skeptic, 19*(3), 59-63.

Eisthen, H. L. (1997). Evolution of vertebrate olfactory systems. *Brain, Behavior and Evolution, 50*(4), 222-233.

Ellis, G. F. (2006). On the nature of emergent reality. In P. Clayton & P. Davies (Eds.), *The re-emergence of emergence* (pp. 79-107). Oxford: Oxford University Press.

Elwood, R. W. (2011). Pain and suffering in invertebrates? *ILAR Journal, 52*(2), 175-184.

Elwood, R. W., & Appel, M. (2009). Pain experience in hermit crabs? *Animal Behaviour, 77*(5), 1243-1246.

Endepols, H., Roden, K., & Walkowiak, W. (2005). Hodological characterization of the septum in anuran amphibians: II. Efferent connections. *Journal of Comparative Neurology, 483*(4), 437-457.

Engel, A. K., Fries, P., König, P., Brecht, M., & Singer, W. (1999). Temporal binding, binocular rivalry, and consciousness. *Consciousness and Cognition, 8*(2), 128-151.

Engel, A. K., Fries, P., & Singer, W. (2001). Dynamic predictions: Oscillations and synchrony in top-down processing. *Nature Reviews: Neuroscience, 2*(10), 704-716.

Engel, A. K., & Singer, W. (2001). Temporal binding and the neural correlates of sensory awareness. *Trends in Cognitive Sciences, 5*(1), 16-25.

Ericsson, J., Stephenson-Jones, M., Kardamakis, A., Robertson, B., Silberberg, G., & Grillner, S. (2013). Evolutionarily conserved differences in pallial and thalamic short-term synaptic plasticity in striatum. *Journal of Physiology, 591*(4), 859-874.

Eriksson, A., Betti, L., Friend, A. D., Lycett, S. J., Singarayer, J. S., von Cramon-Taubadel, N., ... Manica, A. (2012). Late Pleistocene climate change and the global expansion of anatomically modern humans. *Proceedings of the National Academy of Sciences of the United States of America, 109*(40), 16089-16094.

Erwin, D. H., & Valentine, J. W. (2013). *The Cambrian explosion.* Greenwood Village, CO: Roberts.

Fabbro, F., Aglioti, S. M., Bergamasco, M., Clarici, A., & Panksepp, J. (2015). Evolutionary aspects of self-and world consciousness in vertebrates. *Frontiers in Human Neuroscience, 9.*

Farb, N. A., Segal, Z. V., & Anderson, A. K. (2013). Attentional modulation of primary interoceptive and exteroceptive cortices. *Cerebral Cortex, 23*(1), 114-126.

Farrell, W. J., & Wilczynski, W. (2006). Aggressive experience alters place preference in green anole lizards, *Anolis carolinensis. Animal Behaviour, 71*(5), 1155-1164.

Farris, S. M. (2005). Evolution of insect mushroom bodies: Old clues, new insights. *Arthropod Structure & Development, 34*(3), 211-234.

Farris, S. M. (2012). Evolution of complex higher brain centers and behaviors: Behavioral corre-

佳子訳『情念論』岩波書店、2008 年ほか]
Desfilis, E., Font, E., & García-Verdugo, J. M. (1998). Trigeminal projections to the dorsal thalamus in a lacertid lizard, *Podarcis hispanica*. *Brain, Behavior, and Evolution, 52*(2), 99-110.
Dicke, U., & Roth, G. (2009). Evolution of the visual system in amphibians. In M. D. Binder, N. Hirokawa, & U. Windhorst (Eds.), *Encyclopedia of neurosciences* (pp. 1455-1459). Berlin: Springer.
Dickinson, P. S. (2006). Neuromodulation of central pattern generators in invertebrates and vertebrates. *Current Opinion in Neurobiology, 16*(6), 604-614.
Di Perri, C., Stender, J., Laureys, S., & Gosseries, O. (2014). Functional neuroanatomy of disorders of consciousness. *Epilepsy & Behavior, 30*, 28-32.
Dobzhansky, T. (1973). Nothing in biology makes sense except in the light of evolution. *American Biology Teacher, 35*, 125-129.
Domínguez, L., Morona, R., Joven, A., González, A., & López, J. M. (2010). Immunohistochemical localization of orexins (hypocretins) in the brain of reptiles and its relation to monoaminergic systems. *Journal of Chemical Neuroanatomy, 39*(1), 20-34.
Dreborg, S., Sundström, G., Larsson, T. A., & Larhammar, D. (2008). Evolution of vertebrate opioid receptors. *Proceedings of the National Academy of Sciences of the United States of America, 105*(40), 15487-15492.
Dudkin, E., & Gruberg, F. (2009). Evolution of nucleus isthmi. In M. D. Binder, N. Hirokawa, & U. Windhorst (Eds.), *Encyclopedia of neurosciences* (pp. 1258-1262). Berlin: Springer-Verlag.
Dugas-Ford, J., Rowell, J. J., & Ragsdale, C. W. (2012). Cell-type homologies and the origins of the neocortex. *Proceedings of the National Academy of Sciences of the United States of America, 109*(42), 16974-16979.
Duncan, S., & Barrett, L. F. (2007). Affect is a form of cognition: A neurobiological analysis. *Cognition and Emotion, 21*(6), 1184-1211.
Dunlop, R., & Laming, P. (2005). Mechano-receptive and nociceptive responses in the central nervous system of goldfish (*Carassius auratus*) and trout (*Oncorhynchus mykiss*). *Journal of Pain, 6*(9), 561-568.
Dunlop, R., Millsopp, S., & Laming, P. (2006). Avoidance learning in goldfish (*Carassius auratus*) and trout (*Oncorhynchus mykiss*) and implications for pain perception. *Applied Animal Behaviour Science, 97*(2), 255-271.
Dutta, A., & Gutfreund, Y. (2014). Saliency mapping in the optic tectum and its relationship to habituation. *Frontiers in Integrative Neuroscience, 8*.
Earp, S. E., & Maney, D. L. (2012). Birdsong: Is it music to their ears? *Frontiers in Evolutionary Neuroscience, 4*.
Eberhard, W. G., & Wcislo, W. T. (2011). Grade changes in brain-body allometry: Morphological and behavioural correlates of brain size in miniature spiders, insects, and other invertebrates. *Advances in Insect Physiology, 40*, 155.
Edelman, G. M. (1989). *The remembered present: A biological theory of consciousness*. New York: Basic Books.
Edelman, G. M. (1992). *Bright air, brilliant fire: On the matter of the mind*. New York: Basic Books. [邦訳：エーデルマン著、金子隆芳訳『脳から心へ—心の進化の生物学』新曜社、1995 年]

イヴィドソン著、服部裕幸、柴田正良訳『行為と出来事』勁草書房、1990年]

Davis, R. B., Baldauf, S. L., & Mayhew, P. J. (2010). Many hexapod groups originated earlier and withstood extinction events better than previously realized: Inferences from supertrees. *Proceedings of the Royal Society of London, Series B, Biological Sciences, 277*(1687), 1597-1606.

Deacon, T. W. (2011). *Incomplete nature: How mind emerged from matter.* New York: W. W. Norton.

De Arriba, M. D. C., & Pombal, A. M. (2007). Afferent connections of the optic tectum in lampreys: An experimental study. *Brain, Behavior and Evolution, 69*, 37-68.

De Brigard, F., & Prinz, J. (2010). Attention and consciousness. *Wiley Interdisciplinary Reviews: Cognitive Science, 1*(1), 51-59.

Dehaene, S., & Changeux, J. P. (2005). Ongoing spontaneous activity controls access to consciousness: A neuronal model for inattentional blindness. *PLoS Biology, 3*(5), e141.

Dehaene, S., & Changeux, J. P. (2011). Experimental and theoretical approaches to conscious processing. *Neuron, 70*(2), 200-227.

Dehaene, S., Changeux, J. P., Naccache, L., Sackur, J., & Sergent, C. (2006). Conscious, preconscious, and subliminal processing: A testable taxonomy. *Trends in Cognitive Sciences, 10*(5), 204-211.

Dehaene, S., Charles, L., King, J. R., & Marti, S. (2014). Toward a computational theory of conscious processing. *Current Opinion in Neurobiology, 25*, 76-84.

Dehaene, S., & Naccache, L. (2001). Toward a cognitive science of consciousness: Basic evidence and a workspace framework. *Cognition, 79*, 1-37.

Dehal, P., & Boore, J. L. (2005). Two rounds of whole genome duplication in the ancestral vertebrate. *PLoS Biology, 3*(10), e314.

Del Bene, F., Wyart, C., Robles, E., Tran, A., Looger, L., Scott, E. K., ... Baier, H. (2010). Filtering of visual information in the tectum by an identified neural circuit. *Science, 330*(6004), 669-673.

Delius, J. D., & Pellander, K. (1982). Hunger dependence of electrical brain self-stimulation in the pigeon. *Physiology & Behavior, 28*(1), 63-66.

Delsuc, F., Brinkmann, H., Chourrout, D., & Philippe, H. (2006). Tunicates and not cephalochordates are the closest living relatives of vertebrates. *Nature, 439*, 965-968.

Delsuc, F., Tsagogeorga, G., Lartillot, N., & Philippe, H. (2008). Additional molecular support for the new chordate phylogeny. *Genesis, 46*, 592-604.

Demski, L. S. (2013). The pallium and mind/behavior relationships in teleost fishes. *Brain, Behavior and Evolution, 82*(1), 31-44.

Dennett, D. C. (1988). Quining qualia. In A. J. Marcel & E. Bisiac (Eds.), *Consciousness in contemporary science* (pp. 42-77). Oxford: Clarendon Press.

Dennett, D. C. (1991). *Consciousness explained.* Boston: Little, Brown. [邦訳：ダニエル・C・デネット著、山口泰司訳『解明される意識』青土社、1998年]

Dennett, D. C. (1995). Animal consciousness: What matters and why. *Social Research, 62*, 691-710.

Denton, D. (2006). *The primordial emotions: The dawning of consciousness.* London: Oxford.

Denton, D. A., McKinley, M. J., Farrell, M., & Egan, G. F. (2009). The role of primordial emotions in the evolutionary origin of consciousness. *Consciousness and Cognition, 18*(2), 500-514.

Descartes, R. (1649). *Les passions de l'ame.* Paris: Gallimard. [邦訳：ルネ・デカルト著、谷川多

in *Octopus cyanus* Grayi. *Journal of the Experimental Analysis of Behavior, 17*(3), 359-362.

Crick, F. (1995). *Astonishing hypothesis: The scientific search for the soul.* New York: Simon & Schuster. ［邦訳：フランシス・クリック著、中原英臣訳『DNA に魂はあるか―驚異の仮説』講談社、1995 年］

Crick, F., & Koch, C. (2003). A framework for consciousness. *Nature Neuroscience, 6,* 119-126.

Critchley, H. D., & Harrison, N. A. (2013). Visceral influences on brain and behavior. *Neuron, 77*(4), 624-638.

Crook, R. J., Hanlon, R. T., & Walters, E. T. (2013). Squid have nociceptors that display widespread long-term sensitization and spontaneous activity after bodily injury. *Journal of Neuroscience, 33*(24), 10021-10026.

Crook, R. J., & Walters, E. T. (2014). Neuroethology: Self-recognition helps octopuses avoid entanglement. *Current Biology, 24*(11), R520-R521.

Cunningham, S. J., Corfield, J. R., Iwaniuk, A. N., Castro, I., Alley, M. R., Birkhead, T. R., & Parsons, S. (2013). The anatomy of the bill tip of kiwi and associated somatosensory regions of the brain: Comparisons with shorebirds. *PLoS One, 8*(11), e80036.

Dalgleish, T., Dunn, B. D., & Mobbs, D. (2009). Affective neuroscience: Past, present, and future. *Emotion Review, 1*(4), 355-368.

Damasio, A. R. (2000). *The feeling of what happens: Body and emotion in the making of consciousness.* New York: Random House. ［邦訳：アントニオ・R・ダマシオ著、田中三彦訳『無意識の脳 自己意識の脳―身体と情動と感情の神秘』講談社、2003 年］

Damasio, A. (2010). *Self comes to mind: Constructing the conscious brain.* New York: Vintage. ［邦訳：アントニオ・R・ダマシオ著、山形浩生訳『自己が心にやってくる―意識ある脳の構築』早川書房、2013 年］

Damasio, A., & Carvalho, G. B. (2013). The nature of feelings: Evolutionary and neurobiological origins. *Nature Reviews: Neuroscience, 14*(2), 143-152.

Damasio, A., Damasio, H., & Tranel, D. (2012). Persistence of feelings and sentience after bilateral damage of the insula. *Cerebral Cortex, 23,* 833-846.

Damasio, A., Everitt, B. J., & Bishop, D. (1996). The somatic marker hypothesis and the possible functions of the prefrontal cortex [and discussion]. *Philosophical Transactions of the Royal Society of London, Series B, Biological Sciences, 351*(1346), 1413-1420.

Danbury, T. C., Weeks, C. A., Chambers, J. P., Waterman-Pearson, A. E., & Kestin, S. C. (2000). Self-selection of the analgesic drug carprofen by lame broiler chickens. *Veterinary Record, 146*(11), 307-311.

Daneri, M. F., Casanave, E., & Muzio, R. N. (2011). Control of spatial orientation in terrestrial toads (*Rhinella arenarum*). *Journal of Comparative Psychology, 125*(3), 296.

Dardis, A. (2008). *Mental causation: The mind-body problem.* New York: Columbia University Press.

Darwin, C. (1859). *On the origins of species by means of natural selection.* London: Murray. ［邦訳：チャールズ・ダーウィン著、八杉龍一訳『種の起原（上・下）』岩波書店、1990 年ほか］

DaSilva, A. F., Becerra, L., Makris, N., Strassman, A. M., Gonzalez, R. G., Geatrakis, N., & Borsook, D. (2002). Somatotopic activation in the human trigeminal pain pathway. *Journal of Neuroscience, 22*(18), 8183-8192.

Davidson, D. (1980). *Essays on actions and events.* Oxford: Clarendon Press. ［邦訳：ドナルド・デ

Cloninger, C. R., & Gilligan, S. B. (1987). Neurogenetic mechanisms of learning: A phylogenetic perspective. *Journal of Psychiatric Research, 21*(4), 457–472.

Cohen, J. D., & Castro-Alamancos, M. A. (2010). Neural correlates of active avoidance behavior in superior colliculus. *Journal of Neuroscience, 30*(25), 8502–8511.

Cohen, M. A., Cavanagh, P., Chun, M. M., & Nakayama, K. (2012). The attentional requirements of consciousness. *Trends in Cognitive Sciences, 16*(8), 411–417.

Collin, S. P. (2009). Evolution of the visual system in fishes. In M. D. Binder, N. Hirokawa, & U. Windhorst (Eds.), *Encyclopedia of neurosciences* (pp. 1459–1466). Berlin: Springer.

Colpaert, F. C., De Witte, P., Maroli, A. N., Awouters, F., Niemegeers, C. J., & Janssen, P. A. (1980). Self-administration of the analgesic suprofen in arthritic rats: Evidence of *Mycobaterium butyricum*-induced arthritis as an experimental model of chronic pain. *Life Sciences, 27*(11), 921–928.

Committee on Recognition and Alleviation of Pain in Laboratory Animals, National Research Council. (2009). *Recognition and Alleviation of Pain in Laboratory Animals.* Institute for Laboratory Animal Research, Division of Earth and Life Sciences, Washington, DC: National Academies Press. http://www.nap.edu.catalog/12526.html.

Cong, P., Ma, X., Hou, X., Edgecombe, G. D., & Strausfeld, N. J. (2014). Brain structure resolves the segmental affinity of anomalocaridid appendages. *Nature, 513*, 538–542.

Conway Morris, S. (1998). *The crucible of creation: The Burgess Shale and the rise of animals.* Oxford: Oxford University Press.

Conway Morris, S. (2006). Darwin's dilemma: The realities of the Cambrian "explosion." *Philosophical Transactions of the Royal Society of London, Series B, Biological Sciences, 361*(1470), 1069–1083.

Conway Morris, S., & Caron, J. B. (2012). *Pikaia gracilens* Walcott, a stem-group chordate from the Middle Cambrian of British Columbia. *Biological Reviews of the Cambridge Philosophical Society, 87*(2), 480–512.

Conway Morris, S., & Caron, J. B. (2014). A primitive fish from the Cambrian of North America. *Nature, 512*(7515), 419–422.

Courtiol, E., & Wilson, D. A. (2014). Thalamic olfaction: Characterizing odor processing in the mediodorsal thalamus of the rat. *Journal of Neurophysiology, 111*(6), 1274–1285.

Cowey, A. (2010). The blindsight saga. *Experimental Brain Research, 200*(1), 3–24.

Craig, A. D. (2003a). A new view of pain as a homeostatic emotion. *Trends in Neurosciences, 26*(6), 303–307.

Craig, A. D. (2003b). Pain mechanisms: Labeled lines versus convergence in central processing. *Annual Review of Neuroscience, 26*(1), 1–30.

Craig, A. D. (2003c). Interoception: The sense of the physiological condition of the body. *Current Opinion in Neurobiology, 13*(4), 500–505.

Craig, A. D. (2008). Interoception and emotion: A neuroanatomical perspective. *Handbook of Emotions, 3*, 272–288.

Craig, A. D. (2010). The sentient self. *Brain Structure & Function, 214*, 563–577.

Cramer, K. S., & Gabriele, M. L. (2014). Axon guidance in the auditory system: Multiple functions of Eph receptors. *Neuroscience, 277*, 152–162.

Crancher, P., King, M. G., Bennett, A., & Montgomery, R. B. (1972). Conditioning of a free operant

262.

Chalmers, D. J. (1995). Facing up to the problem of consciousness. *Journal of Consciousness Studies, 2*, 200–219.

Chalmers, D. J. (1996). *The conscious mind: In search of a fundamental theory*. New York: Oxford University Press. [邦訳：デイヴィッド・J・チャーマーズ著、林一訳『意識する心—脳と精神の根本理論を求めて』白揚社、2001 年]

Chalmers, D. J. (2006). Strong and weak emergence. In P. Clayton & P. Davies (Eds.), *The re-emergence of emergence* (pp. 244–256). New York: Oxford University Press.

Chalmers, D. (2010). *The character of consciousness*. New York: Oxford University Press. [邦訳：デイヴィッド・J・チャーマーズ著、太田紘史、源河亨、佐金武、佐藤亮司、前田高弘、山口尚訳『意識の諸相（上・下）』春秋社、2016 年]

Chakraborty, M., & Burmeister, S. S. (2010). Sexually dimorphic androgen and estrogen receptor mRNA expression in the brain of túngara frogs. *Hormones and Behavior, 58*(4), 619–627.

Chandroo, K. P., Duncan, I. J., & Moccia, R. D. (2004). Can fish suffer? Perspectives on sentience, pain, fear, and stress. *Applied Animal Behaviour Science, 86*(3), 225–250.

Chen, J. Y. (2012). Evolutionary scenario of the early history of the animal kingdom: Evidence from Precambrian (Ediacaran) Weng'an and Early Cambrian Maotianshan biotas, China. In J. Talent (Ed.), *Earth and life* (pp. 239–379). Dordrecht: Springer Netherlands.

Chen, J. Y., Dzik, J., Edgecombe, G. D., Ramsköld, L., & Zhou, G. Q. (1995). A possible Early Cambrian chordate. *Nature, 377*(6551), 720–722.

Chen, J. Y., Huang, D. Y., & Li, C. W. (1999). An early Cambrian craniate-like chordate. *Nature, 402*(6761), 518–522.

Chica, A. B., Lasaponara, S., Lupiáñez, J., Doricchi, F., & Bartolomeo, P. (2010). Exogenous attention can capture perceptual consciousness: ERP and behavioural evidence. *NeuroImage, 51*(3), 1205–1212.

Chittka, L., & Niven, J. (2009). Are bigger brains better? *Current Biology, 19*(21), R995-R1008.

Chittka, L., & Skorupski, P. (2011). Information processing in miniature brains. *Proceedings of the Royal Society of London, Series B, Biological Sciences, 278*(1707), 885–888.

Churchland, P. M. (1985). Reduction, qualia, and the direct introspection of brain states. *Journal of Philosophy, 82*(1), 8–28.

Churchland, P. M., & Churchland, P. S. (1981). Functionalism, qualia, and intentionality. *Philosophical Topics, 12*(1), 121–145.

Ciaramelli, E., Rosenbaum, R. S., Solcz, S., Levine, B., & Moscovitch, M. (2010). Mental space travel: Damage to posterior parietal cortex prevents egocentric navigation and reexperiencing of remote spatial memories. *Journal of Experimental Psychology: Learning, Memory, and Cognition, 36*(3), 619.

Cinelli, E., Robertson, B., Mutolo, D., Grillner, S., Pantaleo, T., & Bongianni, F. (2013). Neuronal mechanisms of respiratory pattern generation are evolutionary conserved. *Journal of Neuroscience, 33*(21), 9104–9112.

Clarke, A., & Pörtner, H. O. (2010). Temperature, metabolic power, and the evolution of endothermy. *Biological Reviews of the Cambridge Philosophical Society, 85*(4), 703–727.

Cleeremans, A. (Ed.). (2003). *The unity of consciousness: Binding, integration, and dissociation*. New York: Oxford University Press.

J. Ayala & T. Dobzhansky (Eds.), *Studies in the philosophy of biology* (pp. 179–186). Berkeley: University of California Press.

Campbell, H. J. (1968). Peripheral self-stimulation as a reward. *Nature, 218*, 104.

Campbell, H. J. (1972). Peripheral self-stimulation as a reward in fish, reptile and mammal. *Physiology & Behavior, 8*(4), 637–640.

Candiani, S., Castagnola, P., Oliveri, D., & Pestarino, M. (2002). Cloning and developmental expression of AmphiBrn1/2/4, a POU III gene in amphioxus. *Mechanisms of Development, 116*(1), 231–234.

Candiani, S., Oliveri, D., Parodi, M., Castagnola, P., & Pestarino, M. (2005). AmphiD1/β, a dopamine D1/β-adrenergic receptor from the amphioxus *Branchiostoma floridae*: Evolutionary aspects of the catecholaminergic system during development. *Development Genes and Evolution, 215*(12), 631–638.

Candiani, S., Moronti, L., Ramoino, P., Schubert, M., & Pestarino, M. (2012). A neurochemical map of the developing amphioxus nervous system. *BMC Neuroscience, 13*(1), 59.

Cannon, W. B. (1927). The James-Lange theory of emotions: A critical examination and an alternative theory. *American Journal of Psychology, 39*, 106–124.

Canteras, N. S., Ribeiro-Barbosa, E. R., Goto, M., Cipolla-Neto, J., & Swanson, L. W. (2011). The retinohypothalamic tract: Comparison of axonal projection patterns from four major targets. *Brain Research Reviews, 65*(2), 150–183.

Cardin, J. A., Carlén, M., Meletis, K., Knoblich, U., Zhang, F., Deisseroth, K., ... Moore, C. I. (2009). Driving fast-spiking cells induces gamma rhythm and controls sensory responses. *Nature, 459*(7247), 663–667.

Carr, F. B., & Zachariou, V. (2014). Nociception and pain: Lessons from optogenetics. *Frontiers in Behavioral Neuroscience, 8*.

Carrera, I., Anadón, R., & Rodríguez-Moldes, I. (2012). Development of tyrosine hydroxylase-immunoreactive cell populations and fiber pathways in the brain of the dogfish *Scyliorhinus canicula*: New perspectives on the evolution of the vertebrate catecholaminergic system. *Journal of Comparative Neurology, 520*(16), 3574–3603.

Carruthers, P. (2003). *Phenomenal consciousness: A naturalistic theory*. New York: Cambridge University Press.

Cartron, L., Darmaillacq, A. S., & Dickel, L. (2013). The "prawn-in-the-tube" procedure: What do cuttlefish learn and memorize? *Behavioural Brain Research, 240*, 29–32.

Casimir, M. J. (2009). On the origin and evolution of affective capacities in lower vertebrates. In B. Rottger-Rossler & H. J. Markowitsch (Eds.), *Emotions as bio-cultural processes* (pp. 55–93). New York: Springer.

Castro, L. F. C., Rasmussen, S. L. K., Holland, P. W. H., Holland, N. D., & Holland, L. Z. (2006). A Gbx homeobox gene in amphioxus: Insights into ancestry of the ANTP class and evolution of the midbrain/hindbrain boundary. *Developmental Biology, 295*, 40–51.

Catania, K. C., & Kaas, J. H. (1996). The unusual nose and brain of the star-nosed mole. *Bioscience, 46*(8), 578–586.

Caudill, M. S., Eggebrecht, A. T., Gruberg, E. R., & Wessel, R. (2010). Electrophysiological properties of isthmic neurons in frogs revealed by in vitro and in vivo studies. *Journal of Comparative Physiology. A, Neuroethology, Sensory, Neural, and Behavioral Physiology, 196*(4), 249–

(Eds.), *Microscopic anatomy of invertebrates, Hemichordata, Chaetognatha, and the invertebrate chordates* (Vol. 15, pp. 221–347). New York: Wiley-Liss.

Buss, L. W. (1987). *The evolution of individuality.* Princeton, NJ: Princeton University Press.

Butler, A. B. (2000). Chordate evolution and the origin of craniates: An old brain in a new head. *Anatomical Record, 261*(3), 111–125.

Butler, A. B. (2006). The serial transformation hypothesis of vertebrate origins: Comment on "The new head hypothesis revisited." *Journal of Experimental Zoology, Part B, Molecular and Developmental Evolution, 306*(5), 419–424.

Butler, A. B. (2008a). Evolution of brains, cognition, and consciousness. *Brain Research Bulletin, 75*(2), 442–449.

Butler, A. B. (2008b). Evolution of the thalamus: A morphological and functional review. *Thalamus & Related Systems, 4*(1), 35–58.

Butler, A. B. (2009a). Evolution of the diencephalon. In M. D. Binder, N. Hirokawa, & U. Windhorst (Eds.), *Encyclopedia of neurosciences* (pp. 1342–1346). Berlin: Springer-Verlag.

Butler, A. B. (2009b). Evolution of the somatosensory system in nonmammalian vertebrates. In M. D. Binder, N. Hirokawa, & U. Windhorst (Eds.), *Encyclopedia of neurosciences* (pp. 1419–1421). Berlin: Springer-Verlag.

Butler, A. B., & Cotterill, R. M. (2006). Mammalian and avian neuroanatomy and the question of consciousness in birds. *Biological Bulletin, 211*(2), 106–127.

Butler, A. B., & Hodos, W. (2005). *Comparative vertebrate neuroanatomy* (2nd ed.). Hoboken, NJ: Wiley-Interscience.

Butler, A. B., Manger, P. R., Lindahl, B. I. B., & Århem, P. (2005). Evolution of the neural basis of consciousness: A bird-mammal comparison. *BioEssays, 27*(9), 923–936.

Butler, A. B., Reiner, A., & Karten, H. J. (2011). Evolution of the amniote pallium and the origins of mammalian neocortex. *Annals of the New York Academy of Sciences, 1225*(1), 14–27.

Cabanac, M. (1995). Palatability vs. money: Experimental study of a conflict of motivations. *Appetite, 25*(1), 43–49.

Cabanac, M. (1996). On the origin of consciousness, a postulate and its corollary. *Neuroscience and Biobehavioral Reviews, 20*(1), 33–40.

Cabanac, M., Cabanac, A. J., & Parent, A. (2009). The emergence of consciousness in phylogeny. *Behavioural Brain Research, 198*(2), 267–272.

Cabanac, M., & Johnson, K. G. (1983). Analysis of a conflict between palatability and cold exposure in rats. *Physiology & Behavior, 31*(2), 249–253.

Calabrò, R. S., Cacciola, A., Bramanti, P., & Milardi, D. (2015). Neural correlates of consciousness: What we know and what we have to learn! *Neurological Sciences, 36*(4), 505–513.

Camazine, S., Denoubourg, J., Franks, N., Sneyd, J., Theraulaz, G., & Bonabeau, E. (2003). *Self-organization in biological systems.* Princeton, NJ: Princeton University Press. ［邦訳：Camazine, S. ほか著、松本忠夫、三中信宏訳『生物にとって自己組織化とは何か――群れ形成のメカニズム』海游舎、2009 年］

Cameron, C. B., Garey, J. R., & Swalla, B. J. (2000). Evolution of the chordate body plan: New insights from phylogenetic analyses of deuterostome phyla. *Proceedings of the National Academy of Sciences of the United States of America, 97*, 4469–4474.

Campbell, D. T. (1974). Downward causation in hierarchically organized biological systems. In F.

Braithwaite, V. A. (2014). Pain perception. In D. H. Evans, J. B. Claiborne, & S. Currie (Eds.), *The physiology of fishes* (pp. 327-344). Boca Raton, FL: CRC Press.

Braun, C. B. (1996). The sensory biology of the living jawless fishes: A phylogenetic assessment. *Brain, Behavior and Evolution, 48*(5), 262-276.

Brembs, B. (2003a). Operant conditioning in invertebrates. *Current Opinion in Neurobiology, 13* (6), 710-717.

Brembs, B. (2003b). Operant reward learning in *Aplysia. Current Directions in Psychological Science, 12*(6), 218-221.

Brodal, P. (2010). *The central nervous system: Structure and function* (4th ed.). New York: Oxford University Press.

Brogaard, B. (2011). Are there unconscious perceptual processes? *Consciousness and Cognition, 20*(2), 449-463.

Broglio, C., Gomez, A., Duran, E., Ocana, F. M., Jiménez-Moya, F., Rodriguez, F., & Salas, C. (2005). Hallmarks of a common forebrain vertebrate plan: Specialized pallial areas for spatial, temporal, and emotional memory in actinopterygian fish. *Brain Research Bulletin, 66*(4), 277-281.

Broom, D. M. (2001). Evolution of pain. *Vlaams Diergeneeskundig Tijdschrift, 70*(1), 17-21.

Brook, A., & Raymont, P. (2010). The unity of consciousness. In E. N. Zalta (Ed.), *The Stanford encyclopedia of philosophy* (Eall 2010 Edition). http://plato.stanford.edu/ archives/fall2010/ entries/consciousness-unity.

Brudzynski, S. M. (2007). Ultrasonic calls of rats as indicator variables of negative or positive states: Acetylcholine-dopamine interaction and acoustic coding. *Behavioural Brain Research, 182*(2), 261-273.

Brudzynski, S. M. (2014). The ascending mesolimbic cholinergic system—a specific division of the reticular activating system involved in the initiation of negative emotional states. *Journal of Molecular Neuroscience, 53*(3), 436-445.

Bshary, R., & Grutter, A. S. (2006). Image scoring and cooperation in a cleaner fish mutualism. *Nature, 441*(7096), 975-978.

Budelmann, B. U., & Young, J. Z. (1985). Central pathways of the nerves of the arms and mantle of *Octopus. Philosophical Transactions of the Royal Society of London, Series B, Biological Sciences, 310*(1143), 109-122.

Bullock, T. H. (2002). Biology of brain waves: Natural history and evolution of an information-rich sign of activity. In K. Arikan & N. C. Moore (Eds.), *Advances in electro- physiology in clinical practice and research.* Istanbul: Kjellberg.

Bullock, T. H., Moore, J. K., & Fields, R. D. (1984). Evolution of myelin sheaths: Both lamprey and hagfish lack myelin. *Neuroscience Letters, 48*(2), 145-148.

Bürck, M., Friedel, P., Sichert, A. B., Vossen, C., & van Hemmen, J. L. (2010). Optimality in mono- and multisensory map formation. *Biological Cybernetics, 103*(1), 1-20.

Burghardt, G. M. (2005). *The genesis of animal play: Testing the limits.* Cambridge, MA: MIT Press.

Burghardt, G. M. (2013). Environmental enrichment and cognitive complexity in reptiles and amphibians: Concepts, review, and implications for captive populations. *Applied Animal Behaviour Science, 147*(3), 286-298.

Burighel, P., & Cloney, R. A. (1997). Chordata: Ascidiacia. In F. W. Harrison & E. E. Ruppert

Berlin, H. (2013). The brainstem begs the question: Petitio principii. *Neuro-psychoanalysis, 15*(1), 25-29.

Berridge, K. C., & Kringelbach, M. L. (2013). Neuroscience of affect: Brain mechanisms of pleasure and displeasure. *Current Opinion in Neurobiology, 23*(3), 294-303.

Berridge, K., & Winkielman, P. (2003). What is an unconscious emotion? (The case for unconscious "liking"). *Cognition and Emotion, 17*(2), 181-211.

Berrill, N. J. (1955). *The origin of vertebrates.* Oxford: Clarendon Press.

Bi, S., Wang, Y., Guan, J., Sheng, X., & Meng, J. (2014). Three new Jurassic euharamiyidan species reinforce early divergence of mammals. *Nature, 514*, 579-584.

Bicker, G., Davis, W. J., & Matera, E. M. (1982). Chemoreception and mechanoreception in the gastropod mollusc *Pleurobranchaea californica. Journal of Comparative Physiology, 149*(2), 235-250.

Bilchev, G., & Parmee, I. C. (1995). The ant colony metaphor for searching continuous design spaces. In T. C. Fogerty (Ed.), *Evolutionary computing* (pp. 25-39). Berlin: Springer.

Binder, M. D., Hirokawa, N., & Windhorst, U. (Eds.). (2009). *Encyclopedia of neurosciences.* Berlin: Springer.

Bingman, V. P., Salas, C., & Rodriguez, F. (2009). Evolution of the hippocampus. In M. D. Binder, N. Hirokawa, & U. Windhorst (Eds.), *Encyclopedia of neurosciences* (pp. 1356-1361). Berlin: Springer-Verlag.

Block, N. (1995). How many concepts of consciousness? *Behavioral and Brain Sciences, 18*(02), 272-287.

Block, N. (2009). Comparing the major theories of consciousness. In M. S. Gazzaniga (Ed.), *The cognitive neurosciences* (Vol. 4, pp. 1111-1122). Cambridge, MA: MIT Press.

Block, N. (2012). The grain of vision and the grain of attention. *Thought: A Journal of Philosophy, 1*(3), 170-184.

Bocchio, M., & Capogna, M. (2014). Oscillatory substrates of fear and safety. *Neuron, 83*(4), 753-755.

Bolles, R. C., & Faneslow, M. S. (1980). A perceptual-defensive-recuperative model of fear and pain. *Behavioral and Brain Sciences, 3*, 291-323.

Boly, M., & Seth, A. K. (2012). Modes and models in disorders of consciousness science. *Archives Italiennes de Biologie, 150*(2-3), 172-184.

Boly, M., Seth, A. K., Wilke, M., Ingmundson, P., Baars, B., Laureys, S., & Tsuchiya, N. (2013). Consciousness in humans and non-human animals: Recent advances and future directions. *Frontiers in Psychology, 4.*

Bonaparte, J. F. (2012). Miniaturisation and the origin of mammals. *Historical Biology, 24*(1), 43-48.

Borszcz, G. S. (2006). Contribution of the ventromedial hypothalamus to generation of the affective dimension of pain. *Pain, 123*(1), 155-168.

Bosne, S. C. D. M. D. (2010). *The Eph/ephrin gene family in the European amphioxus: An evo-devo approach.* Master's thesis in Biology. University of Lisbon, Department of Animal Biology.

Bowmaker, J. K. (1998). Evolution of colour vision in vertebrates. *Eye, 12*, 541-547.

Bradley, M. (2011). The causal efficacy of qualia. *Journal of Consciousness Studies, 18*(11-12), 32-44.

Brahic, C. J., & Kelley, D. B. (2003). Vocal circuitry in *Xenopus laevis*: Telencephalon to laryngeal motor neurons. *Journal of Comparative Neurology, 464*(2), 115-130.

pean Journal of Neuroscience, 5(6), 768–774.

Balanoff, A. M., Bever, G. S., Rowe, T. B., & Norell, M. A. (2013). Evolutionary origins of the avian brain. *Nature, 501*(7465), 93–96.

Balasko, M., & Cabanac, M. (1998). Behavior of juvenile lizards (*Iguana iguana*) in a conflict between temperature regulation and palatable food. *Brain, Behavior and Evolution, 52*(6), 257–262.

Balcombe, J. (2009). Animal pleasure and its moral significance. *Applied Animal Behaviour Science, 118*(3), 208–216.

Balment, R. J., Lu, W., Weybourne, E., & Warne, J. M. (2006). Arginine vasotocin a key hormone in fish physiology and behaviour: A review with insights from mammalian models. *General and Comparative Endocrinology, 147*(1), 9–16.

Bambach, R. K., Bush, A. M., & Erwin, D. H. (2007). Autecology and the filling of ecospace: Key metazoan radiations. *Palaeontology, 50*(1), 1–22.

Barlow, H. (1995). The neuron doctrine in perception. In M. S. Gazzaniga (Ed.), *The cognitive neurosciences* (pp. 417–435). Cambridge, MA: MIT Press.

Barreiro-Iglesias, A., Anadón, R., & Rodicio, M. C. (2010). The gustatory system of lampreys. *Brain, Behavior and Evolution, 75*(4), 241–250.

Barrett, L. F., Mesquita, B., Ochsner, K. N., & Gross, J. J. (2007). The experience of emotion. *Annual Review of Psychology, 58*, 373.

Barron, A. B., Søvik, E., & Cornish, J. L. (2010). The roles of dopamine and related compounds in reward-seeking behavior across animal phyla. *Frontiers in Behavioral Neuroscience, 4*.

Baxter, D. A., & Byrne, J. H. (2006). Feeding behavior of *Aplysia:* A model system for comparing cellular mechanisms of classical and operant conditioning. *Learning & Memory, 13*(6), 669–680.

Bayne, T. (2010). *The unity of consciousness.* Oxford: Oxford University Press.

Bayne, T., & Chalmers, D. J. (2003). What is the unity of consciousness? In A. Cleeremans (Ed.), *The unity of consciousness: Binding, integration, and dissociation* (pp. 23–58). New York: Oxford University Press.

Beckermann, A., Flohr, H., & Kim, J. (1992). *Emergence or reduction? Prospects for nonreductive physicalism*. Berlin: W. de Gruyter.

Beckers, G., & Zeki, S. (1995). The consequences of inactivating areas V1 and V5 on visual motion perception. *Brain, 118*(1), 49–60.

Bedau, M. A. (1997). Weak emergence. *Noûs, 31* (s11), 375–399.

Bekoff, M., & Sherman, P. W. (2004). Reflections on animal selves. *Trends in Ecology & Evolution, 19*(4), 176–180.

Bennett, A. M., Pereira, D., & Murray, D. L. (2013). Investment into defensive traits by anuran prey (*Lithobates pipiens*) is mediated by the starvation-predation risk trade-off. *PLoS One, 8* (12), e82344.

Benton, M. J. (2014). How birds became birds. *Science, 345*(6196), 508–509.

Benton, M. J., & Donoghue, P. C. (2007). Paleontological evidence to date the tree of life. *Molecular Biology and Evolution, 24*(1), 26–53.

Ben-Tov, M., Donchin, O., Ben-Shahar, O., & Segev, R. (2015). Pop-out in visual search of moving targets in the archer fish. *Nature Communications, 6*(6476), 1–11.

Anadón, R., Molist, P., Rodríguez-Moldes, I., López, J. M., Quintela, I., Cerviño, M. C., ... Gonzalez, A. (2000). Distribution of choline acetyltransferase immunoreactivity in the brain of an elasmobranch, the lesser spotted dogfish (*Scyliorhinus canicula*). *Journal of Comparative Neurology, 420*(2), 139-170.

Anderson, D. J., & Adolphs, R. (2014). A framework for studying emotions across species. *Cell, 157*(1), 187-200.

Anderson, J. S., Reisz, R. R., Scott, D., Fröbisch, N. B., & Sumida, S. S. (2008). A stem batrachian from the Early Permian of Texas and the origin of frogs and salamanders. *Nature, 453*(7194), 515-518.

Anderson, R. C., & Mather, J. A. (2007). The packaging problem: Bivalve prey selection and prey entry techniques of the octopus *Enteroctopus dofleini*. *Journal of Comparative Psychology, 121*(3), 300.

Andrews, P. L., Darmaillacq, A. S., Dennison, N., Gleadall, I. G., Hawkins, P., Messenger, J. B., ... Smith, J. A. (2013). The identification and management of pain, suffering, and distress in cephalopods, including anaesthesia, analgesia, and humane killing. *Journal of Experimental Marine Biology and Ecology, 447*, 46-64.

Anton, S., Evengaard, K., Barrozo, R. B., Anderson, P., & Skals, N. (2011). Brief predator sound exposure elicits behavioral and neuronal long-term sensitization in the olfactory system of an insect. *Proceedings of the National Academy of Sciences of the United States of America, 108*(8), 3401-3405.

Appel, M., & Elwood, R. W. (2009). Motivational trade-offs and potential pain experience in hermit crabs. *Applied Animal Behaviour Science, 119*(1), 120-124.

Århem, P., Lindahl, B. I. B., Manger, P. R., & Butler, A. B. (2008). On the origin of consciousness—some amniote scenarios. In H. Liljenstrom & P. Arhem (Eds.), *Consciousness transitions: Phylogenetic, ontogenetic, and physiological aspects* (pp. 77-96). San Francisco, CA: Elsevier.

Azrin, N. H., Hutchinson, R. R., & Hake, D. F. (1966). Extinction-induced aggression 1. *Journal of the Experimental Analysis of Behavior, 9*(3), 191-204.

Baars, B. J. (1988). *A cognitive theory of consciousness*. New York: Cambridge University Press.

Baars, B. J. (2002). The conscious access hypothesis: Origins and recent evidence. *Trends in Cognitive Sciences, 6*(1), 47-52.

Baars, B. J., Franklin, S., & Ramsoy, T. Z. (2013). Global workspace dynamics: Cortical "binding and propagation" enables conscious contents. *Frontiers in Psychology, 4*(200).

Baars, B. J., & Galge, N. M. (Eds.). (2010). *Cognition, brain, and consciousness: An introduction to cognitive neuroscience* (2nd ed.). San Diego, CA: Academic Press (Elsevier).

Bailey, A. P., Bhattacharyya, S., Bronner-Fraser, M., & Streit, A. (2006). Lens specification is the ground state of all sensory placodes, from which FGF promotes olfactory identity. *Developmental Cell, 11*(4), 505-517.

Bailly, X., Reichert, H., & Hartenstein, V. (2013). The urbilaterian brain revisited: Novel insights into old questions from new flatworm clades. *Development Genes and Evolution, 223*(3), 149-157.

Baker, C. V., Modrell, M. S., & Gillis, J. A. (2013). The evolution and development of vertebrate lateral line electroreceptors. *Journal of Experimental Biology, 216*(13), 2515-2522.

Balaban, P. M., & Maksimova, O. A. (1993). Positive and negative brain zones in the snail. *Euro-*

引用文献

Abbott, A. (2015). Clever fish. *Nature, 521*, 413-414.

Abitua, P. B., Gainous, T. B., Kaczmarczyk, A. N., Winchell, C. J., Hudson, C., Kamata, K., ... Levine, M. (2015). The pre-vertebrate origins of neurogenic placodes. *Nature, 524*, 462-465.

Abitua, P. B., Wagner, E., Navarrete, I. A., & Levine, M. (2012). Identification of a rudimentary neural crest in a non-vertebrate chordate. *Nature, 492*(7427), 104-107.

Aboitiz, F. (1992). The evolutionary origin of the mammalian cerebral cortex. *Biological Research, 25*(1), 41-49.

Aboitiz, F., & Montiel, J. (2007). Origin and evolution of the vertebrate telencephalon, with special reference to the mammalian neocortex. *Advances in Anatomy, Embryology, and Cell Biology, 193*, 1-116.

Abramson, C. I., & Feinman, R. D. (1990). Lever-press conditioning in the crab. *Physiology & Behavior, 48*(2), 267-272.

Adan, D. (2005). Scientists say lobsters feel no pain. *Guardian*, Tuesday, Feb. 8. http:// www.theguardian.com/world/2005/feb/08/research.highereducation.

Agata, K., Soejima, Y., Kato, K., Kobayashi, C., Umesono, Y., & Watanabe, K. (1998). Structure of the planarian central nervous system (CNS) revealed by neuronal cell markers. *Zoological Science, 15*(3), 433-440.

Ahl, V., & Allen, T. F. H. (1996). *Hierarchy theory*. New York: Columbia University Press.

Aiello, L. C., & Wheeler, P. (1995). The expensive-tissue hypothesis: The brain and the digestive system in human and primate evolution. *Current Anthropology, 36*, 199-221.

Albertin, C. B., Simakov, O., Mitros, T., Wang, Z. Y., Pungor, J. R., Edsinger-Gonzales, E., ... Rokhsar, D. S. (2015). The octopus genome and the evolution of cephalopod neural and morphological novelties. *Nature, 524*(7564), 220-224.

Alexander, I., & Cowey, A. (2010). Edges, colour, and awareness in blindsight. *Consciousness and Cognition, 19*(2), 520-533.

Allen, C., & Bekoff, M. (2010). Animal consciousness. In M. Velmans & S. Schneider (Eds.), *The Blackwell companion to consciousness*. Malden, MA: Blackwell.

Allen, C., Grau, J. W., & Meagher, M. W. (2009). The lower bounds of cognition: What do spinal cords reveal? In J. Bickle (Ed.), *The Oxford handbook of philosophy of neuroscience* (pp. 129-142). Oxford: Oxford University Press.

Allen, T. A., & Fortin, N. J. (2013). The evolution of episodic memory. *Proceedings of the National Academy of Sciences of the United States of America, 110* (Suppl. 2), 10379-10386.

Allen, T. F. H., & Starr, T. B. (1982). *Hierarchy: Perspectives for ecological complexity*. Chicago: University of Chicago Press.

Almeida, T. F., Roizenblatt, S., & Tufik, S. (2004). Afferent pain pathways: A neuroanatomical review. *Brain Research, 1000*(1), 40-56.

Alonso, P. D., Milner, A. C., Ketcham, R. A., Cookson, M. J., & Rowe, T. B. (2004). The avian nature of the brain and inner ear of *Archaeopteryx*. *Nature, 430*(7000), 666-669.

な　行

は　行

さ　行

事項索引

⇒：別項目に移動せよ
→：別項目も参照せよ

は 行

ま 行

や 行

ら 行

わ 行

人名索引

⇒：別項目に移動せよ
→：別項目も参照せよ

著者略歴
トッド・E・ファインバーグ（Todd E. Feinberg） M.D.（医師）、マウント・サイナイ医科大学。マウント・サイナイ医科大学教授。専門は意識科学、特に自我の精神医学。著書に *Altered egos: How the brain creates the self.* Oxford University Press, 2001.［邦訳：吉田利子訳『自我が揺らぐとき—脳はいかにして自己を創りだすのか』岩波書店、2002 年］、共編書に *Biophysics of consciousness: A foundational approach.* World Scientific, 2016. など。

ジョン・M・マラット（Jon M. Mallatt） Ph.D. in Anatomy（解剖学博士）、シカゴ大学。ワシントン大学とワシントン州立大学の准教授を兼任。専門は分子系統学や形態学、特に脊椎動物の解剖学。共著書に *Human Anatomy*（7th ed.）. Pearson, 2014. など。

訳者略歴
鈴木大地（Daichi G. Suzuki） 博士（理学）、筑波大学。学術振興会海外特別研究員（カロリンスカ研究所）。博士号取得後、学術振興会特別研究員（筑波大学）を経て現職。専門は進化発生学や神経科学、特に初期脊椎動物の神経系の進化。生物学の哲学や心の哲学にも関心があり、気鋭の哲学者との研究会や共同研究を行っている。

意識の進化的起源
カンブリア爆発で心は生まれた

2017年 8 月11日　第 1 版第 1 刷発行
2021年10月10日　第 1 版第 4 刷発行

著　者　トッド・E・ファインバーグ
　　　　ジョン・M・マラット
訳　者　鈴《すず》　木《き》　大《だい》　地《ち》
発行者　井　村　寿　人

発行所　株式会社　勁《けい》　草《そう》　書　房
112-0005　東京都文京区水道2-1-1　振替　00150-2-175253
（編集）電話　03-3815-5277／FAX　03-3814-6968
（営業）電話　03-3814-6861／FAX　03-3814-6854
本文組版　プログレス・港北出版印刷・松岳社

ISBN978-4-326-10263-1　Printed in Japan

https://www.keisoshobo.co.jp

著者	訳者等	書名	サブタイトル	判型	価格	ISBN末尾
M・C・コーバリス	大久保街亜 訳	言葉は身振りから進化した	進化心理学が探る言語の起源	四六判	四〇七〇円	1943-3
マイケル・トマセロ	大堀・中澤・西村・本多 訳	心とことばの起源を探る	文化と認知	四六判	三七四〇円	1940-2
マイケル・トマセロ	橋彌和秀 訳	ヒトはなぜ協力するのか		四六判	二九七〇円	5426-5
キム・ステレルニー	田中・中尾・源河・菅原 訳	進化の弟子	ヒトは学んで人になった	四六判	三七四〇円	1964-8
太田博樹・長谷川眞理子 編著		ヒトは病気とともに進化した		四六判	二九七〇円	1945-7
エリオット・ソーバー	三中信宏 訳	過去を復元する	最節約原理、進化論、推論	A5判	五五〇〇円	10194-8
森元良太・田中泉吏		生物学の哲学入門		A5判	二六四〇円	10254-9

＊表示価格は二〇二一年一〇月現在。消費税は含まれております。

――勁草書房刊――